国家一流专业建设成果

华东交通大学教材（专著）出版基金资助项目

数学分析

（上册）

主　编　盛梅波　曾　毅　廖维川

副主编　陈光祖　詹小秦　黄文涛

西南交通大学出版社

·成　都·

内容简介

本书是为适应新时期教学与改革的需要而编写的，它是编者长期教学实践的总结和系统研究的成果，对数学分析课程理论体系、内容、观点、方法做了合理的编排.

全书分上、下两册. 本书是上册，内容包括函数、数列极限、函数极限、函数连续性、一元函数微分学、中值定理及其应用、一元函数积分学、定积分的应用. 本书注重数学思维，结合微积分的发展历史和几何意义引入数学概念，由浅入深，逐步展开，以清新的笔调、朴实的语言、缜密的构思诠释了一元函数微积分学的丰富内涵.

本书可作为高等学校数学类专业数学分析课程的教材，也可以作为其他相关专业的参考用书.

图书在版编目（CIP）数据

数学分析. 上册／盛梅波，曾毅，廖维川主编. —成都：西南交通大学出版社，2023.6
ISBN 978-7-5643-9342-7

Ⅰ. ①数… Ⅱ. ①盛… ②曾… ③廖… Ⅲ. ①数学分析－高等学校－教材 Ⅳ. ①O17

中国国家版本馆 CIP 数据核字（2023）第 108599 号

Shuxue Fenxi (Shangce)
数学分析（上册）

盛梅波 曾 毅 廖维川 主编

责任编辑 孟秀芝
封面设计 何东琳设计工作室

印张 17.25 字数 429千
成品尺寸 185 mm × 260 mm
版本 2023 年 6 月第 1 版
印次 2023 年 6 月第 1 次
印刷 四川森林印务有限责任公司

出版 发行 西南交通大学出版社
网址 http://www.xnjdcbs.com
地址 四川省成都市金牛区二环路北一段111号 西南交通大学创新大厦21楼
邮政编码 610031
发行部电话 028-87600564 028-87600533

书号：ISBN 978-7-5643-9342-7
定价：50.00元

课件咨询电话：028-81435775
图书如有印装质量问题 本社负责退换

PREFACE

前 言

数学分析是高等院校数学类各专业或相近专业的一门重要基础课，也是学习其他数学课程的必备基础. 通过数学分析的学习，进一步提高学生的抽象思维、逻辑推理与熟练的运算能力，初步培养学生综合运用所学知识解决实际问题的能力. 本课程内容多、基础性强、应用范围广、教学周期长，它的思想、理论和方法是很多数学类后续课程的必备基础.

编者按照普通高等院校数学类以及信息与计算科学专业的数学分析的教学要求，汲取华东交通大学数学系老师处理数学分析教材的经验与一些已有教材的优点，结合自身长期教学实践心得，在原数学分析讲稿的基础上编写了本书.

在编写过程中，为了更好地与中学数学衔接，将三角函数、反三角函数的一些公式，极坐标系下曲线等知识列在附录中，以便学生参考学习.

全书分上、下两册，本书是上册. 内容包括函数、数列极限、函数极限、函数连续性、一元函数微分学、中值定理及其应用、一元函数积分学、定积分的应用.

参加本书编写工作的有盛梅波、曾毅、廖维川、陈光祖、詹小秦、黄文涛、刘丽红、叶晓峰，由盛梅波对全书进行审定和统稿. 本书的出版获得了华东交通大学信息与计算科学专业国家一流专业建设经费和华东交通大学教材（专著）出版基金的资助，在此表示衷心的感谢.

由于编者水平、经验有限，书中不足之处在所难免，恳请读者批评指正.

编　者

2022 年 11 月

CONTENTS

目 录

PART

第一章 函 数

ONE

第一节 实 数

数学分析研究的基本对象是定义在实数集上的函数，为此，本节简要介绍实数的有关概念与性质.

一、集 合

19 世纪 70 年代，康托尔（Cantor，1845—1918 年，德国）奠定了集合论的基础，后经大批卓越数学家半个多世纪的努力，到 20 世纪 20 年代，建立在公理化体系上的集合论已成为现代数学理论体系的基石.

集合是数学科学的一个重要概念，通常把具有某种特定性质的事物全体称为**集合**，集合是“物以类聚”思维模式的抽象表达.

在日常生活中，集合的概念不难理解. 例如，一个班学生的全体、某商店一天售出手机的全体、实数全体都分别构成一个集合. 组成集合的个别事物称为该集合的**元素**，习惯上用大写英文字母如 A, B, S 等表示集合，用小写英文字母如 a, b, x 等表示元素，集合又简称**集**.

若 x 是集合 S 的元素，则称 x 属于 S，记为 $x \in S$；若 y 不是集合 S 的元素，则称 y 不属于 S，记为 $y \notin S$ 或 $y \overline{\in} S$. 由有限个元素组成的集合称为**有限集**. 由无限个元素组成的集合称为**无限集**. 不包含任何元素的集合称为**空集**，记为 $\varnothing$.

二、数 集

全体实数组成的集合称为**实数集**，简称**数集**，记为 $\mathbf{R}$. 实数分为有理数和无理数，它具有以下主要性质：

（1）有序性：任意两实数 a, b 必须满足三种关系之一，即 $a>b$ 或 $a=b$ 或 $a<b$.

（2）大小关系的传递性：任意实数 a, b, c，若 $a>b$，且 $b>c$，则 $a>c$.

（3）封闭性：任意两个实数进行加、减、乘、除（除数不为零）的运算（简称四则运算或有理运算）后仍为实数.

（4）稠密性：任意两个不相等的实数之间必存在另外一个实数.

（5）连续性：实数集 $\mathbf{R}$ 与数轴上的点是一一对应的关系，即全体实数布满整个数轴，没有空隙. 由此常把“实数 a”与“数轴上点 a”视为相同. 详见第四章第四节的内容.

（6）阿基米德（Archimedes，公元前 287—公元前 212 年，古希腊）性：任意两个实数 a,b，若 $a>b>0$，则存在正整数 n，使得 $nb>a$.

（7）任何一个实数 a 都可以表示为十进制**无限小数**，即 $a=a_0\cdot a_1a_2\cdots a_n\cdots$.

（8）绝对值性质：

① $|a|=|-a|\geqslant 0$，当且仅当 $a=0$ 时有 $|a|=0$；

② $-|a|\leqslant a\leqslant |a|$；

③ 三角不等式：对于任意 $a,b\in\mathbf{R}$，都有 $||a|-|b||\leqslant|a\pm b|\leqslant|a|+|b|$；

④ $|ab|=|a||b|$，$\left|\dfrac{a}{b}\right|=\dfrac{|a|}{|b|}\ (b\neq 0)$.

例 1.1.1 设 $a,b\in\mathbf{R}$. 证明：若对于任意正数 ε，都有 $|a-b|<\varepsilon$，则 $a=b$.

证（反证法） 若 $a\neq b$，必有 $a>b$ 或 $a<b$. 不妨设 $a>b$，取 $\varepsilon=\dfrac{a-b}{2}>0$，则有 $|a-b|=a-b>\dfrac{a-b}{2}=\varepsilon$，与已知 $|a-b|<\varepsilon$ 相矛盾，因此 $a=b$.

下面介绍一些常用数集.

由全体正实数构成的数集记为 $\mathbf{R}^+$，即 $\mathbf{R}^+=\{x\in\mathbf{R}\mid x>0\}$.

由全体非负整数即**自然数**构成的数集记为 $\mathbf{N}$，即 $\mathbf{N}=\{0,1,2,\cdots,n,\cdots\}$.

由全体正整数构成的数集记为 $\mathbf{N}_+$，即 $\mathbf{N}_+=\{1,2,\cdots,n,\cdots\}$.

由全体整数构成的数集记为 $\mathbf{Z}$，即 $\mathbf{Z}=\{0,\pm1,\pm2,\cdots,\pm n,\cdots\}$.

由全体有理数构成的数集记为 $\mathbf{Q}$，即 $\mathbf{Q}=\left\{x\in\mathbf{R}\mid x=\dfrac{p}{q},p\in\mathbf{Z},q\in\mathbf{N}_+,p\text{与}q\text{互质}\right\}$，任何一个有理数 x 都可以表示为十进制的**有限小数或无限循环小数**. 有理数具有有序性、大小关系传递性、四则运算封闭性、阿基米德性、稠密性等性质，但不具有连续性.

由全体复数构成的集合记为 $\mathbf{C}$，即 $\mathbf{C}=\{x=a+b\mathrm{i}\mid a,b\in\mathbf{R}\}$，其中规定 $\mathrm{i}^2=-1$，i 称为虚数单位，实数 a,b 分别称为复数 x 的**实部**和**虚部**.

上述数集关系为

$$\mathbf{N}_+\subset\mathbf{N}\subset\mathbf{Z}\subset\boldsymbol{Q}\subset\mathbf{R}\subset\mathbf{C}$$

例 1.1.2 证明：以原点为中心，单位正方形对角线长度为半径的圆与 x 正半轴的相交点不是有理数点（如图 1.1.1），即实数 $\sqrt{2}$ 是无理数.

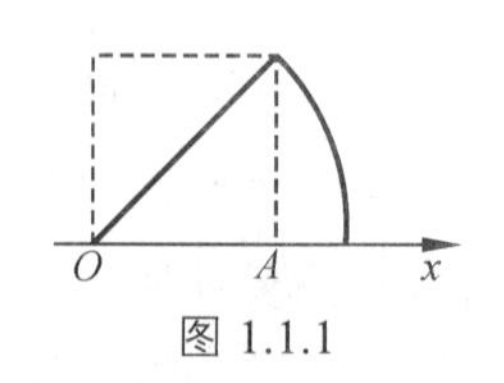

图 1.1.1

证（反证法） 假设 $\sqrt{2}$ 是有理数，显然 $\sqrt{2}>0$，则存在 $p,q\in\mathbf{N}_+$ 且 p,q 互质，使得 $\sqrt{2}=\dfrac{p}{q}$，即 $p^2=2q^2$. 因此 p^2 为偶数（或 p^2 可被 2 整除），即 p 也为偶数（或 p 可被 2 整除）. 设 $p=2n$，$n\in\mathbf{N}_+$，则 $2q^2=4n^2$，即 $q^2=2n^2$，因此 q^2 是偶数（或 q^2 可被 2 整除），从而 q 也为偶数（或 q 可被 2 整除），这样 p,q 就有公因数 2，与 p,q 互质的假定相矛盾，

故实数 $\sqrt{2}$ 是无理数.

三、有界数集、区间、邻域

1. 有界集

为了方便表达，引入几个常用记号：“$\forall$”表示“对于任意给定”或“对于每一个”；“$\exists$”表示“存在”或“至少存在”；“$\Leftrightarrow$”表示“充分必要”.

定义 1.1.1 设 S 为一非空数集，如果 $\exists M\in\mathbf{R}$，使得 $\forall x\in S$，都有 $x\leqslant M$ 成立，则称数集 S 为有上界的数集，实数 M 称为数集 S 的一个**上界**.

如果 $\exists m\in\mathbf{R}$，使得 $\forall x\in S$，都有 $x\geqslant m$ 成立，则称数集 S 为有下界的数集，实数 m 称为数集 S 的一个**下界**.

如果数集 S 既有上界又有下界，则称 S 为**有界集**；如果数集 S 没有上界或没有下界，则称 S 为**无界集**. 显然，数集 S 是有界集 $\Leftrightarrow \exists X\in\mathbf{R}^+$，使得 $|x|\leqslant X$；数集 S 是无界集 $\Leftrightarrow \forall X\in\mathbf{R}^+$，$\exists x_0\in S$，使得 $|x_0|>X$.

例 1.1.3 证明：$\mathbf{N}_+=\{n\,|\,n\text{ 为正整数}\}$是一个有下界而无上界的数集，即 $\mathbf{N}_+$ 是一个无界集.

证 取 $m=1\in\mathbf{R}$，显然 $\forall x\in\mathbf{N}_+$，都有 $x\geqslant m$ 成立，因此数集 $\mathbf{N}_+$ 有下界. 又 $\forall M\in\mathbf{R}$，总 $\exists n_0\in\mathbf{N}_+$，使得 $n_0\geqslant M$ 成立，因此数集 $\mathbf{N}_+$ 没有上界，即数集 $\mathbf{N}_+$ 是一个无界集.

显然数集 $\mathbf{N}_+$ 有无数个下界，如 $m\leqslant 1$，则 m 是 $\mathbf{N}_+$ 的一个下界.

又如数集 $\boldsymbol{A}=\{y\,|\,y=\sin x, x\in\mathbf{R}\}$是一个有界集；数集 $\mathbf{B}=\left\{1,\frac{1}{2},\cdots,\frac{1}{n},\cdots\right\}$ 也是一个有界集，且它们都有无数个上界、无数个下界，即有上（下）界的集合，必有无数个上（下）界.

2. 区　间

（1）有限区间.

设 $a,b\in\mathbf{R}$，且 $a<b$，称数集 $\{x\in\mathbf{R}|a<x<b\}$ 为**开区间**，记为 (a, b)；

称数集 $\{x\in\mathbf{R}|a\leqslant x\leqslant b\}$ 为**闭区间**，记为 $[a, b]$；

称数集 $\{x\in\mathbf{R}|a\leqslant x<b\}$ 为**左闭右开区间**，记为 $[a,b)$；

称数集 $\{x\in\mathbf{R}|a<x\leqslant b\}$ 为**左开右闭区间**，记为 $(a,b]$.

以上四类区间统称为**有限区间**，它们是有界集. 其中实数 a,b 分别称为有限区间的**左、右端点**，数 $b-a$ 称为有限区间的**长度**.

（2）无限区间.

数集 $\{x\in\mathbf{R}|x\geqslant a\}$ 记为 $[a, +\infty)$，即 $[a, +\infty)=\{x\in\mathbf{R}|x\geqslant a\}$. 类似地，有

$(a, +\infty)=\{x\in\mathbf{R}|x>a\}$，$(-\infty, b]=\{x\in\mathbf{R}|x\leqslant b\}$，

$(-\infty, b)=\{x\in\mathbf{R}|x<b\}$，$(-\infty, +\infty)=\{x|x\in\mathbf{R}\}$.

则称上述五类数集为**无限区间**，它们是无界集. 其中符号 ∞ 是一个记号，读作无穷大，$+\infty$ 读作正无穷大，$-\infty$ 读作负无穷大.

有限区间与无限区间统称为**区间**，区间在数轴上的表示如图 1.1.2 所示.

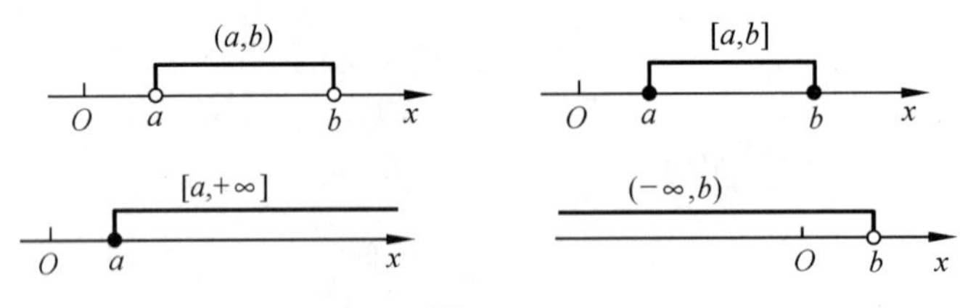

图 1.1.2

3. 邻 域

设 $a\in\mathbf{R}$，$\delta\in\mathbf{R}^{+}$，称数集 $\{x\in\mathbf{R}\,\|x-a|<\delta\}$ 是以点 a 为中心、δ 为半径的**邻域**（如图 1.1.3），记为 $U(a,\delta)$，即 $U(a,\delta)=\{x\in\mathbf{R}\,\|x-a|<\delta\}=(a-\delta,a+\delta)$. 若无须指出半径，则 $U(a,\delta)$ 简记为 $U(a)$.

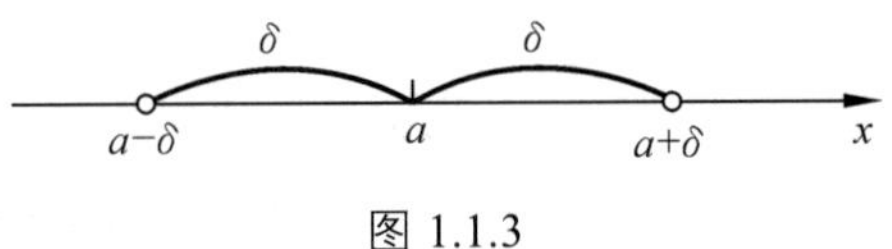

图 1.1.3

时常会遇到需要排除邻域中心 a 的情况，把点 a 的 δ 邻域去掉中心 a 后的数集称为点 a 的**去心 δ 邻域**，记为 $\mathring{U}(a,\delta)$，即 $\mathring{U}(a,\delta)=\{x\in\mathbf{R}\,|\,0<|x-a|<\delta\}$（如图 1.1.4）.

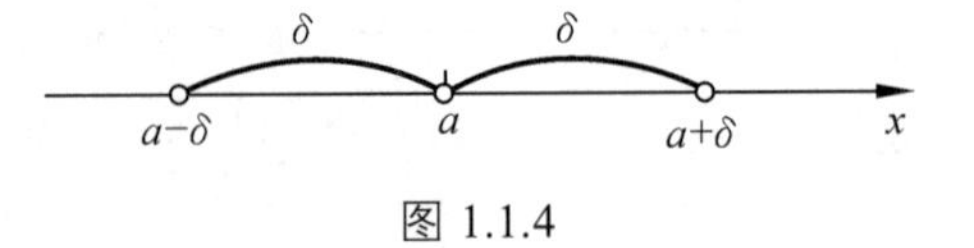

图 1.1.4

类似地，有

点 a 的 δ 右邻域 $U_{+}(a,\delta)=[a,a+\delta)$，简记为 $U_{+}(a)$；

点 a 的 δ 左邻域 $U_{-}(a,\delta)=(a-\delta,a]$，简记为 $U_{-}(a)$；

点 a 的 δ 去心右邻域 $\mathring{U}_{+}(a,\delta)=(a,a+\delta)$，简记为 $\mathring{U}_{+}(a)$；

点 a 的 δ 去心左邻域 $\mathring{U}_{-}(a,\delta)=(a-\delta,a)$，简记为 $\mathring{U}_{-}(a)$；

∞ 的邻域 $U(\infty)=\{x\in\mathbf{R}\,\|x|>M\}$，其中 M 为充分大的正数；

$+\infty$ 的邻域 $U(+\infty)=\{x\in\mathbf{R}\,|\,x>M\}$；

$-\infty$ 的邻域 $U(-\infty)=\{x\in\mathbf{R}\,|\,x<-M\}$.

四、均值不等式

定理 1.1.1 对于任意 n 个正数 $a_1,a_2,\cdots,a_n$，都有

$$\frac{a_1+a_2+\cdots+a_n}{n}\geqslant\sqrt[n]{a_1a_2\cdots a_n}\geqslant\frac{n}{\dfrac{1}{a_1}+\dfrac{1}{a_2}+\cdots+\dfrac{1}{a_n}},$$

等号当且仅当 $a_1,a_2,\cdots,a_n$ 全部相等时成立，即正数的算术平均值不小于几何平均值，几何平均值不小于调和平均值.

证 （1）左端的不等式成立.

利用数学归纳法可以证明：当$n=2^k(k\in\mathbf{N})$时左端的不等式

$$\frac{a_1+a_2+\cdots+a_n}{n}\geqslant\sqrt[n]{a_1a_2\cdots a_n} \qquad (1.1.1)$$

成立. 事实上，当$k=0$时，有$a_1\geqslant a_1$，不等式（1.1.1）显然成立.

当$k=1$时，由于$a_1^2+a_2^2\geqslant 2a_1a_2$，即$a_1^2+2a_1a_2+a_2^2\geqslant 4a_1a_2$，则$\frac{a_1+a_2}{2}\geqslant\sqrt{a_1a_2}$成立.

设$k=s(s\in\mathbf{N})$时，不等式（1.1.1）成立，即$\frac{a_1+a_2+\cdots+a_{2^s}}{2^s}\geqslant\sqrt[2^s]{a_1a_2\cdots a_{2^s}}$，则当$k=s+1$时，有

$$\begin{aligned}\frac{a_1+a_2+\cdots+a_{2^{s+1}}}{2^{s+1}}&=\frac{1}{2^s}\left(\frac{a_1+a_2}{2}+\cdots+\frac{a_{2^{s+1}-1}+a_{2^{s+1}}}{2}\right)\\&\geqslant\frac{1}{2^s}(\sqrt{a_1a_2}+\cdots+\sqrt{a_{2^{s+1}-1}a_{2^{s+1}}})\\&\geqslant\sqrt[2^s]{\sqrt{a_1a_2}\cdots\sqrt{a_{2^{s+1}-1}a_{2^{s+1}}}}\\&=\sqrt[2^{s+1}]{a_1a_2\cdots a_{2^{s+1}-1}a_{2^{s+1}}},\end{aligned}$$

即不等式（1.1.1）成立.

当$n\neq 2^k$时，则存在$l\in\mathbf{N}_+$，使得$2^{l-1}<n<2^l$. 设$\sqrt[n]{a_1a_2\cdots a_n}=b$，即$b^n=a_1a_2\cdots a_n$，有

$$\begin{aligned}\frac{1}{2^l}[a_1+a_2+\cdots+a_n+(2^l-n)b]&\geqslant\sqrt[2^l]{a_1a_2\cdots a_nb^{2^l-n}}\\&=b\sqrt[2^l]{a_1a_2\cdots a_nb^{-n}}\\&=b=\sqrt[n]{a_1a_2\cdots a_n},\end{aligned}$$

即
$$\frac{a_1+a_2+\cdots+a_n}{n}\cdot\frac{n}{2^l}+b-\frac{n}{2^l}b\geqslant b,$$

整理后得不等式（1.1.1）成立.

因此$\frac{a_1+a_2+\cdots+a_n}{n}\geqslant\sqrt[n]{a_1a_2\cdots a_n}$成立.

（2）对$\frac{1}{a_1},\frac{1}{a_2},\cdots,\frac{1}{a_n}$利用上面的结论，可得右端的不等式成立.（另证见例 6.5.5）

例 1.1.4 证明不等式：$\sqrt[n]{n}<1+\frac{2}{\sqrt{n}},n\in\mathbf{N}_+$.

证

$$\begin{aligned}\sqrt[n]{n}&=\sqrt[n]{\sqrt{n}\cdot\sqrt{n}\cdot 1\cdot\cdots\cdot 1}\\&\leqslant\frac{1}{n}(\sqrt{n}+\sqrt{n}+1+\cdots+1)\\&=\frac{1}{n}(2\sqrt{n}+n-2)\\&<\frac{1}{n}(2\sqrt{n}+n)=1+\frac{2}{\sqrt{n}}.\end{aligned}$$

习题 1.1

1. 证明：实数 $\sqrt{6}$ 是无理数.

2. 判断实数 $\sqrt{2}+\sqrt{3}$ 是否是有理数？

3. 试用区间表示下列不等式的解，并在数轴上表示.

（1）$|x-1|<|x-3|$；（2）$x(x^2-4)>0$.

4. 判断下列数集 S 是否有界. 若 S 有上界，试找出其所有上界的最小数（此数称为 S 的上确界，见定义 2.3.1）. 若 S 有下界，试找出其所有下界的最大数（此数称为 S 的下确界，见定义 2.3.2）.

（1）$S=\{x\in\mathbf{R}且1-x^2>0\}$；（2）$S=\left\{x_n \mid x_n=\dfrac{n}{n+1}, n\in\mathbf{N}_+\right\}$；

（3）$S=\left\{y \mid y=\dfrac{1}{x}, x\in\mathbf{R}^+\right\}$；（4）$S=\{x_n \mid x_n=2^n, n\in\mathbf{N}_+\}$.

5. 设 $a,b\in\mathbf{R}$. 证明：若对于任意正数 ε，有 $a<b+\varepsilon$，则 $a\leqslant b$.

6. 设 $n\in\mathbf{N}_+$，利用均值不等式证明：

（1）$\left(1+\dfrac{1}{n}\right)^n<\left(1+\dfrac{1}{n+1}\right)^{n+1}$；（2）当 $a>0$ 时，$\sqrt[n]{a}<1+\dfrac{2\sqrt{a}}{n}$.

第二节 函数及其基本性质

中学数学中已经初步介绍了函数的概念，数学分析研究的基本对象是函数，接下来的两节将进一步介绍函数的概念及其性质.

一、函数的概念

定义 1.2.1 设 D 是一个非空数集，如果存在一个对应法则 f，使得数集 D 中每个元素 x，都有唯一确定的实数 y 与之对应，则称 f 是定义在 D 上的**函数**，记为

$$y=f(x) \tag{1.2.1}$$

其中 x 称为**自变量**，y 称为**因变量**. 数集 D 称为函数 f 的**定义域**，记为 D_f. $x_0\in D$ 所对应的数 y_0 称为函数 f 在点 x_0 处的**函数值**，记为 $f(x_0)$ 或 $y(x_0)$，$y\big|_{x=x_0}$. 全体函数值的集合称为函数的**值域**，记为 R_f，即 $R_f=\{y|y=f(x), x\in D\}$.

通常“函数”指的是对应法则 f，习惯上也用“$y=f(x), x\in D$ 或 $x\in D_f$”来表示定义在 D 上的函数，读作“函数 $y=f(x)$”或“函数 f”.

注 （1）函数与自变量和因变量的记号无关，函数由定义域和对应法则两个要素确定，

当两个函数的定义域和对应法则均相同时，则这两个函数**相等**（**相同**）.

如函数 $y=\sin x, x\in\mathbf{R}$ 与 $u=\sin v, v\in\mathbf{R}$ 是两个相同的函数；又如函数 $f(x)=\sin x$，$x\in\mathbf{R}$ 与 $g(x)=\dfrac{x\sin x}{x}, x\neq 0$，由于其定义域不同，故 $f(x)$ 与 $g(x)$ 是不相等的函数.

（2）函数的定义域，通常按以下两种情形来确定：

① 对用数学运算式表示的函数，约定：其定义域是使得运算式有意义的自变量的全体，通常称之为函数的自然定义域（存在域），常常省略（不写出来）.

如函数 $y=\sqrt{1-|x|}+\lg(4x+1)$ 的定义域是 $D_f=[-1,1]\cap\left(-\dfrac{1}{4},+\infty\right)=\left(-\dfrac{1}{4},1\right]$.

② 对具有实际背景的函数，则根据实际背景中变量的实际意义确定. 如：在真空中物体做自由落体时，运动规律是由函数

$$s=\frac{1}{2}gt^2, t\in[0,T] \tag{1.2.2}$$

给定. 考虑实际意义，开始下落的时刻 $t=0$，落地的时刻 $t=T$，则函数的定义域为区间 $D_f=[0,T]$；不考虑实际意义，函数式（1.2.2）的定义域应该为 $D_f=(-\infty,+\infty)$.

（3）在函数定义中，对每一个 $x\in D_f$，只能有唯一的 y 值与之对应，这样定义的函数称为**单值函数**. 若一个 x 可以有多于一个的 y 值与之对应，则称这种函数为**多值函数**. 如方程 $x^2+y^2=a^2$ 中，对每一个 $x\in(-a,a)$，有确定的 $y=\pm\sqrt{a^2-x^2}$ 与之对应，这就是多值函数，遇到多值函数时本书将进行单值化，即 $y=\sqrt{a^2-x^2}$ 或 $y=-\sqrt{a^2-x^2}$.

上述这些只有一个自变量、一个因变量的函数又称一元函数，以后会进一步遇到含多个自变量的多元函数，甚至多个自变量、多个因变量的向量值函数.

二、函数的表示方法

在中学数学中，表示函数的主要方法有三种：列表法、图像法、解析法（公式法）. 其中用图像法表示函数是基于函数图形的概念，即坐标平面上的点集

$$W=\{(x,y)\,|\,y=f(x), x\in D_f\}$$

称为函数 $y=f(x)$ 的**图形**（如图 1.2.1）.

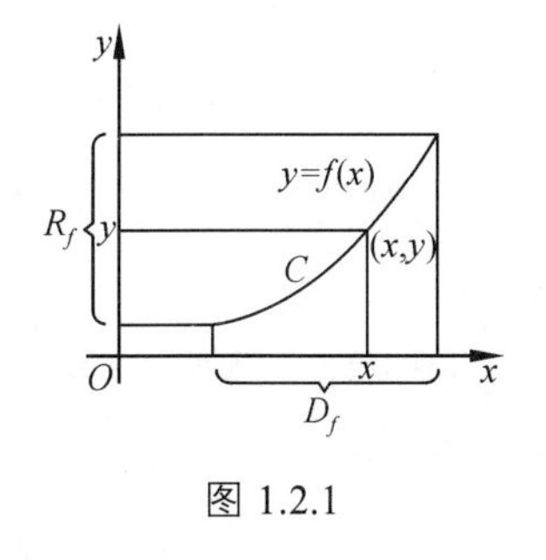

图 1.2.1

理论研究中常用公式法表示函数，可分为显函数、隐函数、参变量函数.

显函数：函数 y 由 x 的解析表达式直接给出，如 $y=x+\sin x$.

隐函数：函数的因变量 y 与自变量 x 的对应关系由方程 $F(x,y)=0$ 给出，如天体力学家开普勒（Kepler，1571—1630 年，德国）提出的开普勒方程 $y=x+\varepsilon\sin y, \varepsilon\in(0,1)$.

参变量函数：在表示变量 x 与 y 的函数关系时，引入第三个变量 t（参数），通过建立 x,y 与 t 之间的函数关系，间接确定 y 与 x 的函数，如 $\begin{cases}x=x(t)\\y=y(t)\end{cases}, t\in[a,b]$.

定义 1.2.2 自变量在其定义域的不同范围内用不同公式表示对应法则的函数，统称为**分段函数**. 下面给出几个特殊的分段函数.

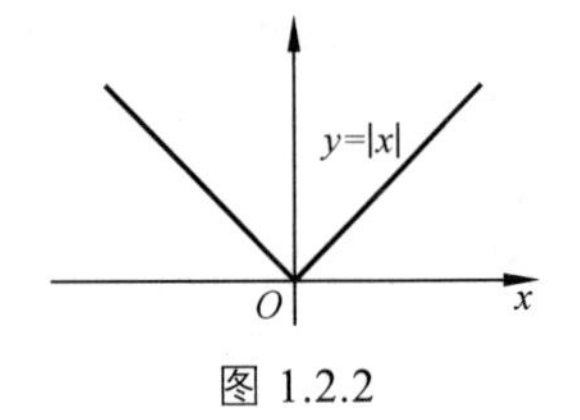

图 1.2.2

例 1.2.1 绝对值函数（如图 1.2.2）:

$$y=|x|=\begin{cases}x, & x\geqslant 0,\\ -x, & x<0.\end{cases}$$

其定义域为 $D_f=(-\infty,+\infty)$，值域为 $R_f=[0,+\infty)$.

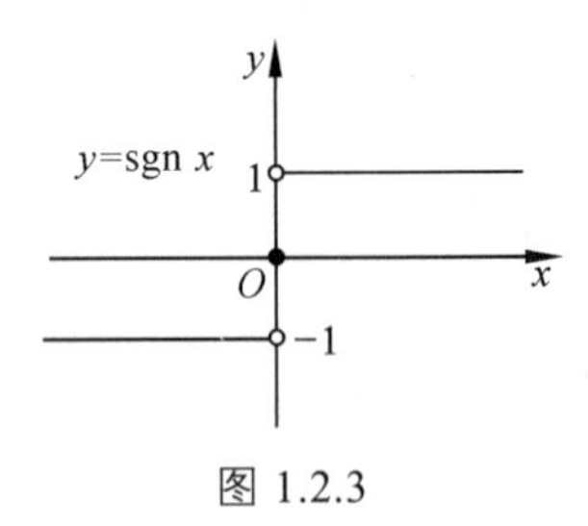

图 1.2.3

例 1.2.2 符号函数（如图 1.2.3）:

$$y=\operatorname{sgn} x=\begin{cases}1, & x>0,\\ 0, & x=0,\\ -1, & x<0.\end{cases}$$

其定义域为 $D_f=(-\infty,\ +\infty)$，值域为 $R_f=\{-1,\ 0,\ 1\}$.

显然有 $|x|=x\cdot\operatorname{sgn} x$.

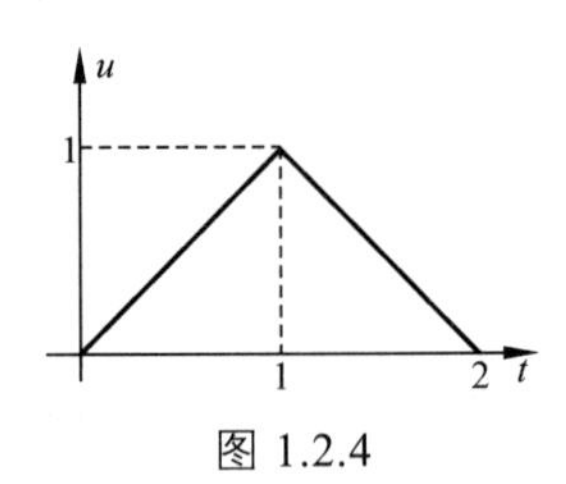

图 1.2.4

例 1.2.3 在电子技术中常遇到函数（如图 1.2.4）:

$$u=u(t)=\begin{cases}t, & 0\leqslant t<1,\\ 2-t, & 1\leqslant t\leqslant 2.\end{cases}$$

其定义域为 $D_f=[0,2]$，值域 $R_f=[0,1]$.

有些函数难以用公式法、列表法或图像法来表示，只能用语言描述来表达对应法则.

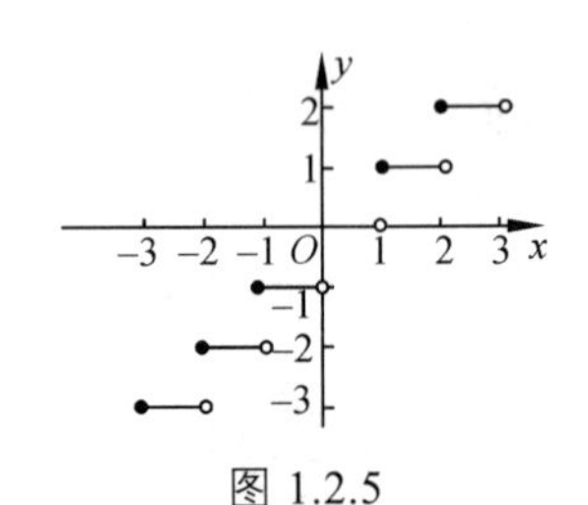

图 1.2.5

例 1.2.4 取整函数（如图 1.2.5）:

$$y=[x]$$

其中 $[x]$ 表示不超过 x 的最大整数，如 $[2.23]=2$，$[0.57]=0$，$[-2.31]=-3$ 等. 其定义域为 $D_f=\mathbf{R}$，值域为 $R_f=\mathbf{Z}$.

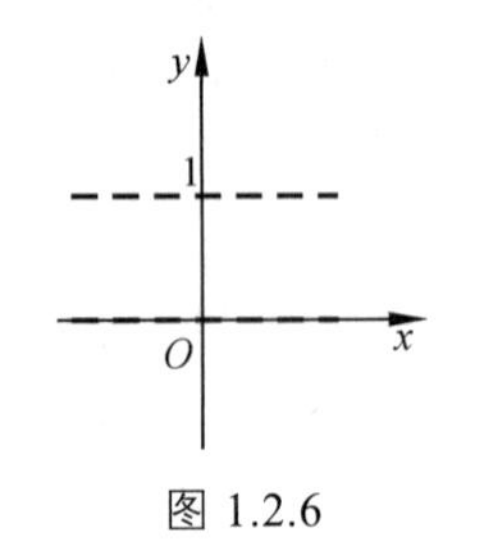

图 1.2.6

例 1.2.5 狄利克雷（Dirichlet，1805—1859 年，德国）函数（如图 1.2.6）:

$$y=\begin{cases}1, & x\text{为有理数},\\ 0, & x\text{为无理数}.\end{cases}$$

其定义域为 $D_f=\mathbf{R}$，值域为 $R_f=\{0,1\}$，狄利克雷函数常记为 $y=D(x)$.

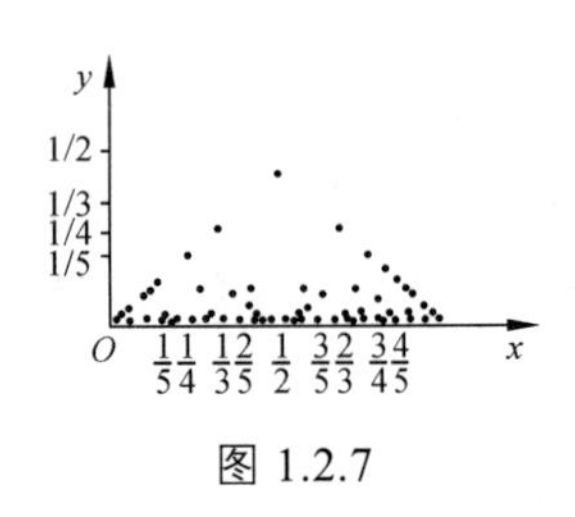

图 1.2.7

例 1.2.6 黎曼（Riemann，1826—1866 年，德国）函数（如图 1.2.7）:

$$y=\begin{cases}\dfrac{1}{q}, x=\dfrac{p}{q}\ (p,\ q\in\mathbf{N}_+, \dfrac{p}{q}\text{为既约真分数或 } p \text{ 与 } q \text{ 互质且 } p<q),\\ 0,\ x=0,1 \text{ 或 } (0,1) \text{ 的无理数}.\end{cases}$$

其定义域为 $D_f=[0,1]$，值域为 $R_f\subset[0,1]\cap\mathbf{Q}$，黎曼函数常记为 $y=R(x)$.

注 分段函数是一个函数，只是自变量在定义域的不同范围上对应法则不同，不能认为是几个函数.

三、具有某些特性的函数

1. 单调函数

定义 1.2.3 设函数 $f(x)$ 在数集 D 上有定义，若对 $\forall x_1, x_2 \in D$，当 $x_1 < x_2$，总有

（1）不等式 $f(x_1) \leqslant f(x_2)$ 成立，则称函数 $f(x)$ 在 D 上是**单调增函数**，特别地，有 $f(x_1) < f(x_2)$ 成立，称函数 $f(x)$ 在 D 上是**严格单调增函数**.

（2）不等式 $f(x_1) \geqslant f(x_2)$ 成立，则称函数 $f(x)$ 在 D 上是**单调减函数**，特别地，有 $f(x_1) > f(x_2)$ 成立，称函数 $f(x)$ 在 D 上是**严格单调减函数**.

函数 $f(x)$ 在数集 D 上是单调增函数、单调减函数统称为函数 $f(x)$ 在数集 D 上是**单调函数**，严格单调增函数和严格单调减函数统称为**严格单调函数**. 如果数集 D 是区间，则称 D 为函数 $f(x)$ 的**单调区间**.

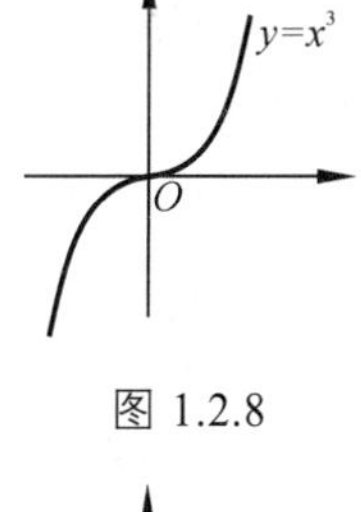

图 1.2.8

例 1.2.7 函数 $y = x^3$ 在 $(-\infty, +\infty)$ 内是严格单调增函数（如图 1.2.8）.

事实上，任意 $x_1, x_2 \in \mathbf{R}$，当 $x_1 < x_2$ 时，总有

$$x_2^3 - x_1^3 = (x_2 - x_1)(x_2^2 + x_2x_1 + x_1^2) = (x_2 - x_1)\left(x_2 + \frac{1}{2}x_1\right)^2 + \frac{3}{4}x_1^2 > 0$$

成立，即 $x_2^3 > x_1^3$，故函数 $y = x^3$ 在 $(-\infty, +\infty)$ 内是严格单调增函数.

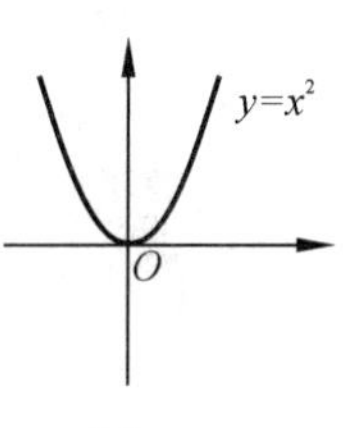

图 1.2.9

函数 $y = x^2$ 在区间 $(-\infty, 0]$ 上是严格单调减函数，在区间 $[0, +\infty)$ 上是严格单调增函数，但在 $(-\infty, +\infty)$ 上不是单调函数（如图 1.2.9）.

2. 奇函数和偶函数

定义 1.2.4 设函数 $f(x)$ 的定义域 D 是关于原点对称的数集.

（1）对于任意 $x \in D$，有 $f(-x) = -f(x)$，则称 $f(x)$ 为 D 上的**奇函数**；

（2）对于任意 $x \in D$，有 $f(-x) = f(x)$，则称 $f(x)$ 为 D 上的**偶函数**.

奇函数的图形关于原点对称，偶函数的图形关于 y 轴对称（如图 1.2.10）.

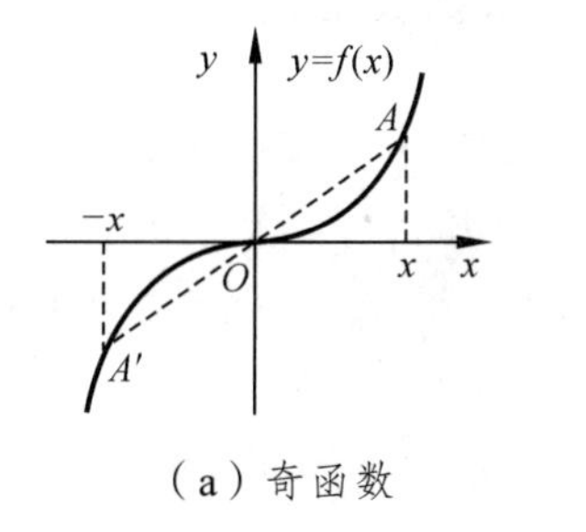

（a）奇函数

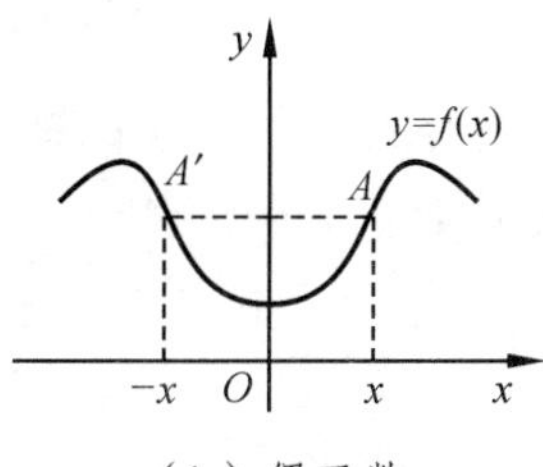

（b）偶函数

图 1.2.10

例 1.2.8 判断 $f(x)=\ln(\sqrt{1+x^2}-x)$ 的奇偶性.

解 因为 $f(x)$ 的定义域 $(-\infty,+\infty)$ 是关于原点对称的数集，且

$$f(-x)=\ln[\sqrt{1+(-x)^2}-(-x)]=\ln(\sqrt{1+x^2}+x)$$
$$=\ln\frac{1}{\sqrt{1+x^2}-x}=-\ln(\sqrt{1+x^2}-x)=-f(x),$$

所以 $f(x)$ 在 $(-\infty,+\infty)$ 内是奇函数.

又如函数 $y=\sin x, y=x^3, y=\operatorname{sgn} x$ 在 $(-\infty,+\infty)$ 内都是奇函数， $y=\cos x$, $y=x^2$, $y=C$ 在 $(-\infty,+\infty)$ 内都是偶函数，而 $y=\sin x+\cos x$ 在 $(-\infty,+\infty)$ 内是非奇非偶函数.

3. 周期函数

定义 1.2.5 设函数 $f(x)$ 在数集 D 上有定义，若存在常数 $T>0$，使得对一切 $x\in D$ 有 $x\pm T\in D$，且 $f(x\pm T)=f(x)$，则称 $f(x)$ 为**周期函数**，T 称为 $f(x)$ 的一个**周期**. 显然，若 T 为函数 $f(x)$ 的一个周期，则 $nT(n\in\mathbf{N}_+)$ 也为 $f(x)$ 的周期. 若周期函数 $f(x)$ 的所有周期中有一个最小周期 T_0，则称 T_0 为 $f(x)$ 的**最小正周期**或**基本周期**，简称**周期**.

例如 $y=\sin x, y=\cos x$ 的周期为 2π， $y=\tan x, y=\cot x$ 的周期为 π，但并非每个周期函数都有最小正周期. 如，任意一个正数 $T>0$ 都是常数函数 $f(x)=C$ 的周期；容易判断任意一个正有理数 T 都是狄利克雷函数的周期，它们都没有基本周期.

周期函数的图形特点：在函数的定义域内，每个长度为 T 的范围内，函数的图形有相同的形状（如图 1.2.11）.

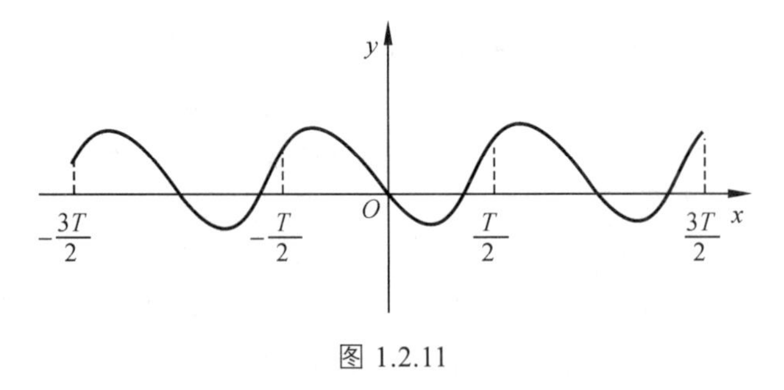

图 1.2.11

4. 有界函数

定义 1.2.6 设函数 $f(x)$ 在数集 D 上有定义，$X\subset D$，如果存在 M (L)，有

$$f(x)\leqslant M\ (f(x)\geqslant L),\quad x\in X,$$

则称函数 $f(x)$ 为在 X 上**有上（下）界函数**，简称 $f(x)$ 在 X 上有上（下）界，其本质上是 $\{f(x)\mid x\in X\}$ 是一个有上（下）界的数集. M (L)称为 $f(x)$ 在 X 上的一个上（下）界.

如果函数 $f(x)$ 在 X 上既有上界又有下界，则称 $f(x)$ 在 X 上有界，即 $\{f(x)\mid x\in X\}$ 是一个有界集.

如图 1.2.12 所示，函数 $f(x)$ 在 X 上**有界**也可定义为，存在一个正数 $M>0$，使一切 $x\in X$，有

$$|f(x)|\leqslant M.$$

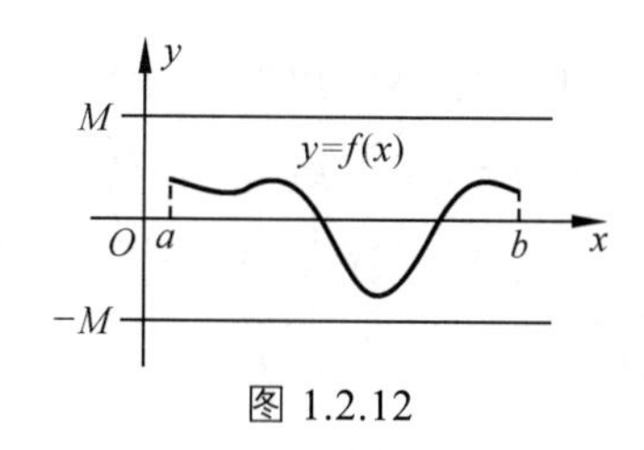

图 1.2.12

如：$\forall x\in(-\infty,\ +\infty)$，$|\sin x|\leqslant 1$，函数 $f(x)=\sin x$ 在 $(-\infty,\ +\infty)$ 内有界.

定义 1.2.7 若函数 $f(x)$ 在 X 上无上界或无下界，则称 $f(x)$ 是 X 上**无界函数**，即对任何正数 M，总存在 $x_0\in X$，使 $|f(x_0)|>M$.

例 1.2.9 证明：（1）函数 $f(x)=\dfrac{1}{x}$ 在区间 $[1,+\infty)$ 上有界；（2）函数 $f(x)=\dfrac{1}{x}$ 在开区间 $(0,1)$ 内无界.

证 （1）取 $M=1>0$，对 $\forall x\in[1,+\infty)$，有 $|f(x)|\leqslant 1=M$. 故函数 $f(x)=\dfrac{1}{x}$ 在区间 $[1,+\infty)$ 上有界；

（2）对任意 $M>0$，要使 $|f(x)|=\left|\dfrac{1}{x}\right|=\dfrac{1}{x}>M$，只要 $x<\dfrac{1}{M}$，取 $x_0=\dfrac{1}{1+M}\in(0,1)$，有 $|f(x_0)|=1+M>M$，故函数 $f(x)=\dfrac{1}{x}$ 在开区间 $(0,1)$ 无界.

习题 1.2

1. 设平面上四点 $A(0,2)$，$B(1,0)$，$C(3,2)$，$D(4,0)$，写出折线 $\overline{ABCD}$ 所表示的函数关系 $y=f(x)$.

2. 判断下列函数的奇偶性.

（1）$f(x)=x^2-\cos x$；　　（2）$f(x)=\dfrac{1}{1+a^x}-\dfrac{1}{2}\ (a>0,a\neq 1)$.

3. 讨论狄利克雷函数的奇偶性、单调性、周期性和有界性.

4. 试举出在 $[0,1]$ 上是无界函数的一个例子，并证明之.

第三节 函数运算与初等函数

一、函数的四则运算

定义 1.3.1 已知函数 $f(x),x\in D_1$ 与 $g(x),x\in D_2$，若 $D=D_1\cap D_2\neq\varnothing$，则定义 $f(x)$ 与 $g(x)$ 在 D 上的加、减、乘运算如下：

$$F(x)=f(x)+g(x),\ x\in D\ ;$$

$$G(x)=f(x)-g(x),\ x\in D\ ;$$

$$H(x)=f(x)g(x),\ x\in D\ .$$

若 $D^*=D_1\bigcap\{x\mid g(x)\neq 0, x\in D_2\}\neq\varnothing$，则定义 $f(x)$ 与 $g(x)$ 在 D^* 上的商运算如下：

$$L(x)=\frac{f(x)}{g(x)},\ \ x\in D^*\ .$$

若 $D_1\bigcap D_2=\varnothing$，则函数 $f(x)$ 与 $g(x)$ 不能进行四则运算．为了叙述方便，函数 $f(x)$ 与 $g(x)$ 的四则运算可以分别简写为

$$f+g,\ f-g,\ fg,\ \frac{f}{g}\ .$$

例 1.3.1 函数 $f(x)$ 与 $g(x)$ 在 D 上有界，则 $f(x)\pm g(x)$，$f(x)g(x)$ 也在 D 上有界．

证 函数 $f(x)$ 与 $g(x)$ 在 D 上有界，则 $\exists M,L>0$，使得 $\forall x\in D$，有

$$|f(x)|\leqslant M\ ,\ \ |g(x)|\leqslant L\ ,$$

于是 $|f(x)\pm g(x)|\leqslant|f(x)|+|g(x)|\leqslant M+L$，即 $f(x)\pm g(x)$ 在 D 上有界．

又 $|f(x)g(x)|\leqslant ML$，即 $f(x)g(x)$ 在 D 上有界．

二、复合函数

定义 1.3.2 设函数 $y=f(u),u\in D_f$，$u=g(x),x\in D_g$，若 $D_f\bigcap R_g\neq\varnothing$，记 $E^*=\{x\in D_g\mid g(x)\in D_f\}$，则对 $\forall x\in E^*$，有唯一的 $u\in D_f$ 与之对应，u 又有函数 f 对应唯一的一个 y 值，从而在 E^* 上确定了一个新的 y 关于 x 的函数，记为

$$y=f(g(x)),\ \ x\in E^* \text{ 或 } y=(f\circ g)(x),\ \ x\in E^*\ ,$$

则称函数 $y=f(g(x))$ 为 $y=f(u)$ 和 $u=g(x)$ 的**复合函数**，其中 $y=f(u)$ 为**外函数**，$u=g(x)$ 为**内函数**，x 为自变量，y 为因变量，u 为**中间变量**，通常把这种获得复合函数的运算称为函数的**复合运算**．

例 1.3.2 试写出函数 $y=f(u)=\dfrac{1}{\sqrt{u}}$ 与 $u=g(x)=1-x^2$ 的复合函数 $f(g(x))$．

解 先求 E^*．由于 $y=\dfrac{1}{\sqrt{u}}$ 的定义域 $D_f=\{u\mid u>0\}$，要使得 $g(x)=1-x^2>0$，则 $x\in(-1,1)$，从而 $E^*=(-1,1)$，因此复合函数 $f(g(x))=\dfrac{1}{\sqrt{1-x^2}}$，$x\in E^*=(-1,1)$．

不是任何两个函数都能复合成一个复合函数．例如，$y=f(u)=\ln u$ 与 $u=g(x)=-x^2-1$ 就不能复合成一个函数，因为 $u=-x^2-1<0$，而 $D_f=(0,+\infty)$，即 $D_f\bigcap R_g=\varnothing$．

可以将两个函数的复合推广到有限个函数的复合．如，$y=3^u$，$u=\cos v$，$v=t^2$，$t=\ln x$ 复合成函数 $y=3^{\cos\ln^2 x}$，$x\in(0,+\infty)$．

为了便于研究函数，有时需要将复杂的函数“分解”成若干个**简单函数**（基本初等函数和、差及其与常数乘积形式的函数）的复合. 如，函数 $y=\sin \mathrm{e}^{x+1}$ 可以“分解”成 $y=\sin u,\ u=\mathrm{e}^{v},\ v=x+1$ 三个简单函数的复合.

三、反函数

函数 $y=f(x)$ 的自变量 x 与因变量 y 的地位往往是相对的，有时不仅要研究 y 随 x 变化而变化的状况，也需要研究 x 随 y 变化而变化的状况. 为此，引入反函数的概念.

定义 1.3.3 设函数 $y=f(x)$ 的定义域为 D_f，值域为 R_f. 若对 $\forall y\in R_f$，都有唯一的 $x\in D_f$，使得 $f(x)=y$，则按此对应法则得到在 R_f 上的函数称为 $y=f(x)$ 的**反函数**，记为 $x=\phi(y)$ 或 $x=f^{-1}(y)$，$y\in R_f$，函数 $y=f(x)$ 称为**直接函数**.

函数 $x=f^{-1}(y)$，y 为自变量，x 为因变量，定义域为 R_f，值域为 D_f. 若按习惯仍用 x 作为自变量的记号，y 作为因变量的记号，则反函数应该改写为

$$y=f^{-1}(x),\quad x\in R_f.$$

由此，函数 $y=f(x)$ 与它的反函数 $y=f^{-1}(x)$ 的图形是关于直线 $y=x$ 对称的（如图 1.3.1）.

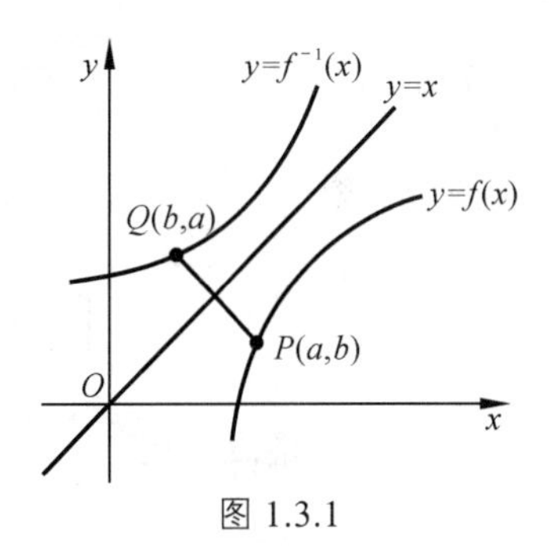

图 1.3.1

例 1.3.3 求函数 $y=\dfrac{\mathrm{e}^{x}-\mathrm{e}^{-x}}{2}$ 的反函数.

解 函数 $y=\dfrac{\mathrm{e}^{x}-\mathrm{e}^{-x}}{2}$ 的定义域 $D=\mathbf{R}$，值域 $R_f=\mathbf{R}$.

由 $y=\dfrac{\mathrm{e}^{x}-\mathrm{e}^{-x}}{2}$ 得 $2y=\mathrm{e}^{x}-\mathrm{e}^{-x}$.

即
$$(\mathrm{e}^{x})^2-2y\mathrm{e}^{x}-1=0 \text{ 且 } \mathrm{e}^{x}>0.$$

从而
$$\mathrm{e}^{x}=\frac{2y+\sqrt{4y^2+4}}{2}=y+\sqrt{1+y^2},$$

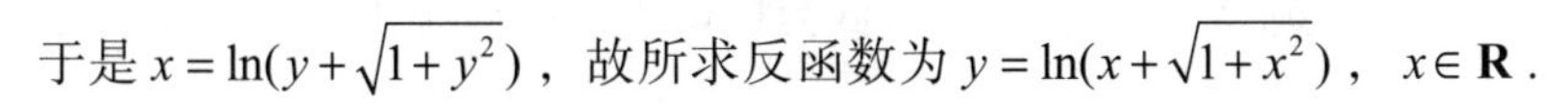
于是 $x=\ln(y+\sqrt{1+y^2})$，故所求反函数为 $y=\ln(x+\sqrt{1+x^2})$，$x\in\mathbf{R}$.

四、基本初等函数和初等函数

1. 基本初等函数

我们熟悉的幂函数、指数函数、对数函数、三角函数、反三角函数这五类函数统称为**基本初等函数**，分别简要介绍如下.

（1）幂函数 $y=x^{\mu}$（μ 为实常数）.

其定义域依 μ 的取值而定，但无论 μ 取何值，$y=x^{\mu}$ 在 $(0,+\infty)$ 都有定义且图形都过点 $(1,1)$（如图 1.3.2）.

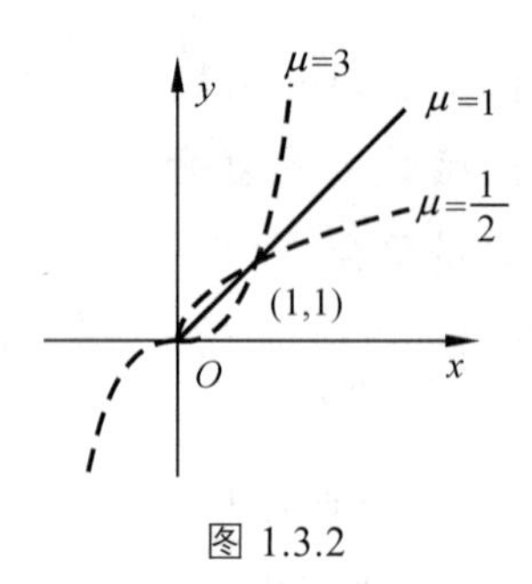

图 1.3.2

（2）指数函数 $y=a^x$（$a>0,\ a\neq 1$）.

其定义域为 $(-\infty,\ +\infty)$，值域为 $(0,\ +\infty)$，图形都过点 $(0,\ 1)$．当 $a>1$ 时，函数 $y=a^x$ 单调增加；当 $0<a<1$ 时，函数 $y=a^x$ 单调减少（如图 1.3.3）.

特别地有 $y=\mathrm{e}^x$，其中 $\mathrm{e}=2.718\,281\,828\,459\cdots$ 是一个无理数（其定义见例 2.3.3）.

（3）对数函数 $y=\log_a x$（$a>0,\ a\neq 1$）.

对数函数与指数函数互为反函数．其定义域为 $(0,+\infty)$，值域为 $(-\infty,+\infty)$，图形都过点 $(1,0)$．当 $a>1$ 时，函数 $y=\log_a x$ 单调增加；当 $0<a<1$ 时，函数 $y=\log_a x$ 单调减少（如图 1.3.4）.

特别地，当 $a=\mathrm{e}$ 时，对数函数记为 $y=\ln x$，又被称为**自然对数函数**.

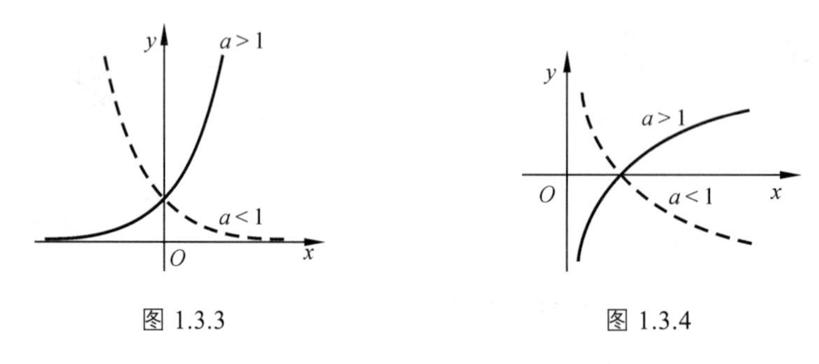

图 1.3.3　　　　图 1.3.4

（4）三角函数 $y=\sin x,\ y=\cos x,\ y=\tan x,\ y=\cot x,\ y=\sec x,\ y=\csc x$.

① 正弦函数 $y=\sin x$，定义域为 $(-\infty,+\infty)$，值域为 $[-1,1]$，是以 2π 为周期的奇函数，是有界函数（如图 1.3.5）.

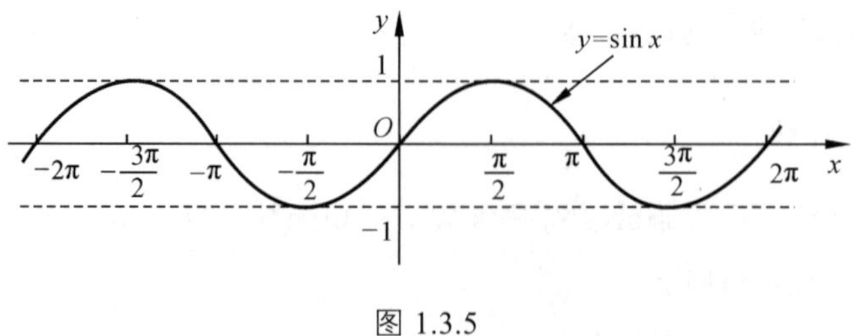

图 1.3.5

② 余弦函数 $y=\cos x=\sin\left(x+\dfrac{\pi}{2}\right)$，由 $y=\sin x$ 曲线沿 x 轴向左平移 $\dfrac{\pi}{2}$ 单位所得．定义域为 $(-\infty,+\infty)$，值域为 $[-1,1]$，是以 2π 为周期的偶函数，是有界函数（如图 1.3.6）.

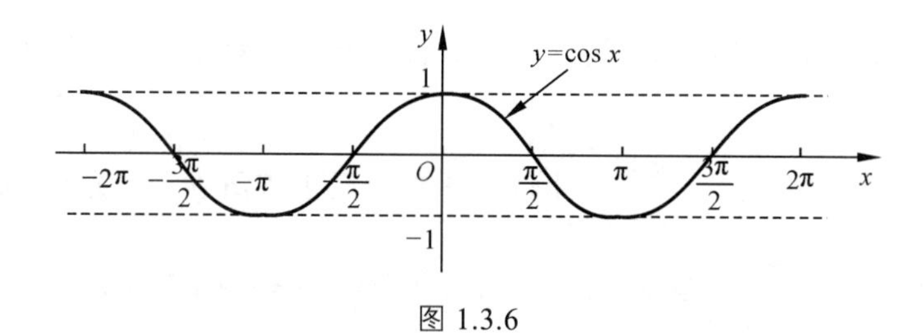

图 1.3.6

③ 正切函数 $y=\tan x=\dfrac{\sin x}{\cos x}$，定义域为 $\left\{x \mid x \neq k\pi+\dfrac{\pi}{2},\ k\in \mathbf{Z}\right\}$，值域为 $(-\infty,\ +\infty)$，是以 π 为周期的奇函数，是无界函数（如图 1.3.7）.

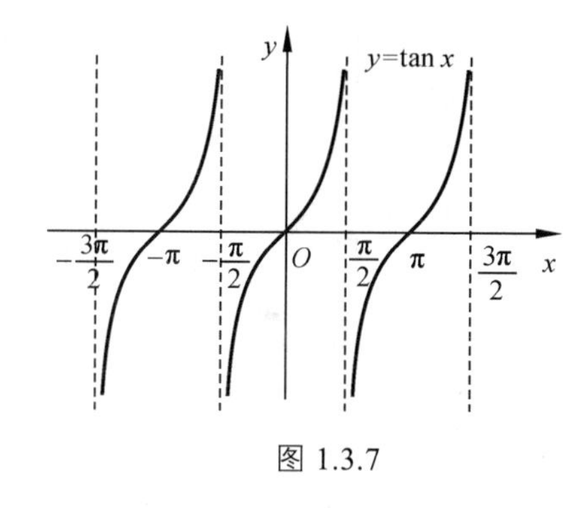

图 1.3.7

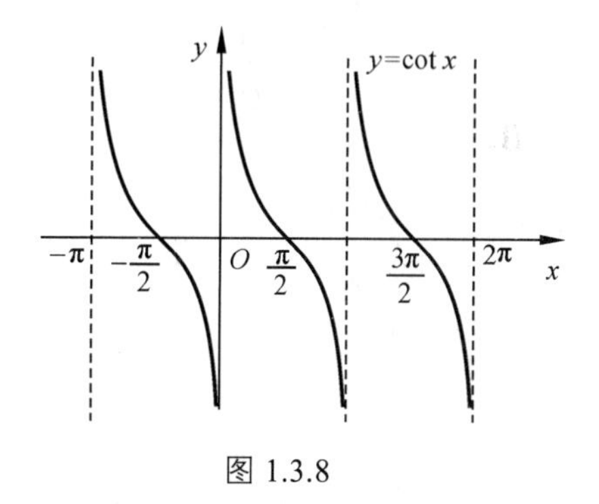

图 1.3.8

④ 余切函数 $y=\cot x=\dfrac{\cos x}{\sin x}=\dfrac{1}{\tan x}$，定义域为 $\{x \mid x\neq k\pi, k\in \mathbf{Z}\}$，值域为 $(-\infty,+\infty)$，以 π 为周期的奇函数，是无界函数（如图 1.3.8）.

⑤ 正割函数 $y=\sec x=\dfrac{1}{\cos x}$，定义域为 $\left\{x \mid x \neq k\pi+\dfrac{\pi}{2},\ k\in \mathbf{Z}\right\}$，值域为 $\{y \mid |y|\geqslant 1\}$，以 2π 为周期的偶函数，是无界函数（如图 1.3.9）.

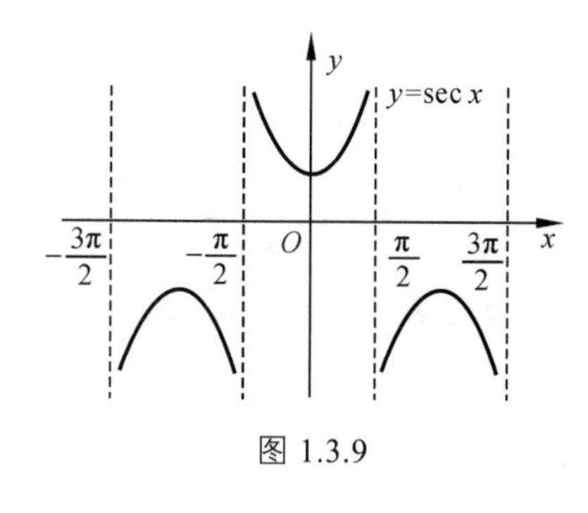

图 1.3.9

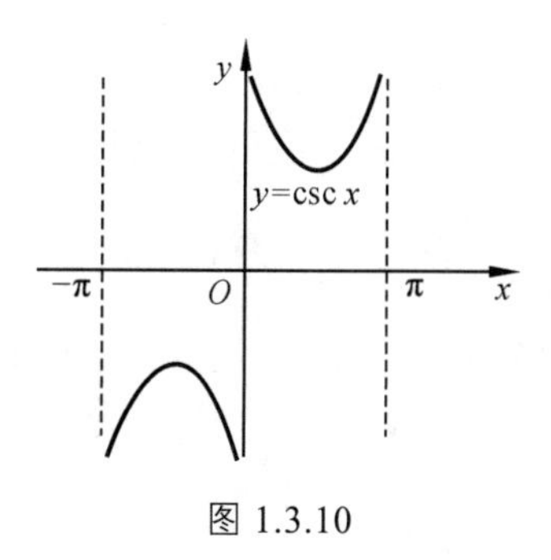

图 1.3.10

⑥ 余割函数 $y=\csc x=\dfrac{1}{\sin x}$，定义域为 $\{x|x\neq k\pi, k\in \mathbf{Z}\}$，值域为 $\{y \mid |y|\geqslant 1\}$，是以 2π 为周期的奇函数，是无界函数（如图 1.3.10）.

三角函数具有很多相互转换关系（同角、倍角、半角、和差化积、积化和差等，见附录）.

（5）反三角函数 $y=\arcsin x,\ y=\arccos x,\ y=\arctan x,\ \ y=\operatorname{arccot} x$.

三角函数 $y=\sin x,\ y=\cos x$, $y=\tan x$, $y=\cot x$ 在其定义域内是周期函数，且不是单调函数.

将以上三角函数限定在特定的单调区间内所得到的反函数，称为反三角函数的主值函数，简称**反三角函数**.

① 称正弦函数 $y=\sin x$ 在 $\left[-\frac{\pi}{2}, \frac{\pi}{2}\right]$ 上的反函数为**反正弦函数**，记为 $y=\arcsin x$，其定义域为 $[-1,1]$，值域为 $\left[-\frac{\pi}{2}, \frac{\pi}{2}\right]$，是有界、奇函数、增函数（如图 1.3.11）.

② 称余弦函数 $y=\cos x$ 在 $[0,\pi]$ 上的反函数为**反余弦函数**，记为 $y=\arccos x$，其定义域为 $[-1,1]$，值域为 $[0,\pi]$，是有界、减函数（如图 1.3.12）.

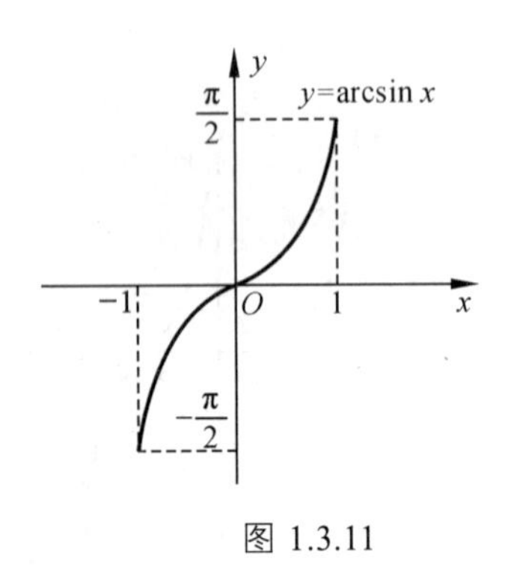

图 1.3.11

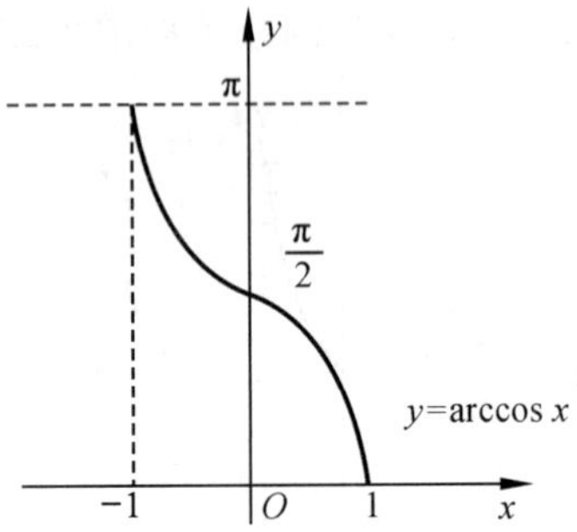

图 1.3.12

③ 称正切函数 $y=\tan x$ 在 $x\in\left(-\frac{\pi}{2}, \frac{\pi}{2}\right)$ 内的反函数为**反正切函数**，记为 $y=\arctan x$，其定义域为 $(-\infty, +\infty)$，值域为 $\left(-\frac{\pi}{2}, \frac{\pi}{2}\right)$，是有界、奇函数、增函数（如图 1.3.13）.

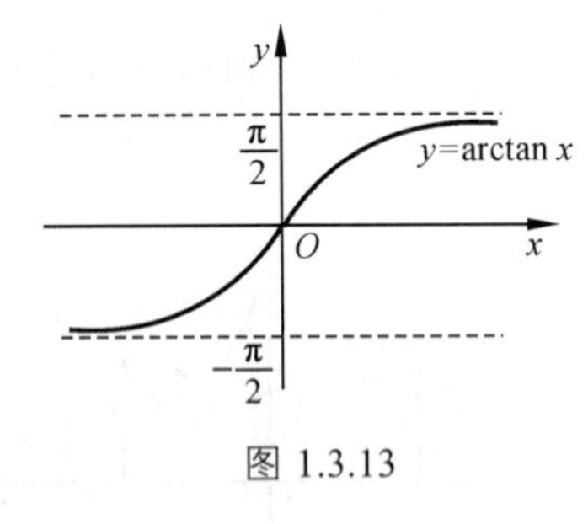

图 1.3.13

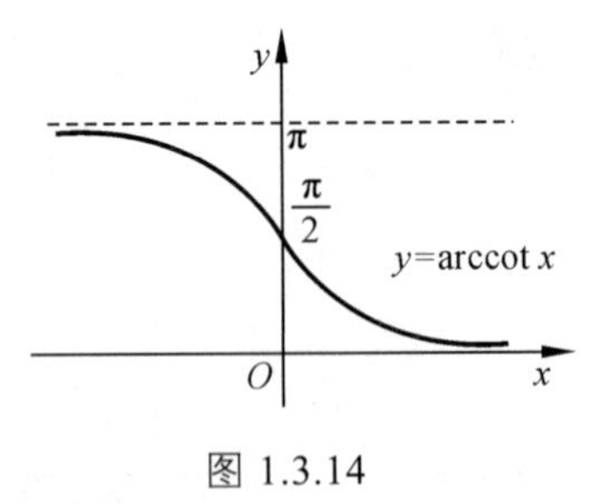

图 1.3.14

④ 称余切函数 $y=\cot x$ 在 $x\in(0,\pi)$ 的反函数为**反余切函数**，记为 $y=\operatorname{arccot} x$，其定义域为 $(-\infty,+\infty)$，值域为 $(0,\pi)$，是有界、减函数（如图 1.3.14）.

2. 初等函数

定义 1.3.4 由常数和基本初等函数经过有限次的四则运算和有限次的函数复合运算所得且可用一个式子表示的函数称为**初等函数**. 如

$$y=\sqrt{\cot\frac{x}{2}}, \quad y=\frac{\arcsin(x-1)}{1+x^2}, \quad y=x\cos^2 x-\sqrt{1-x^2}$$

等都是初等函数.

（1）有理函数.

称 n 次多项式 $P_n(x)=a_0+a_1x+a_2x^2+\cdots+a_nx^n$（$a_n\neq 0$）及多项式的商 $f(x)=\dfrac{P_n(x)}{Q_m(x)}$（$Q_m(x)\neq 0$）为**有理函数**，$P_n(x)$ 与 $f(x)$ 分别称为有理多项式与有理分式. 当 $m>n$ 时，称有理分式 $f(x)=\dfrac{P_n(x)}{Q_m(x)}$ 为真分式；当 $m\leqslant n$ 时，称有理分式 $f(x)=\dfrac{P_n(x)}{Q_m(x)}$ 为假分式. 由代数学的知识得以下命题成立.

命题 1.3.1 任意一个假分式都能分解成一个多项式与一个真分式之和.

例如：$\dfrac{x^3+x+1}{x^2+1}=\dfrac{x(x^2+1)+1}{x^2+1}=x+\dfrac{1}{x^2+1}$.

（2）双曲函数.

简单介绍与三角函数有许多相似之处的双曲函数，它们在科学研究与工程中被广泛应用.

① 称函数 $y=\dfrac{e^x-e^{-x}}{2}, x\in(-\infty,\infty)$ 为双曲正弦函数，记为 $y=\operatorname{sh}x$，其是奇函数、增函数.

② 称函数 $y=\dfrac{e^x+e^{-x}}{2}, x\in(-\infty,\infty)$ 为双曲余弦函数，记为 $y=\operatorname{ch}x$，其是偶函数（如图 1.3.15）.

③ 称函数 $y=\dfrac{\operatorname{sh}x}{\operatorname{ch}x}, x\in(-\infty,\infty)$ 为双曲正切函数，记为 $y=\operatorname{th}x=\dfrac{e^x-e^{-x}}{e^x+e^{-x}}$，其是有界、奇函数、增函数（如图 1.3.16）.

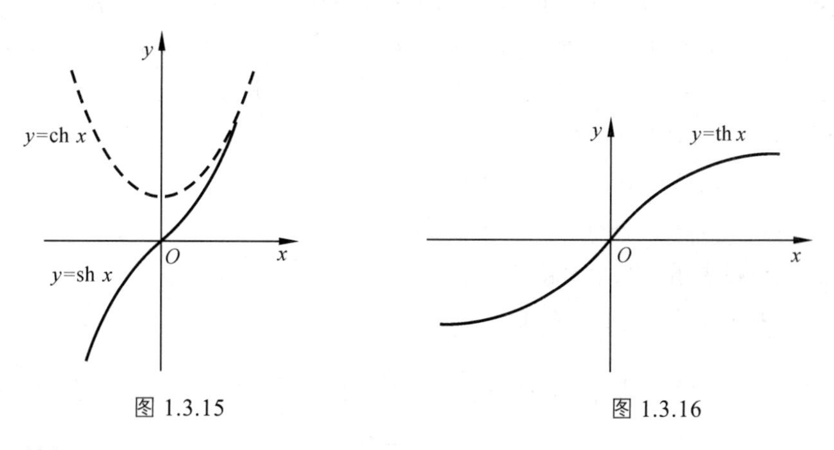

图 1.3.15　　图 1.3.16

由定义可得

$\operatorname{sh}(x\pm y)=\operatorname{sh}x\operatorname{ch}y\pm\operatorname{ch}x\operatorname{sh}y$；　$\operatorname{ch}(x\pm y)=\operatorname{ch}x\operatorname{ch}y\pm\operatorname{sh}x\operatorname{sh}y$；

$\operatorname{sh}2x=2\operatorname{sh}x\operatorname{ch}x$；　$\operatorname{ch}2x=2\operatorname{ch}^2x-1$；

$2\operatorname{ch}^2x-\operatorname{sh}^2x=1$.

这些恒等式类似于三角函数的相应恒等式.

（3）反双曲函数.

双曲函数在相应单调区间内的反函数称为反双曲函数.

① 称 $y=\operatorname{arsh}x=\ln(x+\sqrt{x^2+1}), x\in(-\infty,\infty)$ 为反双曲正弦函数，是奇函数、增函数.

② 称 $y=\operatorname{arch} x=\ln(x+\sqrt{x^2-1}), x\in[1,+\infty)$ 为反双曲余弦函数（如图 1.3.17）.

③ 称 $y=\operatorname{arth} x=\ln\dfrac{1+x}{1-x}$ 为反双曲正切函数（如图 1.3.18）.

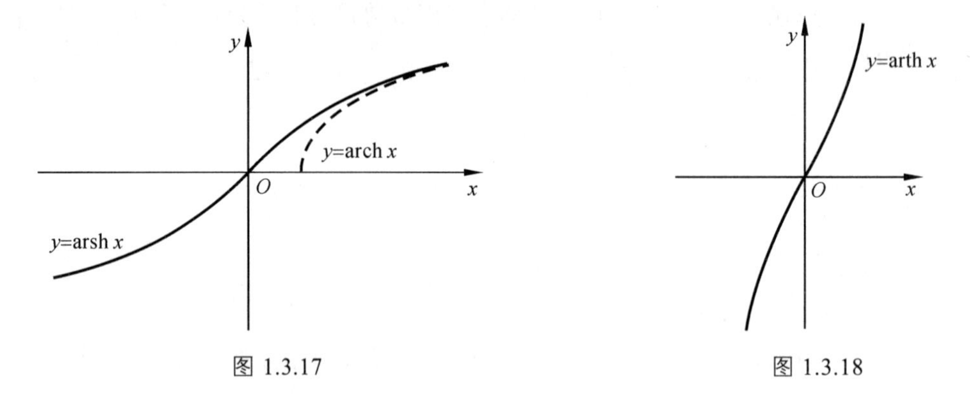

图 1.3.17　　图 1.3.18

1. 证明：

（1）函数 $f(x)$ 与 $g(x)$ 是数集 D 上严格增（减），则函数 $f(x)+g(x)$ 也是 D 上严格增（减）；

（2）函数 $f(x)$ 与 $g(x)$ 是 D 上非负增，则函数 $f(x)g(x)$ 也是 D 上非负增；

（3）函数 $f(x)$ 与 $g(x)$ 是 $(-\infty,+\infty)$ 内奇函数，则在 $(-\infty,+\infty)$ 内 $f(x)\pm g(x)$ 是奇函数，$f(x)g(x)$ 是偶函数.

2. 设函数 $f(x)$ 定义在 $[-a,a]$（$a>0$）上，证明：

（1）函数 $F(x)=f(x)+f(-x)$ 为 $[-a,a]$ 上偶函数；

（2）函数 $G(x)=f(x)-f(-x)$ 为 $[-a,a]$ 上奇函数；

（3）函数 $f(x)$ 可表示为某个奇函数与偶函数之和.

3. 求下列函数的定义域 D_f 与值域 R_f.

（1）$y=\ln(|x+1|-|x-1|)$；　　（2）$y=\sqrt{\sin\sqrt{x}}$；

（3）$y=\arcsin\dfrac{x}{1+x}$；　　（4）$y=\ln\arcsin\dfrac{x}{\mathrm{e}}$.

4. 指出下列函数是由哪些简单函数复合而成的.

（1）$y=\sin\sin^2 x$；　　（2）$y=\dfrac{1}{3}\ln^3(\arcsin(x^2+1))$.

5. 设 $f(x)=\begin{cases}\sin x+\cos x, & 0\leqslant x<1,\\ 1+x^2, & 1\leqslant x<2,\end{cases}$ 求 $f(1), f\left(\dfrac{\pi}{4}\right), f\left(\dfrac{\pi}{2}\right)$.

6. 设 $f\left(x+\dfrac{1}{x}\right)=x^2+\dfrac{1}{x^2}+1$，求 $f(x), f(\sin x)$.

7. 求下列函数的反函数.

（1）$y=\frac{2^x+1}{2^x}$；（2）$y=1+\frac{1}{3}\ln(x-2)$.

第一章 总练习题

一、填空题

1. 函数 $y=\arcsin\sqrt{x^2-1}$ 的定义域为________.

2. 设 $f(x)=\frac{x-1}{x},(x\neq 0)$，则 $f(f(2))=$________.

3. 设 $f(x)$ 满足 $3f(x)-f\left(\frac{1}{x}\right)=\frac{1}{x}$（$x\neq 0$），则 $f(x)=$________.

4. 函数 $f(x)=\frac{1}{1+e^x}$ 在 $(-\infty,+\infty)$ 内________.（只填有界或无界）

5. 函数 $y=\sin x\cdot\cos x+\cot 3x$ 的周期 $T=$________.

二、选择题

1. 函数 $f(x)=x+\sin x$ 在 $(-\infty,+\infty)$ 内是（　　）.

A. 严格单增　B. 严格单减　C. 有界函数　D. 周期函数

2. 下列函数对中是相等函数的为（　　）.

A. $f(x)=\ln x^2$ 与 $g(x)=2\ln x$　B. $f(x)=\sec^2 x-\tan^2 x$ 与 $g(x)=1$

C. $f(x)=(\sqrt{x})^2$ 与 $g(x)=x$　D. $f(x)=1-\sin^2 x$ 与 $g(t)=\cos^2 t$

3. 下列函数中不是初等函数的为（　　）.

A. $y=2^{-\sin^2 x}$　B. $y=\ln\sin x$　C. $y=[x]$　D. $y=\sqrt{1+\cos^2 x}$

4. 下列函数中在其定义域内有界的是（　　）.

A. $y=\frac{1}{x^2}$　B. $y=\arctan(2^x)$　C. $y=1+2^{-x}$　D. $y=\csc x$

5. 下列函数中在区间 $(-1,0)$ 内严格单调增的是（　　）.

A. $y=x^2+1$　B. $y=3x-4$　C. $y=1-2x$　D. $y=|x|+1$

三、试解下列各题

1. 求函数 $f(x)=\arcsin(x-1)+\lg(x^2-4x+3)$ 的定义域.

2. 设 $f(x)=\begin{cases}2^x, & -1\leqslant x\leqslant 0,\\ x+1, & 0<x\leqslant 1,\\ x-2, & 1<x\leqslant 3,\end{cases}$ 求 $f\left(f\left(\frac{3}{2}\right)\right)$ 以及 $f\left(f\left(\frac{1}{3}\right)\right)$.

3. 判断函数 $f(x)=\ln(x+\sqrt{x^2+1})$ 的奇偶性.

4. 求函数 $f(x)=\frac{1-x}{1+x}$ 的反函数.

5. 讨论函数 $f(x)=x\sin x$ 的有界性.

四、试证下列各题

1. 设三个单调增函数 $f(x), g(x)$ 和 $h(x)$ 满足 $f(x) \leqslant g(x) \leqslant h(x)$，$x \in \mathbf{R}$. 证明：$f(f(x)) \leqslant g(g(x)) \leqslant h(h(x))$.

2. 证明取整函数 $y=[x]$ 具有如下不等式性质：

（1）当 $x>0$ 时，$1-x<x\left[\frac{1}{x}\right] \leqslant 1$；（2）当 $x<0$ 时，$1 \leqslant x\left[\frac{1}{x}\right]<1-x$.

PART TWO

第二章　数列的极限

极限是在一些实际问题精确求解过程中产生的数学思想和方法，是一大批数学家集体智慧的结晶，它贯穿于数学分析课程体系的始终，微积分理论是建立在极限基础上的，因此有必要对极限理论进行深入探讨. 本章介绍一类特殊函数——数列的极限及其性质.

第一节　数列极限的概念

一、数列的定义

定义 2.1.1　定义在正整数集合 $\mathbf{N}_+$ 上的函数 $y=f(n)$，且自变量 $n\in\mathbf{N}_+$ 按从小到大依次取值，得到一列有序的数 $f(1), f(2), f(3), \cdots, f(n), \cdots$，称该列有序的数为**数列**，通常数列也写成 $x_1, x_2, x_3, \cdots, x_n, \cdots$，记为 $\{x_n\}$，其中第 n 项 x_n 称为数列的**一般项或通项**. 如，

$$\left\{\frac{n}{n+1}\right\}:\ \frac{1}{2},\frac{2}{3},\frac{3}{4},\cdots,\frac{n}{n+1},\cdots;$$

$$\{(-1)^n\}:\ -1,1,-1,\cdots,(-1)^n,\cdots;$$

$$\left\{\frac{n+(-1)^{n-1}}{n}\right\}:\ 2,\frac{1}{2},\frac{4}{3},\cdots,\frac{n+(-1)^{n-1}}{n},\cdots.$$

在几何上，数列 $\{x_n\}$ 可看作数轴上的一点列，它依次取数轴上的点 $x_1, x_2, \cdots, x_n, \cdots$（如图 2.1.1）.

图 2.1.1

注　数列就是一列**有序的数**. 若不同项的值相等，应该认为它们是不同的点.

二、数列极限

《九章算术》记载，我国魏晋时期数学家刘徽（约 225—约 295 年）于 263 年提出割圆术：

“割之弥细，所失弥少；割之又割，以至于不可割，则与圆周合体而无所失矣.”即一圆，首作内接正六边形，其面积记为 A_1；每边等分再作内接正十二边形，面积记为 A_2；如此每次边数加倍得内接正 $6\times 2^{n-1}(n\in \mathbf{N}_+)$ 边形，其面积记为 A_n，这样得到关于内接正多边形面积的数列 $A_1, A_2, A_3, \cdots, A_n, \cdots$，随着内接正多边形的边数无限增加，内接正多边形的面积就无限接近于该圆的面积.

无论 n 取多大，A_n 不是圆的面积，只是圆面积的近似值，刘徽割圆术考虑边数 n 无限增加，由 A_n 变化趋势来确定圆面积，这种利用圆内接正多边形面积无限逼近圆面积的方法，是思想方法上的重大突破，是最朴素的极限思想的描述. 即随着 n 无限增大，数列 A_n 无限接近于某一确定的数值，这个确定的值在数学上称为当 n 无限增大时，数列 $\{A_n\}$ 的极限.

对极限的理解不能只停留在几何直观或定性描述的层面，应该深刻理解这种变化趋势思想中蕴含的数量关系，用定量方式给出极限的定义. 下面通过一个例子给出极限的严格定义.

观察数列 $2, \dfrac{1}{2}, \dfrac{4}{3}, \cdots, \dfrac{n+(-1)^{n-1}}{n}, \cdots$，通项为 $x_n=\dfrac{n+(-1)^{n-1}}{n}$，其变化趋势如图 2.1.2.

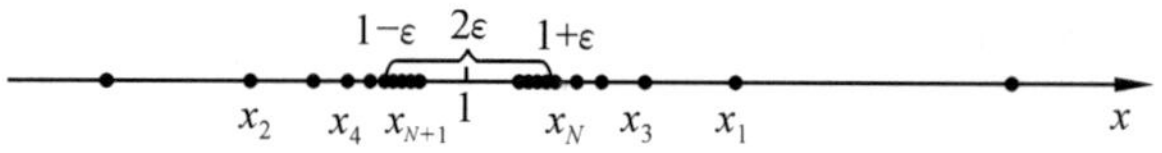

图 2.1.2

几何上显示当 n 无限增大时，有 x_n 无限趋近于“1”的状态，即有在第 N 项以后的 x_n 与 1 的距离能任意小的事实.

定义 2.1.2 设数列 $\{x_n\}$，a 为定常数，若对任意给定 $\varepsilon>0$（不论 ε 多么小），总存在正整数 $N\in\mathbf{N}_+$，当 $n>N$ 时，有不等式

$$|x_n-a|<\varepsilon$$

恒成立，则称当 $n\to\infty$ 时，**数列 $\{x_n\}$ 收敛于 a**，也称数列 $\{x_n\}$ **收敛**，或称常数 a 是数列 $\{x_n\}$ 当 $n\to\infty$ 时的**极限**，记为

$$\lim_{n\to\infty} x_n=a \text{ 或 } x_n\to a \quad (n\to\infty).$$

其中“lim”是 limit（极限）的简写. 若当 $n\to\infty$ 时数列 $\{x_n\}$ 没有极限，即任意实数 $a\in\mathbf{R}$ 都不是 $\{x_n\}$ 的极限，则称数列 $\{x_n\}$ **发散**，习惯上也称 $\lim\limits_{n\to\infty} x_n$ 不存在.

例 2.1.1 证明 $\lim\limits_{n\to\infty}\dfrac{n+(-1)^{n-1}}{n}=1$.

证 由于

$$|x_n-1|=\left|\frac{n+(-1)^{n-1}}{n}-1\right|=\frac{1}{n}.$$

$\forall\varepsilon>0$，要使 $\left|\dfrac{n+(-1)^{n-1}}{n}-1\right|<\varepsilon$，只要 $\dfrac{1}{n}<\varepsilon$，即 $n>\dfrac{1}{\varepsilon}$，取 $N=\left[\dfrac{1}{\varepsilon}\right]+1\in\mathbf{N}_+$，当 $n>N$ 时，有 $\left|\dfrac{n+(-1)^{n-1}}{n}-1\right|<\varepsilon$.

故 $$\lim_{n\to\infty}\frac{n+(-1)^{n-1}}{n}=1.$$

例 2.1.2 证明 $\lim\limits_{n\to\infty}C=C$（$C$ 为常数）.

证 由于

$$|C-C|=0.$$

$\forall\varepsilon>0$，取 $N=1$，当 $n>N$ 时，有 $|C-C|=0<\varepsilon$.

故 $$\lim_{n\to\infty}C=C\ (C\text{ 为常数}).$$

例 2.1.3 证明 $\lim\limits_{n\to\infty}\dfrac{1}{n^{\alpha}}=0\,(\alpha\in\mathbf{R}^{+})$.

证 由于

$$|x_n-0|=\left|\frac{1}{n^{\alpha}}-0\right|=\frac{1}{n^{\alpha}}.$$

$\forall\varepsilon>0$，要使 $|x_n-0|<\varepsilon$，只要 $\dfrac{1}{n^{\alpha}}<\varepsilon$，即 $n>\left(\dfrac{1}{\varepsilon}\right)^{\frac{1}{\alpha}}$，取 $N=\left[\left(\dfrac{1}{\varepsilon}\right)^{\frac{1}{\alpha}}\right]+1\in\mathbf{N}_{+}$，当 $n>N$ 时，有 $\dfrac{1}{n^{\alpha}}<\varepsilon$.

故 $$\lim_{n\to\infty}\frac{1}{n^{\alpha}}=0\,(\alpha\in\mathbf{R}^{+}).$$

例 2.1.4 证明 $\lim\limits_{n\to\infty}q^{n}=0\,(|q|<1)$.

证 由于 $|q^{n}-0|=|q|^{n}$.

当 $q=0$ 时，$q^{n}=0$，所以 $\lim\limits_{n\to\infty}q^{n}=0$.

当 $q\neq0$ 时，$\forall\varepsilon>0$（不妨设 $\varepsilon<1$），要使 $|q^{n}-0|<\varepsilon$，只要 $|q|^{n}<\varepsilon$，即 $n>\log_{|q|}\varepsilon$，取 $N=[\log_{|q|}\varepsilon]+1\in\mathbf{N}_{+}$，当 $n>N$ 时，有 $|q^{n}-0|<\varepsilon$，故 $\lim\limits_{n\to\infty}q^{n}=0$.

综上所述

$$\lim_{n\to\infty}q^{n}=0\,(|q|<1).$$

说明：

（1）极限是通过考察一列数 x_n 的趋向来确定常数 a 的方法.

（2）为方便起见，我们把数列极限 $\lim\limits_{n\to\infty}x_n=a$ 的定义简述为：

$$\lim_{n\to\infty}x_n=a\Leftrightarrow\forall\varepsilon>0,\ \exists N\in\mathbf{N}_{+},\ \text{当 } n>N \text{ 时，有 } |x_n-a|<\varepsilon.$$

此定义又称为极限的“$\varepsilon-N$”定义.

（3）“$\varepsilon-N$”定义中正数 ε 既是任意的，又是相对给定的.

只有 ε 可以任意变化，不等式 $|x_n-a|<\varepsilon$ 才能刻画出 x_n 与 a 是无限接近的事实. 又只有 ε 相对给定，才能确实找到相应的正整数 N，其中体现了用有限去把握无限的辩证思想.

（4）“$\varepsilon-N$”定义中 N 的存在性. 只有 N 存在了，x_n 与 a 才能无限接近.

其中 N 依 ε 而变，ε 越小，N 往往会越大，但 N 不由 ε 唯一确定，可以适当取一个更大

的项数，关键是 N 的存在性.

（5）由极限的定义知，数列 $\{x_n\}$ 收敛与否、收敛于哪个数，与数列 $\{x_n\}$ 前面有限项无关，即增加、删除、改变数列前有限项，其敛散性、极限值不会改变.

（6）$\lim\limits_{n\to\infty} x_n = a$ 几何特征（如图 2.1.2）：对 $\forall\varepsilon>0$，在开区间 $(a-\varepsilon, a+\varepsilon)$ 之外至多只有数列 $\{x_n\}$ 的 N 个点.

“$\varepsilon-N$”定义虽然没有给出求极限的方法，但给出了验证数列 $\{x_n\}$ 的极限为 a 的方法. 此方法贯穿数学分析理论体系，也是数学命题的重要证明方法. 其关键在于对 $\forall\varepsilon>0$ 寻找出符合定义的 $N\in\mathbf{N}_+$，往往可以通过解不等式 $|x_n-a|<\varepsilon$ 得出. 当遇到从 $|x_n-a|<\varepsilon$ 解出 N 比较困难时，可以先对 $|x_n-a|$ 适度放大成 $|x_n-a|\leqslant b_n$（b_n 必须能任意小），再通过 $b_n<\varepsilon$ 找出所需的 N，其原因不是要找出满足定义最小或最佳的 N，而是要说明 N 的存在性，这是一种常用的技巧和方法.

例 2.1.5 证明 $\lim\limits_{n\to\infty}\sqrt[n]{n}=1$.

证 由例 1.1.5 得 $\left|\sqrt[n]{n}-1\right|\leqslant\dfrac{2}{\sqrt{n}}$. $\forall\varepsilon>0$，要使 $\left|\sqrt[n]{n}-1\right|<\varepsilon$，只要 $\dfrac{2}{\sqrt{n}}<\varepsilon$，即 $n>\dfrac{4}{\varepsilon^2}$，取 $N=\left[\dfrac{4}{\varepsilon^2}\right]+1\in\mathbf{N}_+$，当 $n>N$ 时，有 $\left|\sqrt[n]{n}-1\right|<\varepsilon$. 故 $\lim\limits_{n\to\infty}\sqrt[n]{n}=1$.

例 2.1.6 证明 $\lim\limits_{n\to\infty}\dfrac{n^2+1}{2n^2-9n}=\dfrac{1}{2}$.

证 由于当 $n>9$ 时，

$$\left|\frac{n^2+1}{2n^2-9n}-\frac{1}{2}\right|=\left|\frac{9n+2}{2n(2n-9)}\right|\leqslant\frac{10n}{2n^2}=\frac{5}{n}.$$

$\forall\varepsilon>0$，要使 $\left|x_n-\dfrac{1}{2}\right|<\varepsilon$，只要 $\dfrac{5}{n}<\varepsilon$，即 $n>\dfrac{5}{\varepsilon}$，取 $N=\max\left\{9,\left[\dfrac{5}{\varepsilon}\right]\right\}\in\mathbf{N}_+$，当 $n>N$ 时，有 $\left|\dfrac{n^2+1}{2n^2-9n}-\dfrac{1}{2}\right|\leqslant\dfrac{5}{n}<\varepsilon$.

故
$$\lim_{n\to\infty}\frac{n^2+1}{2n^2-9n}=\frac{1}{2}.$$

三、无穷小数列

在收敛数列中，将极限为零的这一类数列称为无穷小数列，即

定义 2.1.3 若 $\lim\limits_{n\to\infty}x_n=0$，则称 $\{x_n\}$ 为无穷小数列.

如 $\{q^n\,\big|\,|q|<1\}$，$\left\{\dfrac{(-1)^n}{n}\right\}$，$\left\{\dfrac{(-1)^n}{n^2+1}\right\}$ 都是无穷小数列.

例 2.1.7 设 $\{x_n\}$ 是无穷小数列，证明：$\left\{y_n=\dfrac{x_1+x_2+\cdots+x_n}{n}\right\}$ 也是无穷小数列.

证 由 $\lim\limits_{n\to\infty}x_n=0$ 得，$\forall\varepsilon>0$，则 $\exists N_1\in\mathbf{N}_+$，当 $n>N_1$ 时，有 $|x_n|<\dfrac{\varepsilon}{2}$.

对于常数 $x_1+x_2+\cdots+x_{N_1}$，$\lim\limits_{n\to\infty}\frac{1}{n}(x_1+x_2+\cdots+x_{N_1})=0$，故 $\exists N_2\in\mathbf{N}_+$，当 $n>N_2$ 时，使得 $\left|\frac{1}{n}(x_1+x_2+\cdots+x_{N_1})\right|<\frac{\varepsilon}{2}$ 成立.

令 $\max\{N_1,N_2\}=N\in\mathbf{N}_+$，当 $n>N$ 时，有

$$\begin{aligned}\left|\frac{x_1+x_2+\cdots+x_n}{n}\right| &= \left|\frac{x_1+x_2+\cdots+x_{N_1}}{n}+\frac{x_{N_1+1}+x_{N_1+2}+\cdots+x_n}{n}\right| \\ &\leqslant \left|\frac{x_1+x_2+\cdots+x_{N_1}}{n}\right|+\left|\frac{x_{N_1+1}+x_{N_1+2}+\cdots+x_n}{n}\right| \\ &\leqslant \frac{\varepsilon}{2}+\frac{n-N_1}{n}\cdot\frac{\varepsilon}{2}<\varepsilon .\end{aligned}$$

因此 $\lim\limits_{n\to\infty}\frac{x_1+x_2+\cdots+x_n}{n}=0$，即 $\left\{y_n=\frac{x_1+x_2+\cdots+x_n}{n}\right\}$ 也是无穷小数列.

无穷小数列还有如下性质.

定理 2.1.1 （1）任意两个无穷小数列的和（差）仍为无穷小数列；

（2）任意两个无穷小数列的积仍为无穷小数列；

（3）无穷小数列与一个有界数列之积仍为无穷小数列.

证 （1）设 $\lim\limits_{n\to\infty}x_n=0$，$\lim\limits_{n\to\infty}y_n=0$，则 $\forall\varepsilon>0$，$\exists N_1>0$，当 $n>N_1$ 时，有 $|x_n|<\frac{\varepsilon}{2}$；$\exists N_2>0$，当 $n>N_2$ 时，有 $|y_n|<\frac{\varepsilon}{2}$. 令 $\max\{N_1,N_2\}=N\in\mathbf{N}_+$，当 $n>N$ 时，有

$$|(x_n\pm y_n)-0|\leqslant|x_n|+|y_n|<\frac{\varepsilon}{2}+\frac{\varepsilon}{2}=\varepsilon .$$

因此 $\lim\limits_{n\to\infty}(x_n\pm y_n)=0$.

（2）设 $\lim\limits_{n\to\infty}x_n=0$，$\lim\limits_{n\to\infty}y_n=0$，则 $\forall\varepsilon>0$，$\exists N_1>0$，当 $n>N_1$ 时，有 $|x_n|<\varepsilon$；对 $\varepsilon=1$，$\exists N_2>0$，当 $n>N_2$ 时，有 $|y_n|<1$. 令 $\max\{N_1,N_2\}=N\in\mathbf{N}_+$，当 $n>N$ 时，有

$$|(x_ny_n)-0|\leqslant|x_n||y_n|<\varepsilon .$$

因此 $\lim\limits_{n\to\infty}x_ny_n=0$.

（3）设 $\{y_n\}$ 有界，则 $\exists M>0$，有 $|y_n|<M$. 又 $\lim\limits_{n\to\infty}x_n=0$，则 $\forall\varepsilon>0$，$\exists N>0$，当 $n>N$ 时，有 $|x_n|<\frac{\varepsilon}{M}$. 即当 $n>N$ 时，有

$$|(x_ny_n)-0|\leqslant|x_n||y_n|<\frac{\varepsilon}{M}\cdot M=\varepsilon .$$

因此 $\lim\limits_{n\to\infty}x_ny_n=0$.

推论 2.1.1 （1）任意有限个无穷小数列之和（差）仍为无穷小数列；

（2）任意有限个无穷小数列之积仍为无穷小数列.

但推论 2.1.1 不能推广到无穷个无穷小之和（差、积）的情形.

如：$\lim\limits_{n\to\infty}\left(\overbrace{\frac{1}{n}+\frac{1}{n}+\cdots+\frac{1}{n}}^{n项之和}\right)=1$，$\lim\limits_{n\to\infty}\left(\overbrace{\frac{1}{\sqrt{n}}+\frac{1}{\sqrt{n}}+\cdots+\frac{1}{\sqrt{n}}}^{n项之和}\right)=+\infty$.

定理 2.1.2 $\lim\limits_{n\to\infty} x_n = a$ 的充分必要条件是 $x_n = a+\alpha_n$，其中 $\lim\limits_{n\to\infty}\alpha_n = 0$.

事实上，设 $\alpha_n = x_n - a$ 即可.

习题 2.1

1. 观察下列数列，并判断其是否收敛？若收敛写出其极限.

（1）$x_n = \dfrac{(-1)^n}{\sqrt{n}}$；（2）$x_n = \dfrac{n-1}{n^2+1}$；

（3）$x_n = 1+\dfrac{(-1)^n}{n}$；（4）$x_n = n+\dfrac{1}{n}$；

（5）$x_n = (-1)^n$；（6）$x_n = \dfrac{4^n-1}{3^n}$.

2. 用“$\varepsilon - N$”定义证明下列数列极限.

（1）$\lim\limits_{n\to\infty}\dfrac{n^2-1}{3n^2-2} = \dfrac{1}{3}$；（2）$\lim\limits_{n\to\infty}\dfrac{\sqrt{n^2+a}}{n} = 1\,(a>0)$；

（3）$\lim\limits_{n\to\infty}\sin\dfrac{\pi}{n} = 0$；（4）$\lim\limits_{n\to\infty}\dfrac{n!}{n^n} = 0$.

3. 设 $\forall\ k\in\mathbf{N}_+$，证明：$\lim\limits_{n\to\infty} x_n = a$ 的充分必要条件是 $\lim\limits_{n\to\infty} x_{n+k} = a$.

4. 证明：若 $\lim\limits_{n\to\infty} x_n = a$，则 $\lim\limits_{n\to\infty}|x_n| = |a|$，举例说明反之不真.

5. 设数列 $\{x_n\}$ 的子列 $\{x_{2n-1}\}$ 与 $\{x_{2n}\}$ 满足 $\lim\limits_{n\to\infty} x_{2n-1} = \lim\limits_{n\to\infty} x_{2n} = a$，则 $\lim\limits_{n\to\infty} x_n = a$.

6. 判断下列命题是否正确，若不正确，举例说明.

（1）对于 $\forall\varepsilon>0$，$\exists N\in\mathbf{N}_+$，当 $n>N$ 时，有 $x_n<\varepsilon$ 成立，则 $\lim\limits_{n\to\infty} x_n = 0$.

（2）对于 $\forall\varepsilon>0$，存在无数个 x_n，有 $|x_n|<\varepsilon$ 成立，则 $\lim\limits_{n\to\infty} x_n = 0$.

7. 求下列极限.

（1）$\lim\limits_{n\to\infty}\dfrac{1}{n}\sin(n!)$；（2）$\lim\limits_{n\to\infty}\dfrac{1}{n}\arctan((-1)^n n)$.

第二节 收敛数列的性质

收敛数列有如下性质.

定理 2.2.1（极限唯一性） 若数列 $\{x_n\}$ 收敛，则它的极限是唯一的.

证 设 $\lim\limits_{n\to\infty} x_n = a$，$\lim\limits_{n\to\infty} x_n = b$，则 $\forall\varepsilon>0$，$\exists N_1>0$，当 $n>N_1$ 时，有 $|x_n-a|<\dfrac{\varepsilon}{2}$，同时 $\exists N_2>0$，当 $n>N_2$ 时，有 $|x_n-b|<\dfrac{\varepsilon}{2}$. 于是取 $N=\max\{N_1, N_2\}$，则当 $n>N$ 时，有

$$|a-b|=|a-x_n+x_n-b|\leqslant|x_n-a|+|x_n-b|<\frac{\varepsilon}{2}+\frac{\varepsilon}{2}=\varepsilon$$

成立，由例 1.1.1 知 $a=b$，从而结论成立.

该性质表明数列虽由无穷多个数组成，若其收敛，则极限值只能是一个数. 这个特性是极限运算的基础，也是其他性质的基石.

定理 2.2.2（有界性） 收敛的数列必有界，即 $\exists M>0$，对所有的 $n\in\mathbf{N}_+$，有 $|x_n|\leqslant M$.

证 设 $\lim\limits_{n\to\infty}x_n=a$，对给定的 $\varepsilon=1>0$，$\exists N>0$，当 $n>N$ 时，有 $|x_n-a|<1$ 成立. 因为 $|x_n|-|a|\leqslant|x_n-a|<1$，所以 $|x_n|<1+|a|$，取 $M=\max\{1+|a|,|x_1|,|x_2|,\cdots,|x_N|\}$，则对所有的 $n\in\mathbf{N}_+$，有 $|x_n|\leqslant M$，因此数列 $\{x_n\}$ 有界.

注（1）若数列 $\{x_n\}$ 无界，则数列 $\{x_n\}$ 发散；

（2）有界数列 $\{x_n\}$ 不一定收敛，有界仅仅是其收敛的必要条件.

例 2.2.1 证明：数列 $\{x_n=(-1)^{n+1}\}$ 是发散的.

证（反证法） 若数列 $\{x_n=(-1)^{n+1}\}$ 收敛，设 $\lim\limits_{n\to\infty}x_n=a$，则对 $\varepsilon=\dfrac{1}{2}>0$，$\exists N\in\mathbf{N}_+$，当 $n>N$ 时，有 $|x_n-a|<\dfrac{1}{2}$，即 $x_n\in\left(a-\dfrac{1}{2},a+\dfrac{1}{2}\right)$，区间 $\left(a-\dfrac{1}{2},a+\dfrac{1}{2}\right)$ 长度为1，而 $|x_{n+1}-x_n|=2$，两个距离为 2 的数不可能同时属于长度为1的区间内，矛盾. 因此数列 $\{x_n=(-1)^{n+1}\}$ 是发散的.

然而，数列 $\{x_n=(-1)^{n+1}\}$ 是有界数列.

定理 2.2.3（保不等式性） 设 $\{x_n\}$ 与 $\{y_n\}$ 是收敛数列. 若 $\exists N_0\in\mathbf{N}_+$，使得当 $n>N_0$ 时，有 $x_n\leqslant y_n$，则 $\lim\limits_{n\to\infty}x_n\leqslant\lim\limits_{n\to\infty}y_n$.

证（反证法） 设 $\lim\limits_{n\to\infty}x_n=a$，$\lim\limits_{n\to\infty}y_n=b$. 若 $a>b$，对 $\varepsilon=\dfrac{a-b}{2}>0$，则 $\exists N_1\in\mathbf{N}_+$，当 $n>N_1$ 时，有 $x_n>a-\varepsilon=\dfrac{a+b}{2}$；$\exists N_2\in\mathbf{N}_+$，当 $n>N_2$ 时，有 $y_n<b+\varepsilon=\dfrac{a+b}{2}$. 于是取 $N=\max\{N_0,N_1,N_2\}\in\mathbf{N}_+$，当 $n>N$ 时，有 $x_n>\dfrac{a+b}{2}>y_n$，与已知矛盾. 因此 $a\leqslant b$，即 $\lim\limits_{n\to\infty}x_n\leqslant\lim\limits_{n\to\infty}y_n$.

注 若 $\{x_n\}$ 与 $\{y_n\}$ 是收敛数列，即便满足 $x_n<y_n$，结论也只能是 $\lim\limits_{n\to\infty}x_n\leqslant\lim\limits_{n\to\infty}y_n$.

事实上，设 $x_n=\dfrac{(-1)^n}{n^2}$，$y_n=\dfrac{1}{n}$，显然有 $x_n<y_n$，但是 $\lim\limits_{n\to\infty}\dfrac{(-1)^n}{n^2}=\lim\limits_{n\to\infty}\dfrac{1}{n}=0$.

定理 2.2.4（局部保号性） 若 $\lim\limits_{n\to\infty}x_n=a$ 且 $a>0$（或 $a<0$），则 $\exists N\in\mathbf{N}_+$，当 $n>N$ 时，有 $x_n>0$（或 $x_n<0$）.

证 只证 $a>0$ 的情形. 因为 $\lim\limits_{n\to\infty}x_n=a>0$，则对 $\varepsilon=\dfrac{a}{2}>0$，$\exists N\in\mathbf{N}_+$，当 $n>N$ 时，有 $|x_n-a|<\dfrac{a}{2}$，即 $\dfrac{a}{2}<x_n<\dfrac{3a}{2}$，故 $x_n>0$.

进一步，若 $\lim\limits_{n\to\infty}x_n=a$ 且 $a>0$（或 $a<0$），$\forall r\in(0,|a|)$，则 $\exists N\in\mathrm{N}_+$，当 $n>N$ 时，有 $|x_n|>r>0$.

定理 2.2.5（四则运算） 若 $\lim\limits_{n\to\infty}x_n=a$，$\lim\limits_{n\to\infty}y_n=b$，则

（1）$\lim\limits_{n\to\infty}(x_n \pm y_n)=a\pm b=\lim\limits_{n\to\infty}x_n \pm \lim\limits_{n\to\infty}y_n$；

（2）$\lim\limits_{n\to\infty}(x_n \cdot y_n)=a\cdot b=\lim\limits_{n\to\infty}x_n \cdot \lim\limits_{n\to\infty}y_n$；

（3）当$b\neq 0$时，有$\lim\limits_{n\to\infty}\dfrac{x_n}{y_n}=\dfrac{a}{b}=\dfrac{\lim\limits_{n\to\infty}x_n}{\lim\limits_{n\to\infty}y_n}$.

证　由$\lim\limits_{n\to\infty}x_n=a$，$\lim\limits_{n\to\infty}y_n=b$，则$x_n=a+\alpha_n$，$y_n=b+\beta_n$，其中$\lim\limits_{n\to\infty}\alpha_n=0$，$\lim\limits_{n\to\infty}\beta_n=0$，

（1）$(x_n\pm y_n)-(a\pm b)=\alpha_n\pm\beta_n$，$\lim\limits_{n\to\infty}(\alpha_n\pm\beta_n)=0$，因此

$$\lim_{n\to\infty}(x_n \pm y_n)=a\pm b=\lim_{n\to\infty}x_n \pm \lim_{n\to\infty}y_n .$$

（2）$x_n\cdot y_n-a\cdot b=b\alpha_n\pm a\beta_n+\alpha_n\cdot\beta_n$，$\lim\limits_{n\to\infty}(b\alpha_n\pm a\beta_n+\alpha_n\cdot\beta_n)=0$，因此

$$\lim_{n\to\infty}(x_n \cdot y_n)=a\cdot b=\lim_{n\to\infty}x_n \cdot \lim_{n\to\infty}y_n .$$

（3）当$b\neq 0$时，有$\left|\dfrac{x_n}{y_n}-\dfrac{a}{b}\right|=\left|\dfrac{a+\alpha_n}{b+\beta_n}-\dfrac{a}{b}\right|=|b\alpha_n-a\beta_n|\dfrac{1}{|b||b+\beta_n|}$. $b\neq 0$，$\lim\limits_{n\to\infty}\beta_n=0$，则对$\varepsilon=\dfrac{|b|}{2}>0$，$\exists N\in\mathbf{N}_+$，当$n>N$时，有$|\beta_n|<\dfrac{|b|}{2}$，即$|b+\beta_n|\geqslant|b|-|\beta_n|\geqslant|b|-\dfrac{|b|}{2}=\dfrac{|b|}{2}$，因此$\dfrac{1}{|b||b+\beta_n|}\leqslant\dfrac{2}{b^2}$有界.

又$\lim\limits_{n\to\infty}(b\alpha_n-a\beta_n)=0$，即$\lim\limits_{n\to\infty}|b\alpha_n-a\beta_n|\dfrac{1}{|b||b+\beta_n|}=0$，因此当$b\neq 0$时，有

$$\lim_{n\to\infty}\frac{x_n}{y_n}=\frac{a}{b}=\frac{\lim\limits_{n\to\infty}x_n}{\lim\limits_{n\to\infty}y_n}.$$

例 2.2.2　求极限$\lim\limits_{n\to\infty}\dfrac{4^{n+1}+(-3)^n}{5\cdot 4^n-3\cdot 2^n}$.

解
$$\lim_{n\to\infty}\frac{4^{n+1}+(-3)^n}{5\cdot 4^n-3\cdot 2^n}=\lim_{n\to\infty}\frac{4+\left(-\frac{3}{4}\right)^n}{5-3\cdot\left(\frac{2}{4}\right)^n}=\frac{4}{5}.$$

例 2.2.3　求极限$\lim\limits_{n\to\infty}\left[\dfrac{1}{1\cdot 2}+\dfrac{1}{2\cdot 3}+\cdots+\dfrac{1}{n\cdot(n+1)}\right]$.

解　因为

$$\frac{1}{1\cdot 2}+\frac{1}{2\cdot 3}+\cdots+\frac{1}{n\cdot(n+1)}=\frac{1}{1}-\frac{1}{2}+\frac{1}{2}-\frac{1}{3}+\cdots+\frac{1}{n}-\frac{1}{n+1}=1-\frac{1}{n+1},$$

所以

$$\lim_{n\to\infty}\left[\frac{1}{1\cdot 2}+\frac{1}{2\cdot 3}+\cdots+\frac{1}{n\cdot(n+1)}\right]=\lim_{n\to\infty}\left(1-\frac{1}{n+1}\right)=1.$$

例 2.2.4 求极限 $\lim\limits_{n\to\infty}(\sqrt{n^2+2n}-\sqrt{n^2-n})$.

解 $$\lim_{n\to\infty}(\sqrt{n^2+2n}-\sqrt{n^2-n})=\lim_{n\to\infty}\frac{2n+n}{\sqrt{n^2+2n}+\sqrt{n^2-n}}$$

$$=\lim_{n\to\infty}\frac{3}{\sqrt{1+\frac{2}{n}}+\sqrt{1-\frac{1}{n}}}=\frac{3}{2}.$$

例 2.2.5 设 $a\neq -1$，求极限 $\lim\limits_{n\to\infty}\frac{a^n}{a^n+1}$.

解 当 $|a|<1$ 时，$\lim\limits_{n\to\infty}a^n=0$，因此 $\lim\limits_{n\to\infty}\frac{a^n}{a^n+1}=\frac{0}{0+1}=0$；

当 $a=1$ 时，$a^n=1$，因此 $\lim\limits_{n\to\infty}\frac{a^n}{a^n+1}=\lim\limits_{n\to\infty}\frac{1}{1+1}=\frac{1}{2}$；

当 $|a|>1$ 时，$\lim\limits_{n\to\infty}a^{-n}=0$，因此 $\lim\limits_{n\to\infty}\frac{a^n}{a^n+1}=\lim\limits_{n\to\infty}\frac{1}{1+a^{-n}}=\frac{1}{1+0}=1$.

进一步，由定理 2.2.5 可得

推论 2.2.1（线性运算） 设 $k_i\in\mathbf{R}$ 和收敛数列 $\{x_{i,n}\}$ 的极限 $\lim\limits_{n\to\infty}x_{i,n}=a_i\ (i=1,2,\cdots,m)$，则

$$\lim_{n\to\infty}\sum_{i=1}^{m}(k_ix_{i,n})=\sum_{i=1}^{m}(k_ia_i)=\sum_{i=1}^{m}(k_i\lim_{n\to\infty}x_{i,n}).$$

例 2.2.6 求极限 $\lim\limits_{n\to\infty}(1+2\cdot\sqrt[n]{2}+\cdots+20\cdot\sqrt[n]{20})$.

解 因为 $a>0$，$\lim\limits_{n\to\infty}\sqrt[n]{a}=1$，所以

$$\lim_{n\to\infty}(1+2\cdot\sqrt[n]{2}+\cdots+20\cdot\sqrt[n]{20})=1+2+\cdots+20=\frac{20\cdot 21}{2}=210.$$

定理 2.2.6（迫敛性） 若数列 $\{x_n\}$，$\{y_n\}$，$\{z_n\}$ 满足下列条件：

（1）$\exists N_0\in\mathbf{N}_+$，当 $n>N_0$ 时，有 $y_n\leqslant x_n\leqslant z_n$；

（2）$\lim\limits_{n\to\infty}y_n=a$，$\lim\limits_{n\to\infty}z_n=a$.

则数列 $\{x_n\}$ 收敛，且 $\lim\limits_{n\to\infty}x_n=a$.

证 因为 $\lim\limits_{n\to\infty}y_n=a$，$\lim\limits_{n\to\infty}z_n=a$，所以 $\forall\varepsilon>0$，分别 $\exists N_1,N_2\in\mathbf{N}_+$，当 $n>N_1$ 时，有 $|y_n-a|<\varepsilon$，即 $a-\varepsilon<y_n$，当 $n>N_2$ 时，有 $|z_n-a|<\varepsilon$，即 $z_n<a+\varepsilon$. 取 $N=\max\{N_0,N_1,N_2\}\in\mathbf{N}_+$，则当 $n>N$ 时，同时有

$$y_n\leqslant x_n\leqslant z_n,\quad a-\varepsilon<y_n,\quad z_n<a+\varepsilon,$$

即 $a-\varepsilon<x_n<a+\varepsilon$，因此 $|x_n-a|<\varepsilon$. 故数列 $\{x_n\}$ 收敛，且 $\lim\limits_{n\to\infty}x_n=a$.

迫敛性又称**夹逼准则**，它给出了判定数列收敛的一种方法，也提供了一种求数列极限的方法.

例 2.2.7 求 $\lim\limits_{n\to\infty}\left(\frac{1}{\sqrt{n^2+1}}+\frac{1}{\sqrt{n^2+2}}+\cdots+\frac{1}{\sqrt{n^2+n}}\right)$.

解 因为

$$\frac{n}{\sqrt{n^2+n}}<\frac{1}{\sqrt{n^2+1}}+\frac{1}{\sqrt{n^2+2}}+\cdots+\frac{1}{\sqrt{n^2+n}}<\frac{n}{\sqrt{n^2+1}},$$

又

$$\lim_{n\to\infty}\frac{n}{\sqrt{n^2+n}}=\lim_{n\to\infty}\frac{1}{\sqrt{1+\frac{1}{n}}}=1, \quad \lim_{n\to\infty}\frac{n}{\sqrt{n^2+1}}=\lim_{n\to\infty}\frac{1}{\sqrt{1+\frac{1}{n^2}}}=1,$$

故

$$\lim_{n\to\infty}\left(\frac{1}{\sqrt{n^2+1}}+\frac{1}{\sqrt{n^2+2}}+\cdots+\frac{1}{\sqrt{n^2+n}}\right)=1.$$

1. 求下列数列的极限.

（1）$\lim\limits_{n\to\infty}\dfrac{n^2+3n-1}{3n^2-n+5}$； （2）$\lim\limits_{n\to\infty}\dfrac{1+2+\cdots+n}{n^2}$；

（3）$\lim\limits_{n\to\infty}\dfrac{3^n+2^{n+1}}{3^{n+1}+(-2)^n}$； （4）$\lim\limits_{n\to\infty}\sqrt{n}(\sqrt{n+3}-\sqrt{n})$；

（5）$\lim\limits_{n\to\infty}\dfrac{\frac{1}{3}+\frac{1}{3^2}+\cdots+\frac{1}{3^n}}{\frac{1}{2}+\frac{1}{2^2}+\cdots+\frac{1}{2^n}}$； （6）$\lim\limits_{n\to\infty}\left[\left(1-\frac{1}{2^2}\right)\left(1-\frac{1}{3^2}\right)\cdots\left(1-\frac{1}{n^2}\right)\right]$.

2. 设 $\lim\limits_{n\to\infty}x_n=a$，$\lim\limits_{n\to\infty}y_n=b$，且 $a<b$. 证明：$\exists N\in\mathbf{N}_+$，当 $n>N$ 时，有 $x_n<y_n$.

3. 设数列 $\{x_n\}$ 收敛，$\{y_n\}$ 发散.

（1）证明：数列 $\{x_n\pm y_n\}$ 发散；

（2）试问数列 $\{x_n\cdot y_n\}$ 与 $\left\{\dfrac{x_n}{y_n}\right\}(y_n\neq 0)$是否必然发散?

4. 求下列数列的极限.

（1）$\lim\limits_{n\to\infty}\left(\dfrac{1}{n+\sqrt{1}}+\dfrac{1}{n+\sqrt{2}}+\cdots+\dfrac{1}{n+\sqrt{n}}\right)$； （2）$\lim\limits_{n\to\infty}\dfrac{\sqrt[n]{2+(-1)^n}}{2}$；

（3）$\lim\limits_{n\to\infty}\sqrt[n]{2-\dfrac{1}{n}}$； （4）$\lim\limits_{n\to\infty}\sqrt[n]{1+2^n+5^n}$；

（5）$\lim\limits_{n\to\infty}\left[\dfrac{1}{(n+1)^2}+\dfrac{2}{(n+2)^2}+\cdots+\dfrac{n}{(n+n)^2}\right]$.

第三节 数列收敛的条件

利用极限定义证明一个数列收敛时，都要先知道极限值是多少. 而实际情况是一个数列即使收敛，其极限值也往往无法预先得知，这样从数列自身出发判断其是否收敛就显得十分重要. 下面介绍判断数列收敛的几个条件.

一、确界原理

1. 确界的概念

若数集 S 有上界，则 S 有无穷多个上界，称最小的上界为 S 的上确界. 同样，称有下界数集 S 的最大下界为 S 的下确界. 数集的上确界和下确界的精确定义如下：

定义 2.3.1 设 S 是一个非空数集，若存在数 η 满足：

（1）$\forall x\in S$，有 $x\leqslant\eta$，即 η 是 S 的一个上界；

（2）$\forall\alpha<\eta$，$\exists x_0\in S$，有 $x_0>\alpha$，即 η 是 S 的最小上界.

则称 η 为数集 S 的**上确界**，记为 $\eta=\sup S$，其中 sup 是 supremum（上确界）的简写.

定义 2.3.2 设 S 是一个非空数集. 若存在数 ξ 满足：

（1）$\forall x\in S$，有 $x\geqslant\xi$，即 ξ 是 S 的一个下界；

（2）$\forall\beta>\xi$，$\exists x_0\in S$，使得 $x_0<\beta$，即 ξ 是 S 的最大下界.

则称 ξ 为数集 S 的**下确界**，记作 $\eta=\inf S$，其中 inf 是 infimum（下确界）的简写.

上确界与下确界统称为**确界**. 确界是数学分析中的重要概念.

例 2.3.1 设 $S=\{x\,|\,x$ 为区间 $[0,1)$ 的有理数$\}$. 试按定义验证：$\sup S=1,\inf S=0$.

解 先验证 $\sup S=1$.

（1）$\forall x\in S$，显然有 $x\leqslant 1$，即 1 是 S 的一个上界.

（2）$\forall\alpha<1$，若 $\alpha<0$，则 $\forall x_0\in S$，有 $x_0>\alpha$；若 $\alpha\geqslant 0$，则由有理数集的稠密性，在 $(\alpha,1)$ 内必有有理数 x_0，即 $\exists x_0\in S$，使得 $x_0>\alpha$. 故 $\sup S=1$.

类似地，可验证 $\inf S=0$.

注 （1）由上（下）确界的定义可知，若数集 S 存在上（下）确界，则一定是唯一的. 若数集 S 存在上、下确界，则有 $\inf S\leqslant\sup S$.

（2）数集 S 的确界可能是 S 的元素，也可能不是的 S 元素，见例 2.3.1.

关于数集确界的存在性，我们给出如下确界原理.

2. 确界原理

定理 2.3.1（确界原理） 设 S 为非空数集，若 S 有上界，则 S 必有上确界；若 S 有下界，则 S 必有下确界.

进一步，任一非空有界数集 S 必有上、下确界.

确界原理体现了实数集是布满整条数轴而不留“空隙”的数系，实数集具有**连续性**，可将它作为公理使用.

二、单调有界数列收敛定理

由定理 2.2.2 知收敛数列必有界，但是有界数列不一定收敛，那么，

（1）对有界数列增加什么条件，就能保证其一定是收敛的?

（2）针对有界数列，不增加其他条件，可获得其比收敛弱一点的结论吗?

定义 2.3.3 若数列 $\{x_n\}$ 满足条件

$$x_1 \leqslant x_2 \leqslant x_3 \leqslant \cdots \leqslant x_n \leqslant x_{n+1} \leqslant \cdots ,$$

则称 $\{x_n\}$ 是**单调递增（或单调增加、单增）数列**；若数列 $\{x_n\}$ 满足条件

$$x_1 \geqslant x_2 \geqslant x_3 \geqslant \cdots \geqslant x_n \geqslant x_{n+1} \geqslant \cdots ,$$

则称 $\{x_n\}$ 是**单调递减（或单调减少、单减）数列**. 单调递增和单调递减数列统称为**单调数列**.

如图 2.3.1 所示，数列 $\{x_n\}$ 单调递增且有上界，当 n 充分大后，数列 $\{x_n\}$ 的 x_n 项会无限趋向于某一个点 A，即数列 $\{x_n\}$ 收敛于 A，进一步观察得 A 就是 $\{x_n\}$ 的上确界.

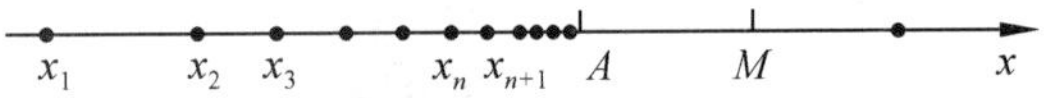

图 2.3.1

于是有如下定理.

定理 2.3.2（单调有界定理） 单调有界数列必存在极限.

证 不妨设数列 $\{x_n\}$ 单增且有上界. 由确界原理，$\{x_n\}$ 存在上确界，设 $A=\sup\{x_n\}$，则 $\lim\limits_{n\to\infty} x_n=A$. 事实上，$A$ 是 $\{x_n\}$ 的上界，因此 $\{x_n\}$ 的所有项有 $x_n \leqslant A$. 又对 $\forall \varepsilon>0$，有 $A-\varepsilon<A$，则 $\exists x_N > A-\varepsilon$. 由于 $\{x_n\}$ 单增，则当 $n>N$ 时，都有

$$A-\varepsilon < x_N \leqslant x_n \leqslant A < A+\varepsilon .$$

所以，当 $n>N$ 时，有 $|x_n - A|<\varepsilon$，即 $\lim\limits_{n\to\infty} x_n=A$.

同理可得，单调递减且有下界的数列收敛于它的下确界.

注 单调有界数列收敛定理可表述为：单调增加有上界的数列必收敛于其上确界，单调减少有下界的数列必收敛于其下确界.

例 2.3.2 设数列 $\{x_n\}$ 满足 $x_1=\sqrt{2},\ x_{n+1}=\sqrt{2+x_n}$（$n\in \mathbf{N}_+$），证明数列 $\{x_n\}$ 收敛，并求其极限.

证 显然 $x_2=\sqrt{2+\sqrt{2}}>\sqrt{2}=x_1$. 设 $x_{n-1}<x_n$，则 $\sqrt{2+x_{n-1}}<\sqrt{2+x_n}$，即 $x_n<x_{n+1}$. 由数学归纳法得数列 $\{x_n\}$ 单调增加.

又 $x_1=\sqrt{2}<2$. 设 $x_{n-1}<2$，则 $\sqrt{2+x_{n-1}}<\sqrt{4}=2$，即 $x_n<2$，数列 $\{x_n\}$ 有上界.

因此数列 $\{x_n\}$ 单调增加有上界，故数列 $\{x_n\}$ 收敛. 设 $\lim\limits_{n\to 0} x_n=a$，则 $0\leqslant a\leqslant 2$. 由于 $x_{n+1}=\sqrt{2+x_n}$，则 $x_{n+1}^2=2+x_n$，$\lim\limits_{n\to\infty} x_{n+1}^2=\lim\limits_{n\to\infty}(2+x_n)$，即有 $a^2=2+a$，解得 $a=2$ 或 $a=-1$（负数不合题意，舍去）. 因此，$\lim\limits_{n\to\infty} x_n=2$.

例 2.3.2 表明：若一个数列不仅有界而且单调，则该数列的极限必定存在. 在极限存在的条件下，可利用极限的性质求出其值，这为求数列极限提供了一种新方法.

例 2.3.3 证明极限 $\lim\limits_{n\to\infty}\left(1+\dfrac{1}{n}\right)^n$ 存在.

证 设 $x_n=\left(1+\dfrac{1}{n}\right)^n$，利用均值不等式可得

$$\sqrt[n+1]{1\cdot\left(1+\frac{1}{n}\right)^n}\leqslant\frac{1}{n+1}\left[1+n\cdot\left(1+\frac{1}{n}\right)\right]=1+\frac{1}{n+1},$$

因此，$\left(1+\dfrac{1}{n}\right)^n\leqslant\left(1+\dfrac{1}{n+1}\right)^{n+1}$，即数列 $\{x_n\}$ 是单调递增的.

又 $$x_n=\left(1+\frac{1}{n}\right)^n=1+\frac{n}{1!}\cdot\frac{1}{n}+\frac{n(n-1)}{2!}\cdot\frac{1}{n^2}+\frac{n(n-1)(n-2)}{3!}\cdot\frac{1}{n^3}+\cdots+\frac{n(n-1)\cdots(n-n+1)}{n!}\cdot\frac{1}{n^n}$$

$$=1+1+\frac{1}{2!}\left(1-\frac{1}{n}\right)+\frac{1}{3!}\left(1-\frac{1}{n}\right)\left(1-\frac{2}{n}\right)+\cdots+\frac{1}{n!}\left(1-\frac{1}{n}\right)\left(1-\frac{2}{n}\right)\cdots\left(1-\frac{n-1}{n}\right)$$

$$\leqslant 1+1+\frac{1}{2!}+\frac{1}{3!}+\cdots+\frac{1}{n!}\leqslant 2+\frac{1}{1\cdot 2}+\frac{1}{2\cdot 3}+\cdots+\frac{1}{(n-1)\cdot n}$$

$$=3-\frac{1}{n}<3.$$

则数列 $\{x_n\}$ 单调递增有上界，故极限 $\lim\limits_{n\to\infty}\left(1+\dfrac{1}{n}\right)^n$ 存在. 我们把此极限值记为 e，即

$$\lim_{n\to\infty}\left(1+\frac{1}{n}\right)^n=\mathrm{e}.$$

可以证明 e 是一个无理数（见例 6.3.7），且 $\mathrm{e}\approx 2.718\ 281\ 828\ 459\cdots$，特别地称以 e 为底数的对数为**自然对数**，记为 $y=\ln x$.

例 2.3.4 设 $k\geqslant 2$，$x_n=1+\dfrac{1}{2^k}+\cdots+\dfrac{1}{n^k}$，证明数列 $\{x_n\}$ 收敛.

证 显然 $\{x_n\}$ 是单调递增的，下证 $\{x_n\}$ 有上界. 事实上，

$$x_n\leqslant 1+\frac{1}{2^2}+\cdots+\frac{1}{n^2}\leqslant 1+\frac{1}{1\cdot 2}+\frac{1}{2\cdot 3}\cdots+\frac{1}{(n-1)\cdot n}$$

$$=1+\left(1-\frac{1}{2}\right)+\left(\frac{1}{2}-\frac{1}{3}\right)\cdots+\left(\frac{1}{n-1}-\frac{1}{n}\right)=2-\frac{1}{n}<2,$$

即 $\{x_n\}$ 是单调递增有上界，因此数列 $\{x_n\}$ 收敛.

进一步，数列 $\left\{x_n=1+\dfrac{1}{2^k}+\dfrac{1}{3^k}+\cdots+\dfrac{1}{n^k}\right\}$，当 $k>1$ 时收敛，但当 $k\leqslant 1$ 时发散.

三、子 列

为了进一步回答上面提出的第二个问题，先引进数列子列的概念.

定义 2.3.4 已知数列 $\{x_n\}$ 和一列严格单调递增的正整数 $n_1<n_2<\cdots<n_k<\cdots$，称数列

$$x_{n_1},x_{n_2},\cdots,x_{n_k},\cdots$$

为数列$\{x_n\}$的一个**子列**，记为$\{x_{n_k}\}$．子列本质上就是原数列中的无穷多项且按**原顺序**组成的数列．

显然一个数列有无数多个子列．子列$\{x_{n_k}\}$的下标n_k表示其是子列的第k项，也是原数列$\{x_n\}$的第n_k项，因此有，$n_k \geqslant k$，以及当$n_k \geqslant n_j$时，则$k \geqslant j\,(k, j \in \mathbf{N}_+)$．

如：$\{x_{2k}\}$表示由数列$\{x_n\}$的所有偶数项组成的子列，而子列$\{x_{2k-1}\}$表示由其所有奇数项组成的子列，则数列$\{x_n = (-1)^{n+1}\}$有子列$\{x_{2k} = -1\}$，$\{x_{2k-1} = 1\}$．

定理 2.3.3 [致密性（Bolzano-Weierstrass）定理] 任意有界数列必有一个收敛子列．

证 设数列$\{x_n\}$有界，则必存在$a, b \in \mathbf{R}$，不妨设$a < b$，使得$a \leqslant x_n \leqslant b\ (n = 1, 2, \cdots)$．

将$[a, b]$等分为两个子区间，则其中至少有一个子区间包含数列$\{x_n\}$的无穷多项，在这无穷多项中任取一项记为x_{n_1}，并记这个子区间为$[a_1, b_1]$．于是有

$$a \leqslant a_1 \leqslant x_{n_1} \leqslant b_1 \leqslant b\text{，}\quad b_1 - a_1 = \frac{1}{2}(b-a).$$

再将$[a_1, b_1]$等分为两个子区间，则其中至少有一个子区间包含数列$\{x_n\}$的无穷多项，在这无穷多项中选取位于x_{n_1}后的一项记为x_{n_2}，并记该子区间为$[a_2, b_2]$．于是同样有

$$a_1 \leqslant a_2 \leqslant x_{n_1} \leqslant b_2 \leqslant b_1\text{，}\quad n_1 < n_2\text{，}\quad b_2 - a_2 = \frac{1}{2^2}(b-a).$$

将上述过程不断地进行下去，可以得到包含数列$\{x_n\}$的无穷多项的一列区间$[a_k, b_k]$以及$\{x_n\}$的子列$\{x_{n_k}\}$，满足

$$a_{k-1} \leqslant a_k \leqslant x_{n_k} \leqslant b_k \leqslant b_{k-1}\text{，}\quad n_1 < n_2 < \cdots < n_k < \cdots\text{，}\quad b_k - a_k = \frac{1}{2^k}(b-a).$$

即$\{a_k\}$和$\{b_k\}$是单调有界数列，故$\{a_k\}$和$\{b_k\}$收敛，且$\lim\limits_{k\to\infty} b_k = \lim\limits_{k\to\infty}\left[a_k + \frac{1}{2^k}(b-a)\right] = \lim\limits_{k\to\infty} a_k$．

由夹逼准则得 $\lim\limits_{k\to\infty} x_{n_k} = \lim\limits_{k\to\infty} b_k = \lim\limits_{k\to\infty} a_k$．

进一步有，

定理 2.3.4 数列$\{x_n\}$收敛于a的充分必要条件是：数列$\{x_n\}$的任意子列都收敛于a．

证（充分性） 由于$\{x_n\}$是数列$\{x_n\}$的一个子列，所以数列$\{x_n\}$收敛于a．

（必要性） 设$\{x_{n_k}\}$是$\{x_n\}$的任意子列，由于数列$\{x_n\}$收敛于a，则$\forall \varepsilon > 0$，$\exists N \in \mathbf{N}_+$，当$n > N$时，有$|x_n - a| < \varepsilon$．令$K = N \in \mathbf{N}_+$，当$k > K = N$时，则$n_k \geqslant k > N$，那么$|x_{n_k} - a| < \varepsilon$．因此，数列$\{x_n\}$的任意子列都收敛于$a$．

推论 2.3.1 （1）$\lim\limits_{n\to\infty} x_n = a \Leftrightarrow \lim\limits_{k\to\infty} x_{2k-1} = a$且$\lim\limits_{k\to\infty} x_{2k} = a$．

（2）若$\lim\limits_{k\to\infty} x_{2k-1} = a$，$\lim\limits_{k\to\infty} x_{2k} = b$，且$a \neq b$，则数列$\{x_n\}$发散．

（3）若数列$\{x_n\}$存在一个发散子列，则数列$\{x_n\}$发散．

例 2.3.5 设$x_n = (-1)^{n+1}$，证明数列$\{x_n\}$发散．

证 因为$\lim\limits_{k\to\infty} x_{2k-1} = \lim\limits_{k\to\infty}(-1)^{2k} = \lim\limits_{k\to\infty} 1 = 1$，$\lim\limits_{k\to\infty} x_{2k} = \lim\limits_{k\to\infty}(-1)^{2k+1} = \lim\limits_{k\to\infty}(-1) = -1$，显然$1 \neq -1$，所以数列$\{x_n\}$发散．

同理可证：数列$\left\{x_n=\sin\frac{n\pi}{2}\right\}$，$\left\{y_n=(-1)^n\frac{n}{n+1}\right\}$均是发散的.

例 2.3.6 有趣的斐波那契（Fibonacci，1175—1250 年，意大利）数列.

某兔群由一对刚诞生的兔子开始，假设兔群繁殖规律是：刚诞生的一对兔子，两个季度后成熟产仔，且每对成熟兔子每个季度产一对小兔子. 在不考虑兔子死亡的前提下，n 为季度，x_n 表示第 n 季度兔群的兔对总数，此数列 $\{x_n\}$ 被称为**斐波那契数列**. 称 $k_{n+1}=\frac{x_{n+1}}{x_n}-1$ 为兔群第 $n+1$ 季度兔对总数的增长率，试考察兔对总数增长率的变化趋势.

解 显然有

$$x_1=1,\ x_2=1,\ x_3=2,\ x_4=3,\ x_5=5,\ \cdots,\ x_{n+2}=x_{n+1}+x_n,\ \cdots.$$

不失一般性，当 $n\geqslant 2$ 时，设 $y_n=\frac{x_{n+1}}{x_n}$，则

$$y_n=\frac{x_{n+1}}{x_n}=\frac{x_n+x_{n-1}}{x_n}=1+\frac{1}{y_{n-1}}.$$

数列 $\{y_n\}$ 是一个有趣数列，它具有：

（1）当 $y_n>\frac{\sqrt{5}+1}{2}$ 时，$y_{n+1}<\frac{\sqrt{5}+1}{2}$，$y_{n+2}>\frac{\sqrt{5}+1}{2}$；

（2）$\{y_n\}$ 不是单调数列.

由 $y_1=1<\frac{\sqrt{5}+1}{2}$，$y_2=2>\frac{\sqrt{5}+1}{2}$，得

$$y_{2m-1}<\frac{\sqrt{5}+1}{2},\quad y_{2m}>\frac{\sqrt{5}+1}{2}.$$

又

$$y_{2m+2}-y_{2m}=1+\frac{1}{1+\frac{1}{y_{2m}}}-y_{2m}=\frac{1+2y_{2m}}{1+y_{2m}}-y_{2m}$$

$$=\frac{\left(\frac{\sqrt{5}+1}{2}-y_{2m}\right)\left(\frac{\sqrt{5}-1}{2}+y_{2m}\right)}{1+y_{2m}}<0,$$

$$y_{2m+1}-y_{2m-1}=1+\frac{1}{1+\frac{1}{y_{2m-1}}}-y_{2m-1}=\frac{1+2y_{2m-1}}{1+y_{2m-1}}-y_{2m-1}$$

$$=\frac{\left(\frac{\sqrt{5}+1}{2}-y_{2m-1}\right)\left(\frac{\sqrt{5}-1}{2}+y_{2m-1}\right)}{1+y_{2m}}>0,$$

因此 $\{y_{2m}\}$ 是单调减少有下界，$\{y_{2m-1}\}$ 是单调增加有上界，故它们都收敛.

设 $\lim\limits_{m\to\infty}y_{2m}=a$，$\lim\limits_{m\to\infty}y_{2m-1}=b$，则 $a\geqslant\frac{\sqrt{5}+1}{2}$，$0\leqslant b\leqslant\frac{\sqrt{5}+1}{2}$. 由 $y_{2m+2}=\frac{1+2y_{2m}}{1+y_{2m}}$，

$y_{2m+1}=\dfrac{1+2y_{2m-1}}{1+y_{2m-1}}$，得 $a=\dfrac{1+2a}{1+a}$，$b=\dfrac{1+2b}{1+b}$，即 $a=\dfrac{1\pm\sqrt{5}}{2}$，$b=\dfrac{1\pm\sqrt{5}}{2}$，负值舍去，故 $a=b=\dfrac{1+\sqrt{5}}{2}$，因此 $\lim\limits_{n\to\infty}k_n=\dfrac{\sqrt{5}+1}{2}-1=\dfrac{\sqrt{5}-1}{2}\approx 0.618$，此数称为**黄金分割数**.

四、柯西收敛准则

单调有界定理给出了判断数列收敛的一个充分条件，但不是必要条件. 许多收敛数列并不具有单调性，下面介绍另一个从数列自身出发判断其收敛的充分必要条件——柯西（Canchy, 1789—1857 年，法国）收敛准则.

定义 2.3.5 已知数列 $\{x_n\}$，如果 $\forall\varepsilon>0$，$\exists N\in\mathbf{N}_+$，使得 $\forall n$，$m>N$ 时，有 $|x_n-x_m|<\varepsilon$，则称 $\{x_n\}$ 为一个基本数列或柯西数列.

定理 2.3.5（柯西收敛准则） 数列 $\{x_n\}$ 收敛的充分必要条件是：$\{x_n\}$ 是一基本数列.

证（充分性） 由于 $\{x_n\}$ 是基本数列，则 $\forall\varepsilon>0$，$\exists N_1\in\mathbf{N}_+$，使得 $\forall n$，$m>N_1$ 时，有

$$|x_n-x_m|<\frac{\varepsilon}{2}.$$

且数列 $\{x_n\}$ 有界. 事实上，对于 $\varepsilon_0=1>0$，$\exists N_0\in\mathbf{N}_+$，当 $m=N_0+1$，$\forall n>N_0$，有

$$|x_n-x_{N_0+1}|<1.$$

令 $M=\max\{|x_1|,|x_2|,\cdots,|x_{N_0+1}|\}$，对一切的 n，都有

$$|x_n|=|x_n-x_{N_0+1}+x_{N_0+1}|\leqslant|x_n-x_{N_0+1}|+|x_{N_0+1}|<1+M.$$

由定理 2.3.3 得，数列 $\{x_n\}$ 必存在一个收敛子列 $\{x_{n_k}\}$. 设 $\lim\limits_{k\to\infty}x_{n_k}=a$，对上述 ε，$\exists K\in\mathbf{N}_+$，$\forall k>K$（$n_K=N_2$）时，有

$$|x_{n_k}-a|<\frac{\varepsilon}{2}.$$

为此取 $N=\max\{N_1,N_2\}$，使得 $\forall n>N$ 时，有

$$|x_n-a|=|x_n-x_{n_k}+x_{n_k}-a|\leqslant|x_n-x_{n_k}|+|x_{n_k}-a|<\frac{\varepsilon}{2}+\frac{\varepsilon}{2}<\varepsilon.$$

故 $\lim\limits_{n\to\infty}x_n=a$.

（必要性） 设 $\{x_n\}$ 收敛于 a，则 $\forall\varepsilon>0$，$\exists N\in\mathbf{N}_+$，当 $\forall n,m>N$ 时，有

$$|x_n-a|<\frac{\varepsilon}{2} \text{ 和 } |x_m-a|<\frac{\varepsilon}{2},$$

于是

$$|x_n-x_m|=|x_n-a+a-x_m|\leqslant|x_n-a|+|x_m-a|<\frac{\varepsilon}{2}+\frac{\varepsilon}{2}=\varepsilon.$$

因此，数列 $\{x_n\}$ 是基本数列.

例 2.3.7 设 $x_n=\sin 1+\dfrac{\sin 2}{2^2}+\dfrac{\sin 3}{3^2}+\cdots+\dfrac{\sin n}{n^2}$，证明 $\{x_n\}$ 是一个基本数列，继而 $\{x_n\}$ 收敛.

证 对 $\forall n$，$m\in\mathbf{N}_+$，不妨设 $m>n$，则

$$
\begin{aligned}
|x_m - x_n| &= \left|\frac{\sin(n+1)}{(n+1)^2} + \frac{\sin(n+2)}{(n+2)^2} + \cdots + \frac{\sin m}{m^2}\right| \\
&\leqslant \frac{1}{(n+1)^2} + \frac{1}{(n+2)^2} + \cdots + \frac{1}{m^2} \\
&< \frac{1}{n(n+1)} + \frac{1}{(n+1)(n+2)} + \cdots + \frac{1}{(m-1)m} \\
&= \left(\frac{1}{n} - \frac{1}{n+1}\right) + \left(\frac{1}{n+1} - \frac{1}{n+2}\right) + \cdots + \left(\frac{1}{m-1} - \frac{1}{m}\right) \\
&= \frac{1}{n} - \frac{1}{m} < \frac{1}{n},
\end{aligned}
$$

$\forall \varepsilon > 0$，要使得 $|x_n - x_m| < \varepsilon$，只要 $\frac{1}{n} < \varepsilon$，即 $n > \frac{1}{\varepsilon}$，故 $N = \left[\frac{1}{\varepsilon}\right] + 1 \in \mathbf{N}_+$，$\forall n > m > N$ 时，有 $|x_n - x_m| < \frac{1}{n} < \varepsilon$，因此 $\{x_n\}$ 是一个基本数列，即而 $\{x_n\}$ 收敛.

柯西收敛准则可改写为：

数列 $\{x_n\}$ 收敛的充分必要条件是：$\forall \varepsilon > 0$，$\exists N \in \mathbf{N}_+$，使得当 $n > N$ 时，对 $\forall p \in \mathbf{N}_+$，有 $|x_n - x_{n+p}| < \varepsilon$.

柯西收敛准则是这样的事实：收敛数列的项数充分大以后的各项间的距离能任意小.

例 2.3.8 设 $x_n = 1 + \frac{1}{2} + \frac{1}{3} + \cdots + \frac{1}{n}$，证明 $\{x_n\}$ 不是一个基本数列，继而 $\{x_n\}$ 发散.

证 对 $\forall n \in \mathbf{N}_+$，由于

$$
x_{2n} - x_n = \frac{1}{n+1} + \frac{1}{n+2} + \cdots + \frac{1}{2n} > n \cdot \frac{1}{2n} = \frac{1}{2}
$$

取 $\varepsilon_0 = \frac{1}{2} > 0$，$\forall N \in \mathbf{N}_+$，当 $n, m = 2n > N$ 时，有 $|x_n - x_m| > \frac{1}{2} = \varepsilon_0$，因此 $\{x_n\}$ 不是一个基本数列，继而 $\{x_n\}$ 发散.

柯西收敛准则的条件又称为**柯西条件**，它表明由实数构成的基本列 $\{x_n\}$ 必存在实数值的极限，这一性质称为实数系的**完备性**. 另外，柯西收敛准则把数列极限定义中的 x_n 与常数 a 的关系换成 x_n 与 x_m 间的关系，不借助数列以外的数 a，完全根据数列自身的特征来判断其敛散性.

确界原理、单调有界准则、致密性定理、柯西收敛准则从不同角度反映了实数集的连续性与完备性，实数连续性与完备性是等价的（第四章第四节补充说明），这些性质是极限理论的基础.

1. 求下列数集的上、下确界，并依定义加以验证.

（1）$E = \left\{x_n \mid x_n = 1 - \frac{1}{2^n}, n \in \mathbf{N}_+\right\}$；　　（2）$E = \{x \in \mathbf{R} \mid x^2 < 4\}$.

2. 利用单调有界定理证明下列数列收敛，并求出其极限.

（1）设 $x_1=1$， $x_{n+1}=1+\dfrac{x_n}{1+x_n}$， $n\in\mathbf{N}_+$；

（2）设 $x_1=\sqrt{2}$， $x_{n+1}=\sqrt{3+2x_n}$， $n\in\mathbf{N}_+$；

（3）设 $x_1=\sqrt{2}$， $x_{n+1}=\sqrt{2x_n}$， $n\in\mathbf{N}_+$；

（4）设 $c>0$， $x_n=\dfrac{c^n}{n!}$， $n\in\mathbf{N}_+$，其中 $n!=1\cdot2\cdot3\cdot\cdots\cdot n$.

3. 利用极限 $\lim\limits_{n\to\infty}\left(1+\dfrac{1}{n}\right)^n=\mathrm{e}$，求下列极限.

（1）$\lim\limits_{n\to\infty}\left(1-\dfrac{1}{n}\right)^n$；　　（2）$\lim\limits_{n\to\infty}\left(1-\dfrac{1}{2n}\right)^n$；

（3）$\lim\limits_{n\to\infty}\left(1+\dfrac{1}{n+1}\right)^n$；　　（4）$\lim\limits_{n\to\infty}\left(1+\dfrac{1}{n-1}\right)^{n+1}$；

（5）$\lim\limits_{n\to\infty}\left(1+\dfrac{1}{n^2}\right)^n$；　　（6）$\lim\limits_{n\to\infty}\left(1+\dfrac{1}{n}-\dfrac{1}{n^2}\right)^n$.

4. 判断下列数列的敛散性，若数列收敛求出其极限.

（1）$\dfrac{2}{3},\dfrac{1}{2},\dfrac{4}{5},\dfrac{3}{4},\dfrac{6}{7},\dfrac{7}{8},\cdots,\dfrac{2n}{2n+1},\dfrac{2^n-1}{2^n},\cdots$， $n\in\mathbf{N}_+$；（2）$x_n=\cos\dfrac{n\pi}{4}$， $n\in\mathbf{N}_+$.

5. 利用柯西收敛准则判断下列数列的敛散性.

（1）$x_n=\dfrac{\sin1}{2}+\dfrac{\sin2}{2^2}+\cdots+\dfrac{\sin n}{2^n}$， $n\in\mathbf{N}_+$；

（2）$x_n=1-\dfrac{1}{2}+\dfrac{1}{3}+\cdots+(-1)^{n+1}\dfrac{1}{n}$， $n\in\mathbf{N}_+$.

6. 证明：若单调数列 $\{x_n\}$ 存在一个收敛子列，则数列 $\{x_n\}$ 收敛.

7. 证明：若 $x_n>0$，且 $\lim\limits_{n\to\infty}\dfrac{x_{n+1}}{x_n}=l<1$，则 $\lim\limits_{n\to\infty}x_n=0$.

第二章 总练习题

一、填空题

1. 设数集 $E=\left\{x_n\mid x_n=\dfrac{(-1)^{n+1}}{n},n\in\mathbf{N}_+\right\}$，则 $\sup E=$_____， $\inf E=$_______.

2. 设 $x_n=\begin{cases}\dfrac{2n}{n+1},\ n\text{为奇数},\\ \dfrac{n+1}{n},\ n\text{为偶数},\end{cases}$ 则数列 $\{x_n\}$ 是__________. （只填收敛或发散）

3. 极限 $\lim\limits_{n\to\infty}\left[\sqrt{1+2+\cdots+n}-\sqrt{1+2+\cdots+(n-1)}\right]=$__________.

4. 极限 $\lim\limits_{n\to\infty}\left(\dfrac{n+1}{n+2}\right)^n=$ ________.

5. 极限 $\lim\limits_{n\to\infty}\dfrac{n\sin n!}{n^2+1}=$ ________.

二、选择题

1. 设数列 $\{x_n\}$ 的两个子列 $\{x_{2k}\}$ 与 $\{x_{2k+1}\}$ 收敛于同一个数是数列 $\{x_n\}$ 收敛的（　　）.

A. 充分且必要条件　　B. 必要条件

C. 充分条件　　D. 无关条件

2. 设数列 $\{x_n=(-1)^n, n\in\mathbf{N}_+\}$，则下列结论正确的是（　　）.

A. $\lim\limits_{n\to\infty}x_n=1$　　B. $\lim\limits_{n\to\infty}x_n=-1$

C. $\lim\limits_{n\to\infty}x_n$ 不存在　　D. $\lim\limits_{n\to\infty}x_n=\pm1$

3. 极限 $\lim\limits_{n\to\infty}\dfrac{\sqrt{n+\sqrt{n}}-\sqrt{n}}{\sqrt[n]{1+2^n+3^n}}=$（　　）.

A. 1　　B. $\dfrac{1}{3}$　　C. $\dfrac{1}{6}$　　D. $\dfrac{1}{2}$

4. 下列数列中收敛的是（　　）.

A. $x_n=\sin n$　　B. $x_n=\dfrac{1}{n}\sin n^2$

C. $x_n=\cos n$　　D. $x_n=1+\dfrac{1}{2}+\cdots+\dfrac{1}{n}$

5. 下列命题正确的是（　　）.

A. 若 $\{x_n\}$ 是有界数列，则 $\{x_n\}$ 收敛

B. 若 $\{x_n\}$ 是收敛的有界数列，则 $\{x_n\}$ 是单调数列

C. 若 $\{x_n\}$ 是发散，则 $\{x_n\}$ 是无界数列

D. 若 $\{x_n\}$ 是无界数列，则 $\{x_n\}$ 发散

三、试解下列各题

1. 求下列极限.

（1）$\lim\limits_{n\to\infty}\left(1+\dfrac{1}{2}\right)\left(1+\dfrac{1}{4}\right)\cdots\left(1+\dfrac{1}{2^n}\right)$；　　（2）$\lim\limits_{n\to\infty}\sqrt[n]{a+\sin n}$（$a>1$）；

（3）$\lim\limits_{n\to\infty}\dfrac{a^n-a^{-n}}{a^n+a^{-n}}$（$a>0$）；　　（4）$\lim\limits_{n\to\infty}\left(\dfrac{\cos 1}{n^2+1}+\dfrac{\cos 2}{n^2+2}+\cdots+\dfrac{\cos n}{n^2+n}\right)$；

（5）$\lim\limits_{n\to\infty}\left(\dfrac{1}{n^2+1}+\dfrac{2}{n^2+2}+\cdots+\dfrac{n}{n^2+n}\right)$；　　（6）$\lim\limits_{n\to\infty}\sin(\pi\sqrt{n^2+1})$；

（7）$\lim\limits_{n\to\infty}\sin^2(\pi\sqrt{n^2+n})$；

（8）$\lim\limits_{n\to\infty}\dfrac{1}{2}\cdot\dfrac{3}{4}\cdot\cdots\cdot\dfrac{2n-1}{2n}$（提示：$\dfrac{1}{2}\cdot\dfrac{3}{4}\cdot\cdots\cdot\dfrac{2n-1}{2n}\leqslant\dfrac{1}{\sqrt{2n+1}}$）.

2. 下列结论是否正确？若正确，请给出证明；若不正确，请举出反例.

（1）若收敛数列 $\{x_n\}$ 与 $\{y_n\}$ 满足 $x_n < y_n$，则 $\lim\limits_{n\to\infty} x_n < \lim\limits_{n\to\infty} y_n$；

（2）若 $\lim\limits_{n\to\infty} x_n = A$，则 $\lim\limits_{n\to\infty} |x_n| = |A|$；

（3）若 $\lim\limits_{n\to\infty} |x_n| = |A|, (A \neq 0)$，则 $\lim\limits_{n\to\infty} x_n = A$；

（4）若 $\lim\limits_{n\to\infty} x_n = A$，则 $\lim\limits_{n\to\infty} x_{n+1} = A$；

（5）若 $\lim\limits_{n\to\infty} x_n = A$，则 $\lim\limits_{n\to\infty} \dfrac{x_{n+1}}{x_n} = 1$；

（6）若 $\lim\limits_{n\to\infty} \dfrac{x_{n+1}}{x_n} = 1$，则 $\lim\limits_{n\to\infty} x_n$ 存在.

四、试证下列各题

1. 设 $\lim\limits_{n\to\infty} x_n = a$，证明 $\lim\limits_{n\to\infty} \dfrac{x_1 + x_2 + \cdots + x_n}{n} = a$.

2. 设 $a_n > 0$，且 $\lim\limits_{n\to\infty} a_n = a$，证明：$\lim\limits_{n\to\infty} \sqrt[n]{a_1 a_2 \cdots a_n} = a$.

3. 设 $a > 0$，证明 $\lim\limits_{n\to\infty} \sqrt[n]{a} = 1$.

4. 证明 $\lim\limits_{n\to\infty} \dfrac{n}{\sqrt[n]{n!}} = \mathrm{e}$（提示：$\sqrt[n]{\dfrac{(n+1)^n}{n!}} = \sqrt[n]{\dfrac{2^1}{1^1} \cdot \dfrac{3^2}{2^2} \cdot \cdots \cdot \dfrac{(n+1)^n}{n^n}}$）.

5. 证明数列 $x_n = \dfrac{\sin 2x}{2(2 + \sin 2x)} + \dfrac{\sin 3x}{3(3 + \sin 3x)} + \cdots + \dfrac{\sin nx}{n(n + \sin nx)}$ 收敛.

PART THREE

第三章　函数的极限

第二章学习了数列的极限，数列是一类特殊的函数即整标函数（自变量取正整数函数值有序的函数），本章将引进一般函数极限的概念，并讨论其性质.

第一节　函数极限的概念

不同于数列的极限，函数的自变量有两类六种不同的变化趋向，本节将按照自变量不同的变化趋向，引进函数极限的概念.

如图 3.1.1 所示，函数 $y=\arctan x$ 当 x 取正数且无限增大时，函数值有无限接近于 $\frac{\pi}{2}$ 的趋势；当 x 取负数且绝对值无限增大时，函数值有无限接近于 $-\frac{\pi}{2}$ 的趋势. 如图 3.1.2 所示，函数 $y=\frac{\sin x}{x}$ 当 x 的绝对值无限增大时，函数值有无限接近于 0 的趋势.

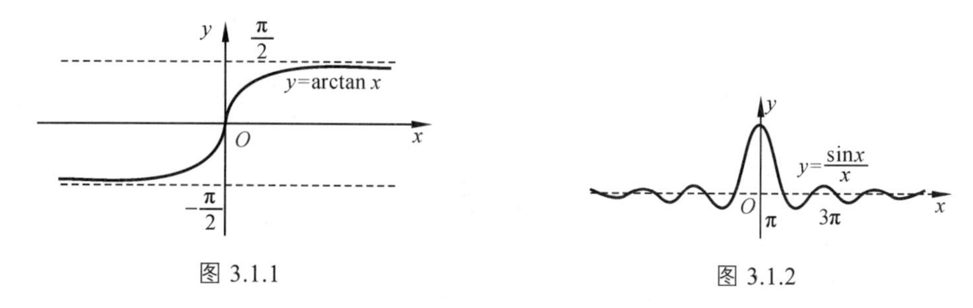

图 3.1.1　　　图 3.1.2

一、自变量 $x\to\infty$ 时函数的极限

正如数列极限概念一样，当 x 取正数且无限增大时，函数值能无限接近于常数 A，则称 A 为函数当 $x\to+\infty$ 时的极限. 当 $x\to+\infty$ 时函数 $f(x)$ 的极限定义如下：

定义 3.1.1　设函数 $f(x)$ 的定义域为 $(a,+\infty)$，A 是一个常数. 若对任意给定 $\varepsilon>0$（不论 ε 多么小），总存在正数 $X(>a)$，使得当 $x>X$ 时，不等式

$$\left|f(x)-A\right|<\varepsilon$$

恒成立，则称当 $x\to+\infty$ 时，函数 $f(x)$ 的极限存在，或称常数 A 是当 $x\to+\infty$ 时函数 $f(x)$ 的**极限**，记为

$$\lim_{x\to+\infty}f(x)=A \text{ 或 } f(x)\to A(x\to+\infty).$$

定义 3.1.1 可简述（或核心内容）为

$$\lim_{x\to+\infty}f(x)=A\Leftrightarrow\forall\varepsilon>0,\ \exists X>0,\ \text{当 } x>X \text{ 时，有 } \left|f(x)-A\right|<\varepsilon.$$

该定义简称“$\varepsilon-X$”**定义**. 其中，ε,X 与数列极限中 ε,N 的作用和属性类似，ε 表示 $f(x)$ 与 A 的接近程度，其必须具有任意性；X 体现的是自变量 x 趋向 $+\infty$ 的程度，它由 ε 确定，但不唯一，关键是其存在性.

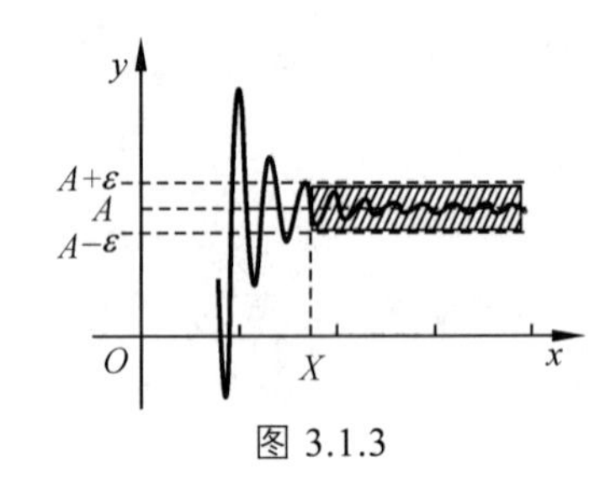

图 3.1.3

“$\varepsilon-X$”定义的几何意义(如图 3.1.3):对于任意 $\varepsilon>0$，做两条平行于 x 轴的直线 $y=A-\varepsilon$ 和 $y=A+\varepsilon$，总存在正数 X，使在直线 $x=X$ 右侧的函数图像都介于上述两条平行于 x 轴直线的带形区域内.

类似于定义 3.1.1，给出如下定义：

$$\lim_{x\to-\infty}f(x)=A\Leftrightarrow\forall\varepsilon>0,\ \exists X>0,\ \text{当 } x<-X \text{ 时，有 } \left|f(x)-A\right|<\varepsilon.$$

$$\lim_{x\to\infty}f(x)=A\Leftrightarrow\forall\varepsilon>0,\ \exists X>0,\ \text{当 } |x|>X \text{ 时，有 } \left|f(x)-A\right|<\varepsilon.$$

由上述定义不难证明以下结论：

$$\lim_{x\to\infty}f(x)=A\Leftrightarrow\lim_{x\to+\infty}f(x)=\lim_{x\to-\infty}f(x)=A.$$

例 3.1.1　证明:（1）$\lim\limits_{x\to+\infty}\arctan x=\dfrac{\pi}{2}$；（2）$\lim\limits_{x\to-\infty}\arctan x=-\dfrac{\pi}{2}$.

证　（1)由于 $\left|\arctan x-\dfrac{\pi}{2}\right|=\dfrac{\pi}{2}-\arctan x$. $\forall 0<\varepsilon<\dfrac{\pi}{2}$，要使 $\left|\arctan x-\dfrac{\pi}{2}\right|<\varepsilon$，只需 $\dfrac{\pi}{2}-\arctan x<\varepsilon$，即 $x>\tan\left(\dfrac{\pi}{2}-\varepsilon\right)$，取 $X=\tan\left(\dfrac{\pi}{2}-\varepsilon\right)$，则当 $x>X$ 时，有不等式

$$\left|\arctan x-\frac{\pi}{2}\right|=\frac{\pi}{2}-\arctan x<\varepsilon$$

恒成立，因此 $\lim\limits_{x\to+\infty}\arctan x=\dfrac{\pi}{2}$.

类似可证 $\lim\limits_{x\to-\infty}\arctan x=-\dfrac{\pi}{2}$，进一步可知 $\lim\limits_{x\to\infty}\arctan x$ 不存在.

例 3.1.2　证明：$\lim\limits_{x\to\infty}\dfrac{\sin x}{x}=0$.

证　由于 $x\neq0$，$\left|\dfrac{\sin x}{x}-0\right|<\dfrac{1}{|x|}$. $\forall\varepsilon>0$，要使 $\left|\dfrac{\sin x}{x}-0\right|<\varepsilon$，只需 $\dfrac{1}{|x|}<\varepsilon$，即 $|x|>\dfrac{1}{\varepsilon}$，取

$X=\frac{1}{\varepsilon}$，则当$|x|>X$时，有不等式

$$\left|\frac{\sin x}{x}-0\right|<\frac{1}{|x|}<\varepsilon$$

恒成立，因此$\lim\limits_{x\to\infty}\frac{\sin x}{x}=0$.

类似可证$\lim\limits_{x\to\infty}\frac{1}{x}=0$，$\lim\limits_{x\to\infty}\frac{\cos x}{x}=0$.

与数列极限类似，用定义验证常数A是当$x\to\infty$时函数的极限，关键在于找出满足“$\varepsilon-X$”定义中的X，为此也常常将函数与A之差的绝对值进行适当的放大，但注意不能放得太大，放大后的表达式仍然可以任意小.

思考题：利用定义证明$\lim\limits_{x\to\infty}\sin\frac{1}{x}=0$ [利用式（3.1.1）].

二、自变量$x\to x_0$时函数的极限

在讨论函数变化趋势时，往往要考察自变量x趋向于某个有限值x_0时函数值的变化趋势. 如函数$y=\sin x$当x趋向于0时函数值的变化趋势；又如$y=\frac{x^2-1}{x-1}$当x趋向于1时函数值的变化趋势.

观察图 3.1.4，函数$y=\sin x$当$x\to 0$时，函数值有无限接近于0的趋势；函数$y=\frac{x^2-1}{x-1}$当$x\to 1$时，函数值有无限接近于2的趋势.

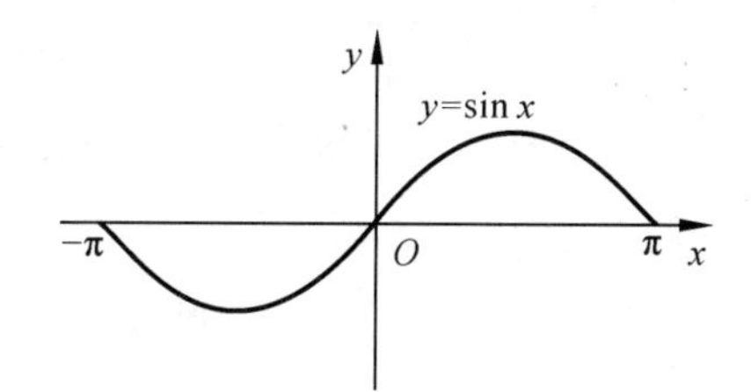

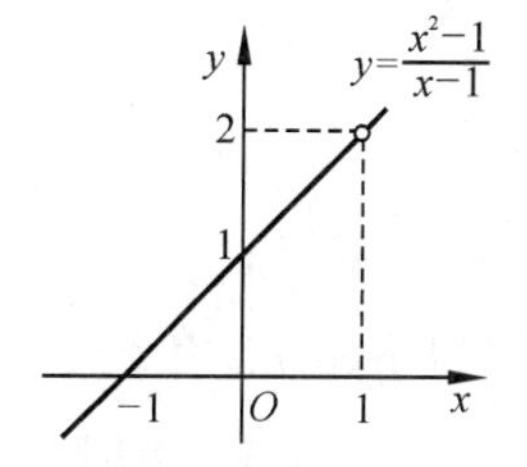

图 3.1.4

对照定义 3.1.1，当$x\to x_0$时函数$f(x)$的极限定义如下：

定义 3.1.2 设函数$f(x)$在x_0的去心邻域$\mathring{U}(x_0)$内有定义，A是一个常数. 若对任意给定$\varepsilon>0$（不论ε多么小），总存在正数$\delta>0$，使得当$0<|x-x_0|<\delta$时，不等式

$$|f(x)-A|<\varepsilon$$

恒成立，则称当$x\to x_0$时，函数$f(x)$的极限存在，或称常数A是当$x\to x_0$时函数$f(x)$的**极限**，记为

$$\lim_{x\to x_0}f(x)=A \text{ 或 } f(x)\to A(x\to x_0).$$

定义 3.1.2 可简述为

$$\lim_{x\to x_0} f(x)=A \Leftrightarrow \forall\varepsilon>0,\ \exists\delta>0,\ \text{当}\ 0<|x-x_0|<\delta\ \text{时，有}\ |f(x)-A|<\varepsilon .$$

该定义简称“$\varepsilon-\delta$”**定义**. 其中，ε 表示 $f(x)$ 与 A 的接近程度，具有任意性；正数 δ 用来表示自变量 x 充分趋向 x_0 的程度，它由 ε 以及 x_0 确定，但不唯一.

当 $0<|x-x_0|<\delta$ 时，$x\neq x_0$，说明当 $x\to x_0$ 时考察函数 $f(x)$ 的极限时，只是考虑 x 趋向于 x_0 的过程中函数值的变化趋势，而与 $f(x)$ 在 x_0 处有没有定义无关.

$\lim\limits_{x\to x_0} f(x)=A$ 的几何意义如图 3.1.5 所示：对于任意 $\varepsilon>0$，做两条平行于 x 轴的直线 $y=A-\varepsilon$ 和 $y=A+\varepsilon$，总存在 $\delta>0$，使得 x 在 $0<|x-x_0|<\delta$ 内的函数图像介于上述两条平行于 x 轴直线的带形区域内.

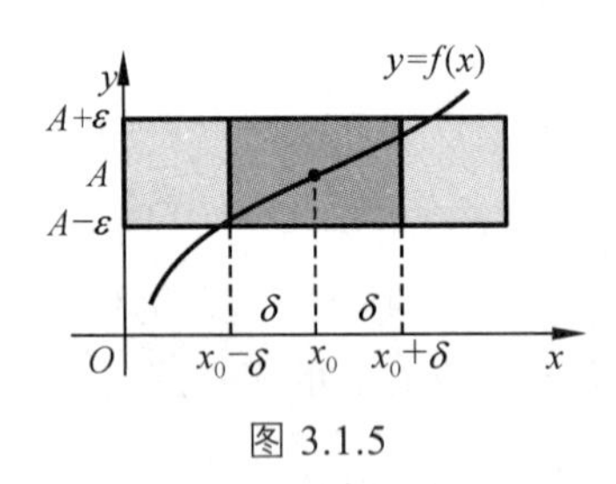

图 3.1.5

例 3.1.3 证明：$\lim\limits_{x\to 1}\dfrac{x^2-1}{x-1}=2$.

证 由于 $x\neq 1$ 时，$\left|\dfrac{x^2-1}{x-1}-2\right|=|x-1|$. $\forall\varepsilon>0$，要使 $\left|\dfrac{x^2-1}{x-1}-2\right|<\varepsilon$，只需 $|x-1|<\varepsilon$，取 $\delta=\varepsilon$，当 $0<|x-1|<\delta$ 时，有 $\left|\dfrac{x^2-1}{x-1}-2\right|=|x-1|<\delta=\varepsilon$，故 $\lim\limits_{x\to 1}\dfrac{x^2-1}{x-1}=2$.

显然，本例中的 δ 也可以取 $\delta=\dfrac{\varepsilon}{2}$ 或 $\dfrac{\varepsilon}{3}$，甚至可以更小，当 $0<|x-1|<\delta$ 时，都有

$$\left|\frac{x^2-1}{x-1}-2\right|=|x-1|<\delta<\varepsilon .$$

类似于前述情况，用“$\varepsilon-\delta$”定义验证数 A 是函数的极限，关键在于找出正数 δ，使得当 $0<|x-x_0|<\delta$ 时，不等式 $|f(x)-A|<\varepsilon$ 恒成立. 而不在 $0<|x-x_0|<\delta$ 范围内的 x，不等式 $|f(x)-A|<\varepsilon$ 可以不成立. 因此找 δ 的值时，可适当找出小一点的值，关键是 δ 的存在性.

例 3.1.4 证明：当 $x_0>0$ 时，$\lim\limits_{x\to x_0}\sqrt{x}=\sqrt{x_0}$.

证 由于 $x>0$ 时，$|\sqrt{x}-\sqrt{x_0}|=\dfrac{|x-x_0|}{\sqrt{x}+\sqrt{x_0}}<\dfrac{|x-x_0|}{\sqrt{x_0}}$. $\forall\varepsilon>0$（不妨设 $\varepsilon<1$），要使 $|\sqrt{x}-\sqrt{x_0}|<\varepsilon$，只需 $\dfrac{|x-x_0|}{\sqrt{x_0}}<\varepsilon$，即 $|x-x_0|<\sqrt{x_0}\varepsilon$，所以取 $\delta=\min\{x_0,\sqrt{x_0}\varepsilon\}$，当 $0<|x-x_0|<\delta$ 时，

$$|\sqrt{x}-\sqrt{x_0}|<\frac{|x-x_0|}{\sqrt{x_0}}<\varepsilon ,$$

故当 $x_0>0$ 时，$\lim\limits_{x\to x_0}\sqrt{x}=\sqrt{x_0}$.

不难证明，$\lim\limits_{x\to x_0}x=x_0$ 和 $\lim\limits_{x\to x_0}C=C$，这里不再赘述.

例 3.1.5　证明：$\lim\limits_{x\to 1}(x^2+1)=2$.

证　由于 $\left|x^2+1-2\right|=\left|x^2-1\right|=|x-1||x+1|$，可以预设 $|x-1|<1$，那么 $|x+1|\leqslant 3$，则 $\left|x^2+1-2\right|=|x-1||x+1|\leqslant 3|x-1|$. $\forall\varepsilon>0$，要使 $\left|x^2+1-2\right|<\varepsilon$，只要 $3|x-1|<\varepsilon$，即 $|x-1|<\dfrac{\varepsilon}{3}$ 且 $|x-1|<1$，所以取 $\delta=\min\left\{\dfrac{\varepsilon}{3},1\right\}$，当 $0<|x-1|<\delta$ 时，有 $\left|x^2+1-2\right|\leqslant 3|x-1|<\varepsilon$ 恒成立，故 $\lim\limits_{x\to 1}(x^2+1)=2$.

例 3.1.6　证明：$\lim\limits_{x\to x_0}\sin x=\sin x_0$.

证　当 $0<x<\dfrac{\pi}{2}$ 时，在图 3.1.6 所示 1/4 的单位圆内，有

$$S_{\triangle OAB}<S_{\text{扇形}OAB}<S_{\triangle OAD},$$

则

$$\sin x<x<\tan x.$$

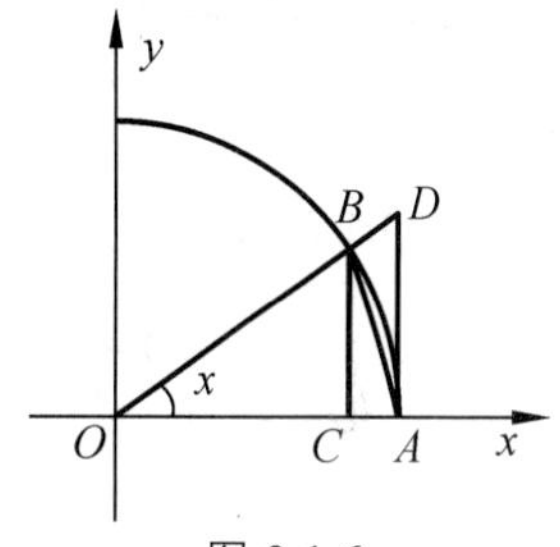

图 3.1.6

当 $x\geqslant\dfrac{\pi}{2}$ 时，有 $\sin x\leqslant 1<x$，故当 $x>0$ 时，有 $\sin x<x$.

又 $x<0$ 时，由 $\sin(-x)<-x$ 得 $-\sin x<-x$，即 $|\sin x|<|x|$.

综上所述，有

$$|\sin x|\leqslant|x|,\quad x\in\mathbf{R}.\tag{3.1.1}$$

其中等号仅当 $x=0$ 时成立.

因此

$$|\sin x-\sin x_0|=2\left|\cos\frac{x+x_0}{2}\right|\left|\sin\frac{x-x_0}{2}\right|\leqslant|x-x_0|.$$

$\forall\varepsilon>0$，要使 $|\sin x-\sin x_0|<\varepsilon$，只需 $|x-x_0|<\varepsilon$，取 $\delta=\varepsilon$，当 $0<|x-x_0|<\delta$ 时，有 $|\sin x-\sin x_0|\leqslant|x-x_0|<\delta=\varepsilon$，所以 $\lim\limits_{x\to x_0}\sin x=\sin x_0$.

同理可证 $\lim\limits_{x\to x_0}\cos x=\cos x_0$.

例 3.1.7　证明：$\lim\limits_{x\to 0}a^x=1\ (a\geqslant 1)$.

证　当 $a=1$ 时，显然 $\lim\limits_{x\to 0}a^x=1$.

当 $a>1$ 时，$y=a^x$ 在 $\mathbf{R}$ 上严格单调递增、$\forall\varepsilon>0$（不妨设 $\varepsilon<1$），要使 $\left|a^x-1\right|<\varepsilon$，只要 $\log_a(1-\varepsilon)<x<\log_a(1+\varepsilon)$. 于是，令 $\delta=\min\{\log_a(1+\varepsilon),-\log_a(1-\varepsilon)\}$，当 $0<|x|<\delta$ 时，恒有 $\left|a^x-1\right|<\varepsilon$，故 $\lim\limits_{x\to 0}a^x=1$.

因此 $\lim\limits_{x\to 0}a^x=1\ (a\geqslant 1)$.

同理可证 $\lim\limits_{x\to 0}a^x=1\ (a<1)$.

三、单侧极限

讨论当自变量 x 趋向于 x_0 时函数的极限，应注意 x 趋向于 x_0 的方式是任意的，x 可从点 x_0 的左侧趋向于 x_0，也可从点 x_0 的右侧趋向于 x_0. 特别是当函数仅在 x_0 的一侧有定义或在 x_0 两

侧的表达式不同时，只能考察 x 从单侧趋向于 x_0 时函数的极限.

定义 3.1.3 设函数 $f(x)$ 在 x_0 的去心邻域 $\mathring{U}_-(x_0)$（或 $\mathring{U}_+(x_0)$）内有定义，A 是一个常数. 如果对任意 $\varepsilon>0$（不论 ε 多小），总存在 $\delta>0$，使得当 $-\delta<x-x_0<0$（或 $0<x-x_0<\delta$）时，不等式

$$|f(x)-A|<\varepsilon$$

恒成立，则称当 $x\to x_0^-$（或 $x\to x_0^+$）时，函数 $f(x)$ 的极限存在，或称常数 A 是函数 $f(x)$ 当 $x\to x_0^-$（或 $x\to x_0^+$）时的**左（右）极限**，记为

$$\lim_{x\to x_0^-} f(x)=A\text{（或}\lim_{x\to x_0^+} f(x)=A\text{）}.$$

定义 3.1.3 可简述为

$$\lim_{x\to x_0^-} f(x)=A \Leftrightarrow \forall\varepsilon>0,\ \exists\delta>0,\ \text{当} -\delta<x-x_0<0\ \text{时，有}\ |f(x)-A|<\varepsilon.$$

$$\lim_{x\to x_0^+} f(x)=A \Leftrightarrow \forall\varepsilon>0,\ \exists\delta>0,\ \text{当}\ 0<x-x_0<\delta\ \text{时，有}\ |f(x)-A|<\varepsilon.$$

左极限或右极限统称为**单侧极限**，二者也可以分别记为

$$\lim_{x\to x_0^-} f(x)=f(x_0-0)\ \text{和}\ \lim_{x\to x_0^+} f(x)=f(x_0+0).$$

显然，$x\to x_0$ 时函数的极限及其单侧极限之间有如下关系：

$$\lim_{x\to x_0} f(x)=A \Leftrightarrow \lim_{x\to x_0^+} f(x)=\lim_{x\to x_0^-} f(x)=A.$$

例 3.1.8 讨论函数 $f(x)=\dfrac{|x|}{x}$ 在 $x=0$ 处的极限.

解 由于函数 $f(x)=\begin{cases}1, & x>0,\\ -1, & x<0\end{cases}$ 是分段函数，先考察单侧极限.

$$f(0+0)=\lim_{x\to 0^+} f(x)=\lim_{x\to 0^+} 1=1,\quad f(0-0)=\lim_{x\to 0^-} f(x)=\lim_{x\to 0^+}(-1)=-1,$$

而 $f(0+0)\neq f(0-0)$，因此 $\lim\limits_{x\to 0}\dfrac{|x|}{x}$ 不存在.

1. 用函数极限的定义验证下列极限.

（1）$\lim\limits_{x\to\infty}\dfrac{1}{x^3}=0$；（2）$\lim\limits_{x\to+\infty}(\sqrt{x+1}-\sqrt{x})=0$；

（3）$\lim\limits_{x\to-\infty}\arctan x=-\dfrac{\pi}{2}$；（4）$\lim\limits_{x\to 2^-}\dfrac{x^2}{x+2}=1$；

（5）$\lim\limits_{x\to-1^+}\sqrt{1-x^2}=0$；（6）$\lim\limits_{x\to 0}a^x=1\ (a<1)$.

2. 证明 $\lim\limits_{x \to x_0} \cos x = \cos x_0$.

3. 讨论函数 $f(x)=\begin{cases} x+1, & x \geqslant 1 \\ 2x-1, & x<1 \end{cases}$，当 $x \to 1$ 时的极限.

4. 证明：$\lim\limits_{x \to x_0} f(x) = A \Leftrightarrow \lim\limits_{x \to x_0^+} f(x) = \lim\limits_{x \to x_0^-} f(x) = A$.

5. 证明：若 $\lim\limits_{x \to x_0} f(x) = A$，则 $\lim\limits_{x \to x_0} |f(x)| = |A|$. 反之如何？请详细讨论.

第二节 函数极限的性质与函数极限存在条件

一、函数极限的性质

函数的极限具有与数列极限相类似的性质，本节仅以自变量 $x \to x_0$ 时函数极限为代表叙述并证明相应的性质，至于其他自变量趋向（共六类）函数极限的性质，只需做相应的改变即可得到.

定理 3.2.1（极限唯一性） 若极限 $\lim\limits_{x \to x_0} f(x)$ 存在，则此极限是唯一的.

证 设 $\lim\limits_{x \to x_0} f(x) = A$，$\lim\limits_{x \to x_0} f(x) = B$，若 $A \neq B$，不妨设 $A > B$，则对于 $\varepsilon = \dfrac{A-B}{2} > 0$，$\exists \delta_1 > 0$，当 $0 < |x - x_0| < \delta_1$ 时，有

$$A - \varepsilon = \frac{A+B}{2} < f(x) < A + \varepsilon. \tag{3.2.1}$$

$\exists \delta_2 > 0$，当 $0 < |x - x_0| < \delta_2$ 时，有

$$B - \varepsilon < f(x) < B + \varepsilon = \frac{A+B}{2}. \tag{3.2.2}$$

取 $\delta = \min\{\delta_1, \delta_2\}$，则当 $0 < |x - x_0| < \delta$ 时，式（3.2.1）和式（3.2.2）同时成立，从而

$$\frac{A+B}{2} < f(x) < \frac{A+B}{2},$$

矛盾. 因此 $A = B$.

定理 3.2.2（局部有界性） 若极限 $\lim\limits_{x \to x_0} f(x)$ 存在，则函数 $f(x)$ 在 x_0 的某个去心邻域内有界，即存在正数 δ 与 M，使得当 $x \in \mathring{U}(x_0, \delta)$ 时，有 $|f(x)| \leqslant M$.

证 设 $\lim\limits_{x \to x_0} f(x) = A$，则对于 $\varepsilon = 1 > 0$，存在 $\delta > 0$，当 $0 < |x - x_0| < \delta$ 时，有

$$|f(x) - A| < 1.$$

又

$$\big||f(x)| - |A|\big| < |f(x) - A|,$$

故

$$|f(x)| < |A| + 1,$$

则可取 $M=|A|+1$.

注 函数与数列极限的有界性是有差异的，由 $\lim\limits_{x\to x_0} f(x)=A$ 只能确保 $f(x)$ 在 $\mathring{U}(x_0,\delta)$ 内有界，不能确保在其定义域上有界，即上述“局部”不能去掉. 如 $\lim\limits_{x\to 1}\dfrac{1}{x}=1$ 存在，函数 $f(x)=\dfrac{1}{x}$ 在 $\left(\dfrac{1}{2},2\right)$ 内有界，但 $(0,2]$ 上无界.

定义 3.2.1 若函数 $f(x)$ 在某 $\mathring{U}(x_0)$ 内有界，则称 $f(x)$ 是当 $x\to x_0$ 时的**有界量**，记为 $f(x)=O(1)(x\to x_0)$. 显然极限 $\lim\limits_{x\to x_0} f(x)$ 存在，则 $f(x)=O(1)(x\to x_0)$，反之不真.

若函数 $f(x)$ 在 $\mathring{U}(x_0)$ 内无界，则称 $f(x)$ 是当 $x\to x_0$ 时的**无界量**.

定理 3.2.3（局部保号性） 若极限 $\lim\limits_{x\to x_0} f(x)=A$ 且 $A>0$（或 $A<0$），则对 $\forall r\in(0,|A|)$，$\exists\,\delta>0$，使得当 $0<|x-x_0|<\delta$ 时，有 $f(x)>r>0$（或 $f(x)<-r<0$）.

证 设 $\lim\limits_{x\to x_0} f(x)=A>0$. 取 $\varepsilon=A-r>0$，即 $r=A-\varepsilon$，则 $\exists\,\delta>0$，使得当 $0<|x-x_0|<\delta$ 时，有

$$|f(x)-A|<\varepsilon,$$

从而

$$f(x)>A-\varepsilon=r>0.$$

类似可得 $A<0$ 的情形.

定理 3.2.4（保不等式性） 若极限 $\lim\limits_{x\to x_0} f(x)=A$ 且 $\lim\limits_{x\to x_0} g(x)=B$，且在某邻域 $\mathring{U}(x_0,\delta_0)$ 内，有 $f(x)\leqslant g(x)$，则 $A\leqslant B$.

证 因为 $\lim\limits_{x\to x_0} f(x)=A$，$\lim\limits_{x\to x_0} g(x)=B$，则 $\forall\varepsilon>0$，$\exists\delta_1>0$，当 $0<|x-x_0|<\delta_1$ 时，有

$$|f(x)-A|<\varepsilon,$$

从而

$$A-\varepsilon<f(x). \tag{3.2.3}$$

$\exists\delta_2>0$，当 $0<|x-x_0|<\delta_2$ 时，有

$$|g(x)-B|<\varepsilon,$$

从而

$$g(x)<B+\varepsilon. \tag{3.2.4}$$

取 $\delta=\min\{\delta_1,\delta_2,\delta_0\}$，则当 $0<|x-x_0|<\delta$ 时，$f(x)\leqslant g(x)$ 且式（3.2.3）和式（3.2.4）同时成立，从而可得

$$A-\varepsilon<f(x)\leqslant g(x)<B+\varepsilon.$$

于是有 $A<B+2\varepsilon$. 由 ε 的任意性知，$A\leqslant B$.

推论 3.2.1 若极限 $\lim\limits_{x\to x_0} f(x)=A$ 且在某邻域 $\mathring{U}(x_0,\delta)$ 内 $f(x)\geqslant 0$（或 $f(x)\leqslant 0$），则 $A\geqslant 0$（或 $A\leqslant 0$）.

二、函数极限的存在条件

函数极限存在条件具有与数列极限相对应的条件，包括夹逼准则、海涅（Heine，1821—1881年，德国）定理、柯西准则、单调有界定理. 也以自变量 $x \to x_0$ 趋向为代表叙述并证明，其他自变量趋向极限的存在条件同样成立.

定理 3.2.5（夹逼准则） 若极限 $\lim\limits_{x\to x_0} f(x) = \lim\limits_{x\to x_0} g(x) = A$，且在某邻域 $\mathring{U}(x_0, \delta_0)$ 内，有 $f(x) \leqslant h(x) \leqslant g(x)$，则 $\lim\limits_{x\to x_0} h(x) = A$.

证 因为 $\lim\limits_{x\to x_0} f(x) = A$, $\lim\limits_{x\to x_0} g(x) = A$，则 $\forall \varepsilon > 0$，$\exists \delta_1 > 0$，当 $0 < |x - x_0| < \delta_1$ 时，有

$$|f(x) - A| < \varepsilon ,$$

从而

$$A - \varepsilon < f(x). \tag{3.2.5}$$

$\exists \delta_2 > 0$，当 $0 < |x - x_0| < \delta_2$ 时，有

$$|g(x) - A| < \varepsilon ,$$

从而

$$g(x) < A + \varepsilon . \tag{3.2.6}$$

取 $\delta = \min\{\delta_1, \delta_2, \delta_0\}$，则当 $0 < |x - x_0| < \delta$ 时，$f(x) \leqslant h(x) \leqslant g(x)$，且式（3.2.5）和式（3.2.6）同时成立，从而可得

$$A - \varepsilon < f(x) \leqslant h(x) \leqslant g(x) < A + \varepsilon .$$

于是

$$|h(x) - A| < \varepsilon .$$

故

$$\lim_{x\to x_0} h(x) = A .$$

例 3.2.1 证明：极限 $\lim\limits_{x\to 0} x\left[\dfrac{1}{x}\right] = 1$，其中 $\left[\dfrac{1}{x}\right]$ 是取整函数.

证 由取整函数的定义，得 $\dfrac{1}{x} - 1 < \left[\dfrac{1}{x}\right] \leqslant \dfrac{1}{x}$.

当 $x > 0$ 时，有 $1 - x = x\left(\dfrac{1}{x} - 1\right) < x\left[\dfrac{1}{x}\right] \leqslant 1$，而 $\lim\limits_{x\to 0^+}(1 - x) = 1$，由夹逼准则得 $\lim\limits_{x\to 0^+} x\left[\dfrac{1}{x}\right] = 1$.

当 $x < 0$ 时，有 $1 - x = x\left(\dfrac{1}{x} - 1\right) > x\left[\dfrac{1}{x}\right] \geqslant 1$，而 $\lim\limits_{x\to 0^-}(1 - x) = 1$，同理得 $\lim\limits_{x\to 0^-} x\left[\dfrac{1}{x}\right] = 1$.

综上所述，$\lim\limits_{x\to 0} x\left[\dfrac{1}{x}\right] = 1$.

定理 3.2.6（海涅定理） 设函数 $f(x)$ 在点 x_0 的某邻域 $\mathring{U}(x_0, \delta_0)$ 内有定义，则 $\lim\limits_{x\to x_0} f(x)$ 存在的充要条件是：对于任何含于 $\mathring{U}(x_0,\delta_0)$ 且以 x_0 为极限的数列 $\{x_n\}$，极限 $\lim\limits_{n\to\infty} f(x_n)$ 都存在且相等.

证（必要性） 设 $\lim\limits_{x\to x_0} f(x)=A$，则 $\forall\varepsilon>0, \exists\delta(\leqslant\delta_0)>0$，当 $0<|x-x_0|<\delta$ 时，有

$$\left|f(x)-A\right|<\varepsilon .$$

而 $\lim\limits_{n\to\infty} x_n=x_0$，则对于上述 $\delta>0$，存在 $N>0$，使得当 $n>N$ 时有 $|x_n-x_0|<\delta$，由数列 $\{x_n\}$ 含于 $\mathring{U}(x_0, \delta_0)$，从而 $0<|x_n-x_0|<\delta$，于是

$$\left|f(x_n)-A\right|<\varepsilon .$$

故

$$\lim_{n\to\infty} f(x_n)=A .$$

（充分性）反证法.

设任意数列 $\{x_n\}\subset\mathring{U}(x_0, \delta_0)$，当 $\lim\limits_{n\to\infty} x_n=x_0$，均有 $\lim\limits_{n\to\infty} f(x_n)=A$. 假设 $\lim\limits_{x\to x_0} f(x)$ 不存在，则 $\lim\limits_{x\to x_0} f(x)\neq A$，即 $\exists\varepsilon_0>0$，对 $\forall\delta(\leqslant\delta_0)>0$，$\exists x_1\in\mathring{U}(x_0, \delta)$，有

$$\left|f(x_1)-A\right|\geqslant\varepsilon_0 .$$

依次取 $\delta=\delta_0, \dfrac{\delta_0}{2}, \dfrac{\delta_0}{3}, \cdots, \dfrac{\delta_0}{n}, \cdots$，则有相应的点 $x_1, x_2, x_3,\cdots, x_n,\cdots$ 满足

$$0<\left|x_n-x_0\right|\leqslant\frac{\delta_0}{n}, \tag{3.2.7}$$

但是

$$\left|f(x_n)-A\right|\geqslant\varepsilon_0. \tag{3.2.8}$$

显然数列 $\{x_n\}\subset\mathring{U}(x_0, \delta_0)$，由式（3.2.7）知 $\lim\limits_{n\to\infty} x_n=x_0$，由式（3.2.8）知 $\lim\limits_{n\to\infty} f(x_n)\neq A$，与条件矛盾. 所以 $\lim\limits_{x\to x_0} f(x)$ 存在，且 $\lim\limits_{x\to x_0} f(x)=A$.

注（1）海涅定理又称为**归结原理**，可简述为

$$\lim_{x\to x_0} f(x)=A \Leftrightarrow \text{任何数列 } \{x_n\}\subset\mathring{U}(x_0, \delta_0)，\lim_{n\to\infty} x_n=x_0，\text{总有 } \lim_{n\to\infty} f(x_n)=A .$$

（2）海涅定理揭示函数极限与数列极限的关系，定理中数列 $\{f(x_n)\}$ 极限相等是不能去掉的.

若遇到要说明极限 $\lim\limits_{x\to x_0} f(x)$ 不存在时，可以寻找以 x_0 为极限的数列 $\{x_n\}$，使得 $\lim\limits_{n\to\infty} f(x_n)$ 不存在，或寻找以 x_0 为极限的两个不同数列 $\{x_n'\}$ 与 $\{x_n''\}$，使得 $\lim\limits_{n\to\infty} f(x_n')$ 和 $\lim\limits_{n\to\infty} f(x_n'')$ 都存在但是不相等.

例 3.2.2 证明：极限 $\lim\limits_{x\to 0}\sin\dfrac{1}{x}$ 不存在.

证 取两个数列 $\{x_n'\}$ 与 $\{x_n''\}$，其中 $x_n'=\dfrac{1}{2n\pi}$，$x_n''=\dfrac{1}{\dfrac{\pi}{2}+2n\pi}$，则

$$\lim_{n\to\infty} x_n'=\lim_{n\to\infty} x_n''=0 ,$$

但 $\lim\limits_{n\to\infty} f(x_n')=\lim\limits_{n\to\infty}\sin(2n\pi)=0$，$\lim\limits_{n\to\infty} f(x_n'')=\lim\limits_{n\to\infty}\sin\left(\dfrac{\pi}{2}+2n\pi\right)=1$，

故极限 $\lim\limits_{x\to0}\sin\dfrac{1}{x}$ 不存在.

思考题 证明狄利克雷函数 $D(x)$ 在 $(-\infty,+\infty)$ 内的每一点处都不存在极限.

定理 3.2.7（柯西准则） 设函数 $f(x)$ 在点 x_0 的某邻域 $\mathring{U}(x_0,\ \delta_0)$ 内有定义，则 $\lim\limits_{x\to x_0}f(x)$ 存在的充要条件是：对于 $\forall\varepsilon>0$，$\exists\delta\in(0,\delta_0)$，当 $x',\ x''\in\mathring{U}(x_0,\ \delta)$ 时，总有

$$|f(x')-f(x'')|<\varepsilon.$$

证（必要性） 设 $\lim\limits_{x\to x_0}f(x)=A$．$\forall\varepsilon>0,\ \exists\delta(\leqslant\delta_0)>0$，当 $x\in\mathring{U}(x_0,\ \delta)$ 时，有

$$|f(x)-A|<\frac{\varepsilon}{2}.$$

所以当 $x',\ x''\in\mathring{U}(x_0,\ \delta)$ 时，有 $|f(x')-A|<\dfrac{\varepsilon}{2}$，$|f(x'')-A|<\dfrac{\varepsilon}{2}$，于是

$$|f(x')-f(x'')|\leqslant|f(x')-A|+|f(x'')-A|<\frac{\varepsilon}{2}+\frac{\varepsilon}{2}<\varepsilon.$$

（充分性） 由海涅定理只需要证明：任意数列 $\{x_n\},\{y_n\}\subset\mathring{U}(x_0,\ \delta_0)$，当 $\lim\limits_{n\to\infty}x_n=x_0$，$\lim\limits_{n\to\infty}y_n=x_0$ 时，有 $\lim\limits_{n\to\infty}f(x_n)=\lim\limits_{n\to\infty}f(y_n)$．事实上，按假设，$\forall\varepsilon>0$，$\exists\delta\in(0,\delta_0)$，当 $x',\ x''\in\mathring{U}(x_0,\ \delta)$ 时，总有 $|f(x')-f(x'')|<\varepsilon$．故对 $\delta\in(0,\delta_0)$ 以及上述数列 $\{x_n\}$，必 $\exists N>0$，当 $n,\ m>N$ 时，有 $x_n,\ x_m\in\mathring{U}(x_0,\ \delta)$．从而根据假设得 $|f(x_n)-f(x_m)|<\varepsilon$，由数列的柯西收敛准则得 $\lim\limits_{n\to\infty}f(x_n)$ 存在，设 $\lim\limits_{n\to\infty}f(x_n)=A$.

对上述数列 $\{y_n\}$，同理可得 $\lim\limits_{n\to\infty}f(y_n)$ 存在，设 $\lim\limits_{n\to\infty}f(y_n)=B$，则 $A=B$．事实上，构造数列 $\{z_n\}$：$x_1,\ y_1,\ x_2,\ y_2,\ \cdots,\ x_n,\ y_n,\ \cdots$，易证数列 $\{z_n\}\subset\mathring{U}(x_0,\ \delta_0)$ 且 $\lim\limits_{n\to\infty}z_n=x_0$，类似数列 $\{x_n\}$ 的情形可知 $\lim\limits_{n\to\infty}f(z_n)$ 存在，因此作为 $\{f(z_n)\}$ 的两个子列 $\{f(x_n)\}$ 和 $\{f(y_n)\}$ 必有相同的极限，即 $A=B$，由海涅定理得 $\lim\limits_{x\to x_0}f(x)$ 存在.

由柯西准则可以写出，$\lim\limits_{x\to x_0}f(x)$ 不存在的充要条件是：$\exists\varepsilon_0>0$，$\forall\delta>0$，总 $\exists x',\ x''\in\mathring{U}(x_0,\ \delta)$ 时，有 $|f(x')-f(x'')|\geqslant\varepsilon_0$.

在例 3.2.2 中取 $\varepsilon_0=\dfrac{1}{2}$，$\forall\delta>0$，设 $n>\dfrac{1}{\pi\delta}$，取 $x'=\dfrac{1}{n\pi}$，$x''=\dfrac{1}{\dfrac{\pi}{2}+n\pi}$，则 $x',\ x''\in\mathring{U}(0,\ \delta)$，而 $\left|\sin\dfrac{1}{x'}-\sin\dfrac{1}{x''}\right|=1>\dfrac{1}{2}=\varepsilon_0$，由柯西准则知极限 $\lim\limits_{x\to0}\sin\dfrac{1}{x}$ 不存在.

相应于数列极限的单调有界定理，单调有界函数存在单侧极限.

定理 3.2.8（单调有界定理） （1）设函数 $f(x)$ 在区间 (x_0,b) 内单调递增且有下界，则 $f(x_0+0)$ 存在，且 $f(x_0+0)=\inf\limits_{x\in(x_0,b)}f(x)$；

（2）函数 $f(x)$ 在区间 (x_0,b) 内单调递减且有上界，则 $f(x_0+0)$ 存在，且 $f(x_0+0)=\sup\limits_{x\in(x_0,b)} f(x)$.

证 只证（1），类似可证（2）.

因函数 $f(x)$ 在区间 (x_0,b) 内有下界，则 $\inf\limits_{x\in(x_0,b)} f(x)=A$ 存在. 由确界定义知 $\forall\varepsilon>0$，$\exists x'\in(x_0,b)$，使得 $f(x')<A+\varepsilon$. 令 $\delta=x'-x_0>0$，即 $x'=x_0+\delta$，当 $x\in(x_0,x_0+\delta)\subset(x_0,b)$，由 $f(x)$ 单调增知 $f(x)\leqslant f(x')<A+\varepsilon$ 成立.

又 $A\leqslant f(x)$，故当 $x\in(x_0,b)$，$|f(x)-A|<\varepsilon$，即 $\lim\limits_{x\to x_0^+} f(x)$ 存在，且 $f(x_0+0)=\inf\limits_{x\in(x_0,b)} f(x)$.

单调有界只是极限存在的充分条件. 反过来，如果 $\lim\limits_{x\to x_0^+} f(x)$ 存在，并不能推出函数在 $\overset{\circ}{U}_+(x_0)$ 上单调有界. 如

$$f(x)=\begin{cases} x, & x\text{为大于零的无理数}, \\ 0, & x\text{为大于零的有理数}, \\ 1, & x\leqslant 0. \end{cases}$$

容易验证 $\lim\limits_{x\to 0^+} f(x)=0$，但在 $\overset{\circ}{U}_+(0)$ 上不是单调的.

1. 证明推论 3.2.1：若极限 $\lim\limits_{x\to x_0} f(x)=A$ 且在某邻域 $\overset{\circ}{U}(x_0,\delta)$ 内 $f(x)\geqslant 0$（或 $f(x)\leqslant 0$），则 $A\geqslant 0$（或 $A\leqslant 0$）.

2. 如果把推论 3.2.1 中的条件"$f(x)\geqslant 0$（或 $f(x)\leqslant 0$）"修改为"$f(x)>0$（或 $f(x)<0$）"，那么结论是否可修改为"$A>0$（或 $A<0$）"？如果可以，请证明；如果不可以，请举例说明理由.

3. 证明：极限 $\lim\limits_{x\to\infty}\dfrac{[x]}{x}=1$. 其中 $[x]$ 是取整函数.

4. 叙述当 $x\to+\infty$ 时，$\lim\limits_{x\to+\infty} f(x)$ 的海涅定理，并说明 $\lim\limits_{x\to+\infty}\cos x$ 不存在.

5. 证明：设函数 $f(x)$ 在点 x_0 的某邻域 $\overset{\circ}{U}_+(x_0)$ 内有定义，则 $\lim\limits_{x\to x_0^+} f(x)=A$ 的充要条件是：对于任何含于 $\overset{\circ}{U}(x_0,\delta)$ 且以 x_0 为极限的单调递减数列 $\{x_n\}$，有极限 $\lim\limits_{n\to\infty} f(x_n)=A$.

6. 叙述并证明当 $x\to-\infty$ 时的柯西准则.

7. 叙述当 $x\to x_0^-$ 趋向的单调有界定理.

8. 证明：若 $f(x)$ 为周期函数，且 $\lim\limits_{x\to+\infty} f(x)=0$，则 $f(x)\equiv 0$.

第三节 无穷小量与无穷大量

类似于无穷小数列，称极限为零的函数为无穷小量，这一类函数有着重要的意义. 本节仅以 $x \to x_0$ 情形为代表介绍无穷小量及其性质.

一、无穷小量

定义 3.3.1 设函数 $\alpha(x)$ 在某邻域 $\mathring{U}(x_0,\delta_0)$ 内有定义，若 $\lim\limits_{x\to x_0}\alpha(x)=0$，则称 $\alpha(x)$ 是当 $x \to x_0$ 时的**无穷小量**，即当 $x \to x_0$ 时，$|\alpha(x)|$ 能小于任意正数，记 $\alpha(x)=o(1)(x\to x_0)$.

类似地可定义其他趋向时的无穷小量.

注 （1）无穷小量并不是很小的数，而是极限为零的一类特殊函数，零值函数是一类特殊的无穷小量.

（2）无穷小量是相应于 x 的趋向而言的，若 x 的趋向发生改变，则该函数不一定再是无穷小量. 如：函数 $f(x)=x^2$，$g(x)=1-\cos x$ 当 $x\to 0$ 时都是无穷小量，但当 $x\to\pi$ 时，它们都不再是无穷小量.

无穷小量具有以下性质.

定理 3.3.1 $\lim\limits_{x\to x_0}f(x)=A$ 的充要条件是：$f(x)=A+\alpha(x)$，其中 $\alpha(x)$ 为当 $x\to x_0$ 时的无穷小量.

定理 3.3.2 无穷小量与有界量之积仍是该自变量趋向时的无穷小量.

证 设 $f(x)=O(1)(x\to x_0)$，则存在 $M,\delta_1>0$，使得 $\forall x\in\mathring{U}(x_0,\delta_1)$，有 $|f(x)|\leqslant M$. 又 $\alpha(x)=o(1)(x\to x_0)$，$\forall\varepsilon>0$，$\exists\delta_2>0$，当 $0<|x-x_0|<\delta_2$ 时，有 $|\alpha(x)|<\dfrac{\varepsilon}{M}$.

令 $\delta=\min\{\delta_1,\delta_2\}$，则当 $0<|x-x_0|<\delta$ 时，有 $|f(x)\alpha(x)|=|f(x)||\alpha(x)|\leqslant M\dfrac{\varepsilon}{M}=\varepsilon$.

所以 $\lim\limits_{x\to x_0}f(x)\alpha(x)=0$. 故 $f(x)\alpha(x)=o(1)(x\to x_0)$.

定理 3.3.3 任意有限个无穷小量的和、差、积仍是该自变量趋向时的无穷小量.

例 3.3.1 证明：极限 $\lim\limits_{x\to 0}x\sin\dfrac{1}{x}=0$，$\lim\limits_{x\to 0}x^2\arctan\dfrac{1}{x}=0$.

证 由于 x,x^2 是当 $x\to 0$ 时的无穷小量，$\sin\dfrac{1}{x}$，$\arctan\dfrac{1}{x}$ 是有界量，因此当 $x\to 0$ 时，函数 $f(x)=x\sin\dfrac{1}{x}$，$g(x)=x^2\arctan\dfrac{1}{x}$ 是无穷小量，即

$$\lim_{x\to 0}x\sin\frac{1}{x}=0,\quad \lim_{x\to 0}x^2\arctan\frac{1}{x}=0.$$

但以下写法是错误的：

$$\lim_{x\to 0} x\sin\frac{1}{x}=\lim_{x\to 0} x\cdot\lim_{x\to 0}\sin\frac{1}{x}=0 \text{ 或 } \lim_{x\to 0} x^2\arctan\frac{1}{x}=\lim_{x\to 0} x^2\cdot\lim_{x\to 0}\arctan\frac{1}{x}=0 .$$

同理可得函数 $f(x)=\dfrac{\sin x}{x^n}=o(1)(x\to\infty)$，其中 $n\in\mathbf{N}_+$.

二、无穷大量

与无穷小量相对应，当 x 某一趋向时，$|f(x)|$ 能大于任意正数，则称此类函数 $f(x)$ 是在 x 此趋向时的无穷大量，下面仅以 $x\to x_0$ 情形为代表来介绍无穷大量及其性质.

定义 3.3.2 设函数在 x_0 某邻域 $\mathring{U}(x_0,\ \delta_0)$ 内有定义，如果对任意给定 $G>0$（不论 G 多大），总存在 $\delta>0$（ $\delta<\delta_0$ ），使得当 $x\in\mathring{U}(x_0,\ \delta)$ 时，恒有

$$|f(x)|>G \text{（或 } f(x)<-G\text{，} f(x)>G\text{）}.$$

则称 $f(x)$ 是当 $x\to x_0$ 时的无穷大量，记作

$$\lim_{x\to x_0} f(x)=\infty \text{（或 } \lim_{x\to x_0} f(x)=-\infty\text{，} \lim_{x\to x_0} f(x)=+\infty\text{）}.$$

类似可定义其他趋向时的无穷大量.

例 3.3.2 证明：$\lim\limits_{x\to 1}\dfrac{1}{x-1}=\infty$.

证 对任意给定 $G>0$，要使得 $\left|\dfrac{1}{x-1}\right|=\dfrac{1}{|x-1|}>G$，只要 $|x-1|<\dfrac{1}{G}$，取 $\delta=\dfrac{1}{G}>0$，当 $0<|x-1|<\delta$ 时，有 $\left|\dfrac{1}{x-1}\right|>\dfrac{1}{\delta}=G$，故 $\lim\limits_{x\to 1}\dfrac{1}{x-1}=\infty$.

注 （1）无穷大量并不是很大的数，而是一类特殊函数，当 x 某一趋向时，函数值的绝对值无限增大的函数. 尽管把无穷大量记作 $\lim\limits_{x\to x_0} f(x)=\infty$（ $-\infty$ 或 $+\infty$ ），但切勿认为当 $x\to x_0$ 时 $f(x)$ 的极限是存在的，它是极限不存在的一种情形，∞ 仅是一个记号.

（2）无穷大量也是相应于 x 的趋向而言的，若 x 的趋向发生改变，该函数不一定再是无穷大量. 如：$\dfrac{1}{x}$，$\cot x$ 都是当 $x\to 0$ 时的无穷大量，但当 $x\to 1$ 时，它们不再是无穷大量.

（3）无穷大量一定是无界量，但无界量不一定是无穷大量.

例 3.3.3 证明：函数 $f(x)=\dfrac{1}{x}\sin\dfrac{1}{x}$ 是 $x\to 0$ 时的无界量，但不是 $x\to 0$ 时的无穷大量.

证 对于任意给定 $G>0$（不论 G 多大），取 $n>\dfrac{G}{2\pi}$，$x_n=\dfrac{1}{\dfrac{\pi}{2}+2n\pi}$，

$$f(x_n)=\left(\frac{\pi}{2}+2n\pi\right)\sin\left(\frac{\pi}{2}+2n\pi\right)=\frac{\pi}{2}+2n\pi>G .$$

因此函数 $f(x)=\dfrac{1}{x}\sin\dfrac{1}{x}$ 是 $x\to 0$ 时的无界量. 但取 $y_n=\dfrac{1}{2n\pi}\to 0(n\to\infty)$，$f(y_n)=0$，故

$f(x)$并不是$x \to 0$时的无穷大量.

由无穷大量的定义可得以下结论（自变量同一趋向）:

（1）两个无穷大量乘积仍是无穷大量.

（2）无穷大量与有界量的和仍是无穷大量.

（3）无穷大量的倒数是无穷小量，非零的无穷小量的倒数是无穷大量.

三、函数极限四则运算法则

类似于数列极限，由无穷小量的性质可得函数极限的四则运算法则，仅以$x \to x_0$情形为代表来介绍.

定理 3.3.4 设$\lim\limits_{x \to x_0} f(x) = A$，$\lim\limits_{x \to x_0} g(x) = B$，则

（1）$\lim\limits_{x \to x_0}(f(x) \pm g(x)) = A \pm B = \lim\limits_{x \to x_0} f(x) \pm \lim\limits_{x \to x_0} g(x)$；

（2）$\lim\limits_{x \to x_0}(f(x)g(x)) = AB = \lim\limits_{x \to x_0} f(x) \lim\limits_{x \to x_0} g(x)$；

（3）$\lim\limits_{x \to x_0} \dfrac{f(x)}{g(x)} = \dfrac{A}{B} = \dfrac{\lim\limits_{x \to x_0} f(x)}{\lim\limits_{x \to x_0} g(x)} \ (B \neq 0)$.

定理 3.3.4 中的（1）和（2）可以推广到任意有限个函数的代数和与乘积的情形.

例 3.3.4 求$\lim\limits_{x \to x_0}(k_0 + k_1 x + \cdots + k_n x^n)$与$\lim\limits_{x \to 2}(3 + 2x - x^3)$，其中$n \in \mathbf{N}_+$，$k_0, k_1, \cdots, k_n \in \mathbf{R}$.

解 $\lim\limits_{x \to x_0}(k_0 + k_1 x + \cdots + k_n x^n) = \lim\limits_{x \to x_0} k_0 + \lim\limits_{x \to x_0} k_1 x + \cdots + \lim\limits_{x \to x_0} k_n x^n = k_0 + k_1 x_0 + \cdots + k_n x_0^n$.

因此

$$\lim_{x \to 2}(3 + 2x - x^3) = 3 + 2 \cdot 2 - 2^3 = -1.$$

例 3.3.5 求$\lim\limits_{x \to 2} \dfrac{4x - 1}{x^2 + 2x - 3}$.

解 因为$\lim\limits_{x \to 2}(4x - 1) = 7$，$\lim\limits_{x \to 2}(x^2 + 2x - 3) = 5 \neq 0$，所以$\lim\limits_{x \to 2} \dfrac{4x - 1}{x^2 + 2x - 3} = \dfrac{7}{5}$.

例 3.3.6 求$\lim\limits_{x \to 1} \dfrac{x^2 - 1}{x^2 + 2x - 3}$.

解 因为$\lim\limits_{x \to 1}(x^2 + 2x - 3) = 0$，所以不能直接应用四则运算法则求得其极限. 但当$x \neq 1$时，

$$\frac{x^2 - 1}{x^2 + 2x - 3} = \frac{(x+1)(x-1)}{(x+3)(x-1)} = \frac{x+1}{x+3}.$$

所以

$$\lim_{x \to 1} \frac{x^2 - 1}{x^2 + 2x - 3} = \lim_{x \to 1} \frac{x+1}{x+3} = \frac{1}{2}.$$

一般地，对于多项式$P(x) = a_0 x^n + a_1 x^{n-1} + \cdots + a_n$和$Q(x) = b_0 x^m + b_1 x^{m-1} + \cdots + b_m$，有

（1）$\lim\limits_{x \to x_0} P(x) = P(x_0)$；

（2）当$Q(x_0) \neq 0$时，$\lim\limits_{x \to x_0} \dfrac{P(x)}{Q(x)} = \dfrac{P(x_0)}{Q(x_0)}$；

（3）当 $Q(x_0)=0$ 且 $P(x_0)\neq 0$ 时， $\lim\limits_{x\to x_0}\dfrac{P(x)}{Q(x)}=\infty$.

（4）当 $Q(x_0)=P(x_0)=0$ 时，先将分子分母的公因式 $(x-x_0)$ 约去，将 $\lim\limits_{x\to x_0}\dfrac{P(x)}{Q(x)}$ 化为（2）或（3）的情形.

例 3.3.7 求 $\lim\limits_{x\to\infty}\dfrac{2x^5-7}{3x^5+5x-1}$.

解 因为当 $x\to\infty$ 时分子分母的极限都不存在，故不能直接应用四则运算法则. 若分子分母同时除以 x^5，得

$$\lim_{x\to\infty}\frac{2x^5-7}{3x^5+5x-1}=\lim_{x\to\infty}\frac{2-7\cdot\dfrac{1}{x^5}}{3+5\cdot\dfrac{1}{x^4}-\dfrac{1}{x^5}}=\frac{\lim\limits_{x\to\infty}\left(2-7\cdot\dfrac{1}{x^5}\right)}{\lim\limits_{x\to\infty}\left(3+5\cdot\dfrac{1}{x^4}-\dfrac{1}{x^5}\right)}=\frac{2}{3}.$$

一般地，当 $a_0\neq 0, b_0\neq 0, n, m\in\mathbf{N}$ 时，则

$$\lim_{x\to\infty}\frac{a_0x^n+a_1x^{n-1}+\cdots+a_n}{b_0x^m+b_1x^{m-1}+\cdots+b_m}=\begin{cases}0, & 当 n<m,\\ \dfrac{a_0}{b_0}, & 当 n=m,\\ \infty, & 当 n>m.\end{cases}$$

四、复合函数极限运算法则

定理 3.3.5 设 $\lim\limits_{u\to u_0}f(u)=A$ ， $\lim\limits_{x\to x_0}g(x)=u_0$ 且在某邻域 $\mathring{U}(x_0,\delta_0)$ 内 $g(x)\neq u_0$ ，则

$$\lim_{x\to x_0}f(g(x))=A=\lim_{u\to u_0}f(u).$$

证 由于 $\lim\limits_{u\to u_0}f(u)=A$ ，则 $\forall\varepsilon>0$ ， $\exists\delta_1>0$ ，使得当 $0<|u-u_0|<\delta_1$ 时，有

$$|f(u)-A|<\varepsilon.$$

又由于 $\lim\limits_{x\to x_0}g(x)=u_0$ ，且在 $\mathring{U}(x_0,\delta_0)$ 内 $g(x)\neq u_0$ ，则对于 $\delta_1>0$ ， $\exists\delta_2>0$ ，使得当 $0<|x-x_0|<\delta_2$ 时，有

$$0<|g(x)-u_0|<\delta_1.$$

取 $\delta=\min\{\delta_1, \delta_2, \delta_0\}$ ，则当 $0<|x-x_0|<\delta$ 时，有 $0<|u-u_0|=|g(x)-u_0|<\delta_1$ ，于是

$$|f(g(x))-A|=|f(u)-A|<\varepsilon,$$

因此 $\lim\limits_{x\to x_0}f(g(x))=A=\lim\limits_{u\to u_0}f(u)$.

结论 $\lim\limits_{x\to x_0}f(g(x))=\lim\limits_{u\to u_0}f(u)$ 体现了计算函数极限的变量代换思想，通过代换 $u=g(x)$ 将 $\lim\limits_{x\to x_0}f(g(x))$ 转化为计算 $\lim\limits_{u\to u_0}f(u)$.

例 3.3.8　求 $\lim\limits_{x\to 3}\sqrt{\dfrac{x-3}{x^2-9}}$.

解　函数 $y=\sqrt{\dfrac{x-3}{x^2-9}}$ 由 $y=\sqrt{u}$ 与 $u=\dfrac{x-3}{x^2-9}$ 复合而成.

由于 $\lim\limits_{x\to 3}\dfrac{x-3}{x^2-9}=\lim\limits_{x\to 3}\dfrac{1}{x+3}=\dfrac{1}{6}=u_0$,

当 $x\neq 3$ 时， $u\neq u_0=\dfrac{1}{6}$，因此

$$\lim_{x\to 3}\sqrt{\frac{x-3}{x^2-9}}=\lim_{u\to\frac{1}{6}}\sqrt{u}=\sqrt{\frac{1}{6}}=\frac{\sqrt{6}}{6}.$$

例 3.3.9　求 $\lim\limits_{x\to x_0}a^x$ ($a>0$).

解　由例 3.1.7，当 $a>0$ 时， $\lim\limits_{x\to 0}a^x=1$. 设 $u=x-x_0$ ，于是

$$\lim_{x\to x_0}a^x=\lim_{x\to x_0}a^{x-x_0+x_0}=\lim_{x\to x_0}a^{x_0}a^{x-x_0}=a^{x_0}\lim_{x-x_0\to 0}a^{x-x_0}=a^{x_0}\lim_{u\to 0}a^u=a^{x_0}.$$

注　定理 3.3.5 中某邻域 $\mathring{U}(x_0,\delta_0)$ 内 $g(x)\neq u_0$ 条件不满足，则定理结论不一定成立. 如：函数 $g(x)\equiv 0$ ， $f(u)=\operatorname{sgn}|u|$ （符号函数）. 取 $x_0=0$ ， $u_0=0$ ， $\lim\limits_{x\to x_0}g(x)=0=u_0$. 由于 $\forall x\in\mathbf{R}$ ， $f(g(x))\equiv 0$ ，则 $\lim\limits_{x\to 0}f(g(x))=0$. 而 $\lim\limits_{u\to 0}f(u)=1$. 因此 $\lim\limits_{x\to x_0}f(g(x))\neq\lim\limits_{u\to 0}f(u)$.

1. 计算下列各极限.

（1） $\lim\limits_{x\to 2}\dfrac{x^3-2}{x^2+1}$;　　（2） $\lim\limits_{x\to -1}\left(\dfrac{1}{x+1}-\dfrac{3}{x^3+1}\right)$;

（3） $\lim\limits_{x\to 2}\dfrac{\sqrt{x+7}-3}{x-2}$;　　（4） $\lim\limits_{x\to\infty}\dfrac{(x+1)^3-(x-2)^3}{x^2+2x-3}$

（5） $\lim\limits_{x\to +\infty}(\sqrt{x^2+x}-\sqrt{x^2+1})$;　　（6） $\lim\limits_{x\to -\infty}(\sqrt{x^2+x}-\sqrt{x^2+1})$.

2. 叙述当 $x\to\infty$ 时和当 $x\to +\infty$ 时的正无穷大量的定义，并验证以下式子.

（1） $\lim\limits_{x\to\infty}x^2=+\infty$;　　（2） $\lim\limits_{x\to +\infty}a^x=+\infty$ ($a>1$).

3. 若在自变量某变化趋向时， $f(x)$ 与 $g(x)$ 的极限均不存在，问 $f(x)+g(x)$ 的极限是否一定不存在？如果不存在，请证明；如果存在，请举例说明.

4. 若在自变量某变化趋向时， $f(x)$ 的极限存在，但 $g(x)$ 的极限不存在，问 $f(x)+g(x)$ 的极限是否一定不存在？如果不存在，请证明；如果存在，请举例说明.

5. 证明定理 3.3.4.

6. 证明：若 S 是一个无上界的非空数集，则存在一个单调递增数列 $\{x_n\}\subset S$ ，使得 $\lim\limits_{n\to\infty}x_n=+\infty$.

第四节 两个重要极限

本节介绍两个重要极限，通过它们能建立三角函数、指数函数、对数函数、反三角函数与幂函数极限之间的关系.

一、第一个重要极限 $\lim\limits_{x\to 0}\dfrac{\sin x}{x}=1$

证 在例 3.1.6 中已证，当 $0<x<\dfrac{\pi}{2}$ 时，有 $\sin x<x<\tan x$，则 $1<\dfrac{x}{\sin x}<\dfrac{1}{\cos x}$，即 $\cos x<\dfrac{\sin x}{x}<1$.

由于 $x\neq 0$ 时，函数 $f(x)=\cos x$ 和 $g(x)=\dfrac{\sin x}{x}$ 都是偶函数，当 $-\dfrac{\pi}{2}<x<0$ 时，也有

$$\cos x<\frac{\sin x}{x}<1.$$

综上所述，当 $0<|x|<\dfrac{\pi}{2}$ 时，总有 $\cos x<\dfrac{\sin x}{x}<1$.

而 $\lim\limits_{x\to 0}\cos x=1$（习题 3.1 第 2 题），由夹逼准则得，$\lim\limits_{x\to 0}\dfrac{\sin x}{x}=1$.

例 3.4.1 求 $\lim\limits_{x\to 0}\dfrac{\sin kx}{x}$，其中常数 $k\neq 0$.

解 $\lim\limits_{x\to 0}\dfrac{\sin kx}{x}=\lim\limits_{x\to 0}\left(k\cdot\dfrac{\sin kx}{kx}\right)=k\lim\limits_{x\to 0}\dfrac{\sin kx}{kx}=k$.

例 3.4.2 求 $\lim\limits_{x\to 0}\dfrac{\tan x}{x}$.

解 $\lim\limits_{x\to 0}\dfrac{\tan x}{x}=\lim\limits_{x\to 0}\left(\dfrac{\sin x}{x}\cdot\dfrac{1}{\cos x}\right)=\lim\limits_{x\to 0}\dfrac{\sin x}{x}\cdot\lim\limits_{x\to 0}\dfrac{1}{\cos x}=1$.

例 3.4.3 求 $\lim\limits_{x\to 0}\dfrac{1-\cos x}{x^2}$.

解 $\lim\limits_{x\to 0}\dfrac{1-\cos x}{x^2}=\lim\limits_{x\to 0}\dfrac{2\sin^2\dfrac{x}{2}}{x^2}=\dfrac{1}{2}\lim\limits_{x\to 0}\left(\sin\dfrac{x}{2}\Big/\dfrac{x}{2}\right)^2=\dfrac{1}{2}\left[\lim\limits_{x\to 0}\left(\sin\dfrac{x}{2}\Big/\dfrac{x}{2}\right)\right]^2=\dfrac{1}{2}$.

例 3.4.4 求 $\lim\limits_{x\to 0}\dfrac{\arcsin 2x}{x}$.

解 设 $\arcsin 2x=t$，则 $x=\dfrac{1}{2}\sin t$，当 $x\to 0$ 时，$t\to 0$，于是

$$\lim_{x\to 0}\frac{\arcsin 2x}{x}=\lim_{t\to 0}\frac{t}{\frac{1}{2}\sin t}=2\lim_{t\to 0}\frac{t}{\sin t}=2.$$

二、第二个重要极限 $\lim\limits_{x\to\infty}\left(1+\dfrac{1}{x}\right)^x=\mathrm{e}$

由例 2.3.4 知 $\lim\limits_{n\to\infty}\left(1+\dfrac{1}{n}\right)^n=\mathrm{e}$，下证 $\lim\limits_{x\to+\infty}\left(1+\dfrac{1}{x}\right)^x=\mathrm{e}$，为此设 $x\geqslant 1$，令 $n=[x]$（$[x]$ 表示取整函数），显然

$$n\leqslant x<n+1,$$

从而有

$$1+\frac{1}{n+1}\leqslant 1+\frac{1}{x}<1+\frac{1}{n},$$

则
$$\left(1+\frac{1}{n+1}\right)^n\leqslant\left(1+\frac{1}{x}\right)^n\leqslant\left(1+\frac{1}{x}\right)^x\leqslant\left(1+\frac{1}{n}\right)^x<\left(1+\frac{1}{n}\right)^{n+1}.$$

又当 $x\to+\infty$ 时，有 $n\to\infty$，因此

$$\lim_{n\to\infty}\left(1+\frac{1}{n+1}\right)^n=\lim_{n\to\infty}\frac{\left(1+\dfrac{1}{n+1}\right)^{n+1}}{1+\dfrac{1}{n+1}}=\mathrm{e},\quad \lim_{n\to\infty}\left(1+\frac{1}{n}\right)^{n+1}=\lim_{n\to\infty}\left(1+\frac{1}{n}\right)^n\cdot\left(1+\frac{1}{n}\right)=\mathrm{e}.$$

由夹逼准则得，$\lim\limits_{x\to+\infty}\left(1+\dfrac{1}{x}\right)^x=\mathrm{e}$. 由此可得，$\lim\limits_{x\to-\infty}\left(1+\dfrac{1}{x}\right)^x=\mathrm{e}$. 事实上，令 $x=-t$，则

$$\left(1+\frac{1}{x}\right)^x=\left(1+\frac{1}{-t}\right)^{-t}=\left(1+\frac{1}{t-1}\right)^t,$$

且当 $x\to-\infty$ 时，$t\to+\infty$，从而有

$$\lim_{x\to-\infty}\left(1+\frac{1}{x}\right)^x=\lim_{t\to+\infty}\left(1+\frac{1}{t-1}\right)^t=\lim_{t\to+\infty}\left(1+\frac{1}{t-1}\right)^{t-1}\cdot\left(1+\frac{1}{t-1}\right)=\mathrm{e}.$$

综上所述，$\lim\limits_{x\to\infty}\left(1+\dfrac{1}{x}\right)^x=\mathrm{e}$.

注 重要极限 $\lim\limits_{x\to\infty}\left(1+\dfrac{1}{x}\right)^x=\mathrm{e}$ 常改写为 $\lim\limits_{\alpha\to 0}(1+\alpha)^{\frac{1}{\alpha}}=\mathrm{e}$.

例 3.4.5 求 $\lim\limits_{x\to 0}(1+2x)^{\frac{6}{x}}$.

解 令 $u=2x$，则 $x=\dfrac{u}{2}$，当 $x\to 0$ 时，$u\to 0$，于是

$$\lim_{x\to 0}(1+2x)^{\frac{6}{x}}=\lim_{u\to 0}(1+u)^{\frac{12}{u}}=\lim_{u\to 0}[(1+u)^{\frac{1}{u}}]^{12}=\mathrm{e}^{12}.$$

例 3.4.6 求 $\lim\limits_{x\to\infty}\left(1-\dfrac{2}{x}\right)^{-x}$.

解 令 $u=-\dfrac{x}{2}$，则 $x=-2u$，当 $x\to\infty$ 时，$u\to\infty$，于是

$$\lim_{x\to\infty}\left(1-\frac{2}{x}\right)^{-x}=\lim_{u\to\infty}\left(1+\frac{1}{u}\right)^{2u}=\lim_{u\to\infty}\left[\left(1+\frac{1}{u}\right)^{u}\right]^{2}=\left[\lim_{u\to\infty}\left(1+\frac{1}{u}\right)^{u}\right]^{2}=\mathrm{e}^{2}.$$

例 3.4.7 求 $\lim\limits_{x\to\infty}\left(\dfrac{x+4}{x+1}\right)^{x}$.

解 $\lim\limits_{x\to\infty}\left(\dfrac{x+4}{x+1}\right)^{x}=\lim\limits_{x\to\infty}\left(1+\dfrac{3}{x+1}\right)^{x}=\lim\limits_{\alpha=\frac{3}{x+1}\to 0}(1+\alpha)^{\frac{3}{\alpha}-1}=\lim\limits_{\alpha\to 0}(1+\alpha)^{\frac{3}{\alpha}}(1+\alpha)^{-1}=\mathrm{e}^{3}$.

例 3.4.8 求 $\lim\limits_{x\to 0}\dfrac{\mathrm{e}^{2x}-1}{x}$.

解 令 $\mathrm{e}^{2x}-1=u$，则 $x=\dfrac{1}{2}\ln(1+u)$，当 $x\to 0$ 时，$u\to 0$，于是

$$\lim_{x\to 0}\frac{\mathrm{e}^{2x}-1}{x}=\lim_{u\to 0}\frac{u}{\frac{1}{2}\ln(1+u)}=2\lim_{u\to 0}\frac{1}{\frac{1}{u}\ln(1+u)}=2\lim_{u\to 0}\frac{1}{\ln(1+u)^{\frac{1}{u}}}$$
$$=2\frac{1}{\ln\lim\limits_{u\to 0}(1+u)^{\frac{1}{u}}}=2\frac{1}{\ln\mathrm{e}}=2.$$

1. 求下列极限.

（1）$\lim\limits_{x\to 0}\dfrac{\tan x}{x}$；（2）$\lim\limits_{x\to 0}\dfrac{\sin 3x}{\sin 5x}$；

（3）$\lim\limits_{x\to 0}\dfrac{\tan 7x}{\sin 2x}$；（4）$\lim\limits_{x\to 0}\dfrac{\tan x-\sin x}{\sin^{3}x}$；

（5）$\lim\limits_{x\to \pi}\dfrac{\sin x}{\pi-x}$；（6）$\lim\limits_{x\to x_0}\dfrac{\sin x-\sin x_0}{x-x_0}$.

2. 求下列极限.

（1）$\lim\limits_{x\to\infty}\left(1+\dfrac{2}{x}\right)^{x+3}$；（2）$\lim\limits_{x\to\infty}\left(\dfrac{x+3}{x-2}\right)^{2x+1}$；

（3）$\lim\limits_{x\to\infty}\left(1+\dfrac{3}{2x}\right)^{x}$；（4）$\lim\limits_{x\to 0}(1+2\sin x)^{\frac{1}{\sin x}}$；

（5）$\lim\limits_{x\to 0}(1+3\tan x)^{\cot x}$；（6）$\lim\limits_{x\to 0}\left(\dfrac{1+x}{1-x}\right)^{\frac{1}{x}}$.

3. 证明：$\lim\limits_{x\to 0}\left[\lim\limits_{n\to\infty}\left(\cos x\cos\dfrac{x}{2}\cos\dfrac{x}{2^{2}}\cdots\cos\dfrac{x}{2^{n}}\right)\right]=1$.

第五节　无穷小量阶的比较

在考察函数极限的时候常遇到两个无穷小量商的极限，其结果不能一概而论，如 $\lim\limits_{x\to0}\dfrac{x^3}{x^2}=0$，$\lim\limits_{x\to0}\dfrac{\sin x}{x}=1$，$\lim\limits_{x\to0}\dfrac{1-\cos x}{x^2}=\dfrac{1}{2}$，$\lim\limits_{x\to0}\dfrac{x}{x^2}=\infty$，$\lim\limits_{x\to0}\dfrac{x\sin\frac{1}{x}}{x^2}$ 不存在，等等.

由上面例子可以看出，当 $x\to0$ 时，$x^3\to0$ 比 $x^2\to0$ 速度要“快”，$\sin x\to0$ 与 $x\to0$ 速度“快慢”几乎一样，$1-\cos x\to0$ 与 $x^2\to0$ 速度“快慢”相仿，$x\to0$ 比 $x^2\to0$ 速度要“慢”，但 $x\sin\dfrac{1}{x}\to0$ 与 $x^2\to0$ 速度“快慢”不好比较. 如果能知道两个无穷小量趋向于0的速度快慢，在应用中有时非常方便.

下面引入反映无穷小量趋向于0的速度快慢的量——无穷小量**阶**的概念. 仅以当 $x\to x_0$ 时为代表介绍相关概念和定理，其他自变量的趋向（含无穷小数列）也有相应的概念和性质.

一、无穷小量阶的比较

定义 3.5.1　设 $\lim\limits_{x\to x_0}\alpha=\lim\limits_{x\to x_0}\beta=0$，且 $\beta\neq0$.

（1）若 $\lim\limits_{x\to x_0}\dfrac{\alpha}{\beta}=0$，则称当 $x\to x_0$ 时 α 是 β 的**高阶无穷小量**，记为 $\alpha=o(\beta)(x\to x_0)$；

（2）若 $\lim\limits_{x\to x_0}\dfrac{\alpha}{\beta}=\infty$，则称 α 是 β 的**低阶无穷小量**；

（3）若存在正数 m,M，使得在某 $\mathring{U}(x_0)$ 内有 $m\leqslant\left|\dfrac{\alpha}{\beta}\right|\leqslant M$，则称当 $x\to x_0$ 时 α 与 β 是**同阶无穷小量**. 显然，若 $\lim\limits_{x\to x_0}\dfrac{\alpha}{\beta}=c\neq0$，则 α 与 β 是当 $x\to x_0$ 时的同阶无穷小量；

如果只存在正数 M，使得在某 $\mathring{U}(x_0)$ 内有 $\left|\dfrac{\alpha}{\beta}\right|\leqslant M$，即当 $x\to x_0$ 时 $\dfrac{\alpha}{\beta}$ 是有界量时，则记 $\alpha=O(\beta)(x\to x_0)$；显然，$\alpha=o(\beta)$ 或 α 与 β 是 $x\to x_0$ 时的同阶无穷小量，则 $\alpha=O(\beta)\ (x\to x_0)$.

特别地，当 $\lim\limits_{x\to x_0}\dfrac{\alpha}{\beta}=1$ 时，则称 α 与 β 是 $x\to x_0$ 时的**等价无穷小量**，记为 $\alpha\sim\beta\ (x\to x_0)$. 显然，$\alpha\sim\beta(x\to x_0)$ 时，α 与 β 一定是同阶无穷小量.

如：当 $x\to0$ 时，$1-\cos x=o(x)$，$\sin x\sim x$. 又如：$\dfrac{1}{x}(2+\sin x)=O\left(\dfrac{1}{x}\right)(x\to\infty)$，同时 $x\to\infty$ 时，$\dfrac{1}{x}(2+\sin x)$ 与 $\dfrac{1}{x}$ 是同阶无穷小量.

（4）若当 $x\to0$ 时，$\dfrac{\alpha}{\beta}$ 是非无穷大量的无界量，则称 α 与 β 是**不可比无穷小量**. 如，由于 $\dfrac{x\sin\frac{1}{x}}{x^2}=\dfrac{1}{x}\sin\dfrac{1}{x}$ 在 $\mathring{U}(0)$ 内是无界量，$x\sin\dfrac{1}{x}$ 与 x^2 是当 $x\to0$ 时的不可比无穷小量.

注 记号“$o(\beta)$”“$O(\beta)$”“$\sim\beta$”表示自变量同一趋向下的函数集合，应用时需标明自变量的趋向才有意义.

例 3.5.1 讨论当 $x\to1$ 时，无穷小量 x^2-1 与 x^3-1 阶的关系.

解 因为

$$\lim_{x\to1}\frac{x^3-1}{x^2-1}=\lim_{x\to1}\frac{(x-1)(x^2+x+1)}{(x-1)(x+1)}=\lim_{x\to1}\frac{x^2+x+1}{x+1}=\frac{3}{2},$$

所以当 $x\to1$ 时，无穷小量 x^2-1 与 x^3-1 是同阶无穷小.

定义 3.5.2 若存在正数 $k>0$，使得 $\lim\limits_{x\to x_0}\dfrac{\alpha}{(x-x_0)^k}=c\neq0$ 或 $\lim\limits_{x\to\infty}\dfrac{\alpha}{x^{-k}}=c\neq0$，则称 α 为 $x\to x_0$ 或 $x\to\infty$ 时的 k 阶无穷小量，数 k 称为其阶数.

例 3.5.2 试确定当 $x\to0$ 时，无穷小量 $\tan x-\sin x$ 的阶数.

解 因为

$$\lim_{x\to0}\frac{\tan x-\sin x}{x^3}=\lim_{x\to0}\tan x\cdot\frac{1-\cos x}{x^3}=\frac{1}{2},$$

所以当 $x\to0$ 时，$\tan x-\sin x$ 是 3 阶无穷小量，其阶数为 3.

二、等价无穷小量的性质

定理 3.5.1（自反性） 自变量同一趋向时，$\alpha\sim\tilde{\alpha}\Leftrightarrow\alpha=\tilde{\alpha}+o(\alpha)$.

定理 3.5.2（对称性） 自变量同一趋向时，若 $\alpha\sim\beta$，则 $\beta\sim\alpha$.

定理 3.5.3（传递性） 自变量同一趋向时，$\alpha\sim\beta$，$\beta\sim\gamma$，则 $\alpha\sim\gamma$.

证 由于 $\alpha\sim\beta$，$\beta\sim\gamma$，则 $\lim\dfrac{\alpha}{\beta}=1$，$\lim\dfrac{\beta}{\gamma}=1$，于是 $\lim\dfrac{\alpha}{\gamma}=\lim\dfrac{\alpha}{\beta}\cdot\dfrac{\beta}{\gamma}=1$，故 $\alpha\sim\gamma$.

定理 3.5.4（等价无穷小量替换定理） 设 $\alpha\sim\tilde{\alpha}$，$\beta\sim\tilde{\beta}$，且 $\lim\dfrac{\tilde{\alpha}}{\tilde{\beta}}$ 存在，则

$$\lim\frac{\alpha}{\beta}=\lim\frac{\tilde{\alpha}}{\tilde{\beta}}.$$

证 由于 $\alpha\sim\tilde{\alpha}$，$\beta\sim\tilde{\beta}$，从而 $\lim\dfrac{\alpha}{\tilde{\alpha}}=1$，$\lim\dfrac{\beta}{\tilde{\beta}}=1$. 于是

$$\lim\frac{\alpha}{\beta}=\lim\left(\frac{\alpha}{\tilde{\alpha}}\cdot\frac{\tilde{\alpha}}{\tilde{\beta}}\cdot\frac{\tilde{\beta}}{\beta}\right)=\lim\frac{\alpha}{\tilde{\alpha}}\cdot\lim\frac{\tilde{\alpha}}{\tilde{\beta}}\cdot\lim\frac{\tilde{\beta}}{\beta}=\lim\frac{\tilde{\alpha}}{\tilde{\beta}}.$$

为了便捷使用此性质计算极限，请熟记以下常用的等价无穷小量：当 $x\to0$ 时，$\sin x\sim x$，$\tan x\sim x$，$\arcsin x\sim x$，$\arctan x\sim x$，$e^x-1\sim x$，$\ln(1+x)\sim x$，$(1+x)^\alpha-1\sim\alpha x(\alpha\in\mathbf{R})$，$1-\cos x\sim\dfrac{1}{2}x^2$.

例 3.5.3 求 $\lim\limits_{x\to0}\dfrac{\arcsin3x}{\tan2x}$.

解 当$x \to 0$时，$\arcsin 3x \sim 3x$，$\tan 2x \sim 2x$，因此

$$\lim_{x\to 0}\frac{\arcsin 3x}{\tan 2x}=\lim_{x\to 0}\frac{3x}{2x}=\frac{3}{2}.$$

例 3.5.4 求$\lim\limits_{x\to 0}\dfrac{\sqrt{1+x\sin x}-1}{1-\cos x}$.

解 当$x \to 0$时，$\sqrt{1+x\sin x}-1\sim\frac{1}{2}x\sin x\sim\frac{1}{2}x^2$，$1-\cos x\sim\frac{1}{2}x^2$，因此

$$\lim_{x\to 0}\frac{\sqrt{1+x\sin x}-1}{1-\cos x}=\lim_{x\to 0}\frac{\frac{1}{2}x^2}{\frac{1}{2}x^2}=1.$$

注 应用等价无穷小替换来计算极限时，只能对所求极限的函数中相乘或相除的**因式**进行替换，而函数中相加或相减部分是不能替换的.

例如：当$x \to 0$时，$\tan x-\sin x=\tan x(1-\cos x)\sim x\cdot\frac{1}{2}x^2$，所以$\lim\limits_{x\to 0}\dfrac{\tan x-\sin x}{x^3}=\dfrac{1}{2}$. 但在加、减法中用无穷小量替换是错误的，如$\lim\limits_{x\to 0}\dfrac{\tan x-\sin x}{x^3}=\lim\limits_{x\to 0}\dfrac{x-x}{x^3}=0$.

三、曲线的渐近线

尽管在平面解析几何中接触过双曲线的渐近线，但没有深入探讨其他曲线的渐近线. 作为函数极限的应用之一，下面讨论曲线的渐近线问题，首先定义曲线的渐近线.

定义 3.5.3 若曲线C上的动点P沿着曲线无限地远离原点时，点P与某定直线L的距离趋于0，则称直线L为曲线C的一条**渐近线**. 对于曲线$y=f(x)$，

（1）如果渐近线L的斜率不存在，此时渐近线垂直于x轴，称L为**铅直（或垂直）渐近线**. 显然$x=x_0$是曲线$y=f(x)$的铅直渐近线当且仅当其满足$\lim\limits_{x\to x_0^+}f(x)=+\infty$（$-\infty$）或$\lim\limits_{x\to x_0^-}f(x)=+\infty$（$-\infty$）.

（2）如果渐近线L的斜率k存在，当$k=0$，称L是**水平渐近线**，当$k\neq 0$，称L是**斜渐近线**.

设直线L为$y=kx+b$，又曲线C上动点$P(x,f(x))$，点P到直线L的距离为

$$d=\frac{|f(x)-(kx+b)|}{\sqrt{1+k^2}}.$$

按定义，动点P无限远离原点（分为$x\to+\infty$与$x\to-\infty$）时，$d\to 0$. 因此L是渐近线当且仅当

$$\lim_{x\to+\infty}[f(x)-(kx+b)]=0 \text{ 或 } \lim_{x\to-\infty}[f(x)-(kx+b)]=0.$$

又
$$\lim_{x\to+\infty}[f(x)-(kx+b)]=0 \Leftrightarrow \lim_{x\to+\infty}(f(x)-kx)=b \text{ 且 } \lim_{x\to+\infty}\frac{f(x)}{x}=k.$$

或 $$\lim_{x\to-\infty}[f(x)-(kx+b)]=0 \Leftrightarrow \lim_{x\to-\infty}(f(x)-kx)=b \text{ 且 } \lim_{x\to-\infty}\frac{f(x)}{x}=k\,. \tag{3.5.1}$$

因此，由式（3.5.1）计算出的极限值 k 和 b 所确定的直线 $y=kx+b$ 是 $y=f(x)$ 的渐近线. 若式（3.5.1）关于 k 和 b 的极限中有一个不存在，则说明 $y=f(x)$ 不存在此类渐近线.

例 3.5.5 求曲线 $f(x)=\dfrac{x^3}{x^2-1}$ 的渐近线.

解 由 $\lim\limits_{x\to\infty}\dfrac{f(x)}{x}=\lim\limits_{x\to\infty}\dfrac{x^2}{x^2-1}=\lim\limits_{x\to\infty}\dfrac{1}{1-\dfrac{1}{x^2}}=1$ 得，$k=1$.

又由 $\lim\limits_{x\to\infty}(f(x)-x)=\lim\limits_{x\to\infty}\dfrac{x}{x^2-1}=0$ 得，$b=0$.

从而该曲线的斜渐近线是 $y=x$. 易见 $\lim\limits_{x\to-1}f(x)=\infty$，$\lim\limits_{x\to1}f(x)=\infty$，故曲线还有两条铅直渐近线 $x=-1$ 和 $x=1$.

综上所述，曲线 $f(x)=\dfrac{x^3}{x^2-1}$ 具有 3 条渐近线.

习题 3.5

1. 证明两个等式：

（1）$o(f(x))\pm o(f(x))=o(f(x))(x\to x_0)$；

（2）$o(f_1(x))\cdot o(f_2(x))=o(f_1(x)f_2(x))(x\to x_0)$.

2. 利用无穷小的等价替换求下列极限.

（1）$\lim\limits_{x\to0}\dfrac{\arctan 2x}{\sin 5x}$； （2）$\lim\limits_{x\to0}\dfrac{\ln(1+7x)}{\sin 3x}$；

（3）$\lim\limits_{x\to0}\dfrac{\mathrm{e}^{x^2}-1}{x\tan x}$； （4）$\lim\limits_{x\to0^+}\dfrac{1-\sqrt{\cos x}}{x(1-\cos\sqrt{x})}$；

（5）$\lim\limits_{x\to0}\dfrac{\sqrt{1+x^2}-1}{1-\cos x}$； （6）$\lim\limits_{x\to0}\dfrac{\ln(1+x^2)}{1-\cos x}$.

3. 求下列曲线的渐近线.

（1）$y=\dfrac{3x^3+4}{x^2-2x}$； （2）$y=\dfrac{1}{x}$；

（3）$y=\mathrm{e}^{-\frac{1}{x}}$.

4. 试确定 α 的值，使下列函数与 x^α 当 $x\to0$ 时为同阶无穷小量.

（1）$\dfrac{1}{1+x}-(1-x)$； （2）$\sqrt[5]{3x^2-4x^3}$；

（3）$\sqrt{1+\tan x}-\sqrt{1-\sin x}$.

第三章 总练习题

一、填空题

1. $\lim\limits_{x\to-\infty} x(\sqrt{x^2+10}+x)=$________________.

2. $\lim\limits_{x\to\infty}\dfrac{\sin 2x}{x}=$________________.

3. $\lim\limits_{x\to 0}(1-2x)^{\frac{2}{x}}=$________________.

4. 设当 $x\to 1$ 时，$\sqrt{x}-1$ 与 $k(x-1)$ 等价，则 $k=$________________.

5. 曲线 $y=\dfrac{1-\cos x}{x^2}-2$ 的水平渐近线方程是________________.

二、选择题

1. 下列极限存在的是（　　）.

A. $\lim\limits_{x\to\infty}\mathrm{e}^{-x}$　　B. $\lim\limits_{x\to\infty}\arctan x$　　C. $\lim\limits_{x\to\infty}\dfrac{\sqrt{2+\cos x}}{x}$　　D. $\lim\limits_{x\to\infty}\sin x$

2. 下列曲线有渐近线的是（　　）.

A. $y=x+\sin x$　　B. $y=x^2+\sin x$　　C. $y=x+\sin\dfrac{1}{x}$　　D. $y=x^2+\sin\dfrac{1}{x}$

3. 当 $x\to\infty$ 时，下列函数中是无穷大量的是（　　）.

A. $y=\mathrm{e}^x$　　B. $y=x\sin x$　　C. $y=x\cos x$　　D. $y=x^3$

4. 当 $x\to 0^+$ 时，与 $\sqrt{x}$ 等价的无穷小量是（　　）.

A. $1-\mathrm{e}^{\sqrt{x}}$　　B. $\ln\dfrac{1-x}{1-\sqrt{x}}$　　C. $\sqrt{1+\sqrt{x}}-1$　　D. $1-\cos\sqrt{x}$

5. 设函数 $f(x)=5x$，$g(x)=\tan x$，当 $x\to 0$ 时，则（　　）.

A. $f(x)$ 是比 $g(x)$ 高阶无穷小　　B. $f(x)$ 是比 $g(x)$ 低阶无穷小

C. $f(x)$ 与 $g(x)$ 是等价无穷小　　D. $f(x)$ 与 $g(x)$ 是同阶非等价无穷小

三、试解下列各题

1. 求下列极限.

（1）$\lim\limits_{x\to+\infty}\dfrac{x}{\sqrt{x^2-a^2}}$；　　（2）$\lim\limits_{x\to a}\dfrac{\sin^2 x-\sin^2 a}{x-a}$；

（3）$\lim\limits_{x\to 0}\dfrac{\sin 4x}{\sqrt{x+1}-1}$；　　（4）$\lim\limits_{x\to 0^+}\dfrac{\sqrt{1+x}-\sqrt{1-x}}{\sqrt[3]{1+x}-\sqrt[3]{1-x}}$；

（5）$\lim\limits_{x\to 3^-}(2x-[x])$；　　（6）$\lim\limits_{x\to 2^+}([x]+3)^{-2}$；

（7）$\lim\limits_{x\to 7}\dfrac{2-\sqrt{x-3}}{x^2-49}$；　　（8）$\lim\limits_{x\to a}\dfrac{\cos^2 x-\cos^2 a}{x-a}$；

（9）$\lim\limits_{x\to 0}\dfrac{1-\sqrt{\cos x}}{x^2}$.

2. 求下列曲线的渐近线.

（1）$y=\dfrac{x^2+1}{x+1}$；　　　　（2）$y=\sqrt{x^2-x+1}$.

3. 分别求满足下列条件的常数 a 与 b.

（1）$\lim\limits_{x\to+\infty}\left(\dfrac{x^2}{\sqrt{x^2-1}}-ax-b\right)=0$；　　　　（2）$\lim\limits_{x\to-\infty}\left(\dfrac{x^2}{\sqrt{x^2-1}}-ax-b\right)=0$；

（3）$\lim\limits_{x\to\infty}\left(\dfrac{x^3+1}{x^2+1}-ax-b\right)=0$.

4.（1）若 $\lim\limits_{x\to3}\dfrac{x^2-2x+k}{x-3}=4$，求 k 的值；

（2）若 $\lim\limits_{x\to1}\dfrac{x^2+ax+b}{1-x}=5$，求 a, b 的值.

5. 设 $f(x)=\begin{cases}\dfrac{1}{(x+1)^2}, & x<0,\\ 0, & x=0,\\ x^2-2x, & 0<x\leqslant 2,\\ 3x-6, & 2<x,\end{cases}$ 讨论 $x\to0$ 及 $x\to2$ 时，$f(x)$ 的极限是否存在，并且求 $\lim\limits_{x\to-\infty}f(x)$ 及 $\lim\limits_{x\to+\infty}f(x)$.

6. 设 $f(x)=\sqrt{x}$，求 $\lim\limits_{h\to0}\dfrac{f(x+h)-f(x)}{h}$.

四、试证下列各题

1. 设函数 $f(x)$ 在点 x_0 的某去心邻域 $\mathring{U}(x_0, \delta')$ 内有定义. 证明：若对于任何含于 $\mathring{U}(x_0, \delta')$ 且以 x_0 为极限的数列 $\{x_n\}$，有极限 $\lim\limits_{n\to\infty}f(x_n)$ 都存在，则所有这些极限都相等.

2.（1）证明：若 $\lim\limits_{x\to0}f(x^3)$ 存在，则 $\lim\limits_{x\to0}f(x)=\lim\limits_{x\to0}f(x^3)$.

（2）若 $\lim\limits_{x\to0}f(x^2)$ 存在，试问 $\lim\limits_{x\to0}f(x)=\lim\limits_{x\to0}f(x^2)$ 是否成立.

3. 设函数 $f(x)$ 在 $(0, +\infty)$ 上满足方程 $f(2x)=f(x)$，且 $\lim\limits_{x\to+\infty}f(x)=A$. 证明：$f(x)\equiv A$, $x\in(0, +\infty)$.

4. 设函数 $f(x)$ 在 $(0, +\infty)$ 上满足方程 $f(x^2)=f(x)$，且 $\lim\limits_{x\to0^+}f(x)=\lim\limits_{x\to+\infty}f(x)=f(1)$. 证明：$f(x)\equiv f(1), x\in(0, +\infty)$.

PART

第四章　函数的连续性

FOUR

函数的连续性是数学分析中讨论函数的一类重要性质，也是应用中常遇到的函数性质，本章将介绍连续函数及其性质.

连续函数的概念

在日常生活和科学研究中，常遇到连续变化的现象，如一天的气温、物体的运动轨迹等，数学上如何定义连续呢？

首先，几何直观上，图 4.1.1 所示的函数图像上各点相互“连接”而不出现“间断”，体现了函数曲线“连续”的外观，而图 4.1.2 所示的函数图像直观地告诉我们，它的“连续性”在点 x_0 处遭到破坏，也就是说函数在点 x_0 处出现了不连续或“间断”.

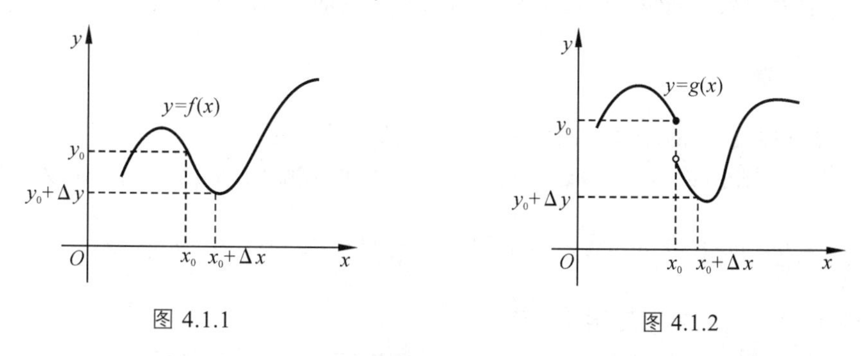

图 4.1.1　　图 4.1.2

其次，许多函数图像并不能直接被画出来，因此仅凭直观图像没有办法判断函数的连续性，这样就需要找出函数连续时其数量关系的本质特性. 图 4.1.1 所示函数在点 x_0 处具有当自变量 $x \to x_0$ 时，因变量 $f(x) \to f(x_0)$ 的特性，而图 4.1.2 所示函数在点 x_0 处没有上述特性. 函数连续的定义如下.

一、函数在点 x_0 处的连续性

定义 4.1.1　设函数 $f(x)$ 在 x_0 的某邻域 $U(x_0)$ 内有定义，若 $\lim\limits_{x \to x_0} f(x) = f(x_0)$，则称函数 $f(x)$

在点 x_0 处连续，并称 x_0 是**函数 $f(x)$ 的连续点**.

例 4.1.1 证明：函数 $f(x)=3x^2+2$ 在点 $x=1$ 处连续.

证 因为 $f(1)=5$，且 $\lim\limits_{x\to 1}f(x)=\lim\limits_{x\to 1}(3x^2+2)=5$，满足 $\lim\limits_{x\to 1}f(x)=f(1)$. 因此，函数 $f(x)$ 在点 $x=1$ 处连续.

显然，函数 $f(x)$ 在点 x_0 连续可以利用“$\varepsilon-\delta$”语言简述为：若 $\forall\varepsilon>0$，$\exists\delta>0$，当 $|x-x_0|<\delta$ 时，有 $|f(x)-f(x_0)|<\varepsilon$，则称函数 $f(x)$ 在点 x_0 处连续.（注意与极限“$\varepsilon-\delta$”定义的区别）

例 4.1.2 证明：函数 $f(x)=xD(x)$ 在点 $x=0$ 处连续，其中 $D(x)$ 为狄利克雷函数.

证 显然 $f(0)=0\cdot D(0)=0$，且 $|D(x)|\leqslant 1$. 对 $\forall\varepsilon>0$，取 $\delta=\varepsilon$，当 $|x-0|<\delta$ 时，有 $|f(x)-f(0)|=|xD(x)|\leqslant|x|<\varepsilon$. 因此，函数 $f(x)=xD(x)$ 在点 $x=0$ 处连续.

若记 $\Delta x=x-x_0$，则 $x=x_0+\Delta x$，$\Delta y=f(x)-f(x_0)=f(x_0+\Delta x)-f(x_0)=y-y_0$，其中自变量增量 Δx 或函数值增量 Δy 可以是正数，也可以是 0 或负数，则函数 $f(x)$ 在点 x_0 连续的定义 4.1.1 可改写为：

定义 4.1.2 设函数 $y=f(x)$ 在点 x_0 的某邻域 $U(x_0)$ 内有定义，若 $\lim\limits_{\Delta x\to 0}\Delta y=0$，则称函数 $y=f(x)$ 在点 x_0 处连续.

例 4.1.3 证明：正弦函数 $y=\sin x$ 在定义域 $\mathbf{R}$ 内任一点都连续.

证 对 $\forall x_0\in\mathbf{R}$，因为

$$|\Delta y|=|\sin(x_0+\Delta x)-\sin x_0|=\left|2\cos\left(x+\frac{\Delta x}{2}\right)\sin\frac{\Delta x}{2}\right|\leqslant 2\left|\sin\frac{\Delta x}{2}\right|\leqslant|\Delta x|,$$

则当 $\Delta x\to 0$ 时，$\lim\limits_{\Delta x\to 0}\Delta y=0$，即函数 $y=\sin x$ 在 $x=x_0$ 处连续. 由 x_0 的任意性可知，正弦函数 $y=\sin x$ 在实数集 $\mathbf{R}$ 内任一点都连续.

类似地，余弦函数 $y=\cos x$ 在定义域 $\mathbf{R}$ 内任一点也都连续.

二、单侧连续

相应于函数单侧极限的定义，函数单侧连续的定义如下：

定义 4.1.3 设函数 $y=f(x)$ 在某左邻域 $U_-(x_0)$（或右邻域 $U_+(x_0)$）内有定义，若

$$\lim_{x\to x_0^-}f(x)=f(x_0-0)=f(x_0)\text{（或 }\lim_{x\to x_0^+}f(x)=f(x_0+0)=f(x_0)\text{），}$$

则称函数 $y=f(x)$ 在点 x_0 处**左连续（右连续）**.

函数在点 x_0 处的左、右连续统称为函数的**单侧连续**. 由极限性质可知，

定理 4.1.1 函数 $f(x)$ 在点 x_0 处连续的充分必要条件是：函数 $f(x)$ 在点 x_0 处既是左连续，又是右连续.（注意与极限性质的区别）

例 4.1.4 讨论函数 $f(x)=\begin{cases}x+1, & x\geqslant 0,\\ x-1, & x<0\end{cases}$ 在点 $x=0$ 处的连续性.

解 因为

$$\lim_{x\to 0^+}f(x)=\lim_{x\to 0^+}(x+1)=1,$$

$$\lim_{x\to 0^-} f(x) = \lim_{x\to 0^-}(x-1) = -1,$$

而 $f(0)=1$，所以 $f(x)$ 在点 $x=0$ 处右连续，但不是左连续的，从而函数 $f(x)$ 在 $x=0$ 处不连续.

例 4.1.5　设函数

$$f(x)=\begin{cases}2x^2+1, & x\geqslant 1,\\ x+a, & x<1,\end{cases}$$

问 a 为何值时，函数 $y=f(x)$ 在点 $x=1$ 处连续？

解　因为 $f(1)=3$，且

$$\lim_{x\to 1^+} f(x) = \lim_{x\to 1^+}(2x^2+1) = 3,$$

$$\lim_{x\to 1^-} f(x) = \lim_{x\to 1^-}(x+a) = a+1,$$

所以，当 $a=2$ 时，函数 $y=f(x)$ 在点 $x=1$ 处连续.

三、函数的间断点及其分类

定义 4.1.4　设函数 $f(x)$ 在 x_0 的某邻域 $\mathring{U}(x_0)$ 内有定义，若 $f(x)$ 在点 x_0 不连续，则称点 x_0 为函数 $f(x)$ 的**间断点**，也称函数 $f(x)$ 在点 x_0 处**间断**.

相应于函数 $f(x)$ 在点 x_0 处连续，函数 $f(x)$ 在点 x_0 处间断可表述为：若 $f(x)$ 在某邻域 $\mathring{U}(x_0)$ 内有定义，如果具有下列三种情况之一，则 x_0 是函数 $f(x)$ 的间断点.

（1）函数 $f(x)$ 在 x_0 点处无定义；

（2）函数 $f(x)$ 在 x_0 点处有定义，但 $\lim\limits_{x\to x_0} f(x)$ 不存在；

（3）函数 $f(x)$ 在 x_0 点处有定义，且 $\lim\limits_{x\to x_0} f(x)$ 存在，

但 $\lim\limits_{x\to x_0} f(x)\neq f(x_0)$.

例 4.1.6　讨论函数 $f(x)=\dfrac{\sin x}{x}$ 在 $x=0$ 处的连续性.

解　由于 $\lim\limits_{x\to 0}\dfrac{\sin x}{x}=1$，而函数 $f(x)=\dfrac{\sin x}{x}$ 在 $x=0$ 处没有定义. 因此，$x=0$ 是函数 $f(x)$ 的间断点，如图 4.1.3 所示.

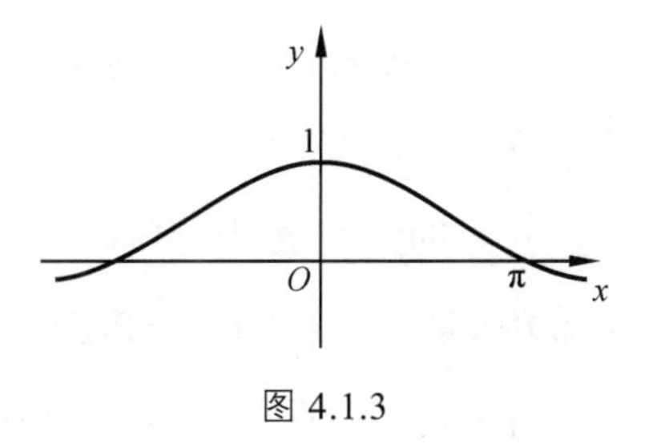

图 4.1.3

若补充函数值 $f(0)=1$，则新函数 $g(x)=\begin{cases}\dfrac{\sin x}{x}, & x\neq 0,\\ 1, & x=0\end{cases}$ 在 $x=0$ 处是连续的.

根据当 $x\to x_0$ 时函数的左、右极限是否同时存在这一原则，函数的间断点分为以下两大类：如果 x_0 为 $f(x)$ 的间断点，且左极限 $f(x_0-0)$、右极限 $f(x_0+0)$ 均存在，则称 x_0 为 $f(x)$ 的**第一类间断点**；否则称 x_0 为 $f(x)$ 的**第二类间断点**，即左 $f(x_0-0)$、右极限 $f(x_0+0)$ 至少有一个不存在的点就是 $f(x)$ 的第二类间断点.

例 4.1.6 中函数 $f(x_0+0)=f(x_0-0)$，通过补充函数 $f(x)$ 在 x_0 点的函数值 $f(x_0)$，使得 $f(x)$

在 x_0 处连续，形象地将此类间断点叫作**可去间断点**. 但例 4.1.4 中 $f(x_0+0) \neq f(x_0-0)$，其图像在 x_0 处出现跳跃，形象地将此类间断点叫作**跳跃间断点**. 可去间断点和跳跃间断点都属于**第一类间断点**.

例 4.1.7 讨论取整函数 $f(x)=[x]$ 的连续性，并指出间断点的类型.

解 任取整数 $k\in\mathbf{Z}$，由于

$$\lim_{x\to k^-}[x]=k-1,\quad \lim_{x\to k^+}[x]=k,\quad k-1\neq k,$$

所以函数 $f(x)=[x]$ 在整数点处的左、右极限存在，但不相等，从而整数点都是取整函数 $f(x)=[x]$ 的**第一类间断点**，且是第一类间断点中的跳跃间断点.

显然，函数 $f(x)=[x]$ 在其他点处均连续.

例 4.1.8 讨论函数 $f(x)=\sin\dfrac{1}{x}$ 的连续性，并判断间断点的类型.

解 显然 $f(x)$ 在 $x=0$ 处无定义，点 $x=0$ 是 $f(x)$ 的间断点，函数 $f(x)$ 在其他点处均连续.

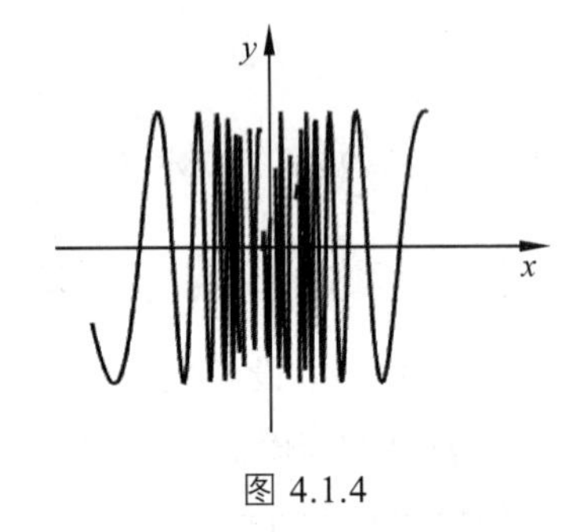

图 4.1.4

由例 3.2.2 知 $f(x)=\sin\dfrac{1}{x}$ 当 $x\to 0$ 时左、右极限均不存在，因此 $x=0$ 是 $f(x)$ 的**第二类间断点**. 进一步，$f(x)=\sin\dfrac{1}{x}$ 图像如图 4.1.4 所示，$x=0$ 附近 $f(x)$ 函数值在 $[-1,1]$ 上无限次振荡，形象地把 $x=0$ 这样的点叫作函数 $f(x)=\sin\dfrac{1}{x}$ 的**振荡间断点**.

例 4.1.9 讨论函数 $f(x)=\dfrac{1}{x}$ 的连续性，并判断间断点的类型.

解 显然 $f(x)$ 在 $x=0$ 处无定义，故点 $x=0$ 是 $f(x)$ 的间断点. 易知函数 $f(x)$ 在 $x\neq 0$ 点处均连续.

由于 $\lim\limits_{x\to 0^+}\dfrac{1}{x}=+\infty$ 不存在，故 $x=0$ 是 $f(x)$ 的**第二类间断点**. 进一步，函数 $f(x)=\dfrac{1}{x}$ 在 $x\to 0^+$ 是无穷大量，形象地把 $x=0$ 这样的点叫作函数 $f(x)$ 的无穷间断点.

当函数 $f(x)$ 在某一 $\mathring{U}(x_0)$ 内有定义，形象地将使得 $f(x_0-0)=\infty$ 或 $f(x_0+0)=\infty$ 的点 x_0 叫作函数 $f(x)$ 的**无穷间断点**.

如：$x=k\pi+\dfrac{\pi}{2}$ 是函数 $f(x)=\sec x$，$g(x)=\tan x$ 的无穷间断点；$x=k\pi$ 是函数 $f(x)=\csc x$，$g(x)=\cot x$ 的无穷间断点.

例 4.1.10 讨论狄利克雷函数 $D(x)$ 的连续性，并判断间断点的类型.

解 对 $\forall x_0\in\mathbf{R}$，$\lim\limits_{x\to x_0^+}D(x)$ 或 $\lim\limits_{x\to x_0^-}D(x)$ 均不存在，因此 $D(x)$ 在其定义域内的每一点都是其第二类间断点，但没有给它形象的称谓.

例 4.1.11 证明：黎曼函数 $R(x)$ 在区间 $(0,1)$ 上任何无理点处都连续，任何有理点处都是 $R(x)$ 的第一类可去间断点.

证 首先，对 $\forall x_0\in(0,1)$，都有 $\lim\limits_{x\to x_0}R(x)=0$. 事实上，在 $(0,1)$ 内的有理点分母最小为 2，且分母为 2 的有理点只有一个，即 $\frac{1}{2}$；分母为 3 的有理点只有两个，即 $\frac{1}{3},\frac{2}{3}$；分母为 4 的有理点只有两个，即 $\frac{1}{4},\frac{3}{4}$；分母为 5 的有理点只有四个，即 $\frac{1}{5},\frac{2}{5},\frac{3}{5},\frac{4}{5}$；……总之，$\forall k\in\mathbf{N}_+$，在 $(0,1)$ 内分母不超过 k 的有理点个数只能是有限个（小于 k 个）.

$\forall x_0\in(0,1)$，对 $\forall\varepsilon>0$（不妨设 $\varepsilon<\frac{1}{2}$），设 $k=\left[\frac{1}{\varepsilon}\right]$，由于分母不超过 k 的有理点个数是有限的，则与 x_0 不相等的有理点可记为 $x_1,x_2,\cdots,x_n$. 令 $\delta=\min\limits_{1\leqslant i\leqslant n}\{|x_i-x_0|\}$，显然 $\delta>0$，当 $x\in U(x_0,\delta)\cap(0,1)$ 时，x 为无理点，则 $R(x)=0$，x 为有理点，其分母必大于 $k=\left[\frac{1}{\varepsilon}\right]$，则 $R(x)>0$ 且 $R(x)\leqslant\frac{1}{k+1}<\varepsilon$，因此 $\lim\limits_{x\to x_0}R(x)=0$.

其次，当 x_0 是 $(0,1)$ 内无理数时，$R(x_0)=0$，$\lim\limits_{x\to x_0}R(x)=R(x_0)$，因此 $R(x)$ 在任何无理点处都连续；当 x_0 是 $(0,1)$ 内有理数时，$\lim\limits_{x\to x_0}R(x)=0$，而 $R(x_0)\neq0$，即 $\lim\limits_{x\to x_0}R(x)\neq R(x_0)$，因此任何有理点都是 $R(x)$ 的第一类可去间断点.

注 为了叙述方便，对于区间端点也可以类似地给出间断点定义.

设函数 $f(x)$ 在区间 (a,b) 内有定义. 若 $\lim\limits_{x\to a^+}f(x)$ 不存在，则称 a 为 $f(x)$ 的第二类间断点；若 $\lim\limits_{x\to a^+}f(x)$ 存在且 $\lim\limits_{x\to a^+}f(x)\neq f(a)$ 或 $f(x)$ 在 a 处无定义，则称 a 为 $f(x)$ 的第一类可去间断点；若 $\lim\limits_{x\to b^-}f(x)$ 不存在，则称 b 为 $f(x)$ 的第二类间断点；若 $\lim\limits_{x\to b^-}f(x)$ 存在且 $\lim\limits_{x\to b^-}f(x)\neq f(b)$ 或 $f(x)$ 在 b 处无定义，则称 b 为 $f(x)$ 的第一类可去间断点.

四、区间上的连续函数

定义 4.1.5 设函数 $f(x)$ 在区间 I 上的任一点处都连续，则称 $f(x)$ 在区间 I 上**连续**，或称函数 $f(x)$ 是区间 I 上的**连续函数**. 关于区间端点的连续是指单侧连续，即左端点右连续，右端点左连续.

由例 3.1.6 知，函数 $y=\sin x$，$y=\cos x$ 是其定义域 $(-\infty,+\infty)$ 上的连续函数. 由例 3.3.6 知，多项式函数 $P(x)=a_0x^n+a_1x^{n-1}+\cdots+a_n$ 是其定义域 $(-\infty,+\infty)$ 上的连续函数，有理函数 $R(x)=\frac{P(x)}{Q(x)}$ 也是其定义域上的连续函数. 由例 3.3.9 知，指数函数 $y=a^x$ 是其定义域 $\mathbf{R}$ 上的连续函数.

又由于函数 $y=\sqrt{1-x^2}$ 在 $(-1,1)$ 上每一点都连续，在点 $x=-1$ 右连续，在点 $x=1$ 左连续，所以它在 $[-1,1]$ 上连续.

若函数 $f(x)$ 在区间 I 上仅有有限个第一类间断点，则称函数 $f(x)$ 在区间 I 上**分段连续**. 由例 4.1.7 知，取整函数 $y=[x]$ 在区间 $[-2,2]$ 上分段连续.

习题4.1

1. 利用定义证明：函数 $y=\cos 2x$ 在点 $x=\frac{\pi}{6}$ 处连续.

2. 若函数 $f(x)=\begin{cases}\frac{\sin kx}{x}, & x\neq 0,\\ e^x+2, & x=0\end{cases}$ 在点 $x=0$ 处连续，求 k 的值.

3. 指出下列函数的间断点，并判别其类型：

（1）$f(x)=\frac{\sin x}{|x|}$；（2）$f(x)=\frac{x^2-1}{x^2-3x+2}$.

4.（1）若函数 $f(x)$ 在点 x_0 处连续，证明 $|f(x)|$ 与 $f^2(x)$ 也在点 x_0 处连续.

（2）若 $|f(x)|$ 或 $f^2(x)$ 在区间 I 上连续，那么 $f(x)$ 在区间 I 上是否连续？

5. 求函数 $f(x)=\lim\limits_{n\to\infty}\frac{1-x^n}{1+x^n}x$ 的间断点，并判别其类型.

6. 区间 (a,b) 内单调函数的间断点必为其第一类间断点.

第二节 连续函数的局部性质与初等函数的连续性

一、连续函数的局部性质

由于函数 $f(x)$ 在点 x_0 处连续 $\Leftrightarrow \lim\limits_{x\to x_0}f(x)=f(x_0)$，根据极限的性质可得连续函数的局部性质及运算性质.

定理 4.2.1（局部有界性） 若函数 $f(x)$ 在点 x_0 处连续，则 $f(x)$ 在某邻域 $U(x_0)$ 内有界.

定理 4.2.2（局部保号性） 若函数 $f(x)$ 在点 x_0 处连续，且 $f(x_0)=A>0$（或 $A<0$），则对任何常数 $r\in(0,|A|)$，存在 x_0 的某邻域 $U(x_0)$，使得对一切 $x\in U(x_0)$ 有

$$f(x)>r>0\text{（或 }f(x)<-r<0\text{）}.$$

定理 4.2.3（四则运算） 若函数 $f(x)$ 和 $g(x)$ 在点 x_0 处连续，则 $f(x)\pm g(x)$，$f(x)g(x)$，$\frac{f(x)}{g(x)}$（$g(x_0)\neq 0$）均在点 x_0 处连续.

由函数 $y=\sin x$，$y=\cos x$ 在其定义域 $(-\infty,+\infty)$ 内连续可得三角函数 $\tan x$，$\cot x$，$\sec x$，$\csc x$ 在其定义域内连续.

二、反函数的连续性

定理 4.2.4 若 $y=f(x)$ 是区间 (a,b) 内严格单调递增（递减）的连续函数，则其反函数

$x=f^{-1}(y)$ 是区间 $(f(a),f(b))$（或 $(f(b),f(a))$）内严格单调递增（递减）的连续函数.

证　若 $y=f(x)$ 在区间 (a,b) 内严格单调递增. 任取 $y_1,y_2\in(f(a),f(b))$，且 $y_1<y_2$，令 $x_1=f^{-1}(y_1)$，$x_2=f^{-1}(y_2)$，则 $y_1=f(x_1)$，$y_2=f(x_2)$. 由于 $y_1<y_2$，则 $x_1<x_2$，所以 $x=f^{-1}(y)$ 在区间 $(f(a),f(b))$ 内严格单调递增.

任取 $y_0\in(f(a),f(b))$，设 $x_0=f^{-1}(y_0)$，则 $x_0\in(a,b)$. $\forall\varepsilon>0$，取 $x_1,x_2\in(a,b)$，使得

$$0<x_0-x_1<\varepsilon,\quad 0<x_2-x_0<\varepsilon.$$

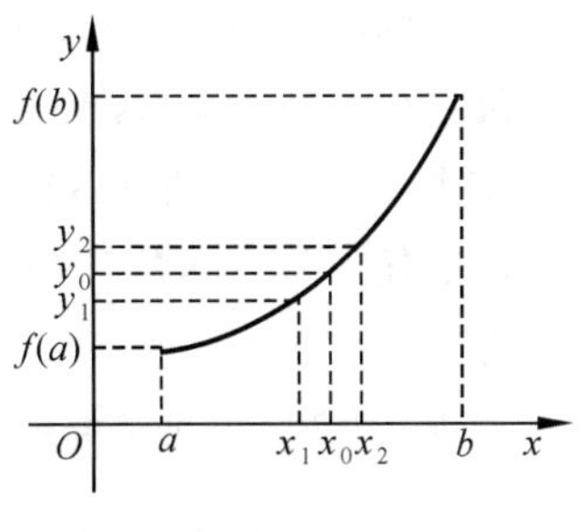

图 4.2.1

设 $y_1=f(x_1)$，$y_2=f(x_2)$，由 $f(x)$ 的单调递增性知 $y_1<y_0<y_2$（如图 4.2.1）. 令 $\delta=\min\{y_2-y_0,y_0-y_1\}$，则当 $y\in U(y_0,\delta)$ 时，对应的 $x=f^{-1}(y)$ 的值都落在 x_1 与 x_2 之间，故有

$$\left|f^{-1}(y)-f^{-1}(y_0)\right|=\left|x-x_0\right|<\max\{\left|x_1-x_0\right|,\left|x_2-x_0\right|\}<\varepsilon.$$

因此 $x=f^{-1}(y)$ 在点 y_0 处连续，从而 $x=f^{-1}(y)$ 在区间 $(f(a),f(b))$ 内连续.

类似地，函数严格单调递减的情况成立.

注　若将定理中的开区间换成闭区间，类似可证反函数 $x=f^{-1}(y)$ 在区间的两个端点处单侧连续.

例 4.2.1　由例 3.3.9 得指数函数 $y=a^x$（$a>0,a\neq1$）在实数集 $\mathbf{R}$ 内是连续函数.

进一步，对数函数 $y=\log_a x$（$a>0,a\neq1$）在其定义域 $(0,+\infty)$ 内连续.

例 4.2.2　三角函数 $y=\sin x$，$y=\cos x$，$y=\tan x$，$y=\cot x$ 分别在区间 $\left[-\dfrac{\pi}{2},\dfrac{\pi}{2}\right]$，$[0,\pi]$，$\left(-\dfrac{\pi}{2},\dfrac{\pi}{2}\right)$，$(0,\pi)$ 上严格单调且连续，则反三角函数 $y=\arcsin x$，$y=\arccos x$，$y=\arctan x$，$y=\operatorname{arccot} x$ 分别在各自定义域 $[-1,1]$，$[-1,1]$，$(-\infty,+\infty)$，$(-\infty,+\infty)$ 上连续.

三、复合函数的连续性

定理 4.2.5　若 $u=\varphi(x)$ 在点 x_0 处连续，且 $y=f(u)$ 在对应的点 $u_0=\varphi(x_0)$ 处连续，则复合函数 $y=f(\varphi(x))$ 在点 x_0 处连续.

证　由于 $u=\varphi(x)$ 在点 x_0 处连续，则 $\lim\limits_{x\to x_0}u(x)=\varphi(x_0)=u_0$. 又 $y=f(u)$ 在对应的点 u_0 处连续，则 $\lim\limits_{u\to u_0}f(u)=f(u_0)$，根据定理 3.3.5 得，$\lim\limits_{x\to x_0}f(\varphi(x))=f(u_0)=f(\varphi(x_0))$，因此函数 $y=f(\varphi(x))$ 在点 x_0 处连续.

例 4.2.3　证明：幂函数 $y=x^\alpha$（$\alpha\in\mathbf{R}$）在区间 $(0,+\infty)$ 内连续.

证　由于 $y=x^\alpha=\mathrm{e}^{\alpha\ln x}$，$x\in(0,+\infty)$，由于函数 $y=\mathrm{e}^u$ 与 $u=\alpha\ln x$ 在其定义域内连续，故幂函数 $y=x^\alpha$（$\alpha\in\mathbf{R}$）在区间 $(0,+\infty)$ 内连续.

四、初等函数的连续性

至此，得到以下基本初等函数在其定义域上连续.

常量函数 $y=C$；

幂函数 $y=x^{\alpha}(\alpha\in\mathbf{R})$；

指数函数 $y=a^{x}(a>0,a\neq 1)$；

对数函数 $y=\log_a x(a>0,a\neq 1)$；

三角函数 $y=\sin x,\cos x,\tan x,\cot x,\sec x,\csc x$；

反三角函数 $y=\arcsin x,\arccos x,\arctan x,\operatorname{arccot} x$.

定理 4.2.6 一切基本初等函数都是在其定义域上的连续函数.

由于任何初等函数都是由基本初等函数经过有限次四则运算与复合所得到的，所以有以下定理.

定理 4.2.7 任何初等函数都是在其定义区间上的连续函数.

五、利用连续性求函数极限

利用函数连续性求复合函数极限的法则可表述为：设 $y=f(u)$ 在点 u_0 处连续，且 $\lim\limits_{x\to x_0}u(x)=u_0$，则 $\lim\limits_{x\to x_0}f(u(x))=f(u_0)=f(\lim\limits_{x\to x_0}u(x))$.

此结果对于 $x\to x_0^-,x\to x_0^+$，$x\to\infty,x\to+\infty,x\to-\infty$ 这五种自变量趋向同样成立.

例 4.2.4 求极限 $\lim\limits_{x\to 0}\sin(\mathrm{e}^x-1)$.

解 由于 $u(x)=\mathrm{e}^x-1$ 与 $f(u)=\sin u$ 连续，故

$$\lim_{x\to 0}\sin(\mathrm{e}^x-1)=\sin[\lim_{x\to 0}(\mathrm{e}^x-1)]=\sin 0=0.$$

例 4.2.5 求以下极限.

（1）$\lim\limits_{x\to 0}\sqrt{5-\dfrac{x}{\sin x}}$；（2）$\lim\limits_{x\to\infty}\sqrt{5-\dfrac{\sin x}{x}}$.

解 （1）$\lim\limits_{x\to 0}\sqrt{5-\dfrac{x}{\sin x}}=\sqrt{5-\lim\limits_{x\to 0}\dfrac{x}{\sin x}}=\sqrt{5-1}=2$；

（2）$\lim\limits_{x\to\infty}\sqrt{5-\dfrac{\sin x}{x}}=\sqrt{5-\lim\limits_{x\to\infty}\dfrac{\sin x}{x}}=\sqrt{5-0}=\sqrt{5}$.

例 4.2.6 求极限 $\lim\limits_{x\to 0}\dfrac{\log_a(1+x)}{x}(a>0,a\neq 1)$.

解 函数 $f(x)=\log_a(1+x)$ 在定义域内连续，因此

$$\lim_{x\to 0}\frac{\log_a(1+x)}{x}=\lim_{x\to 0}\log_a(1+x)^{\frac{1}{x}}=\log_a[\lim_{x\to 0}(1+x)^{\frac{1}{x}}]=\log_a\mathrm{e}=\frac{1}{\ln a}.$$

特别地，$\lim\limits_{x\to 0}\dfrac{\ln(1+x)}{x}=1$，即 $\ln(1+x)\sim x(x\to 0)$.

例 4.2.7 求极限 $\lim\limits_{x\to 0}\dfrac{a^x-1}{x}(a>0,a\neq 1)$.

解 设 $y=a^x-1$，则 $x=\log_a(1+y)$，且 $x\to 0$时，$y\to 0$，因此

$$\lim_{x\to 0}\frac{a^x-1}{x}=\lim_{y\to 0}\frac{y}{\log_a(1+y)}=\ln a.$$

特别地，$\lim\limits_{n\to\infty}n(\sqrt[n]{a}-1)=\ln a(a>0)$；$\lim\limits_{x\to 0}\frac{e^x-1}{x}=1$，即 $e^x-1\sim x(x\to 0)$.

例 4.2.8 求极限 $\lim\limits_{x\to 0}\frac{(1+x)^\alpha-1}{\alpha x}(\alpha\neq 0)$.

解 设 $y=(1+x)^\alpha-1$，则 $x\to 0$时，$y\to 0$，因此

$$\lim_{x\to 0}\frac{(1+x)^\alpha-1}{\alpha x}=\lim_{x\to 0}\frac{(1+x)^\alpha-1}{\ln[1+(1+x)^\alpha-1]}\cdot\frac{\ln[1+(1+x)^\alpha-1]}{\alpha x}$$

$$=\lim_{y\to 0}\frac{y}{\ln(1+y)}\cdot\lim_{x\to 0}\frac{\alpha\ln(1+x)}{\alpha x}=1.$$

因此，当 $\alpha\neq 0$ 时，$(1+x)^\alpha-1\sim\alpha x(x\to 0)$.

例 4.2.9 设 $\lim\limits_{x\to x_0}u(x)=a>0$ 且 $\lim\limits_{x\to x_0}v(x)=b$，证明：$\lim\limits_{x\to x_0}u(x)^{v(x)}=a^b$（极限的幂指运算）.

证 由于 $\lim\limits_{x\to x_0}u(x)=a>0$，由局部保号性，在某一 $\mathring{U}(x)$ 内 $u(x)>0$，$u(x)^{v(x)}=e^{v(x)\ln u(x)}$，

则
$$\lim_{x\to x_0}u(x)^{v(x)}=\lim_{x\to x_0}e^{v(x)\ln u(x)}=e^{\lim\limits_{x\to x_0}v(x)\ln u(x)}=e^{b\ln a}=a^b.$$

例 4.2.10 求极限 $\lim\limits_{x\to 0}(1+\sin x)^{\frac{1}{x}}$.

解 $\lim\limits_{x\to 0}(1+\sin x)^{\frac{1}{x}}=\lim\limits_{x\to 0}(1+\sin x)^{\frac{1}{\sin x}\cdot\frac{\sin x}{x}}=e^1=e$.

例 4.2.11 求极限 $\lim\limits_{n\to\infty}\left(1+\frac{1}{n}-\frac{1}{n^2}\right)^n$.

解 $\lim\limits_{n\to\infty}\left(1+\frac{1}{n}-\frac{1}{n^2}\right)^n=\lim\limits_{n\to\infty}\left(1+\frac{n-1}{n^2}\right)^n=\lim\limits_{n\to\infty}\left(1+\frac{n-1}{n^2}\right)^{\frac{n^2}{n-1}\cdot\frac{n-1}{n}}=e^1=e$.

1. 设 $f(x),g(x)$ 在点 x_0 处连续，证明：若 $f(x_0)>g(x_0)$，则在某邻域 $U(x_0)$ 内有 $f(x)>g(x)$.

2. 利用初等函数的连续性求下列极限：

（1）$\lim\limits_{x\to -1}\frac{\sin(1+x)+2x}{3^x}$；（2）$\lim\limits_{x\to\infty}\left(\frac{x-1}{x+1}\right)^x$；

（3）$\lim\limits_{x\to 1}\frac{\sqrt{5x-4}-\sqrt{x}}{\ln x}$；（4）$\lim\limits_{x\to+\infty}(\sqrt{x+\sqrt{x+\sqrt{x}}}-\sqrt{x})$.

第三节 闭区间上连续函数的性质

本节将讨论闭区间上连续函数的整体性质，这些性质在数学分析理论中是非常重要的.

一、有界性

定理 4.3.1（有界性定理） 若函数 $f(x)$ 在闭区间 $[a,b]$ 上连续，则 $f(x)$ 在 $[a,b]$ 上有界.

证（反证法） 假设 $f(x)$ 在 $[a,b]$ 上无上界，则对 $\forall n\in \mathrm{N}_+$，$\exists x_n\in[a,b]$，使得 $f(x_n)>n$，可得一有界数列 $\{x_n\}\subset[a,b]$，由定理 2.3.3（致密性定理）知，$\{x_n\}$ 存在收敛子列 $\{x_{n_k}\}$，使得 $\lim\limits_{k\to\infty}x_{n_k}=\xi\in[a,b]$. 又 $f(x)$ 在点 ξ 连续以及定理 3.2.6（归结原理），则

$$\lim_{k\to\infty}f(x_{n_k})=f(\xi)<+\infty. \tag{4.3.1}$$

另外，由 x_n 选取方法，有

$$f(x_{n_k})>n_k\geqslant k\Rightarrow\lim_{k\to\infty}f(x_{n_k})=+\infty,$$

这与式（4.3.1）相矛盾，所以 $f(x)$ 在 $[a,b]$ 上有上界.

类似可证 $f(x)$ 在 $[a,b]$ 上有下界，从而 $f(x)$ 在 $[a,b]$ 上有界.

定义 4.3.1 设函数 $f(x)$ 在 D 上有定义，如果存在 $x_0\in D$，使得 $\forall x\in D$，有

$$f(x_0)\geqslant f(x)\text{（或 }f(x_0)\leqslant f(x)\text{）},$$

则称 $f(x)$ 在 D 上有**最大（小）值**，称 $f(x_0)$ 为函数 $f(x)$ 在 D 上的**最大（小）值**，称 x_0 为函数 $f(x)$ 在 D 上的**最大（小）值点**，记为

$$f(x_0)=\max_{x\in D}f(x)\text{（或}f(x_0)=\min_{x\in D}f(x)\text{）}.$$

函数在 D 上的最大（小）值统称为函数的**最值**，最大（小）值点统称为函数的**最值点**. 如函数 $y=\cos x$ 在 $[-\pi,\pi]$ 上的最大值为 1，最小值为 -1. 但一般情况下，函数 $f(x)$ 在其定义域 D 上不一定存在最大值和最小值（即使 $f(x)$ 在 D 上有界）. 如 $f(x)=x$ 在 $(0,1)$ 上有界，但是它既无最大值也无最小值. 若函数 $f(x)$ 在 D 上有最大值（最小值），则

$$\max_{x\in D}f(x)=\sup_{x\in D}f(x)\text{（或 }\min_{x\in D}f(x)=\inf_{x\in D}f(x)\text{）}.$$

下述定理给出了函数存在最值的**充分条件**.

定理 4.3.2（最值或确界可达定理） 若函数 $f(x)$ 在闭区间 $[a,b]$ 上连续，则 $f(x)$ 在闭区间 $[a,b]$ 上一定有最大值和最小值. 即 $[a,b]$ 上至少存在点 $\xi,\eta\in[a,b]$，使得

$$f(\xi)=\max_{x\in[a,b]}f(x)\text{ 和 }f(\eta)=\min_{x\in[a,b]}f(x).$$

证 函数 $f(x)$ 在 $[a,b]$ 上连续，由定理 4.3.1 得 $f(x)$ 在 $[a,b]$ 上有界，依据定理 2.3.1（确界原理），上确界 $\sup\limits_{x\in[a,b]}f(x)$ 一定存在，记为 M，则 $\exists\xi\in[a,b]$，使 $f(\xi)=M$. 事实上，若 $\forall x\in[a,b]$，

都有 $f(x)<M$，于是令 $g(x)=\dfrac{1}{M-f(x)}$，$g(x)$ 在 $[a,b]$ 上连续，则 $g(x)$ 在 $[a,b]$ 上有界，即 $\exists G>0$，使得 $\forall x\in[a,b]$，都有 $0<g(x)=\dfrac{1}{M-f(x)}\leqslant G$，从而

$$f(x)\leqslant M-\frac{1}{G},\quad \forall x\in[a,b].$$

即 $M-\dfrac{1}{G}$ 为 $f(x)$ 在 $[a,b]$ 上的一个上界，与 M 为上确界矛盾. 因此 $\exists\xi\in[a,b]$，使 $f(\xi)=\sup\limits_{x\in[a,b]}f(x)$，即存在最大值.

同理可证下确界可达，即 $\exists\eta\in[a,b]$，使得 $f(\eta)=\inf\limits_{x\in[a,b]}f(x)$，即存在最小值.

注 定理中区间为“闭”、函数连续的条件不能缺少，如函数 $g(x)=\begin{cases}x, x\in(-1,1),\\ 0, x=\pm1\end{cases}$ 在 $[-1,1]$ 上既无最大值，有无最小值.

二、介值性

定理 4.3.3（零点存在定理） 若函数 $f(x)$ 在闭区间 $[a,b]$ 上连续，且 $f(a)\cdot f(b)<0$，则至少存在一点 $\xi\in(a,b)$，使得 $f(\xi)=0$，即方程 $f(x)=0$ 在 (a,b) 内至少有一个根.

从图 4.3.1 很容易观察出该定理结论成立，但这是不够的，下面应用分析方法证明.

证 不妨设 $f(a)<0<f(b)$，由于 $f(x)$ 在 $[a,b]$ 上连续，且 $f(a)<0$，$f(b)>0$，根据局部保号性，$\exists\delta>0$（$a+\delta<b-\delta$），使得当 $a\leqslant x<a+\delta$ 时，$f(x)<0$；当 $b-\delta<x\leqslant b$ 时，$f(x)>0$，受图 4.3.1 的启发，令

$$E=\{x\mid f(x)<0,x\in[a,b]\}.$$

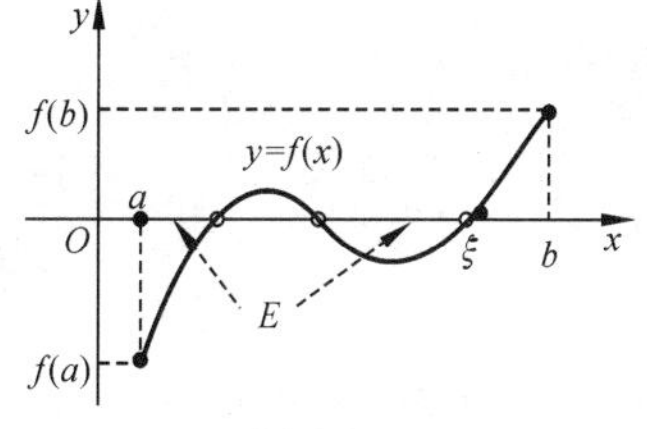

图 4.3.1

显然，$a\in E$ 且 $E\subset[a,b]$，则 E 为非空有界数集，故 E 有上确界 $\xi=\sup E$，且 $\xi\in(a,b)$. 下证 $f(\xi)=0$.

若 $f(\xi)<0$，根据局部保号性，$\exists\delta_1>0$，使当 $\xi\leqslant x<\xi+\delta_1$ 时，有 $f(x)<0$，这与 $\xi=\sup E$ 相矛盾.

若 $f(\xi)>0$，根据局部保号性，$\exists\delta_2>0$，使当 $\xi-\delta_2<x\leqslant\xi$ 时，有 $f(x)>0$. 则满足 $\xi-\delta_2<x\leqslant\xi$ 的一切 $x\notin E$，也与 $\xi=\sup E$ 相矛盾. 故必有 $f(\xi)=0$.

注 零点存在定理又称为**根的存在定理**.

例 4.3.1 证明：方程 $\ln(1+e^x)=2x$ 至少有一个小于1的正根.

证 设 $f(x)=\ln(1+e^x)-2x$，则 $f(x)$ 在 $[0,1]$ 上的连续，且 $f(1)=\ln(1+e)-2<0$，$f(0)=\ln2>0$. 由定理 4.3.3（零点存在定理）知，至少存在一点 $x_0\in(0,1)$，使得 $f(x_0)=0$. 即方程 $\ln(1+e^x)=2x$ 至少有一个小于1的正根 x_0.

例 4.3.2 设 $f(x)$ 在 $[a,b]$ 上的连续，且满足 $f([a,b])\subset[a,b]$. 证明：在 $[a,b]$ 上至少存在一个 ξ，使得 $f(\xi)=\xi$.（也称这样的 ξ 点为 $f(x)$ 的一个**不动点**）

证 设 $g(x)=f(x)-x$，则 $g(x)$ 在 $[a,b]$ 上连续. 由 $f([a,b])\subset[a,b]$ 得，$g(a)g(b)\leqslant0$.

（1）若 $g(a)=0$，则取 $\xi=a$，有 $f(\xi)=\xi$；

（2）若 $g(b)=0$，则取 $\xi=b$，有 $f(\xi)=\xi$；

（3）若 $g(a)g(b)<0$，由零点存在定理知，$\exists\xi\in(a,b)$，使得 $g(\xi)=0$，即 $f(\xi)=\xi$.

综上所述，在 $[a,b]$ 上至少存在一个 ξ，使得 $f(\xi)=\xi$，命题成立.

定理 4.3.4（介值定理） 若函数 $f(x)$ 在闭区间 $[a,b]$ 上连续，且 $f(a)\neq f(b)$. 若 μ 为介于 $f(a)$ 与 $f(b)$ 之间的任何实数（$f(a)<\mu<f(b)$ 或 $f(b)<\mu<f(a)$），则至少存在一点 $\xi\in(a,b)$，使得 $f(\xi)=\mu$.

证 设 $g(x)=f(x)-\mu$，显然 $g(x)$ 在 $[a,b]$ 上连续，且 $g(a)g(b)<0$，由零点存在定理知，至少存在一点 $\xi\in(a,b)$，使得 $g(\xi)=0$，即 $f(\xi)=\mu$.

由最值定理与介值定理可得，

推论 4.3.1 设函数 $y=f(x)$ 在闭区间 $[a,b]$ 上连续，记 $M=\max\limits_{x\in[a,b]}f(x)$，$m=\min\limits_{x\in[a,b]}f(x)$，则 $f(x)$ 必取得介于 M 与 m 之间的任何值，即 $f([a,b])=[m,M]$.

三、一致连续性

1. 函数一致连续的概念

先通过一个例子回顾函数的连续定义.

例 4.3.3 试用"$\varepsilon-\delta$"定义证明 $f(x)=\dfrac{1}{x}$ 在 $(0,1)$ 和 $[1,+\infty)$ 上连续.

证 （1）$\forall x_0\in(0,1)$，当 $x\in\left(\dfrac{x_0}{2},1\right)$ 时，$\left|\dfrac{1}{x}-\dfrac{1}{x_0}\right|=\dfrac{1}{x\cdot x_0}|x-x_0|\leqslant\dfrac{2}{x_0^2}|x-x_0|$. 故 $\forall\varepsilon>0$，取 $\delta=\min\left\{\dfrac{x_0}{2},1-x_0,\dfrac{x_0^2}{2}\varepsilon\right\}$，当 $|x-x_0|<\delta$ 时，恒有 $\left|\dfrac{1}{x}-\dfrac{1}{x_0}\right|\leqslant\dfrac{2}{x_0^2}|x-x_0|<\varepsilon$. 由 x_0 的任意性，$f(x)=\dfrac{1}{x}$ 在 $(0,1)$ 上连续.

（2）$\forall x_0,x\in[1,+\infty)$，有 $\left|\dfrac{1}{x}-\dfrac{1}{x_0}\right|=\dfrac{1}{x\cdot x_0}|x-x_0|\leqslant|x-x_0|$. 故 $\forall\varepsilon>0$，取 $\delta=\varepsilon$，当 $|x-x_0|<\delta$ 且 $x\in[1,+\infty)$，恒有 $\left|\dfrac{1}{x}-\dfrac{1}{x_0}\right|\leqslant|x-x_0|<\varepsilon$. 因此 $f(x)=\dfrac{1}{x}$ 在 $[1,+\infty)$ 上连续.

比较发现，（1）中 δ 不仅与 ε 有关，还与选定点 x_0 有关. 当 ε 给定，δ 会随 x_0 接近零而变小，且 $\forall x_0\in(0,1)$，找不到一致通用的正数 δ（与 x_0 无关），使得当 $|x-x_0|<\delta$ 时，满足 $|f(x)-f(x_0)|<\varepsilon$. 而（2）中 δ 只与 ε 有关，与 x_0 无关，即 δ 是一致通用的：取 $\delta=\varepsilon$，对于一切的 $x,x_0\in[1,+\infty)$，只要 $|x-x_0|<\delta$ 时，恒有 $|f(x)-f(x_0)|<\varepsilon$. 这是一种更强的连续，称其为一致连续. 下面给出一致连读的定义.

定义 4.3.2 设函数 $f(x)$ 在区间 I 上有定义，若对任给 $\varepsilon>0$，存在 $\delta>0$，使得 $\forall x',x''\in I$，当 $|x'-x''|<\delta$ 时，有

$$|f(x')-f(x'')|<\varepsilon,$$

则称函数 $f(x)$ 在区间 I 上**一致连续**（海涅 1870 年给出）.

例 4.3.4 证明函数 $f(x)=\sin x$ 在 $(-\infty,+\infty)$ 上一致连续.

证 因为

$$|\sin x'-\sin x''|=2\left|\cos\frac{x'+x''}{2}\sin\frac{x'-x''}{2}\right|\leqslant 2\left|\sin\frac{x'-x''}{2}\right|\leqslant|x'-x''|$$

$\forall\varepsilon>0$，取 $\delta=\varepsilon$，$\forall x',x''\in(-\infty,+\infty)$，当 $|x'-x''|<\delta$ 时，就有 $|\sin x'-\sin x''|<\varepsilon$．因此 $f(x)=\sin x$ 在 $(-\infty,+\infty)$ 上一致连续.

利用定义证明一致连续的关键是：$\forall\varepsilon>0$，寻找出与 x 无关的 δ（仅由 ε 确定，一致通用的），$\forall x',x''\in I$，只要当 $|x'-x''|<\delta$ 时，就有 $|f(x')-f(x'')|<\varepsilon$.

根据函数一致连续的定义可以得到函数不一致连续的定义.

定义 4.3.3 设函数 $f(x)$ 在区间 I 上有定义，若存在 $\varepsilon_0>0$，使得对 $\forall\delta>0$，$\exists x',x''\in I$，且 $|x'-x''|<\delta$，但是

$$|f(x')-f(x'')|\geqslant\varepsilon_0,$$

则称函数 $f(x)$ 在区间 I 上**不一致连续**.

例 4.3.5 证明：函数 $y=\dfrac{1}{x}$ 在 $(0,1]$ 上不一致连续. 但对 $\forall c\in(0,1)$，$y=\dfrac{1}{x}$ 在 $[c,1]$ 上一致连续.

证 取 $\varepsilon_0=\dfrac{1}{2}$，对 $\forall\delta>0$，取 $0<x'<\min\left\{\dfrac{1}{2},\delta\right\}$ 与 $x''=2x'<1$，虽然 $x',x''\in(0,1]$ 且 $|x'-x''|=x'<\delta$，但 $\left|\dfrac{1}{x'}-\dfrac{1}{x''}\right|=\dfrac{1}{x'\cdot x''}|x'-x''|\leqslant\dfrac{1}{2x'}>1>\varepsilon_0$，所以函数 $y=\dfrac{1}{x}$ 在 $(0,1)$ 上不一致连续.

若 $\forall x',x''\in[c,1]$，则 $\left|\dfrac{1}{x'}-\dfrac{1}{x''}\right|=\dfrac{1}{x'\cdot x''}|x'-x''|\leqslant\dfrac{1}{c^2}|x'-x''|$. 因此，$\forall\varepsilon>0$，取 $\delta=c^2\varepsilon>0$，则对 $\forall x',x''\in[c,1]$，当 $|x'-x''|<\delta$ 时，$\left|\dfrac{1}{x'}-\dfrac{1}{x''}\right|\leqslant\dfrac{1}{c^2}|x'-x''|<\dfrac{1}{c^2}c^2\varepsilon=\varepsilon$ 成立，故函数 $y=\dfrac{1}{x}$ 在 $[c,1]$ 上一致连续.

同理可证函数 $y=\sin\dfrac{1}{x}$ 在 $(0,1]$ 上不一致连续. 但对 $\forall c\in(0,1)$，$y=\sin\dfrac{1}{x}$ 在 $[c,1]$ 上一致连续.

注 此定义中，若取定 $x''=x_0\in I$，即可得到函数 $f(x)$ 在点 x_0 处连续. 因此，若函数 $f(x)$ 在区间 I 上一致连续，则 $f(x)$ 在区间 I 上连续，反之不真.

2. 闭区间上函数的一致连续

函数 $f(x)$ 具备什么条件、在什么区间上就能一致连续呢?

定理 4.3.5（Cantor 定理） 若函数 $f(x)$ 在闭区间 $[a,b]$ 上连续，则 $f(x)$ 在 $[a,b]$ 上一致连续.

证（反证法） 假设 $f(x)$ 在 $[a,b]$ 不一致连续，则 $\exists\varepsilon_0>0$，$\forall\delta>0$，$\exists x',x''\in[a,b]$，且 $|x'-x''|<\delta$，但 $|f(x')-f(x'')|\geqslant\varepsilon_0$. 据此，$\forall n\in\mathbf{N}_+$，依次取 $\delta_n=\dfrac{1}{n}$ $(n=1,2,\cdots)$，则 $\exists x_n',x_n''\in[a,b]$，满足 $|x_n'-x_n''|<\delta_n=\dfrac{1}{n}$，但 $|f(x_n')-f(x_n'')|\geqslant\varepsilon_0$ $(n=1,2,\cdots)$. 于是在 $[a,b]$ 上存在数列 $\{x_n'\}$ 与 $\{x_n''\}$，

满足 $\left|x_n'-x_n''\right|<\dfrac{1}{n}$，且 $\left|f(x_n')-f(x_n'')\right|\geqslant\varepsilon_0$．由 $\{x_n'\}\subset[a,b]$ 知 $\{x_n'\}$ 有界，根据致密性定理，$\{x_n'\}$ 必有收敛子列 $\{x_{n_k}'\}$，使得 $\lim\limits_{k\to\infty}x_{n_k}'=\xi\in[a,b]$．在 $\{x_n''\}$ 中取相应的子列 $\{x_{n_k}''\}$，其下标与 $\{x_{n_k}'\}$ 相同，由于 $\left|x_{n_k}'-x_{n_k}''\right|<\dfrac{1}{n_k}$ $(k=1,2,\cdots)$，则

$$\lim_{k\to\infty}x_{n_k}''=\lim_{k\to\infty}[(x_{n_k}''-x_{n_k}')+x_{n_k}']=\lim_{k\to\infty}(x_{n_k}''-x_{n_k}')+\lim_{k\to\infty}x_{n_k}'=0+\xi=\xi .$$

由 $f(x)$ 的连续性可知，

$$\lim_{k\to\infty}f(x_{n_k}'')=\lim_{k\to\infty}f(x_{n_k}')=f(\xi) ,$$

于是

$$\lim_{k\to\infty}(f(x_{n_k}'')-f(x_{n_k}'))=f(\xi)-f(\xi)=0 ,$$

这与 $|f(x_{n_k}')-f(x_{n_k}'')|\geqslant\varepsilon_0$ $(n=1,2,\cdots)$ 矛盾，因此 $f(x)$ 在闭区间 $[a,b]$ 上是一致连续的.

利用一致连续性的定义可以证明下述结果.

推论 4.3.1 设区间 I_1 的右端点为 $b\in I_1$，区间 I_2 的左端点也为 $b\in I_2$．若 $f(x)$ 分别在 I_1 和 I_2 上一致连续，则 $f(x)$ 在 $I=I_1\cup I_2$ 上也一致连续.

1. 试证：方程 $x+\sin x+1=0$ 在 $\left(-\dfrac{\pi}{2},\dfrac{\pi}{2}\right)$ 内至少有一个实根.

2. 试证：方程 $x=2\sin x+3$ 至少有一个不超过 5 的正根.

3. 设函数 $f(x)$ 在区间 $[0,2]$ 上连续，且 $f(0)=f(2)$，证明：$\exists\xi\in[0,1]$，使 $f(\xi)=f(1+\xi)$.

4. 设函数 $f(x)$ 在 $[a,+\infty)$ 上连续，且 $\lim\limits_{x\to+\infty}f(x)=A$． 证明：$f(x)$ 在 $[a,+\infty)$ 上有界. 进一步，$f(x)$ 在 $[a,+\infty)$ 上能否取到最值？

5. 设函数 $f(x)$ 在 (a,b) 内连续且 $x_1,x_2,\cdots,x_n\in(a,b)$． 证明：$\exists\xi\in(a,b)$，使得

$$f(\xi)=\frac{1}{n}(f(x_1)+f(x_2)+\cdots+f(x_n)) .$$

6. 证明：$f(x)=\sqrt[3]{x}$ 在 $[0,+\infty)$ 上一致连续.

7. 证明：函数 $f(x)=x^2$ 在区间 $[0,+\infty)$ 上不一致连续，但在 $[0,A]$（A 为任意正数）上一致连续.

8. 设 $f(x)$ 是定义在区间 I 上的函数，若 $\exists L>0$，使得

$$|f(x)-f(y)|\leqslant L|x-y|$$

对 $\forall x,y\in I$ 都成立，则称函数 $f(x)$ 在 I 上满足**利普希茨（Lipschitz）条件**，或称 $f(x)$ 在 I 上是**利普希茨连续的**. 试证：若函数 $f(x)$ 在 I 上满足利普希茨条件，则 $f(x)$ 在 I 上一致连续.

第四节 实数的连续性与数列的上（下）极限

在有理数系中加、减、乘、除运算封闭，但对于极限运算却不是封闭的，如 $\lim\limits_{n\to\infty}\left(1+\dfrac{1}{n}\right)^n=\mathrm{e}$. 随着微积分的发展，极限运算无处不在，历史上许多数学家利用极限的方法来定义无理数，形成了具有完备性（连续性）的实数系，实现了极限运算的封闭，从而奠定了牢固的数学基础. 实数系的完备性（连续性）体现为以下互为等价的 8 个定理：

（Ⅰ）确界原理；（Ⅱ）单调有界定理；

（Ⅲ）闭区间套定理；（Ⅳ）有限覆盖定理；

（Ⅴ）聚点定理；（Ⅵ）致密性定理；

（Ⅶ）柯西收敛准则；（Ⅷ）戴德金分割定理.

本书不介绍详细完整的实数理论，只介绍基于确界原理开始，采用循环论证的方法，证明除戴德金分割定理外其他 7 个定理的等价性. 前面已证（Ⅰ）⇒（Ⅱ）（定理 2.3.2）、（Ⅵ）⇒（Ⅶ）（定理 2.3.5），下面补充证明（Ⅱ）⇒（Ⅲ）⇒（Ⅳ）⇒（Ⅴ）⇒（Ⅵ）及（Ⅶ）⇒（Ⅰ）.

一、闭区间套定理

定理 4.4.1（闭区间套定理） 设闭区间列 $\{[a_n,b_n]\}$，若

（1）$[a_1,b_1]\supset[a_2,b_2]\supset\cdots\supset[a_n,b_n]\supset\cdots$，$n=1,2,\cdots$；

（2）$\lim\limits_{n\to\infty}(b_n-a_n)=0$，

则存在唯一的点 ξ 属于所有区间（或 $\xi\in[a_n,b_n]$），且 $\lim\limits_{n\to\infty}b_n=\lim\limits_{n\to\infty}a_n=\xi$. 称满足条件（1）（2）的闭区间列 $\{[a_n,b_n]\}$ 为**闭区间套**，如图 4.4.1 所示.

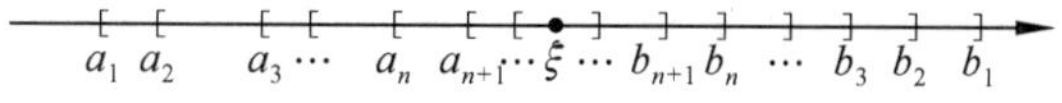

图 4.4.1

命题 4.4.1 若（Ⅱ）成立，则（Ⅲ）成立.

证 由定理 4.4.1 条件（1）可知，数列 $\{a_n\}$ 为单调递增且有上界 b_1，$\{b_n\}$ 单调递减且有下界 a_1，依单调有界定理得，极限 $\lim\limits_{n\to\infty}a_n=\xi=\sup\{a_n\}$ 与 $\lim\limits_{n\to\infty}b_n=\eta=\inf\{b_n\}$ 存在，且 $a_n\leqslant\xi\leqslant\eta\leqslant b_n$，$n=1,2,\cdots$.

由条件 $\lim\limits_{n\to\infty}(b_n-a_n)=0$ 得，$\lim\limits_{n\to\infty}b_n=\lim\limits_{n\to\infty}a_n$，即 $a_n\leqslant\xi=\eta\leqslant b_n$，因此存在唯一的点 ξ，使得 $\xi\in[a_n,b_n]$，即 $a_n\leqslant\xi\leqslant b_n$，$n=1,2,\cdots$. 即（Ⅱ）⇒（Ⅲ）.

注 若将闭区间列改为开区间列，定理 4.4.1 不一定成立. 如开区间$\left\{\left(0,\frac{1}{n}\right)\right\}$满足

（1）$(0,1)\supset\left(0,\frac{1}{2}\right)\supset\cdots\supset\left(0,\frac{1}{n}\right)\supset\cdots$，$n=1,2,\cdots$；

（2）$\lim\limits_{n\to\infty}\left(\frac{1}{n}-0\right)=0$. 但不存在点$\xi$属于所有开区间.

二、有限覆盖定理

定义 4.4.1 （1）若H的每一个元素都是形如$I=(\alpha,\beta)$的开区间，则称H为开区间集. 如$H=\left\{\left(\frac{1}{n},2\right),n\in\mathbf{N}_+\right\}$.

（2）设S是一数集，H为开区间集，若$\forall x\in S$，$\exists I\in H$，使得$x\in I$，则称开区间集H为数集S的一个**开覆盖**，或称H**覆盖了**S. 如开区间集$H=\left\{\left(\frac{1}{n},2\right),n\in\mathbf{N}_+\right\}$，则$H$是数集$S=(0,1)$的一个开覆盖. 事实上，$\forall x\in S$，取正整数$n_0>\frac{1}{x}$，则$\left(\frac{1}{n_0},2\right)\in H$，使得$x\in\left(\frac{1}{n_0},2\right)$.

（3）若开区间集H中存在有限个开区间覆盖了数集S，则称H为S的一个**有限开覆盖**（**或有限覆盖**）. 否则称为**无限开覆盖**. 如：开区间集$H=\left\{\left(\frac{1}{n},2\right),n\in\mathbf{N}_+\right\}$是数集$T=\left[\frac{1}{8},1\right]$的有限开覆盖，而$H=\left\{\left(\frac{1}{n},2\right),n\in\mathbf{N}_+\right\}$只能是数集$S=(0,1)$的无限开覆盖.

定理 4.4.2（有限覆盖定理） 设无限开区间集H，且H是闭区间$[a,b]$的一个开覆盖，则H一定是$[a,b]$的一个有限开覆盖，即从H中可选出有限个开区间覆盖$[a,b]$.

命题 4.4.2 若（Ⅲ）成立，则（Ⅳ）成立.

证（反证法） 假设H中任意有限个开区间均不能覆盖$[a,b]$. 现将$[a,b]$等分为两个子区间$\left[a,\frac{a+b}{2}\right]$和$\left[\frac{a+b}{2},b\right]$，则两个子区间中至少有一个子区间不能被$H$有限个开区间覆盖，此子区间记为$[a_1,b_1]$，则$[a_1,b_1]\subset[a,b]$，且$b_1-a_1=\frac{1}{2}(b-a)$.

再将$[a_1,b_1]$等分为两个子区间，同上，其两个子区间中至少有一个子区间不能被H有限个开区间覆盖，此子区间记为$[a_2,b_2]$，则$[a_2,b_2]\subset[a_1,b_1]$，且$b_2-a_2=\frac{1}{2^2}(b-a)$.

继续重复上述过程，可以得到一个闭子区间列$\{[a_n,b_n]\}$，它满足

（1）$[a_n,b_n]\supset[a_{n+1},b_{n+1}]$，$n=1,2,\cdots$；

（2）$\lim\limits_{n\to\infty}(b_n-a_n)=\lim\limits_{n\to\infty}\frac{b-a}{2^n}=0$；

（3）每一个闭区间$[a_n,b_n]$都不能被H有限个开区间覆盖.

由闭区间套定理知，存在唯一的$\xi\in[a_n,b_n]\subset[a,b]$，$n=1,2,\cdots$，且$\lim\limits_{n\to\infty}b_n=\lim\limits_{n\to\infty}a_n=\xi$. 由于$H$为闭区间$[a,b]$的一个开覆盖，故存在开区间$(\alpha,\beta)\in H$，使$\xi\in(\alpha,\beta)$，即$\alpha<\xi<\beta$. 由极限局部保号性，$\exists n_0\in\mathbf{N}_+$，$\alpha<a_{n_0}\leqslant\xi\leqslant b_{n_0}<\beta$，即$[a_{n_0},b_{n_0}]\subset(\alpha,\beta)$可以被$H$中一个开区间覆盖，与条件（3）矛盾. 因此$H$中存在有限个开区间覆盖$[a,b]$. 即（Ⅲ）⇒（Ⅵ）.

注 （1）从证明过程可以发现，使用闭区间套定理的方法是：闭区间上成立的性质P保留到长度为一半子闭区间上（性质P具有遗传性），化整体到局部，然后应用闭区间套定理得出唯一属于所有闭区间的点ξ，再利用ξ与P的性质得出所要的结论.

（2）若有限覆盖定理中将闭区间$[a,b]$改为其他区间，则其结论不成立. 如：$H=\left\{\left(\dfrac{1}{n},2\right),n\in\mathbf{N}_+\right\}$只能是数集$S=(0,1)$的无限开覆盖.

（3）有限覆盖定理的意义：化无限到有限，从局部过渡到整体.

例 4.4.1（利用有限覆盖定理证明定理 4.3.5） 若函数$f(x)$在闭区间$[a,b]$上连续，则$f(x)$在$[a,b]$上一致连续.

证 设函数$f(x)$在$[a,b]$上连续. $\forall\varepsilon>0$，对每一个$x\in[a,b]$，$\exists\delta_x>0$，使得当$x'\in U(x,2\delta_x)\cap[a,b]$时，有$|f(x')-f(x)|<\dfrac{\varepsilon}{2}$. 由$x\in[a,b]$的任意性，得一开区间集$\{U(x,2\delta_x)\}$是$[a,b]$的开覆盖. 以此构造开另一区间集$H=\{U(x,\delta_x)\}$，显然$H$是$[a,b]$的开覆盖. 于是由有限覆盖定理知，$H$中存在有限个开区间$\{U(x_i,\delta_{x_i})\}$（$i=1,2,\cdots,n$）也覆盖了$[a,b]$. 取$\delta=\min\{\delta_{x_1},\delta_{x_2},\cdots,\delta_{x_n}\}>0$，对$\forall x',x''\in[a,b]$，当$|x'-x''|<\delta$时，则$\exists k\in\{1,2,\cdots,n\}$，使得$x'\in(x_k-\delta_{x_k},x_k+\delta_{x_k})$，即$|x'-x_k|<\delta_{x_k}<2\delta_{x_k}$，$|x''-x_k|\leqslant|x''-x'|+|x'-x_k|<\delta+\delta_{x_k}<2\delta_{x_k}$，于是$\forall x',x''\in(x-2\delta_x,x+2\delta_x)$，因此$|f(x')-f(x_k)|<\dfrac{\varepsilon}{2}$，$|f(x'')-f(x_k)|<\dfrac{\varepsilon}{2}$，故

$$|f(x')-f(x'')|\leqslant|f(x')-f(x_k)|+|f(x_k)-f(x'')|<\frac{\varepsilon}{2}+\frac{\varepsilon}{2}=\varepsilon.$$

因此，函数$f(x)$在$[a,b]$上一致连续.

三、聚点定理

定义 4.4.2 设S为数轴上的点集，给定点ξ（可以属于S，也可以不属于S）. 若ξ的任何邻域内都包含S中无穷多个点，则称点ξ为点集S的一个**聚点**.

如：点集$S=\left\{(-1)^n+\dfrac{1}{n}\right\}(n=1,2,3,\cdots)$，有两个聚点$\xi_1=-1$和$\xi_2=-1$；点集$S=\left\{\dfrac{1}{n}\right\}$只有一个聚点$\xi=0$；又若$S=(a,b)$，则开区间$(a,b)$内每一点以及端点$a$，$b$都是$S$的聚点；正整数集$\mathbf{N}_+$没有聚点；任何有限数集也不可能有聚点.

注 由聚点的定义易知，下列命题成立.

命题 4.4.3 点ξ为点集S的聚点⇔点ξ的任何ε邻域内都包含S中异于ξ的点.

命题 4.4.4 点ξ为点集S的聚点$\Leftrightarrow$存在各项互异的收敛数列$\{x_n\}\subset S$，使得$\lim\limits_{n\to\infty}x_n=\xi$.

定理 4.4.3（聚点定理） 实轴上任一有界无限点集至少有一个聚点.

命题 4.4.5 若（Ⅳ）成立，则（Ⅴ）成立.

证（反证法） 设$S\subset\mathbf{R}$是一有界无限点集，则存在$M>0$，使$S\subset[-M,M]$. 若$[-M,M]$中任何点都不是S的聚点，则$\forall x\in[-M,M]$，必存在相应的$\delta_x>0$，使得在$U(x,\delta_x)$内最多只含S的有限个点. 构造开区间集$H=\{U(x,\delta_x)\}$，则H是$[-M,M]$的一个开覆盖，由有限覆盖定理知，H中存在有限个开区间$\{U(x_i,\delta_{x_i})\}$ $(i=1,2,\cdots,n)$覆盖了$[-M,M]$，继而也覆盖了S. 由于在每一个$U(x_i,\delta_{x_1})$内最多只含S的有限个点，故S为有限点集，这与S为无限点集矛盾. 因此，$[-M,M]$中必有S的聚点. 即（Ⅳ）$\Rightarrow$（Ⅴ）.

关于数列的聚点定义如下.

定义 4.4.3 如果常数a的任何邻域内都包含数列$\{x_n\}$中无穷多个项，则称数a为数列$\{x_n\}$的一个聚点.

如：数列$\{(-1)^n\}(n=1,2,3,\cdots)$有两个聚点$\xi_1=-1$和$\xi_2=-1$；数列$\{n^2\}$没有聚点. 那么数列$\left\{\sin\dfrac{n\pi}{2}\right\}$有几个聚点？（有 3 个）

注 与点集的聚点不同，数列聚点的定义只考虑包含该数列项数，如数列$\{(-1)^n\}=\{-1,1\}$作为点集只有两个点，不存在聚点.

关于有界数列，有如下聚点定理.

命题 4.4.6 若（Ⅴ）成立，则（Ⅵ）成立，即任一有界数列$\{x_n\}$至少有一个聚点，或任一有界数列必存在一个收敛子列.

证 设$\{x_n\}$为有界数列，若数列$\{x_n\}$有无限多个相等的项x_{n_k}为a，则由这些项组成的子列$\{x_{n_k}=a\}$收敛于a，则数a是数列$\{x_n\}$的一个聚点.

若数列$\{x_n\}$不含有无限多个相等的项，则$\{x_n\}$为有界无限点集，由聚点定理知，点集$\{x_n\}$至少有一个聚点a，由命题 4.4.4 知，在点集$\{x_n\}$存在各项互异的子列$\{x_{n_k}\}$收敛于a，即a是数列$\{x_n\}$的一个聚点.

本质上，数列的聚点就是其一个收敛子列的极限. 即（Ⅴ）$\Rightarrow$（Ⅵ）.

四、数列的上（下）极限

对于有界数列$\{x_n\}$，令

$$\xi_n=\sup\{x_k\mid k\geqslant n\}=\sup\{x_n,x_{n+1},\cdots\},$$

$$\eta_n=\inf\{x_k\mid k\geqslant n\}=\inf\{x_n,x_{n+1},\cdots\},$$

显然$\xi_1\geqslant\xi_2\geqslant\cdots\geqslant\xi_n\geqslant\xi_{n+1}\geqslant\cdots\geqslant\eta_{n+1}\geqslant\eta_n\geqslant\cdots\geqslant\eta_2\geqslant\eta_1$，则$\{\xi_n\}$和$\{\eta_n\}$都是单调有界数列，由此$\{\xi_n\}$和$\{\eta_n\}$都存在极限. 为此给出数列上（下）极限的定义.

定义 4.4.4 设 $\{x_n\}$ 是一有界数列，称极限 $\lim\limits_{n\to\infty}\xi_n=\lim\limits_{n\to\infty}\sup\{x_k\mid k\geqslant n\}$ 为数列 $\{x_n\}$ 的**上极限**，记为 $\overline{\lim\limits_{n\to\infty}}x_n$；称极限 $\lim\limits_{n\to\infty}\eta_n=\lim\limits_{n\to\infty}\inf\{x_k\mid k\geqslant n\}$ 为数列 $\{x_n\}$ 的**下极限**，记为 $\underline{\lim\limits_{n\to\infty}}x_n$.

显然，有界数列 $\{x_n\}$ 的 $\underline{\lim\limits_{n\to\infty}}x_n=\sup\eta_n\leqslant\overline{\lim\limits_{n\to\infty}}x_n=\inf\xi_n$.

例 4.4.2 求 $\overline{\lim\limits_{n\to\infty}}(-1)^n\dfrac{n}{2n+1}$，$\underline{\lim\limits_{n\to\infty}}(-1)^n\dfrac{n}{2n+1}$，$\overline{\lim\limits_{n\to\infty}}\sin\dfrac{n\pi}{2}$，$\underline{\lim\limits_{n\to\infty}}\sin\dfrac{n\pi}{2}$.

解 $\overline{\lim\limits_{n\to\infty}}(-1)^n\dfrac{n}{2n+1}=\lim\limits_{k\to\infty}\dfrac{2k}{4k+1}=\dfrac{1}{2}$；$\underline{\lim\limits_{n\to\infty}}(-1)^n\dfrac{n}{2n+1}=-\lim\limits_{k\to\infty}\dfrac{2k-1}{4k-1}=-\dfrac{1}{2}$；

$$\overline{\lim_{n\to\infty}}\sin\frac{n\pi}{2}=1;\quad \underline{\lim_{n\to\infty}}\sin\frac{n\pi}{2}=-1.$$

关于上（下）极限有如下命题.

命题 4.4.7 设 $\{x_n\}$ 是一有界数列，则上极限 $\overline{\lim\limits_{n\to\infty}}x_n$ 是 $\{x_n\}$ 的最大聚点，下极限 $\underline{\lim\limits_{n\to\infty}}x_n$ 是 $\{x_n\}$ 的最小聚点.

证 设 $\overline{\lim\limits_{n\to\infty}}x_n=\inf\xi_n=\overline{a}$. 显然 $\forall n\in\mathbf{N}_+$，$\overline{a}\leqslant\xi_n$ 且 $\forall\varepsilon>0$，$\exists n_0\in\mathbf{N}_+$，当 $n>n_0$ 时，有 $\overline{a}-\varepsilon<\overline{a}\leqslant\xi_n<\overline{a}+\varepsilon$，因此在 $\{x_n\}$ 中必存在无穷多项 $x_n>\overline{a}-\varepsilon$. 否则在 $\{x_n\}$ 中仅有有限项 $x_n>\overline{a}-\varepsilon$，则 $\exists n_1\in\mathbf{N}_+$，当 $n>n_1$ 时，有 $x_n\leqslant\overline{a}-\varepsilon$，那么 $\xi_n=\sup\{x_k\mid k\geqslant n>n_1\}\leqslant\overline{a}-\varepsilon$，矛盾. 另外，当 $n>n_0$ 时，$\xi_n=\sup\{x_k\mid k\geqslant n>n_0\}<\overline{a}+\varepsilon$，因此当 $n>n_0$ 时，$x_n<\overline{a}+\varepsilon$，故 $\overline{a}$ 是 $\{x_n\}$ 的一个聚点.

对任意 $a>\overline{a}$，取 $\varepsilon=\dfrac{a-\overline{a}}{2}>0$，由于 $a-\varepsilon=\dfrac{a+\overline{a}}{2}>\overline{a}$，由定理 2.2.4 极限局部保号性知，$\exists N_0\in\mathbf{N}_+$，当 $n>N_0$ 时，有 $\xi_n<a-\varepsilon$，则 $\xi_{N_0+1}=\sup\{x_k\mid k\geqslant N_0+1>N_0\}<a-\varepsilon$，即当 $n>N_0$ 时，$x_k<a-\varepsilon$，在 $\{x_n\}$ 中落在 $(a-\varepsilon,a+\varepsilon)$ 内至多有有限项，所以任意 $a>\overline{a}$ 都不是 $\{x_n\}$ 的聚点，即上极限 $\overline{\lim\limits_{n\to\infty}}x_n$ 是 $\{x_n\}$ 的最大聚点.

同理可得，下极限 $\underline{\lim\limits_{n\to\infty}}x_n$ 是 $\{x_n\}$ 的最小聚点.

有些书上用这个性质来定义数列的上（下）极限.

命题 4.4.8 设 $\{x_n\}$ 是一有界数列，则极限 $\lim\limits_{n\to\infty}x_n$ 存在 $\Leftrightarrow\overline{\lim\limits_{n\to\infty}}x_n=\underline{\lim\limits_{n\to\infty}}x_n$.

证（必要性） 设 $\lim\limits_{n\to\infty}x_n=a$. $\forall\varepsilon>0$，$\exists N\in\mathbf{N}_+$，当 $n>N$ 时，有 $a-\varepsilon<x_n<a+\varepsilon$. 于是，当 $n>N$ 时，有 $a-\varepsilon<\xi_n=\sup\{x_k\mid k\geqslant n\}<a+\varepsilon$，即 $a-\varepsilon<\overline{\lim\limits_{n\to\infty}}x_n<a+\varepsilon$. 由 ε 的任意性，则 $\overline{\lim\limits_{n\to\infty}}x_n=a$.

同理，$\underline{\lim\limits_{n\to\infty}}x_n=a$. 综上所述，$\lim\limits_{n\to\infty}x_n=\overline{\lim\limits_{n\to\infty}}x_n=\underline{\lim\limits_{n\to\infty}}x_n$.

（充分性） 设 $\overline{\lim\limits_{n\to\infty}}x_n=\underline{\lim\limits_{n\to\infty}}x_n=a$. 由定义知，$\forall\varepsilon>0$，$\exists N\in\mathbf{N}_+$，当 $n>N$ 时，有 $a-\varepsilon<\eta_n\leqslant x_n\leqslant\xi_n<a+\varepsilon$，因此 $\lim\limits_{n\to\infty}x_n=a$.

命题 4.4.9 若（Ⅶ）成立，则（Ⅰ）成立，即用数列的柯西收敛准则证明确界原理.

证 设 S 为非空有上界数集. 对 $\forall\alpha>0$，由实数的阿基米德性知，$\exists k_\alpha>0$，使得 $\lambda_\alpha=k_\alpha\alpha$ 为 S 的上界，而 $\lambda_\alpha-\alpha=(k_\alpha-1)\alpha$ 不是 S 的上界，即 $\exists\beta\in S$，使得 $\beta>(k_\alpha-1)\alpha$.

依次取 $\alpha=\dfrac{1}{n}$（$n=1,2,\cdots$），则 $\forall n\in\mathbf{N}_+$，相应的，$\exists\lambda_n>0$，使得 λ_n 为 S 的上界，而 $\lambda_n-\dfrac{1}{n}$ 不是 S 的上界，即 $\exists\beta_n\in S$，使得

$$\beta_n>\lambda_n-\frac{1}{n}.$$

又对正整数 m，λ_m 是 S 的上界，故有 $\lambda_m\geqslant\beta_n$，结合上式得 $\lambda_n-\lambda_m<\dfrac{1}{n}$.

同理可得 $\lambda_m-\lambda_n<\dfrac{1}{m}$.

从而

$$|\lambda_m-\lambda_n|<\max\left\{\frac{1}{m},\frac{1}{n}\right\}.$$

于是，对任给的 $\varepsilon>0$，$\exists N=\left[\dfrac{1}{\varepsilon}\right]+1>0$，使得当 $m,n>N$ 时，有

$$|\lambda_m-\lambda_n|<\varepsilon.$$

由柯西收敛准则，数列 $\{\lambda_n\}$ 收敛. 设 $\lim\limits_{n\to\infty}\lambda_n=\lambda$. 现证明 λ 就是 S 的一个上确界.

首先，对 $\forall a\in S$，$a\leqslant\lambda_n$，得 $a\leqslant\lim\limits_{n\to\infty}\lambda_n=\lambda$，即 λ 是 S 的一个上界.

其次，由 $\lim\limits_{n\to\infty}\dfrac{1}{n}=0$ 和 $\lim\limits_{n\to\infty}\lambda_n=\lambda$，对 $\forall\delta>0$，$\exists N\in\mathbf{N}_+$，当 $n>N$ 时，有

$$\frac{1}{n}<\frac{\delta}{2},\quad \lambda-\frac{\delta}{2}<\lambda_n,\text{ 即 }\lambda_n-\frac{1}{n}>\lambda-\frac{\delta}{2}-\frac{\delta}{2}=\delta.$$

又因 $\lambda_n-\dfrac{1}{n}$ 不是 S 的上界，故 $\exists\beta\in S$，使得 $\beta>\lambda_n-\dfrac{1}{n}>\lambda-\delta$，则 λ 是 S 的上确界.

同理可证：若 S 为非空有下界数集，则必存在下确界. 即（Ⅶ）⇒（Ⅰ）.

综上所述，我们完成了实数系连续性与完备性定理（Ⅰ）⇒（Ⅱ）⇒（Ⅲ）⇒（Ⅳ）⇒（Ⅴ）⇒（Ⅵ）⇒（Ⅶ）⇒（Ⅰ）的循环论证.

1. 举例说明：在有理数集内，确界原理、单调有界定理、区间套定理、聚点定理和柯西收敛准则都不成立.

2. 试分析闭区间套定理的条件：若将闭区间改为开区间，结果如何？若将条件 $[a_1,b_1]\supset[a_2,b_2]\supset\cdots$ 去掉或将条件 $\lim\limits_{n\to\infty}(b_n-a_n)=0$ 去掉，结果又如何？试举例说明.

3. 若数列 $\{x_n\}$ 满足：$x_1=1, x_{n+1}=\dfrac{1}{x_n+1}(n=1,2,\cdots)$，试用闭区间套定理证明数列 $\{x_n\}$ 收敛，并求其极限.

4. 设 $H=\left\{\left(\dfrac{1}{n+2},\dfrac{1}{n}\right), n=1,2,\cdots\right\}$. 问：

（1）H 能否覆盖 $(0,1)$？

（2）能否从 H 中选出有限个开区间覆盖 $\left(0,\dfrac{1}{2}\right)$ 或 $\left(\dfrac{1}{100},1\right)$？

5. 设 $\{a_n\}$ 为单调数列. 证明：若 $\{a_n\}$ 存在聚点，则必是唯一的，且为 $\{a_n\}$ 的确界.

6. 试用有限覆盖定理证明聚点定理.

7. 试用聚点定理证明柯西收敛准则.

8. 证明：

（1）单调有界函数存在左右极限；

（2）单调有界函数的间断点都是第一类间断点.

9. 求下列数列的上极限与下极限（$n=1,2,\cdots$）：

（1）$a_n=\dfrac{1}{2^{-n}+(-1)^n}$；　　（2）$a_n=(-1)^n\left(1+\dfrac{1}{n}\right)$；

（3）$a_n=\dfrac{(-1)^n}{n}$；　　（4）$a_n=\sin\dfrac{n\pi}{5}$.

第四章 总练习题

一、填空题

1. 函数 $y=\arcsin(x^2-1)$ 的连续区间为________.

2. 若函数 $f(x)=\begin{cases}(1+x)^{\frac{2}{x}}, & x\neq 0,\\ a+x, & x=0\end{cases}$ 在点 $x=0$ 处连续，则 $a=$_______.

3. 函数 $f(x)=\dfrac{x^3-x}{\sin\pi x}$ 的可去间断点个数为_______.

4. 极限 $\lim\limits_{x\to 0}(1+2x)^{\frac{1}{\sin x}}=$ ________.

5. $x=1$ 为函数 $f(x)=\dfrac{1}{1-\mathrm{e}^{\frac{x}{1-x}}}$ 的________（选填：可去、跳跃、无穷、振荡）间断点.

二、求下列极限

1. $\lim\limits_{x\to-\infty}\dfrac{\sqrt{x^2+1}-3x}{x+\sin x}$；　　2. $\lim\limits_{x\to\infty}\dfrac{(3x+2)^{20}(4x-1)^{30}}{(5x-1)^{50}}$；

3. $\lim\limits_{x\to 0}(1+\sin 3x)^{\frac{2}{x}}$；　　4. $\lim\limits_{x\to 0}(\cos 2x)^{\frac{1}{\sin x^2}}$.

三、证明题

1. 设函数 $f(x)$ 在闭区间 $[1,5]$ 上连续，且 $f(x)=6$ 只有两个解 $x_1=1$ 和 $x_2=4$．若已知 $f(2)=8$，证明：$f(3)>6$．

2. 若函数 $f(x)$ 是实数集 $\mathbf{R}$ 上的连续函数，且 $\lim\limits_{x\to\infty}f(x)=A$（$A$ 为常数）．试证：$f(x)$ 在 $\mathbf{R}$ 上有界.

3. 讨论函数 $f(x)=\cos\sqrt{x}$ 在 $[0,+\infty)$ 上的一致连续性.

PART FIVE

第五章　一元函数微分学

微分学是以牛顿（Newton，1642—1727 年，英国）和莱布尼茨（Leibniz，1646—1716 年，德国）研究成果为创建标志的微积分学的重要组成部分，包括导数理论和微分理论及其应用. 导数和微分是微分学的两个核心概念. 导数是函数关于自变量的变化率，刻画的是函数随自变量变化快慢的速度；微分则是当自变量有微小的改变时相应函数值改变量的近似值. 本章从实际问题出发引入导数和微分的概念，再给出计算导数和微分的基本方法.

第一节　导数的概念

一、导数的定义

导数思想最早产生于费马（Fermat，1601—1665 年，法国）研究极值方法中，但导数的概念是牛顿研究直线运动的瞬时速度问题和莱布尼茨研究曲线在某一点处的切线问题过程中，分别独自建立的，并由此各自独立创立了微积分. 下面以两个实际问题为背景引入导数的概念.

1. 瞬时速度

设一个做直线运动的质点，位移为 $s=s(t)$，求该质点在 t_0 时刻的瞬时速度.

当物体做匀速直线运动时，平均速度就是其在任意时刻的速度. 那么当物体做变速运动时，如何求物体在时刻 t_0 的速度？为此，首先考察物体从时刻 t_0 到时刻 $t_0+\Delta t$ 这段时间内的运动，此质点位移的改变量为 $\Delta s=s(t_0+\Delta t)-s(t_0)$，如果 Δt 很小，这段时间内，质点可以近似地看成匀速运动，因此可用这段时间质点的平均速度

$$\overline{v}=\frac{\Delta s}{\Delta t}=\frac{s(t_0+\Delta t)-s(t_0)}{\Delta t}$$

去近似替代时刻 t_0 的瞬时速度. 其次，若 $\Delta t\to 0$ 时平均速度 $\overline{v}$ 的极限存在，则称该极限

$$v=\lim_{\Delta t\to 0}\frac{\Delta s}{\Delta t}=\lim_{\Delta t\to 0}\frac{s(t_0+\Delta t)-s(t_0)}{\Delta t} \qquad (5.1.1)$$

为物体在时刻 t_0 的瞬时速度.

进一步发现，在计算诸如物质比热、密度、浓度、电流强度、经济增长率、出生率等问题时，其背景尽管各不相同，但最终都可归结为式（5.1.1）形式的增量比值的极限.

2. 曲线的切线斜率

如图 5.1.1 所示，已知平面曲线 C： $y=f(x)$，求 C 上点 $P_0(x_0,f(x_0))$ 处的切线 P_0T 的斜率.

曲线的切线：割线的极限位置，即曲线 C 上点 P_0 附近的动点 $Q(x_0+\Delta x, f(x_0+\Delta x))$ 沿 C 无限地接近点 P_0 时，割线 P_0Q 的极限位置（当 $\Delta x\to 0$ 时）P_0T 称为曲线在点 P_0 处的**切线**，点 P_0 称为**切点**.

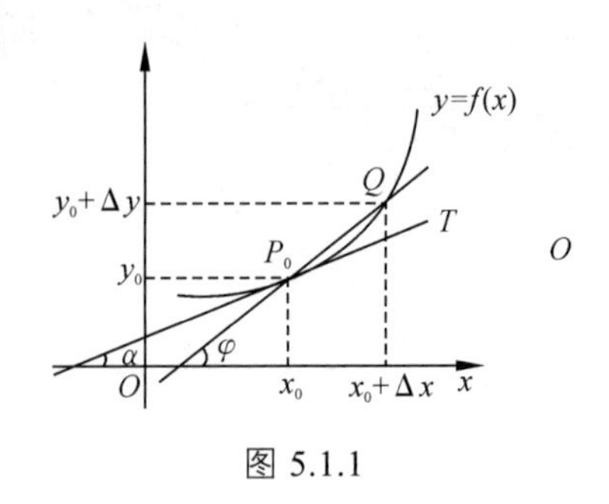

图 5.1.1

由于割线 P_0Q 的斜率为

$$k_{P_0Q}=\frac{f(x_0+\Delta x)-f(x_0)}{\Delta x}$$

当 Δx 很小时，割线 P_0Q 的斜率 k_{P_0Q} 是切线斜率的一个近似值. 若 $\lim\limits_{\Delta x\to 0}\dfrac{f(x_0+\Delta x)-f(x_0)}{\Delta x}$ 存在，则曲线 C 在点 P_0 处的切线斜率为

$$k_{P_0T}=\lim_{\Delta x\to 0}\frac{f(x_0+\Delta x)-f(x_0)}{\Delta x} \tag{5.1.2}$$

从数学角度来看，式（5.1.2）是与式（5.1.1）一样的增量比值极限，它们的数学结构是相同的，由此抽象出导数的概念.

定义 5.1.1 设函数 $y=f(x)$ 在点 x_0 的某个邻域 $U(x_0)$ 上有定义，若极限

$$\lim_{\Delta x\to 0}\frac{\Delta y}{\Delta x}=\lim_{\Delta x\to 0}\frac{f(x_0+\Delta x)-f(x_0)}{\Delta x} \tag{5.1.3}$$

存在，则称函数 $f(x)$ 在点 x_0 处**可导**（或**导数存在**），称点 x_0 为 $f(x)$ 的**可导点**. 称此极限为 $f(x)$ 在点 x_0 处的**导数**（或**微商**），记为 $f'(x_0)$ 或 $y'(x_0)$，$\left.\dfrac{\mathrm{d}f}{\mathrm{d}x}\right|_{x=x_0}$，$\left.\dfrac{\mathrm{d}y}{\mathrm{d}x}\right|_{x=x_0}$，即

$$f'(x_0)=\lim_{\Delta x\to 0}\frac{\Delta y}{\Delta x}=\lim_{\Delta x\to 0}\frac{f(x_0+\Delta x)-f(x_0)}{\Delta x}.$$

导数定义中，式（5.1.3）可以等价于如下常见形式：

$$f'(x_0)=\lim_{h\to 0}\frac{f(x_0+h)-f(x_0)}{h},$$

或

$$f'(x_0)=\lim_{x\to x_0}\frac{f(x)-f(x_0)}{x-x_0}.$$

若式（5.1.3）的极限不存在，则称函数 $f(x)$ 在点 x_0 处**不可导**，称点 x_0 为 $f(x)$ 的**不可导点**.

例 5.1.1 求函数 $f(x)=x^2$ 在点 $x=1$ 处的导数.

解 由定义可得

$$f'(1)=\lim_{\Delta x\to 0}\frac{f(1+\Delta x)-f(1)}{\Delta x}=\lim_{\Delta x\to 0}\frac{(1+\Delta x)^2-1}{\Delta x}$$
$$=\lim_{\Delta x\to 0}\frac{2\Delta x+(\Delta x)^2}{\Delta x}=2.$$

例 5.1.2 讨论函数

$$f(x)=\begin{cases} x\sin\frac{1}{x}, & x\neq 0, \\ 0, & x=0 \end{cases}$$

在点 $x=0$ 处的可导性.

解 因为

$$\frac{f(0+\Delta x)-f(0)}{\Delta x}=\frac{\Delta x\sin\frac{1}{\Delta x}-0}{\Delta x}=\sin\frac{1}{\Delta x},$$

当 $\Delta x\to 0$ 时，极限 $\lim\limits_{\Delta x\to 0}\sin\frac{1}{\Delta x}$ 不存在，所以 $f(x)$ 在点 $x=0$ 处不可导.

二、单侧导数

函数 $y=f(x)$ 在点 x_0 处的导数实质上是一种极限，类似于单侧极限，在式（5.1.3）中，如果只考虑 $\Delta x>0$ 或 $\Delta x<0$，则相应有单侧导数的定义.

定义 5.1.2 设函数 $y=f(x)$ 在点 x_0 的某个右邻域 $U_+(x_0)$ 上有定义，若右极限

$$\lim_{\Delta x\to 0^+}\frac{\Delta y}{\Delta x}=\lim_{\Delta x\to 0^+}\frac{f(x_0+\Delta x)-f(x_0)}{\Delta x} \tag{5.1.4}$$

存在，则称函数 $f(x)$ 在点 x_0 处**右可导**（或**右导数存在**），称此极限为 $f(x)$ 在点 x_0 处的**右导数**，记为 $f'_+(x_0)$，即

$$f'_+(x_0)=\lim_{\Delta x\to 0^+}\frac{\Delta y}{\Delta x}=\lim_{\Delta x\to 0^+}\frac{f(x_0+\Delta x)-f(x_0)}{\Delta x}.$$

若式（5.1.4）的右极限不存在，则称函数 $f(x)$ 在点 x_0 处**右导数不存在**.

类似地，设函数 $y=f(x)$ 在点 x_0 的某个左邻域 $U_-(x_0)$ 上有定义，若左极限

$$\lim_{\Delta x\to 0^-}\frac{\Delta y}{\Delta x}=\lim_{\Delta x\to 0^-}\frac{f(x_0+\Delta x)-f(x_0)}{\Delta x} \tag{5.1.5}$$

存在，则称函数 $f(x)$ 在点 x_0 处**左可导**（或**左导数存在**），称此极限为 $f(x)$ 在点 x_0 处的**左导数**，记为 $f'_-(x_0)$，即

$$f'_-(x_0)=\lim_{\Delta x\to 0^-}\frac{\Delta y}{\Delta x}=\lim_{\Delta x\to 0^-}\frac{f(x_0+\Delta x)-f(x_0)}{\Delta x}.$$

若式（5.1.5）的左极限不存在，则称函数 $f(x)$ 在点 x_0 处**左导数不存在**.

函数在点 x_0 处的右导数和左导数统称为**单侧导数**.

由函数极限与左、右极限之间的关系可得以下定理.

定理 5.1.1 函数 $f(x)$ 在点 x_0 处可导的充要条件是 $f(x)$ 在点 x_0 处的左、右导数存在且相等，即

$$f'_-(x_0)=f'_+(x_0).$$

当函数 $f(x)$ 在点 x_0 处可导时，则 $f'_-(x_0)=f'_+(x_0)=f'(x_0)$；若函数 $f(x)$ 在点 x_0 处的左、右导数至少有一个不存在，或者左、右导数都存在但不相等，则 $f(x)$ 在点 x_0 处都不可导.

例 5.1.3 讨论函数

$$f(x)=\begin{cases}\ln(1+x), & x\geqslant 0,\\ x, & x<0\end{cases}$$

在点 $x=0$ 处的可导性.

解 由定义 5.1.2 知，

$$f'_-(0)=\lim_{\Delta x\to 0^-}\frac{f(0+\Delta x)-f(0)}{\Delta x}=\lim_{\Delta x\to 0^-}\frac{\Delta x-0}{\Delta x}=1,$$

$$f'_+(0)=\lim_{\Delta x\to 0^+}\frac{f(0+\Delta x)-f(0)}{\Delta x}=\lim_{\Delta x\to 0^+}\frac{\ln(1+\Delta x)-0}{\Delta x}=\lim_{\Delta x\to 0^+}\ln(1+\Delta x)^{\frac{1}{\Delta x}}=1,$$

即 $f'_+(0)=f'_-(0)=1$，因此函数 $f(x)$ 在点 $x=0$ 处可导，且 $f'(0)=1$.

例 5.1.4 讨论函数 $f(x)=|x|$ 在点 $x=0$ 处的可导性.

解 当 $x<0$ 时，$f(x)=-x$，由于

$$\lim_{\Delta x\to 0^-}\frac{f(0+\Delta x)-f(0)}{\Delta x}=\lim_{\Delta x\to 0^-}\frac{|\Delta x|}{\Delta x}=\lim_{\Delta x\to 0^-}(-1)=-1,$$

所以 $f(x)=|x|$ 在点 $x=0$ 处左可导，且 $f'_-(0)=-1$.

当 $x>0$ 时，函数 $f(x)=x$，由于

$$\lim_{\Delta x\to 0^+}\frac{f(0+\Delta x)-f(0)}{\Delta x}=\lim_{\Delta x\to 0^+}\frac{|\Delta x|}{\Delta x}=\lim_{\Delta x\to 0^+}1=1,$$

所以 $f(x)=|x|$ 在点 $x=0$ 处右可导，且 $f'_+(0)=1\neq f'_-(0)=-1$，故函数 $f(x)=|x|$ 在点 $x=0$ 处不可导.

三、导函数及几个基本导数公式

定义 5.1.3 若函数 $y=f(x)$ 在开区间 (a,b) 内的每一点处都可导，则称函数 $f(x)$ 在开区间 (a,b) 内**可导**；若函数 $f(x)$ 在开区间 (a,b) 内**可导**，且在点 a 右可导，在点 b 左可导，则称函数 $f(x)$ 在闭区间 $[a,b]$ 上**可导**.

若函数 $y=f(x)$ 在区间 I 上**可导**，则 $\forall x\in I$，都有导数值 $f'(x)$ 与之对应，这样就确定了 I 上的一个新函数，称此新函数为 $y=f(x)$ 在区间 I 上的**导函数**，简称**导数**，记为 y' 或 $f'(x)$，$\dfrac{dy}{dx}$，$\dfrac{df(x)}{dx}$. 即

$$y' = \lim_{\Delta x \to 0} \frac{f(x+\Delta x) - f(x)}{\Delta x},$$

或

$$y' = \lim_{h \to 0} \frac{f(x+h) - f(x)}{h}. \tag{5.1.6}$$

显然，函数 $f(x)$ 在点 x_0 处的导数 $f'(x_0)$ 就是导函数 $f'(x)$ 在点 $x = x_0$ 处的函数值，即

$$f'(x_0) = f'(x)\Big|_{x=x_0}.$$

但 $f'(x_0) \neq [f(x_0)]'$.

由定义 5.1.3 可得以下基本初等函数的导数.

例 5.1.5　求常值函数 $f(x) = C, x \in (-\infty, +\infty)$ 的导数.

解　$\forall x \in (-\infty, +\infty)$，有

$$f'(x) = \lim_{\Delta x \to 0} \frac{f(x+\Delta x) - f(x)}{\Delta x} = \lim_{\Delta x \to 0} \frac{C - C}{\Delta x} = 0,$$

即 $(C)' = 0$，故常数函数的导数等于零.

例 5.1.6　求幂函数 $f(x) = x^n (n \in \mathbf{N}_+)$ 的导数.

解　$\forall x \in (-\infty, +\infty)$，由式（5.1.6）知

$$\begin{aligned}(x^n)' &= \lim_{\Delta x \to 0} \frac{(x+\Delta x)^n - x^n}{\Delta x} = \lim_{\Delta x \to 0} \frac{\mathrm{C}_n^1 x^{n-1} \Delta x + \mathrm{C}_n^2 x^{n-2} (\Delta x)^2 + \cdots + \mathrm{C}_n^n (\Delta x)^n}{\Delta x} \\ &= \mathrm{C}_n^1 x^{n-1} = n x^{n-1}.\end{aligned}$$

因此

$$(x^n)' = n x^{n-1} \quad (n \in \mathbf{N}_+).$$

更一般地，对于幂函数 $f(x) = x^{\mu} (\mu \in \mathbf{R})$，有 $(x^{\mu})' = \mu x^{\mu - 1}$. 因此

$$(\sqrt{x})' = \frac{1}{2} x^{\frac{1}{2}-1} = \frac{1}{2\sqrt{x}}, \quad \left(\frac{1}{x}\right)' = (x^{-1})' = -x^{-1-1} = -\frac{1}{x^2}.$$

例 5.1.7　求正弦函数 $f(x) = \sin x$ 的导数.

解　$\forall x \in (-\infty, +\infty)$，有

$$\begin{aligned}f'(x) &= \lim_{\Delta x \to 0} \frac{f(x+\Delta x) - f(x)}{\Delta x} = \lim_{\Delta x \to 0} \frac{\sin(x+\Delta x) - \sin x}{\Delta x} \\ &= \lim_{\Delta x \to 0} \frac{2\cos\left(x + \frac{\Delta x}{2}\right)\sin\frac{\Delta x}{2}}{\Delta x} = \lim_{\Delta x \to 0} \cos\left(x + \frac{\Delta x}{2}\right) \frac{\sin\frac{\Delta x}{2}}{\frac{\Delta x}{2}} = \cos x.\end{aligned}$$

因此

$$(\sin x)' = \cos x.$$

同理可得 $(\cos x)' = -\sin x$.

例 5.1.8　求指数函数 $f(x) = a^x (a > 0, a \neq 1)$ 的导数.

解　$\forall x \in (-\infty, +\infty)$，有

$$(a^x)' = \lim_{\Delta x \to 0} \frac{a^{x+\Delta x} - a^x}{\Delta x} = \lim_{\Delta x \to 0} \frac{a^x(a^{\Delta x} - 1)}{\Delta x} = a^x \cdot \lim_{\Delta x \to 0} \frac{a^{\Delta x} - 1}{\Delta x}$$

$$= a^x \cdot \lim_{\Delta x \to 0} \frac{\Delta x \cdot \ln a}{\Delta x} = a^x \ln a.$$

即

$$(a^x)' = a^x \ln a.$$

特别地，$(\mathrm{e}^x)' = \mathrm{e}^x$，即指数函数 $y = \mathrm{e}^x$ 的导数等于函数本身.

例 5.1.9 求对数函数 $f(x) = \log_a x$ （$a > 0,\ a \neq 1$）的导数.

解 $\forall x \in (0, +\infty)$，有

$$f'(x) = \lim_{\Delta x \to 0} \frac{f(x+\Delta x) - f(x)}{\Delta x} = \lim_{\Delta x \to 0} \frac{\log_a(x+\Delta x) - \log_a x}{\Delta x}$$

$$= \lim_{\Delta x \to 0} \frac{\log_a\left(1 + \dfrac{\Delta x}{x}\right)}{\Delta x} = \lim_{\Delta x \to 0} \frac{1}{x} \log_a \left(1 + \frac{\Delta x}{x}\right)^{\frac{x}{\Delta x}} = \frac{1}{x} \log_a \mathrm{e} = \frac{1}{x \ln a}.$$

即

$$(\log_a x)' = \frac{1}{x \ln a}.$$

特别地，$(\ln x)' = \dfrac{1}{x}$.

四、函数可导与连续的关系

定理 5.1.2 若函数 $y = f(x)$ 在点 x_0 处可导，则 $f(x)$ 在点 x_0 处连续.

证 设 $f(x)$ 在点 x_0 处可导，则 $\lim\limits_{\Delta x \to 0} \dfrac{\Delta y}{\Delta x} = f'(x_0)$，即 $\dfrac{\Delta y}{\Delta x} = f'(x_0) + \alpha$，其中 $\lim\limits_{\Delta x \to 0} \alpha = 0$，于是 $\alpha \cdot \Delta x = o(\Delta x)(\Delta x \to 0)$，因此

$$\Delta y = f'(x_0)\Delta x + o(\Delta x). \tag{5.1.7}$$

从而有 $\lim\limits_{\Delta x \to 0} \Delta y = \lim\limits_{\Delta x \to 0}(f'(x_0)\Delta x + o(\Delta x)) = 0$，因此 $f(x)$ 在点 x_0 处连续.

注 当 $\Delta x = 0$ 时，式（5.1.7）仍成立，称式（5.1.7）为函数 $f(x)$ 在点 x_0 的**有限增量公式**.

由例 5.1.4 可知，$f(x) = |x|$ 在点 $x = 0$ 处的左、右导数都存在，但在点 $x = 0$ 处不可导. 而函数 $f(x) = |x|$ 在点 $x = 0$ 处是连续的. 因此函数连续是可导的必要条件，但不是充分条件，即**可导必连续，但连续不一定可导**.

五、导数的几何意义

函数 $y = f(x)$ 在点 x_0 处的导数 $f'(x_0)$ 在几何上表示曲线 $y = f(x)$ 在点 $P_0(x_0, f(x_0))$ 处切线的斜率，设切线 P_0T 的倾角为 α，即 $f'(x_0) = k_{切} = \tan\alpha$.

函数 $f(x)$ 在 x_0 处可导，则曲线 $y = f(x)$ 在点 $P_0(x_0, f(x_0))$ 处的切线方程为

$$y - f(x_0) = f'(x_0)(x - x_0).$$

称过切点 P_0 且与切线垂直的直线为曲线 $y = f(x)$ 在点 P_0 处的**法线**. 当 $f'(x_0) \neq 0$ 时，法线

的斜率 $k_{法}=-\dfrac{1}{f'(x_0)}$，则曲线 $y=f(x)$ 在点 P_0 处的法线方程为

$$y-f(x_0)=-\frac{1}{f'(x_0)}(x-x_0).$$

例 5.1.10　求曲线 $y=\mathrm{e}^x$ 在点 $(1,\mathrm{e})$ 处的切线方程和法线方程.

解　由于 $(\mathrm{e}^x)'=\mathrm{e}^x$，则 $y'(1)=\mathrm{e}^x\big|_{x=1}=\mathrm{e}$，即所求切线斜率 $k_{切}=\mathrm{e}$. 因此

切线方程：$y-\mathrm{e}=\mathrm{e}(x-1)$，即 $\mathrm{e}x-y=0$.

法线方程：$y-\mathrm{e}=-\dfrac{1}{\mathrm{e}}(x-1)$，即 $x+\mathrm{e}y-\mathrm{e}^2-1=0$.

习题 5.1

1. 设函数 $y=\dfrac{1}{x}$，求下列情形下在点 $x=2$ 处的比式 $\dfrac{\Delta y}{\Delta x}$：

（1）$\Delta x=1$；　　（2）$\Delta x=0.1$；　　（3）$\Delta x=0.01$，

并求函数 $y=\dfrac{1}{x}$ 在点 $x=2$ 处的导数.

2. 设函数 $f(x)=x^3$，求在哪一点，使得 $f'(x)=f(x)$.

3. 设函数

$$f(x)=\begin{cases}x^2+b, & x>2,\\ ax+1, & x\leqslant 2\end{cases}$$

在定义域上可导，试确定 a,b 的值.

4. 讨论下列函数在点 $x=0$ 处的可导性.

（1）$f(x)=\begin{cases}1-\cos x, & x\geqslant 0,\\ x, & x<0;\end{cases}$　　（2）$f(x)=\begin{cases}x^{\frac{4}{3}}\cos(x^{-\frac{1}{3}}), & x\neq 0,\\ 0, & x=0;\end{cases}$

（3）$f(x)=\begin{cases}\dfrac{x}{1+\mathrm{e}^{\frac{1}{x}}}, & x\neq 0,\\ 0, & x=0;\end{cases}$　　（4）$f(x)=\begin{cases}x^2, & x>0,\\ ax+b, & x\leqslant 0.\end{cases}$

5. 设函数 $f(x)=x(x-1)^2(x-2)^3$，求 $f'(0),f'(1),f'(2)$.

6. 求下列函数的导数.

（1）$y=\dfrac{1}{\sqrt{x}}$；　　（2）$y=x^2\sqrt{x}$；　　（3）$y=\dfrac{x\sqrt{x}}{\sqrt[3]{x^2}}$.

7. 求曲线 $y=\ln x$ 在点 $(\mathrm{e},1)$ 处的切线方程和法线方程.

8. 设函数 $y=f(x)$ 在点 x_0 处可导，求下列极限的值.

（1）$\lim\limits_{\Delta x\to 0}\dfrac{f(x_0-\Delta x)-f(x_0)}{\Delta x}$；　　（2）$\lim\limits_{\Delta x\to 0}\dfrac{f(x_0+\Delta x)-f(x_0-\Delta x)}{\Delta x}$；

（3）$\lim\limits_{h\to 0}\dfrac{f(x_0+\alpha h)-f(x_0+\beta h)}{h}$ $(\alpha\neq 0,\beta\neq 0)$.

9. 设 $f(x)$ 为偶函数，且 $f'(0)$ 存在. 证明：$f'(0)=0$.

10. 证明函数 $f(x)=x^2D(x)$ 仅在点 $x=0$ 处可导，其中 $D(x)$ 是狄利克雷函数.

11. 证明函数 $f(x)=\lim\limits_{t\to+\infty}\dfrac{x}{2+x^2+\mathrm{e}^{tx}}$ 在点 $x=0$ 处不可导.

求导法则

类似于求函数的极限，遇到较为复杂函数求导数时，仅利用定义求解是不够的. 需要建立一些求导运算法则——导数的四则运算、复合函数以及反函数的求导法则.

一、导数的四则运算

定理 5.2.1 设函数 $u=u(x)$ 及 $v=v(x)$ 在点 x 处可导，则它们的和、差、积、商（分母不能等于零）都在点 x 处具有导数，且

（1）$(u(x)\pm v(x))'=u'(x)\pm v'(x)$；

（2）$(u(x)v(x))'=u'(x)v(x)+u(x)v'(x)$；

（3）$\left(\dfrac{u(x)}{v(x)}\right)'=\dfrac{u'(x)v(x)-u(x)v'(x)}{v^2(x)}$（$v(x)\neq 0$）.

证（1）
$$\begin{aligned}(u(x)\pm v(x))'&=\lim_{h\to 0}\frac{(u(x+h)\pm v(x+h))-(u(x)\pm v(x))}{h}\\&=\lim_{h\to 0}\left(\frac{u(x+h)-u(x)}{h}\pm\frac{v(x+h)-v(x)}{h}\right)\\&=\lim_{h\to 0}\frac{u(x+h)-u(x)}{h}\pm\lim_{h\to 0}\frac{v(x+h)-v(x)}{h}\\&=u'(x)\pm v'(x).\end{aligned}$$

（2）
$$\begin{aligned}(u(x)v(x))'&=\lim_{h\to 0}\frac{u(x+h)v(x+h)-u(x)v(x)}{h}\\&=\lim_{h\to 0}\frac{u(x+h)v(x+h)-u(x)v(x+h)+u(x)v(x+h)-u(x)v(x)}{h}\\&=\lim_{h\to 0}\left(\frac{u(x+h)-u(x)}{h}v(x+h)+u(x)\frac{v(x+h)-v(x)}{h}\right)\\&=\lim_{h\to 0}\frac{u(x+h)-u(x)}{h}\cdot\lim_{h\to 0}v(x+h)+u(x)\cdot\lim_{h\to 0}\frac{v(x+h)-v(x)}{h}\\&=u'(x)v(x)+u(x)v'(x).\end{aligned}$$

（3）$$\left(\frac{u(x)}{v(x)}\right)'=\lim_{h\to 0}\frac{\dfrac{u(x+h)}{v(x+h)}-\dfrac{u(x)}{v(x)}}{h}=\lim_{h\to 0}\frac{u(x+h)v(x)-u(x)v(x+h)}{v(x+h)v(x)h}$$

$$=\lim_{h\to 0}\frac{(u(x+h)-u(x))v(x)-u(x)(v(x+h)-v(x))}{v(x+h)v(x)h}$$

$$=\lim_{h\to 0}\frac{\dfrac{u(x+h)-u(x)}{h}v(x)-u(x)\dfrac{v(x+h)-v(x)}{h}}{v(x+h)v(x)}$$

$$=\frac{u'(x)v(x)-u(x)v'(x)}{v^2(x)}.$$

上述法则可简单地表示为

$$(u\pm v)'=u'\pm v',\quad (uv)'=u'v+uv',\quad \left(\frac{u}{v}\right)'=\frac{u'v-uv'}{v^2}.$$

利用数学归纳法，定理 5.2.1 中的法则（1）、（2）可推广到有限个可导函数的情形. 如，设 $u(x), v(x), w(x)$ 均可导，则有

$$(u+v-w)'=u'+v'-w',\quad (uvw)'=u'vw+uv'w+uvw'.$$

特别地，若 $v=C$（C 为常数），则有 $(Cu)'=Cu'$.

例 5.2.1 求 n 次多项式函数 $y=a_nx^n+a_{n-1}x^{n-1}+\cdots+a_1x+a_0$ 的导数.

解 $$y'=(a_nx^n+a_{n-1}x^{n-1}+\cdots+a_1x+a_0)'=(a_nx^n)'+(a_{n-1}x^{n-1})'+\cdots+(a_1x)'+(a_0)'$$

$$=na_nx^{n-1}+(n-1)a_{n-1}x^{n-2}+\cdots+a_1.$$

一般地，n 次多项式函数的导数是比它本身幂次低的多项式.

例 5.2.2 设 $y=\sin x\ln x+\ln\pi$，求 $y'(\pi)$.

解 由于

$$y'=(\sin x\ln x+\ln\pi)'=(\sin x)'\ln x+\sin x(\ln x)'+0=\cos x\ln x+\frac{\sin x}{x},$$

于是

$$y'(\pi)=-\ln\pi.$$

例 5.2.3 求正切函数 $y=\tan x$ 的导数.

解 由于 $\tan x=\dfrac{\sin x}{\cos x}$，则

$$(\tan x)'=\left(\frac{\sin x}{\cos x}\right)'=\frac{(\sin x)'\cos x-\sin x(\cos x)'}{\cos^2 x}=\frac{\cos^2 x+\sin^2 x}{\cos^2 x}=\frac{1}{\cos^2 x}=\sec^2 x.$$

即

$$(\tan x)'=\sec^2 x.$$

同理可得 $(\cot x)'=-\csc^2 x$.

例 5.2.4 求正割函数 $y=\sec x$ 的导数.

解 由于 $\sec x = \dfrac{1}{\cos x}$，则

$$(\sec x)' = \left(\frac{1}{\cos x}\right)' = \frac{(1)' \cdot \cos x - 1 \cdot (\cos x)'}{\cos^2 x} = \frac{\sin x}{\cos^2 x} = \sec x \tan x .$$

即
$$(\sec x)' = \sec x \tan x .$$
同理可得 $(\csc x)' = -\cot x \csc x$.

二、复合函数的导数

定理 5.2.2 设函数 $u = g(x)$ 在点 x 处可导，函数 $y = f(u)$ 在对应点 $u = g(x)$ 处可导，则复合函数 $y = f(g(x))$ 在点 x 处可导，且有

$$(f(g(x)))' = f'(u)g'(x) = f'(g(x))g'(x) \quad \text{或} \quad \frac{\mathrm{d}y}{\mathrm{d}x} = \frac{\mathrm{d}y}{\mathrm{d}u} \cdot \frac{\mathrm{d}u}{\mathrm{d}x}. \tag{5.2.1}$$

证 因为函数 $y = f(u)$ 在点 u 处可导，由式（5.1.7）可知 $\Delta y = f'(u)\Delta u + \alpha(\Delta u) \cdot \Delta u$，又函数 $u = g(x)$ 在点 x 处可导，$u = g(x)$ 在点 x 处连续，则 $\lim\limits_{\Delta x \to 0} \Delta u = 0$，于是

$$\begin{aligned}
\lim_{\Delta x \to 0} \frac{\Delta y}{\Delta x} &= \lim_{\Delta x \to 0} \left(f'(u) \frac{\Delta u}{\Delta x} + \alpha(\Delta u) \cdot \frac{\Delta u}{\Delta x} \right) \\
&= f'(u) \lim_{\Delta x \to 0} \frac{\Delta u}{\Delta x} + \lim_{\Delta x \to 0} \alpha(\Delta u) \cdot \frac{\Delta u}{\Delta x} = f'(u)u'(x).
\end{aligned}$$

即
$$(f(g(x)))' = f'(u)g'(x) = f'(g(x))g'(x).$$

注 这种写法 $(f(g(x)))' = f'(g(x))$ 对吗？（不对）

例 5.2.5 设 $y = \ln \sin x$，求 y'.

解 函数 $y = \ln \sin x$ 可看成 $y = \ln u, u = \sin x$ 的复合，由式（5.2.1）得

$$y' = (\ln \sin x)' = (\ln u)' \cdot (\sin x)' = \frac{1}{u} \cdot \cos x = \frac{\cos x}{\sin x} = \cot x .$$

在熟练掌握复合函数的求导法则后，可不写出 u 关于 x 的表达式，直接求导. 即由式（5.2.1）得

$$y' = (\ln \sin x)' = \frac{1}{\sin x}(\sin x)' = \frac{1}{\sin x} \cos x = \cot x .$$

复合函数求导公式又称为**链式法则**. 这一链式法则可以推广到多重复合的情形.

推论 5.2.1 若函数 $y = f(u), u = g(v), v = h(x)$ 都可导，则复合函数 $y = f(g(h(x)))$ 的导数为

$$\frac{\mathrm{d}y}{\mathrm{d}x} = \frac{\mathrm{d}y}{\mathrm{d}u} \cdot \frac{\mathrm{d}u}{\mathrm{d}v} \cdot \frac{\mathrm{d}v}{\mathrm{d}x}.$$

例 5.2.6 设 $y = \ln(x + \sqrt{x^2 - 1})$，求 y'.

解 由链式法则，得

$$y'=(\ln(x+\sqrt{x^2-1}))'=\frac{1}{x+\sqrt{x^2-1}}(x+\sqrt{x^2-1})'$$
$$=\frac{1}{x+\sqrt{x^2-1}}[1+(\sqrt{x^2-1})']=\frac{1}{x+\sqrt{x^2-1}}\left[1+\frac{1}{2\sqrt{x^2-1}}(x^2-1)'\right]$$
$$=\frac{1}{x+\sqrt{x^2-1}}\left(1+\frac{2x}{2\sqrt{x^2-1}}\right)=\frac{1}{x+\sqrt{x^2-1}}\left(1+\frac{x}{\sqrt{x^2-1}}\right)=\frac{1}{\sqrt{x^2-1}}.$$

例 5.2.7 设 $y=\mathrm{e}^{\sin\frac{1}{x}}$，求 y'.

解 由链式法则，得

$$y'=(\mathrm{e}^{\sin\frac{1}{x}})'=\mathrm{e}^{\sin\frac{1}{x}}\cdot\left(\sin\frac{1}{x}\right)'=\mathrm{e}^{\sin\frac{1}{x}}\cdot\cos\frac{1}{x}\cdot\left(\frac{1}{x}\right)'=-\frac{1}{x^2}\mathrm{e}^{\sin\frac{1}{x}}\cos\frac{1}{x}.$$

例 5.2.8 设 $f(x)$ 可导，求 $y=f(\sin x^2)$ 的导数.

解 由链式法则，得

$$y'=(f(\sin x^2))'=f'(\sin x^2)\cdot(\sin x^2)'$$
$$=f'(\sin x^2)\cdot\cos x^2\cdot(x^2)'=2xf'(\sin x^2)\cos x^2.$$

例 5.2.9 证明：$(x^\alpha)'=\alpha x^{\alpha-1}$（$x>0,\alpha\in\mathbf{R}$）.

证 设 $y=x^\alpha=\mathrm{e}^{\alpha\ln x}$. 由链式法则，得

$$(x^\alpha)'=(\mathrm{e}^{\alpha\ln x})'=\mathrm{e}^{\alpha\ln x}(\alpha\ln x)'=\mathrm{e}^{\alpha\ln x}\frac{\alpha}{x}=\alpha x^{\alpha-1}.$$

例 5.2.10 求函数 $f(x)=\begin{cases}x^2\sin\frac{1}{x}, & x\neq 0,\\ 0, & x=0\end{cases}$ 的导数，并讨论其导数在 $x=0$ 处的连续性.

解 当 $x\neq 0$ 时，$f(x)=x^2\sin\frac{1}{x}$，则由链式法则，得 $f'(x)=2x\sin\frac{1}{x}-\cos\frac{1}{x}$；

当 $x=0$ 时，$f'(0)=\lim\limits_{x\to 0}\frac{f(x)-f(0)}{x-0}=\lim\limits_{x\to 0}\frac{x^2\sin\frac{1}{x}}{x}=\lim\limits_{x\to 0}x\sin\frac{1}{x}=0$.

所以导数为

$$f'(x)=\begin{cases}2x\sin\frac{1}{x}-\cos\frac{1}{x}, x\neq 0,\\ 0, \qquad x=0.\end{cases}$$

由于极限 $\lim\limits_{x\to 0}\left(2x\sin\frac{1}{x}-\cos\frac{1}{x}\right)$ 不存在，因此 $f'(x)$ 在 $x=0$ 处不连续.

上例说明 $f'_+(x_0)$ 与 $f'(x_0+0)=\lim\limits_{x\to x_0^+}f'(x)$，$f'_-(x_0)$ 与 $f'(x_0-0)=\lim\limits_{x\to x_0^-}f'(x)$ 不一定相等. 因此，分段函数在分段点处的导数需要按导数定义计算.

三、反函数的导数

为了求得更多函数的导数，下面建立反函数的求导法则.

定理 5.2.3 若函数 $x=f(y)$ 在区间 I_y 上连续，严格单调且导函数 $f'(y)\neq 0$，则它的反函数 $y=f^{-1}(x)$ 在区间 $I_x=\{x\mid x=f(y), y\in I_y\}$ 上可导，且有

$$(f^{-1}(x))'=\frac{1}{f'(y)} \text{ 或 } \frac{\mathrm{d}y}{\mathrm{d}x}=\frac{1}{\frac{\mathrm{d}x}{\mathrm{d}y}}. \tag{5.2.2}$$

证 因为函数 $x=f(y)$ 在区间 I_y 上连续且严格单调，其反函数 $y=f^{-1}(x)$ 在区间 I_x 上也是连续且严格单调的（定理 4.2.4）.

设 $\Delta x=f(y+\Delta y)-f(y), \Delta y=f^{-1}(x+\Delta x)-f^{-1}(x)$，由严格单调性可知当 $\Delta y\neq 0$ 时当且仅当 $\Delta x\neq 0$，而由连续性可知当 $\Delta y\to 0$ 时当且仅当 $\Delta x\to 0$. 又由 $f'(y)\neq 0$，即可得到

$$(f^{-1}(x))'=\lim_{\Delta x\to 0}\frac{f^{-1}(x+\Delta x)-f^{-1}(x)}{\Delta x}=\lim_{\Delta y\to 0}\frac{\Delta y}{f(y+\Delta y)-f(y)}$$

$$=\frac{1}{\lim\limits_{\Delta y\to 0}\frac{f(y+\Delta y)-f(y)}{\Delta y}}=\frac{1}{f'(y)}.$$

上述结论可简单表述为：**反函数的导数等于其直接函数导数的倒数**.

另外，式（5.2.2）也可通过链式法则得到. 假设 $x=f(y)$ 是满足定理 5.2.3 条件的函数，其反函数为 $y=f^{-1}(x)$，则 $x=f(f^{-1}(x))$，两边对 x 求导得 $1=f'(y)(f^{-1}(x))'$，即

$$(f^{-1}(x))'=\frac{1}{f'(y)}.$$

使用反函数的求导法则时要注意，$f'(y)$ 的形式变量是 y，还需要通过直接函数 $x=f(y)$ 关系将 y 代换成 x.

例 5.2.11 求反正弦函数 $y=\arcsin x$ 的导数.

解 因为 $x=\sin y$ 在区间 $I_y=\left(-\frac{\pi}{2},\frac{\pi}{2}\right)$ 上严格单调可导，且 $(\sin y)'=\cos y>0$，故反正弦函数 $y=\arcsin x$ 在区间 $I_x=(-1,1)$ 上可导，且由式（5.2.2）可得

$$(\arcsin x)'=\frac{1}{(\sin y)'}=\frac{1}{\cos y}=\frac{1}{\sqrt{1-\sin^2 y}}=\frac{1}{\sqrt{1-x^2}}.$$

即
$$(\arcsin x)'=\frac{1}{\sqrt{1-x^2}}.$$

同理可得 $(\arccos x)'=-\frac{1}{\sqrt{1-x^2}}$.

例 5.2.12 求反正切函数 $y=\arctan x$ 的导数.

解 因为 $x=\tan y$ 在区间 $I_y=\left(-\frac{\pi}{2},\frac{\pi}{2}\right)$ 上严格单调可导，且 $(\tan y)'=\sec^2 y>0$，故反正切

函数 $y=\arctan x$ 在区间 $I_x=(-\infty,+\infty)$ 上可导，且由式（5.2.2）可得

$$(\arctan x)'=\frac{1}{(\tan y)'}=\frac{1}{\sec^2 y}=\frac{1}{1+\tan^2 y}=\frac{1}{1+x^2}.$$

即

$$(\arctan x)'=\frac{1}{1+x^2}.$$

同理可得 $(\mathrm{arc}\cot x)'=-\dfrac{1}{1+x^2}$.

最后，将前面求得的基本初等函数的导数公式列示如下：

（1）$(C)'=0$；

（2）$(x^\alpha)'=\alpha x^{\alpha-1}$；

（3）$(a^x)'=a^x\ln a$；

（4）$(\mathrm{e}^x)'=\mathrm{e}^x$；

（5）$(\log_a x)'=\dfrac{1}{x\ln a}$；

（6）$(\ln x)'=\dfrac{1}{x}$；

（7）$(\sin x)'=\cos x$；

（8）$(\cos x)'=-\sin x$；

（9）$(\tan x)'=\sec^2 x$；

（10）$(\cot x)'=-\csc^2 x$；

（11）$(\sec x)'=\tan x\sec x$；

（12）$(\csc x)'=-\cot x\csc x$；

（13）$(\arcsin x)'=\dfrac{1}{\sqrt{1-x^2}}$；

（14）$(\arccos x)'=-\dfrac{1}{\sqrt{1-x^2}}$；

（15）$(\arctan x)'=\dfrac{1}{1+x^2}$；

（16）$(\mathrm{arc}\cot x)'=-\dfrac{1}{1+x^2}$.

习题 5.2

1. 设函数 $f(x)=\begin{cases}1-x, & x\leqslant 0,\\ \mathrm{e}^{-x}, & x>0,\end{cases}$ 求 $f'(x)$.

2. 求下列函数的导数.

（1）$y=ax^2+bx+c$；

（2）$y=3x^{\frac{2}{3}}-2x^{\frac{5}{2}}+x^{-3}$；

（3）$y=\mathrm{e}^x\sin 2x$；

（4）$y=2^x\ln(1+x)$；

（5）$y=\dfrac{a+bx}{c+dx}$；

（6）$y=\dfrac{x}{1-\cos x}$；

（7）$y=x\sqrt{1-x^2}+\arcsin x$；

（8）$y=(x^2-2x+3)^5$；

（9）$y=\sin^3 4x$；

（10）$y=\sin\dfrac{1}{1+x}$；

（11）$y=\left(\dfrac{1+x^2}{1-x}\right)^3$；

（12）$y=\mathrm{e}^{-x}\arccos x$；

（13）$y=\ln(x+\sqrt{1+x^2})$；

（14）$y=\sqrt{\sin(\mathrm{e}^{x^2})}$；

（15）$y=\mathrm{e}^{\sin^2\frac{1}{x}}$；

（16）$y=\arctan\mathrm{e}^x-\ln\sqrt{\dfrac{\mathrm{e}^{2x}}{\mathrm{e}^{2x}+1}}$；

（17）$y=\sqrt{x+\sqrt{x+\sqrt{x}}}$；（18）$y=\sin(\sin(\sin x))$.

3. 求过点 $(2, 0)$ 且与曲线 $y=\dfrac{1}{x}$ 相切的直线方程.

4. 设曲线 $f(x)=x^{2n}$ 在点 $(1, 1)$ 处的切线交 x 轴于点 $(x_n, 0)$，求 $\lim\limits_{n\to\infty} f(x_n)$.

5. 设函数 $f(x)$ 可导，求下列函数的导数.

（1）$y=f(1-\sqrt{x})$；（2）$y=f(\sin^2 x)+f(\cos^2 x)$；

（3）$y=f^2(x)\mathrm{e}^{f(x)}$；（4）$y=f(\arcsin x)$；

（5）$y=f(f(\mathrm{e}^{x^2}))$；（6）$y=f\left(\dfrac{1}{f(x)}\right)$.

6. 设函数 $f(x)=\begin{cases} x^n \sin\dfrac{1}{x}, & x\neq 0, \\ 0, & x=0, \end{cases}$ 试问正整数 n 为何值时，

（1）$f(x)$ 在点 $x=0$ 处连续；

（2）$f(x)$ 在点 $x=0$ 处可导；

（3）$f(x)$ 在点 $x=0$ 处导函数连续.

7. 证明：

（1）若 $f(x)$ 为可导的偶函数，则 $f'(x)$ 为奇函数；

（2）若 $f(x)$ 为可导的奇函数，则 $f'(x)$ 为偶函数；

（3）若 $f(x)$ 为可导的周期函数，则 $f'(x)$ 仍为周期函数.

8. 设函数 $f(x)$ 可导，若 $x=1$ 时，有

$$\frac{\mathrm{d}}{\mathrm{d}x}f(x^2)=\frac{\mathrm{d}}{\mathrm{d}x}f^2(x),$$

证明：$f'(1)=0$ 或 $f(1)=1$.

9. 设函数 $f(x)$ 定义在 $\mathbf{R}$ 上，且对任意 $x, y\in\mathbf{R}$ 都满足 $f(x+y)=f(x)f(y)$，若 $f'(0)=1$. 证明：对 $\forall x\in\mathbf{R}$，恒有 $f'(x)=f(x)$.

微　分

一、微分的概念

在考察函数变化规律时，除考察函数关于自变量的变化率外，还会遇到当自变量有微小的改变时，研究函数值增量的近似值问题，由此产生了微分学中另一个重要的基本概念——函数的微分. 下面先看一个具体的问题.

如图 5.3.1 所示，一边长为 x_0 正方形金属薄片受热均匀膨胀后仍为正方形，其边长由 x_0 变化为 $x_0+\Delta x$，问此薄片面积改变了多少？

设正方形金属薄片边长为 x，则它的面积函数为 $S(x)=x^2$，若边长由 x_0 变化为 $x_0+\Delta x$，相应的面积函数的增量为

$$\Delta S=(x_0+\Delta x)^2-x_0^2=2x_0\Delta x+(\Delta x)^2.$$

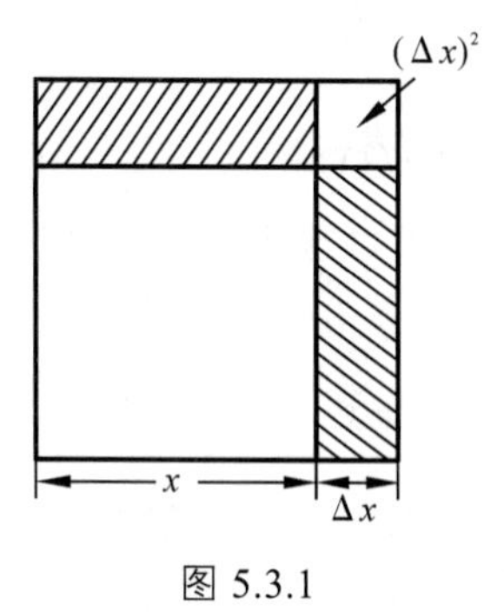

图 5.3.1

从上式可以看出，ΔS 可以分成两部分：

第一部分 $2x_0\Delta x$，是 Δx 的线性函数，即图中的阴影部分面积；

第二部分 $(\Delta x)^2$，是当 $\Delta x\to 0$ 时，Δx 的高阶无穷小量.

由此可见，当 Δx 很小时，由于 $(\Delta x)^2$ 与 $2x_0\Delta x$ 相比可以忽略不计，于是面积函数的增量 ΔS 可以近似地用第一部分来代替，即

$$\Delta S\approx 2x_0\Delta x,$$

而把第二部分 $(\Delta x)^2=o(\Delta x)$（$\Delta x\to 0$）看成是误差而忽略. 对一般函数 $y=f(x)$ 满足什么条件，有

$$\Delta y=A(x_0)\Delta x+o(\Delta x)$$

成立？解决这一问题是数学理论的需要，也是实际应用的需要，为此引入微分的概念.

定义 5.3.1　设函数 $y=f(x)$ 在点 x_0 的某个邻域 $U(x_0)$ 上有定义，当给 x_0 一个增量 Δx 且 $x_0+\Delta x\in U(x_0)$ 时，若存在一个常数 A，使得函数的增量 Δy 能表示成

$$\Delta y=f(x_0+\Delta x)-f(x_0)=A\Delta x+o(\Delta x)\ (\Delta x\to 0), \tag{5.3.1}$$

则称函数 $f(x)$ 在点 x_0 处**可微**，并称 $A\Delta x$ 为 $f(x)$ 在点 x_0 处的**微分**，记为

$$\mathrm{d}y\big|_{x=x_0}=A\Delta x \quad 或 \quad \mathrm{d}f(x)\big|_{x=x_0}=A\Delta x.$$

注　（1）式（5.3.1）中的 A 是一个与 x_0 有关，与 Δx 无关的常数；

（2）由定义 5.3.1 可见，函数的微分 $\mathrm{d}y$ 与其增量 Δy 仅相差一个 Δx 的高阶无穷小量，即 $\Delta y-\mathrm{d}y=o(\Delta x)$（$\Delta x\to 0$）. 特别地，当 $A\neq 0$ 时，因为

$$\lim_{\Delta x\to 0}\frac{\Delta y}{\mathrm{d}y}=\lim_{\Delta x\to 0}\frac{A\Delta x+o(\Delta x)}{A\Delta x}=\lim_{\Delta x\to 0}\left(1+\frac{o(\Delta x)}{A\Delta x}\right)=1,$$

所以 $\mathrm{d}y$ 与 Δy 是等价无穷小量，即 $\mathrm{d}y$ 是 Δy 的主要部分. 又由于 $\mathrm{d}y$ 是 Δx 的线性函数，故称微分 $\mathrm{d}y$ 是其增量 Δy 的**线性主部**.

函数可微和可导有如下关系：

定理 5.3.1　函数 $y=f(x)$ 在点 x_0 处可微的充分必要条件是：$f(x)$ 在点 x_0 处可导，且有 $A=f'(x_0)$.

证（必要性）　若 $f(x)$ 在点 x_0 处可微，则 $\Delta y=A\Delta x+o(\Delta x)$（$\Delta x\to 0$），即

$$\frac{\Delta y}{\Delta x}=\frac{A\Delta x+o(\Delta x)}{\Delta x}=A+\frac{o(\Delta x)}{\Delta x},$$

从而有

$$\lim_{\Delta x\to 0}\frac{\Delta y}{\Delta x}=A+\lim_{\Delta x\to 0}\frac{o(\Delta x)}{\Delta x}=A,$$

因此 $f(x)$ 在点 x_0 处可导，且有 $f'(x_0)=A$.

（充分性） 若 $f(x)$ 在点 x_0 处可导，由式（5.1.7）知，$\Delta y=f'(x_0)\Delta x+\alpha\cdot\Delta x=A\Delta x+o(\Delta x)$，其中 $A=f'(x_0)$ 是与 Δx 无关的量，故 $f(x)$ 在点 x_0 处可微，且 $\mathrm{d}y\big|_{x=x_0}=f'(x_0)\Delta x$.

定理 5.3.1 说明一元函数 $y=f(x)$ 在点 x_0 处可微性和可导性等价，且

$$\mathrm{d}y\big|_{x=x_0}=f'(x_0)\Delta x.$$

例 5.3.1 求函数 $y=x^3$ 在 $x=2$ 处当 $\Delta x=0.01$ 时的微分.

解 因为 $y'=3x^2$，所以 $y'\big|_{x=2}=3\cdot 2^2=12$，故所求微分为

$$\mathrm{d}y=y'\big|_{x=2}\cdot\Delta x=0.12.$$

微分的几何意义：如图 5.3.2 所示，在直角坐标系中，微分 $\mathrm{d}y$ 表示曲线 $y=f(x)$ 在点 $M(x_0,f(x_0))$ 处切线上点的纵坐标的增量.

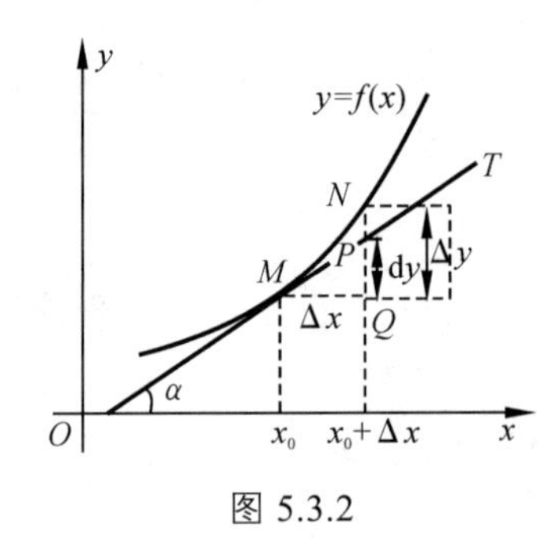

图 5.3.2

定义 5.3.2 若函数 $y=f(x)$ 在区间 I 上每一点都可微，则称 $f(x)$ 在 I 上**可微**，把 $f(x)$ 在任意一点 x 处的微分记为

$$\mathrm{d}y=f'(x)\Delta x,\quad x\in I. \tag{5.3.2}$$

特别地，当 $y=x$ 时，

$$\mathrm{d}y=\mathrm{d}x=(x)'\Delta x=\Delta x,$$

这表明自变量的微分 $\mathrm{d}x$ 等于自变量的增量 Δx. 于是微分表达式（5.3.2）通常改写为

$$\mathrm{d}y=f'(x)\mathrm{d}x, \tag{5.3.3}$$

即函数的微分等于函数的导数乘以自变量的微分. 由此有

$$f'(x)=\frac{\mathrm{d}y}{\mathrm{d}x}.$$

可见，函数的导数就是函数的微分与自变量的微分的商，故导数也称为**微商**. 也就是说，$\frac{\mathrm{d}y}{\mathrm{d}x}$ 既可以看成导数整体记号，也可以看成微分的商运算.

根据式（5.3.3）及基本初等函数的导数公式，可以得到如下相应的微分公式：

（1）$\mathrm{d}(C)=0$；（2）$\mathrm{d}(x^\alpha)=\alpha x^{\alpha-1}\mathrm{d}x$；

（3）$\mathrm{d}(a^x)=a^x\ln a\mathrm{d}x$；（4）$\mathrm{d}(\mathrm{e}^x)=\mathrm{e}^x\mathrm{d}x$；

（5）$\mathrm{d}(\log_a x)=\dfrac{1}{x\ln a}\mathrm{d}x$；（6）$\mathrm{d}(\ln x)=\dfrac{1}{x}\mathrm{d}x$；

（7）$\mathrm{d}(\sin x)=\cos x\mathrm{d}x$；（8）$\mathrm{d}(\cos x)=-\sin x\mathrm{d}x$；

（9）$\mathrm{d}(\tan x)=\sec^2 x\mathrm{d}x$；

（10）$\mathrm{d}(\cot x)=-\csc^2 x\mathrm{d}x$；

（11）$\mathrm{d}(\sec x)=\tan x\sec x\mathrm{d}x$；

（12）$\mathrm{d}(\csc x)=-\cot x\csc x\mathrm{d}x$；

（13）$\mathrm{d}(\arcsin x)=\dfrac{1}{\sqrt{1-x^2}}\mathrm{d}x$；

（14）$\mathrm{d}(\arccos x)=-\dfrac{1}{\sqrt{1-x^2}}\mathrm{d}x$；

（15）$\mathrm{d}(\arctan x)=\dfrac{1}{1+x^2}\mathrm{d}x$；

（16）$\mathrm{d}(\operatorname{arccot} x)=-\dfrac{1}{1+x^2}\mathrm{d}x$.

二、微分的运算法则

1. 微分的四则运算法则

定理 5.3.2 若函数 $u(x)$ 和 $v(x)$ 在区间 I 上可微，则

（1）$\mathrm{d}(u(x)\pm v(x))=\mathrm{d}(u(x))\pm\mathrm{d}(v(x))$；

（2）$\mathrm{d}(u(x)\cdot v(x))=v(x)\mathrm{d}(u(x))+u(x)\mathrm{d}(v(x))$，

特别地，$\mathrm{d}(Cu(x))=C\mathrm{d}(u(x))$（$C\in\mathbf{R}$）；

（3）$\mathrm{d}\dfrac{u(x)}{v(x)}=\dfrac{v(x)\mathrm{d}(u(x))-u(x)\mathrm{d}(v(x))}{v^2(x)}$（$v(x)\neq 0$）.

例 5.3.2 设 $y=\mathrm{e}^{ax}\sin bx$，求 $\mathrm{d}y$.

解 由微分的四则运算法则，得

$$\begin{aligned}\mathrm{d}y&=\mathrm{d}(\mathrm{e}^{ax}\sin bx)=\sin bx\mathrm{d}(\mathrm{e}^{ax})+\mathrm{e}^{ax}\mathrm{d}(\sin bx)\\&=a\mathrm{e}^{ax}\sin bx\mathrm{d}x+b\mathrm{e}^{ax}\cos bx\mathrm{d}x\\&=\mathrm{e}^{ax}(a\sin bx+b\cos bx)\mathrm{d}x.\end{aligned}$$

2. 复合函数的微分

若函数 $y=f(x)$ 可微，则有

（1）当 x 是自变量时，则 $\mathrm{d}y=f'(x)\mathrm{d}x$；

（2）当 x 是中间变量时，不妨设 $x=g(t)$ 是自变量 t 的可微函数，则

$$\mathrm{d}y=\mathrm{d}(f(g(t)))=y'(t)\mathrm{d}t=f'(x)\cdot g'(t)\mathrm{d}t.$$

由于 $\mathrm{d}x=g'(t)\mathrm{d}t$，代入上式即得 $\mathrm{d}y=f'(x)\mathrm{d}x$. 由此可知，无论 x 是自变量还是中间变量，函数 $y=f(x)$ 的微分形式 $\mathrm{d}y=f'(x)\mathrm{d}x$ 保持不变，这个性质称为**一阶微分的形式不变性**.

例 5.3.3 设 $y=\arcsin\sqrt{1-x^2}$，求 $\mathrm{d}y$.

解 由一阶微分的形式不变性，得

$$\mathrm{d}y=\mathrm{d}(\arcsin\sqrt{1-x^2})=\frac{1}{\sqrt{1-(1-x^2)}}\mathrm{d}(\sqrt{1-x^2})$$

$$=\frac{1}{|x|}\cdot\frac{1}{2\sqrt{1-x^2}}\mathrm{d}(1-x^2)=\frac{-x}{|x|\sqrt{1-x^2}}\mathrm{d}x.$$

注 上述两个例题，可以利用公式（5.3.3）求函数的微分，即先求其导数，再用导数乘

以自变量的微分 $\mathrm{d}x$.

三、微分的应用

在实际问题中，经常会遇到一些复杂的计算公式，若直接用这些公式进行计算费时、费力. 而利用微分往往可以把一些复杂的计算公式改用简单的近似公式来代替，其本质是用曲线 $y=f(x)$ 在点 x_0 处的切线替代曲线.

若函数 $y=f(x)$ 在点 x_0 处的导数 $f'(x_0)\neq 0$，且 $|\Delta x|$ 很小时，忽略高阶无穷小，用 $\mathrm{d}y$ 作为 Δy 的近似值，有 $\Delta y\approx \mathrm{d}y=f'(x_0)\Delta x$. 即

$$f(x_0+\Delta x)-f(x_0)\approx f'(x_0)\Delta x,$$

令 $x=x_0+\Delta x$，此时 $x-x_0$ 很小，则上式可改写为

$$f(x)\approx f(x_0)+f'(x_0)(x-x_0), \tag{5.3.4}$$

例 5.3.4 求 $\sin 31^\circ$ 的近似值.

解 由于 $\sin 31^\circ=\sin\left(\frac{\pi}{6}+\frac{\pi}{180}\right)$，令 $f(x)=\sin x, x_0=\frac{\pi}{6}, \Delta x=\frac{\pi}{180}$，于是由式（5.3.4）得

$$\begin{aligned}\sin 31^\circ&=\sin\left(\frac{\pi}{6}+\frac{\pi}{180}\right)\approx \sin\frac{\pi}{6}+\cos\frac{\pi}{6}\cdot\frac{\pi}{180}\\&=\frac{1}{2}+\frac{\sqrt{3}}{2}\cdot\frac{\pi}{180}\approx 0.515.\end{aligned}$$

例 5.3.5 求 $\sqrt[4]{17}$ 的近似值.

解 由于 $\sqrt[4]{17}=\sqrt[4]{16+1}$，令 $f(x)=\sqrt[4]{x}, x_0=16, \Delta x=1$，于是由式（5.3.4）得

$$\sqrt[4]{17}=\sqrt[4]{16+1}\approx\sqrt[4]{16}+\frac{1}{4}(16)^{\frac{1}{4}-1}\cdot 1=2+\frac{1}{32}=2.03125.$$

特别地，令 $x_0=0$，当 x 很小时，于是由式（5.3.4）得

$$f(x)\approx f(0)+f'(0)x.$$

利用上式，容易证明下面的近似公式：当 x 很小时（即在原点附近），有

（1）$\sin x\approx x$；（2）$\tan x\approx x$；

（3）$\arcsin x\approx x$；（4）$\ln(1+x)\approx x$；

（5）$\mathrm{e}^x\approx 1+x$；（6）$(1+x)^\alpha\approx 1+\alpha x$.

1. 设函数 $y=3x^2-x$，求当 $x=1, \Delta x=0.01$ 时的 $\Delta y, \mathrm{d}y$ 以及 $\Delta y-\mathrm{d}y$.
2. 如果正方形的面积从 9 m^2 增加到 9.1 m^2，问边长的变化约为多少？
3. 求下列函数的微分：

（1）$y=\cos x$，当 $x=\dfrac{\pi}{6}, \Delta x=\dfrac{\pi}{36}$ 时；

（2）$y=\tan x$，当 $x=\dfrac{\pi}{3}, \Delta x=\dfrac{\pi}{180}$ 时；

（3）$y=\dfrac{2}{\sqrt{x}}$，当 $x=9, \Delta x=-0.01$ 时.

4. 求下列函数的微分：

（1）$y=x+2x^2-\dfrac{1}{3}x^3+x^4$；（2）$y=\mathrm{e}^{\sin(ax+b)}$；

（3）$y=x^2\ln x+\cos(x^2)$；（4）$y=\ln(x+\mathrm{e}^{x^2})$；

（5）$y=\ln\sin\sqrt{x}$；（6）$y=\mathrm{e}^{1-3x}\cos x$.

5. 当 Δx 很小时，推导近似公式：

$$\sqrt[3]{x+\Delta x}\approx\sqrt[3]{x}+\frac{\Delta x}{3\sqrt[3]{x^2}},$$

并求出 $\sqrt[3]{10}, \sqrt[3]{70}, \sqrt[3]{200}$ 的近似值.

6. 利用微分求下列各式的近似值：

（1）$\sqrt[3]{1.02}$；（2）$\cos 28^\circ$；

（3）$\arctan 1.05$；（4）$\ln 0.9$.

第四节 参变量函数和隐函数的导数

一、参变量函数的求导法则

平面曲线可用参数方程表示，则由参数方程

$$\begin{cases}x=\varphi(t),\\ y=\psi(t),\end{cases} t\in[\alpha,\beta] \tag{5.4.1}$$

所确定的函数 $y=y(x)$ 称为**参变量函数**. 如 $\begin{cases}x=2t,\\ y=t^2,\end{cases} t\in\mathbf{R}$，消去参数 t 得

$$y=t^2=\left(\frac{x}{2}\right)^2=\frac{x^2}{4}，则\ y'=\left(\frac{x^2}{4}\right)'=\frac{x}{2}.$$

当一般的参数方程中消去参数 t 很困难，甚至是不可能时，又如何求 y 关于 x 的导数？

设 $y=\psi(t)$ 在区间 $[\alpha,\beta]$ 上可导，$x=\varphi(t)$ 在 $[\alpha,\beta]$ 上严格单调且导函数 $\varphi'(t)\neq 0$，由定理5.2.3 可知，函数 $x=\varphi(t)$ 的反函数 $t=\varphi^{-1}(x)$ 存在，且有

$$(\varphi^{-1}(x))'=\frac{1}{\varphi'(t)}.$$

那么 y 和 x 的关系可以写成复合函数

$$y=\psi(t)=\psi(\varphi^{-1}(x)),$$

其中 t 看成中间变量，由链式法则便可得到

$$\frac{\mathrm{d}y}{\mathrm{d}x}=\frac{\mathrm{d}y}{\mathrm{d}t}\cdot\frac{\mathrm{d}t}{\mathrm{d}x}=\psi'(t)\cdot(\varphi^{-1}(x))'=\frac{\psi'(t)}{\varphi'(t)},$$

也就是说，由参数方程（5.4.1）确定的参变量函数 $y=y(x)$ 的导数为

$$\frac{\mathrm{d}y}{\mathrm{d}x}=\frac{\psi'(t)}{\varphi'(t)}=\frac{\frac{\mathrm{d}y}{\mathrm{d}t}}{\frac{\mathrm{d}x}{\mathrm{d}t}}. \tag{5.4.2}$$

式（5.4.2）也可以直接从微分定义出发，将 $\begin{cases}\mathrm{d}x=\varphi'(t)\mathrm{d}t,\\ \mathrm{d}y=\psi'(t)\mathrm{d}t\end{cases}$ 进行微分商运算得

$$\frac{\mathrm{d}y}{\mathrm{d}x}=\frac{\psi'(t)\mathrm{d}t}{\varphi'(t)\mathrm{d}t}=\frac{\psi'(t)}{\varphi'(t)}.$$

例 5.4.1 设由参数方程

$$\begin{cases}x=\mathrm{e}^t\cos t,\\ y=\mathrm{e}^t\sin t\end{cases}$$

确定的函数 $y=y(x)$，求 y'.

解 由式（5.4.2）得

$$y'=\frac{\mathrm{d}y}{\mathrm{d}x}=\frac{(\mathrm{e}^t\sin t)'}{(\mathrm{e}^t\cos t)'}=\frac{\mathrm{e}^t\sin t+\mathrm{e}^t\cos t}{\mathrm{e}^t\cos t-\mathrm{e}^t\sin t}=\frac{\sin t+\cos t}{\cos t-\sin t}.$$

例 5.4.2 求由参数方程

$$\begin{cases}x=t\ln t,\\ y=\dfrac{\ln t}{t}\end{cases}$$

确定函数 $y=y(x)$ 的曲线在 $t=1$ 时对应点处的切线方程.

解 由式（5.4.2）得

$$\frac{\mathrm{d}y}{\mathrm{d}x}=\frac{\left(\dfrac{\ln t}{t}\right)'}{(t\ln t)'}=\frac{\dfrac{1-\ln t}{t^2}}{\ln t+1}=\frac{1-\ln t}{t^2(1+\ln t)},$$

于是

$$\left.\frac{\mathrm{d}y}{\mathrm{d}x}\right|_{t=1}=\left.\frac{1-\ln t}{t^2(1+\ln t)}\right|_{t=1}=1.$$

当 $t=1$ 时，$x=0$，$y=0$，因此在对应点处的切线方程为

$$y=x.$$

进一步考察极坐标系下曲线的切线方程.

如果平面曲线 C 由极坐标方程 $r=r(\theta),\theta\in[\alpha,\beta]$ 表示，其中 r 是极径，θ 是极角，若 r 对 θ 可导，求曲线 C 上点 $M(r,\theta)$ 处的切线斜率 k.

由极坐标与直角坐标系的关系得，曲线 C 的参数方程

$$\begin{cases} x=r(\theta)\cos\theta, \\ y=r(\theta)\sin\theta, \end{cases} \theta\in[\alpha,\beta],$$

当 $r'(\theta)\cos\theta-r(\theta)\sin\theta\neq 0$ 时，

$$\frac{\mathrm{d}y}{\mathrm{d}x}=\frac{(r(\theta)\sin\theta)'}{(r(\theta)\cos\theta)'}=\frac{r'(\theta)\sin\theta+r(\theta)\cos\theta}{r'(\theta)\cos\theta-r(\theta)\sin\theta},$$

切线斜率 $k=\left.\dfrac{\mathrm{d}y}{\mathrm{d}x}\right|_M$.

例 5.4.3 求极坐标系下对数螺旋线 $r=\mathrm{e}^{\frac{\theta}{2}}$ 上点 $M(1,0)$ 处的切线方程.

解 由于

$$\frac{\mathrm{d}y}{\mathrm{d}x}=\frac{r'(\theta)\sin\theta+r(\theta)\cos\theta}{r'(\theta)\cos\theta-r(\theta)\sin\theta}=\frac{\mathrm{e}^{\frac{\theta}{2}}\left(\frac{1}{2}\sin\theta+\cos\theta\right)}{\mathrm{e}^{\frac{\theta}{2}}\left(\frac{1}{2}\cos\theta-\sin\theta\right)}=\frac{\sin\theta+2\cos\theta}{\cos\theta-2\sin\theta},$$

因此

$$k=\left.\frac{\sin\theta+2\cos\theta}{\cos\theta-2\sin\theta}\right|_{\theta=0}=2.$$

又极坐标系下点 $M(1,0)$ 的直角坐标 $x=1$，$y=0$，故切线方程为

$$y=2x-2.$$

二、隐函数的导数

在研究函数性质时，常常遇到因变量 y 与自变量 x 之间的函数关系是由方程

$$F(x,y)=0$$

形式确定的，这类函数称为**隐函数**.

如果由方程 $F(x,y)=0$ 可解出 $y=f(x)$，即隐函数能够显化，称其为**隐函数的显化式**. 如方程 $x^2+y^2=1$，在 $x\in[-1,1],y\geqslant 0$ 时就确定了显函数 $y=\sqrt{1-x^2}$，$x\in[-1,1]$；在 $x\in[-1,1],y\leqslant 0$ 时就确定了显函数 $y=-\sqrt{1-x^2}$，$x\in[-1,1]$.

如果隐函数不易或不能被显化，如 $y^5+xy+x^4=0$ 和 $y=x+\varepsilon\sin y$，此时又如何求 y 关于 x 的导数？

设由方程 $F(x,y)=0$ 确定函数 $y=y(x)$，将 $y=y(x)$ 代入 $F(x,y)=0$ 得到恒等式

$$F[x,y(x)]\equiv 0,$$

等式两边都是 x 的表达式，等式两边可以同时对 x 求导，利用复合函数的求导法则，得到一个关于 y' 的一次方程，从中解出 y' 即可．或直接利用一阶微分的形式不变性得出．

例 5.4.4 设函数 $y=y(x)$ 由 Kepler 方程 $y=x+\varepsilon\sin y,\ \varepsilon\in(0,1)$ 确定，求 y'．

解（方法一） 方程两边同时对 x 求导，注意到 y 是关于 x 的函数，得

$$y'=1+\varepsilon\cos y\cdot y',$$

于是

$$y'=\frac{1}{1-\varepsilon\cos y}.$$

（方法二） 两边求微分得，$\mathrm{d}y=\mathrm{d}x+\varepsilon\cos y\mathrm{d}y$，解得

$$\frac{\mathrm{d}y}{\mathrm{d}x}=\frac{1}{1-\varepsilon\cos y}.$$

例 5.4.5 设函数 $y=y(x)$ 由方程 $xy-\mathrm{e}^x+\mathrm{e}^y=0$ 确定，求 $y'(0)$．

解 方程两边同时对 x 求导，得

$$y+xy'-\mathrm{e}^x+\mathrm{e}^y y'=0,$$

于是

$$y'=\frac{\mathrm{e}^x-y}{x+\mathrm{e}^y}.$$

或 $\mathrm{d}(xy)-\mathrm{d}\mathrm{e}^x+\mathrm{d}\mathrm{e}^y=0$，即 $y\mathrm{d}x+x\mathrm{d}y-\mathrm{e}^x\mathrm{d}x+\mathrm{e}^y\mathrm{d}y=0$，解得

$$y'=\frac{\mathrm{e}^x-y}{x+\mathrm{e}^y}.$$

把 $x=0$ 代入原方程，得 $-1+\mathrm{e}^y=0$，即当 $x=0$ 时有 $y=0$，代入上式得

$$y'(0)=\left.\frac{\mathrm{e}^x-y}{x+\mathrm{e}^y}\right|_{(0,0)}=1.$$

例 5.4.6 求曲线 $x^3+y^3-xy-7=0$ 在点 $(1,2)$ 处的切线方程和法线方程．

解 方程两边同时对 x 求导，得

$$3x^2+3y^2y'-y-xy'=0,$$

于是

$$y'=\frac{y-3x^2}{3y^2-x}.$$

当 $x=1,y=2$ 时，有

$$y'(1)=\left.\frac{y-3x^2}{3y^2-x}\right|_{(1,2)}=-\frac{1}{11},$$

因此所求切线方程为

$$y-2=-\frac{1}{11}(x-1)\text{，即 } x+11y-23=0.$$

又由于法线斜率为11，从而所求法线方程为

$$y-2=11(x-1)\text{，即 } 11x-y-9=0.$$

形如

$$y=u(x)^{v(x)}\text{，其中 } u(x)>0 \tag{5.4.3}$$

的函数可称为**幂指函数**. 对于幂指函数的求导，类似于例 5.2.9 将函数转化为

$$u(x)^{v(x)}=\mathrm{e}^{v(x)\ln u(x)},$$

然后利用复合函数的求导法则.

另外也可式（5.4.3）两边取对数，得

$$\ln y=v(x)\ln u(x),$$

利用隐函数求导或微分的方法，两边对 x 求导，得

$$\frac{1}{y}y'=v'(x)\ln u(x)+v(x)\frac{1}{u(x)}u'(x),$$

于是

$$y'=y\left(v'(x)\ln u(x)+\frac{v(x)}{u(x)}u'(x)\right)=u(x)^{v(x)}\left(v'(x)\ln u(x)+\frac{v(x)}{u(x)}u'(x)\right). \tag{5.4.4}$$

以上方法称为**对数求导法**. 式（5.4.4）不必记忆，在求解具体问题时，只要按对数求导法的具体步骤来求即可. 切记遇幂指函数求导时，没有基本导数公式可用，必须先变形，再求导.

例 5.4.7 设 $y=(\sin x)^x,\ 0<x<\frac{\pi}{2}$，求 y'.

解 两边取对数，得

$$\ln y=x\ln\sin x,$$

上式两边同时对 x 求导，得

$$\frac{1}{y}y'=\ln\sin x+x\cot x,$$

于是

$$y'=(\sin x)^x(\ln\sin x+x\cot x).$$

对数求导法不仅适用于幂指函数，还可应用于多个函数相乘（或商）求导的情形.

例 5.4.8 设 $y=\frac{(x+1)\sqrt[3]{x-1}}{(x+4)^2\mathrm{e}^x},\ x>1$，求 y'.

解 两边取对数，得

$$\ln y=\ln(x+1)+\frac{1}{3}\ln(x-1)-2\ln(x+4)-x,$$

上式两边同时对 x 求导，得

$$\frac{1}{y}y'=\frac{1}{x+1}+\frac{1}{3(x-1)}-\frac{2}{x+4}-1,$$

整理后，得

$$y'=\frac{(x+1)\sqrt[3]{x-1}}{(x+4)^2\mathrm{e}^x}\left[\frac{1}{x+1}+\frac{1}{3(x-1)}-\frac{2}{x+4}-1\right].$$

本例也可利用第二节中介绍的求导法则来求其导数，但非常繁琐，而用对数求导法更加便捷.

1. 求下列参变量函数的导数：

（1）$\begin{cases}x=\sqrt{t},\\ y=\sqrt[3]{t};\end{cases}$　　（2）$\begin{cases}x=a\cos^3 t,\\ y=a\sin^3 t;\end{cases}$

（3）$\begin{cases}x=\dfrac{t}{1+t},\\ y=\dfrac{1-t}{1+t};\end{cases}$　　（4）$\begin{cases}x=\ln(1+t^2),\\ y=t-\arctan t.\end{cases}$

2. 求曲线

$$\begin{cases}x=a(t-\sin t),\\ y=a(1-\cos t)\end{cases}$$

在 $t=\dfrac{\pi}{2}$ 所对应的点处的切线方程和法线方程.

3. 证明：两条心脏线 $r=a(1+\cos\theta)$, $r=a(1-\cos\theta)$ 在交点处的切线垂直.

4. 求下列隐函数的导数：

（1）$y^5+xy+x^5=0$；　　（2）$y-x-\sin y=0$；

（3）$y=\cos(x+y)$；　　（4）$\mathrm{e}^{xy}+x^2y-1=0$；

（5）$\arctan\dfrac{y}{x}=\ln\sqrt{x^2+y^2}$；　　（6）$\sin(y^2)=\cos\sqrt{x}$.

5. 设函数 $y=y(x)$ 由下列方程确定，求 $y'(0)$：

（1）$y=-y\mathrm{e}^x+2\mathrm{e}^y\sin x-7x$；　　（2）$y\mathrm{e}^{xy}-x+1=0$；

（3）$\sin(xy)-\ln\dfrac{x+1}{y}=x$.

6. 利用一阶微分的形式不变性，求下列隐函数 $y=y(x)$ 的微分 $\mathrm{d}y$：

（1）$\sin(y^2)=\cos\sqrt{x}$；　　（2）$x^2+2xy-y^2=a^2$；

（3）$y=\mathrm{e}^{-\frac{x}{y}}$；　　（4）$(x+y)^2(2x+y)^3=1$.

7. 求曲线 $e^y + xy = e$ 在点 (0, 1) 处的切线方程和法线方程.

8. 利用对数求导法，求下列函数的导数：

（1）$y = x^{\sin x}$；

（2）$y = x(\sin x)^x$；

（3）$y = x^{x^x}$；

（4）$y = \sqrt[x]{x}$；

（5）$y = (1+x^2)^{\tan x}$；

（6）$y = \dfrac{(x^2+2)^2}{(x^4+1)(x^2+1)}$；

（7）$y = \dfrac{(x-1)^3\sqrt{x+1}}{e^x(x+2)^2}$；

（8）$y = (x-1)(x-2)^2\cdots(x-n)^n$.

9. 设由参数方程

$$\begin{cases} x = 2t + 3t^2, \\ y = t^2 + 2t^3 \end{cases}$$

确定函数 $y = y(x)$，证明：

$$y = \left(\frac{dy}{dx}\right)^2 + 2\left(\frac{dy}{dx}\right)^3.$$

第五节 高阶导数和高阶微分

一、高阶导数的概念

在第一节中已经介绍过质点作变速直线运动，其运动规律为 $s = s(t)$，而瞬时速度 $v(t)$ 是位移函数 $s(t)$ 关于时间 t 的变化率，即 $v(t) = s'(t)$. 加速度是速度 $v(t)$ 关于时间 t 的变化率，即 $a(t) = v'(t) = (s'(t))'$，则加速度 $a(t)$ 是 $s(t)$ 的导数的导数，加速度 $a(t)$ 称为 $s(t)$ 的关于时间 t 的二阶导数. 一般地，

定义 5.5.1 （1）若函数 $y = f(x)$ 的导函数 $f'(x)$ 在点 x_0 处可导，即极限

$$\lim_{\Delta x \to 0} \frac{f'(x_0 + \Delta x) - f'(x_0)}{\Delta x}$$

存在，则称 $f(x)$ 在点 x_0 处**二阶可导**，该极限称为 $f(x)$ 在点 x_0 处的**二阶导数**，记为

$$f''(x_0) \text{ 或 } y''(x_0)，\left.\frac{d^2 f}{dx^2}\right|_{x=x_0}，\left.\frac{d^2 y}{dx^2}\right|_{x=x_0}.$$

若 $f(x)$ 在区间 I 上每一点都二阶可导，则称 $f(x)$ 在 I 上二阶可导，并把相应的二阶导函数（简称二阶导数）记为

$$f''(x) \text{ 或 } y''，\frac{d^2 f}{dx^2}，\frac{d^2 y}{dx^2}.$$

（2）若函数 $f(x)$ 的 $n-1$ 阶导函数在点 x_0 处可导，则称 $f(x)$ 在点 x_0 处 **n 阶可导**，并把它在

点 x_0 处的 **n 阶导数**记为

$$f^{(n)}(x_0) \text{ 或 } y^{(n)}(x_0) ,\quad \left.\frac{\mathrm{d}^n f}{\mathrm{d}x^n}\right|_{x=x_0} ,\quad \left.\frac{\mathrm{d}^n y}{\mathrm{d}x^n}\right|_{x=x_0} .$$

相应地，n 阶导函数（简称 n 阶导数）记为

$$f^{(n)}(x) \text{ 或 } y^{(n)} ,\quad \frac{\mathrm{d}^n f}{\mathrm{d}x^n} ,\quad \frac{\mathrm{d}^n y}{\mathrm{d}x^n} . \tag{5.5.1}$$

二阶及二阶以上的导数统称为**高阶导数**. 自然地，称 $f'(x)$ 为 $f(x)$ 的**一阶导数**，为了方便，把 $f(x)$ 称为它本身的**零阶导数**，记为 $f^{(0)}(x)=f(x)$.

注 对四阶或四阶以上的导数，都会采用式（5.5.1）中的记号.

显然，求高阶导数只需要按定义一阶一阶地求导即可.

例 5.5.1 设 $y=\ln(1+x^2)$ ，求 y'' .

解 因为

$$y'=\frac{1}{1+x^2}(1+x^2)'=\frac{2x}{1+x^2} ,$$

所以

$$y''=\frac{(2x)'(1+x^2)-2x(1+x^2)'}{(1+x^2)^2}=\frac{2(1-x^2)}{(1+x^2)^2} .$$

例 5.5.2 设 $y=\mathrm{e}^x(\sin x+\cos x)$ ，求 y''' .

解 因为

$$y'=\mathrm{e}^x(\sin x+\cos x)+\mathrm{e}^x(\cos x-\sin x)=2\mathrm{e}^x\cos x ,$$

于是

$$y''=2[\mathrm{e}^x\cos x+\mathrm{e}^x(-\sin x)]=2\mathrm{e}^x(\cos x-\sin x) ,$$

因此

$$y'''=2[\mathrm{e}^x(\cos x-\sin x)+\mathrm{e}^x(-\sin x-\cos x)]=-4\mathrm{e}^x\sin x .$$

例 5.5.3 求 $y=x^\alpha, x>0$ 的 n 阶导数($\alpha\in\mathbf{R}$).

解 由幂函数的求导公式，得

$$\begin{aligned}
&y'=\alpha x^{\alpha-1},\\
&y''=(\alpha x^{\alpha-1})'=\alpha(\alpha-1)x^{\alpha-2},\\
&y'''=[\alpha(\alpha-1)x^{\alpha-2}]'=\alpha(\alpha-1)(\alpha-2)x^{\alpha-3},
\end{aligned}$$

再利用数学归纳法可以证明：

$$y^{(n)}=\alpha(\alpha-1)\cdots(\alpha-n+1)x^{\alpha-n} .$$

特别地，$(x^n)^{(n)}=n!$ ，$(x^n)^{(n+1)}=0$ ；$\left(\dfrac{1}{1+x}\right)^{(n)}=(-1)^n\dfrac{n!}{(1+x)^{n+1}}$.

例 5.5.4 求 $y=a^x\,(a>0, a\neq 1)$ 的 n 阶导数.

解 由指数函数的求导公式，得

$$y' = a^x \ln a,$$
$$y'' = (a^x \ln a)' = a^x \ln^2 a,$$
$$y''' = (a^x \ln^2 a)' = a^x \ln^3 a,$$

再利用数学归纳法可以证明：

$$y^{(n)} = a^x \ln^n a .$$

特别地，当 $y = \mathrm{e}^x$ 时，有

$$(\mathrm{e}^x)^{(n)} = \mathrm{e}^x, n \in \mathbf{N}_+ ,$$

即指数函数 $y = \mathrm{e}^x$ 的各阶导数等于函数本身.

例 5.5.5 设 $y = \sin x$，求 $y^{(n)}$.

解 由三角函数的求导公式，得

$$y' = \cos x = \sin\left(x + \frac{\pi}{2}\right),$$
$$y'' = \left(\sin\left(x + \frac{\pi}{2}\right)\right)' = \cos\left(x + \frac{\pi}{2}\right) = \sin\left(x + \frac{2\pi}{2}\right),$$
$$y''' = \left(\sin\left(x + \frac{2\pi}{2}\right)\right)' = \cos\left(x + \frac{2\pi}{2}\right) = \sin\left(x + \frac{3\pi}{2}\right),$$

再利用数学归纳法可以证明：

$$(\sin x)^{(n)} = \sin\left(x + \frac{n\pi}{2}\right).$$

同理可得

$$(\cos x)^{(n)} = \cos\left(x + \frac{n\pi}{2}\right).$$

例 5.5.6 设 $y = \ln(a + x)$，求 $y^{(n)}$.

解 因为 $y' = \dfrac{1}{a+x}$，$y^{(n)} = (y')^{(n-1)}$. 由例 5.5.3 知

$$\left(\frac{1}{a+x}\right)^{(n-1)} = (-1)^{n-1} \frac{(n-1)!}{(a+x)^n} ,$$

故

$$(\ln(a+x))^{(n)} = (-1)^{n-1} \frac{(n-1)!}{(a+x)^n} .$$

二、高阶导数的运算法则

定理 5.5.1 若函数 $u(x)$ 和 $v(x)$ 在区间 I 上 n 阶可导，则

（1）$(u(x) \pm v(x))^{(n)} = u^{(n)}(x) \pm v^{(n)}(x)$；

（2）$(Cu(x))^{(n)} = Cu^{(n)}(x)$（$C \in \mathbf{R}$）；

（3）$(u(x)v(x))''=u''(x)v(x)+2u'(x)v'(x)+u(x)v''(x)$.

事实上，

$$\begin{aligned}(u(x)v(x))''&=(u'(x)v(x)+u(x)v'(x))'\\&=u''(x)v(x)+u'(x)v'(x)+u'(x)v'(x)+u(x)v''(x)\\&=u''(x)v(x)+2u'(x)v'(x)+u(x)v''(x).\end{aligned}$$

$$(u(x)v(x))'''=u'''(x)v(x)+3u''(x)v'(x)+3u'(x)v''(x)+u(x)v'''(x).$$

利用数学归纳法，我们不难证明如下定理.

定理 5.5.2 若函数 $u(x)$ 和 $v(x)$ 在区间 I 上 n 阶可导，则

$$\begin{aligned}(u(x)v(x))^{(n)}&=\sum_{k=0}^{n}(\mathrm{C}_n^k u^{(n-k)}(x)v^{(k)}(x))\\&=u^{(n)}(x)v(x)+\mathrm{C}_n^1u^{(n-1)}(x)v'(x)+\cdots+\mathrm{C}_n^k u^{(n-k)}(x)v^{(k)}(x)+\cdots+u(x)v^{(n)}(x).\end{aligned}$$

其中 $u^{(0)}(x)=u(x)$，$v^{(0)}(x)=v(x)$，这个公式称为**莱布尼茨公式**.

注 上述莱布尼茨公式形式上与二项式展开式 $(a+b)^n=\sum\limits_{k=0}^{n}(\mathrm{C}_n^k a^{n-k}b^k)$ 很相似.

例 5.5.7 设 $y=\ln(x^2+5x+6)$，求 $y^{(n)}$.

解 因为 $y=\ln((x+3)(x+2))=\ln(x+3)+\ln(x+2)$，由例 5.5.6 得

$$(\ln(x+3))^{(n)}=\frac{(-1)^{n-1}(n-1)!}{(x+3)^n},\quad (\ln(x+2))^{(n)}=\frac{(-1)^{n-1}(n-1)!}{(x+2)^n},$$

所以

$$y^{(n)}=(\ln(x+3))^{(n)}+(\ln(x+2))^{(n)}=(-1)^{n-1}(n-1)!\left[\frac{1}{(x+3)^n}+\frac{1}{(x+2)^n}\right].$$

例 5.5.8 设 $y=x^2\ln(1+x)$，求 $y^{(20)}$.

解 由于 $(x^2)'=2x$，$(x^2)''=2$，$(x^2)^{(n)}=0$（$n>2$），由例 5.5.6 和莱布尼茨公式，得

$$\begin{aligned}y^{(20)}&=(\ln(1+x)\cdot x^2)^{(20)}=\sum_{k=0}^{20}\mathrm{C}_{20}^k(\ln(1+x))^{(20-k)}(x^2)^{(k)}\\&=(\ln(1+x))^{(20)}x^2+\mathrm{C}_{20}^1(\ln(1+x))^{(19)}(x^2)'+\mathrm{C}_{20}^2(\ln(1+x))^{(18)}(x^2)''+0\\&=-\frac{19!x^2}{(1+x)^{20}}+\frac{40\cdot 18!x}{(1+x)^{19}}-\frac{380\cdot 17!}{(1+x)^{18}}.\end{aligned}$$

对于隐函数和参变量函数也同样有高阶导数的情形.

例 5.5.9 设函数 $y=y(x)$ 由圆方程 $x^2+y^2=1$ 确定，求 y''.

解 方程两边同时对 x 求导，得

$$2x+2yy'=0,$$

由此得出 $y'=-\dfrac{x}{y}$，且

$$y''=\left(-\frac{x}{y}\right)'=-\frac{y-xy'}{y^2}.$$

将 $y'=-\dfrac{x}{y}$ 代入上式，即可得到

$$y''=-\frac{y^2+x^2}{y^3}=-\frac{1}{y^3}.$$

例 5.5.10 设函数 $y=y(x)$ 由方程 $y=x+e^{xy}$ 确定，求 $y''(0)$.

解 显然当 $x=0$ 时，$y=1$. 方程两边同时对 x 求导，得

$$y'=1+e^{xy}(y+xy'), \tag{5.5.2}$$

将 $x=0$，$y=1$ 代入式（5.5.2），得 $y'(0)=2$. 因为 y 和 y' 都是关于 x 的函数，式（5.5.2）两边对 x 求导，得

$$y''=e^{xy}(y+xy')^2+e^{xy}(2y'+xy''). \tag{5.5.3}$$

再将 $x=0$，$y=1$，$y'(0)=2$ 代入式（5.5.3），得

$$y''(0)=5.$$

参数方程

$$\begin{cases}x=\varphi(t),\\ y=\psi(t),\end{cases}\quad t\in[\alpha,\beta]$$

确定的参变量函数 $y=y(x)$ 的导数为

$$\frac{dy}{dx}=\frac{\psi'(t)}{\varphi'(t)}.$$

若函数 $\varphi(t)$ 和 $\psi(t)$ 在区间 $[\alpha,\beta]$ 上二阶可导，则

$$\begin{cases}x=\varphi(t),\\ \dfrac{dy}{dx}=\dfrac{\psi'(t)}{\varphi'(t)},\end{cases}$$

然后由二阶导数定义和微商运算，得

$$\frac{d^2y}{dx^2}=\frac{d\left(\dfrac{dy}{dx}\right)}{dx}=\frac{\left(\dfrac{\psi'(t)}{\varphi'(t)}\right)'dt}{\varphi'(t)dt}=\frac{\psi''(t)\varphi'(t)-\psi'(t)\varphi''(t)}{(\varphi'(t))^3}. \tag{5.5.4}$$

式（5.5.4）不必记忆，在求解具体问题时，只要按上述讨论的步骤进行逐阶求导即可.

例 5.5.11 设由参数方程

$$\begin{cases}x=a\cos t,\\ y=b\sin t\end{cases}$$

确定函数 $y=y(x)$，求 $\dfrac{\mathrm{d}^2y}{\mathrm{d}x^2}$.

解 由于

$$\frac{\mathrm{d}y}{\mathrm{d}x}=\frac{(b\sin t)'}{(a\cos t)'}=\frac{b\cos t}{-a\sin t}=-\frac{b}{a}\cot t,$$

所以

$$\frac{\mathrm{d}^2y}{\mathrm{d}x^2}=\frac{\left(-\dfrac{b}{a}\cot t\right)'}{(a\cos t)'}=\frac{\dfrac{b}{a}\csc^2 t}{-a\sin t}=-\frac{b}{a^3}\csc^3 t.$$

三、高阶微分

类似于高阶导数，高阶微分定义如下：

定义 5.5.2 若函数 $y=f(x)$ 在区间 I 上二阶可导，则称一阶微分 $\mathrm{d}y$ 的微分为函数的**二阶微分**，记为

$$\mathrm{d}(\mathrm{d}y)=\mathrm{d}^2y.$$

一般地，称 $n-1$ 阶微分 $\mathrm{d}^{n-1}y$ 的微分为函数的 **n 阶微分**，记为

$$\mathrm{d}(\mathrm{d}^{n-1}y)=\mathrm{d}^ny.$$

二阶及二阶以上微分统称为**高阶微分**. 下面进一步说明高阶微分的表达式. 已知函数 $y=f(x)$ 的一阶微分为

$$\mathrm{d}y=f'(x)\mathrm{d}x.$$

当 x 为自变量时，则 $\mathrm{d}x$（即 Δx）可以看成常数，对上式两边同时求微分可得

$$\mathrm{d}^2y=\mathrm{d}(\mathrm{d}y)=\mathrm{d}(f'(x)\mathrm{d}x)=f''(x)\mathrm{d}x\cdot\mathrm{d}x=f''(x)\mathrm{d}x^2,$$

其中 $\mathrm{d}x^2=(\mathrm{d}x)^2$. 以此类推，可以将 $f(x)$ 的 n 阶微分表示为

$$\mathrm{d}^ny=f^{(n)}(x)\mathrm{d}x^n,$$

其中 $\mathrm{d}x^n=(\mathrm{d}x)^n$. 这说明，函数的 n 阶微分等于函数的 n 阶导数乘以自变量的微分的 n 次幂，由此得出

$$f^{(n)}(x)=\frac{\mathrm{d}^ny}{\mathrm{d}x^n},$$

这与前面的 n 阶导数的记号保持一致.

注 $\mathrm{d}x^2, \mathrm{d}^2x$ 和 $\mathrm{d}(x^2)$ 三者之间是有区别的. $\mathrm{d}x^2=(\mathrm{d}x)^2$ 是指变量的微分的平方；d^2x 表示变量 x 的二阶微分，若看成函数 $y=x$ 的二阶微分，则 $\mathrm{d}^2x=0$；而 $\mathrm{d}(x^2)=2x\mathrm{d}x$ 则表示函数 $y=x^2$ 的一阶微分.

不同于一阶微分的形式不变性，高阶微分不再具有这个性质. 例如，若函数 $y=f(x)$ 具有二阶微分，则有

（1）当 x 是自变量时，则

$$d^2y=f''(x)dx^2\,; \tag{5.5.5}$$

（2）当 x 是中间变量时，不妨设 $x=g(t)$ 是关于自变量 t 的函数，则由一阶微分的形式不变性可得

$$dy=f'(x)dx\,,$$

对上式两边同时求微分，有

$$d^2y=dx\cdot d(f'(x))+f'(x)\cdot d(dx)=f''(x)dx^2+f'(x)d^2x\,. \tag{5.5.6}$$

因为上式中 x 是中间变量，所以 $d^2x\neq 0$，也就是说它比式（5.5.5）多了一项 $f'(x)d^2x$，因此二阶微分不具有形式不变性.

例 5.5.12　设 $y=e^{\sin x}$，求 d^2y.

解　令 $y=e^u, u=\sin x$，由式（5.5.6）可得

$$\begin{aligned}d^2y&=(e^u)''du^2+(e^u)'d^2u\\&=e^u(du)^2+e^u d^2u\\&=e^{\sin x}(\cos x dx)^2-e^{\sin x}\sin x dx^2\\&=(\cos^2 x-\sin x)e^{\sin x}dx^2.\end{aligned}$$

更直接的做法是先求函数关于 x 的二阶导数，即

$$y''=(e^{\sin x})''=(e^{\sin x}\cos x)'=(\cos^2 x-\sin x)e^{\sin x}\,,$$

再利用式（5.5.5），便可得到

$$d^2y=(\cos^2 x-\sin x)e^{\sin x}dx^2\,.$$

对于高阶微分，这样做的好处是不必记忆公式，且不容易出错.

1. 求下列函数的高阶导数：

（1）$y=\ln\sin x$，求 y''；　　（2）$y=e^{-x^2}$，求 y''；

（3）$y=x\arcsin\dfrac{x}{2}+\sqrt{4-x^2}$，求 y''；　　（4）$y=\sin(x^2)$，求 y'''；

（5）$y=x^3e^{2x}$，求 y'''；　　（6）$y=\ln(x+\sqrt{1+x^2})$，求 y'''.

2. 求下列函数的 n 阶导数：

（1）$y=\ln x$；　　（2）$y=\cos x$；

（3） $y=\sin^2 x+\cos^4 x$；

（4） $y=\dfrac{ax+b}{cx+d}$；

（5） $y=x^2\sin x$；

（6） $y=x^3\ln x$；

（7） $y=a_n x^n+a_{n-1}x^{n-1}+\cdots+a_1 x+a_0$.

3. 讨论函数

$$f(x)=\begin{cases} x^2, & x\geqslant 0, \\ -x^2, & x<0 \end{cases}$$

的 n 阶导数.

4. 设函数 $f(x)$ 二阶可导，求下列函数的二阶导数：

（1） $y=f(x+y)$；

（2） $y=f(xy)$；

（3） $y=f(f(x))$；

（4） $y=f(\arcsin x)$.

5. 求下列各题的导数：

（1） $\dfrac{1}{2}\sin y=y-x$，求 y''；

（2） $\mathrm{e}^y+xy=\mathrm{e}$，求 $y''(0)$；

（3） $y=x+\arctan y$，求 y''；

（4） $x^2+5xy+y^2-2x+y-6=0$，求点 $(1,1)$ 处的 y''.

6. 求下列参变量函数的二阶导数：

（1） $\begin{cases} x=t+\arctan t, \\ y=t^3+6t; \end{cases}$

（2） $\begin{cases} x=a\cos t, \\ y=b\sin t; \end{cases}$

（3） $\begin{cases} x=\mathrm{e}^t\sin t, \\ y=\mathrm{e}^t\cos t; \end{cases}$

（4） $\begin{cases} x=\ln t, \\ y=\dfrac{1}{1-t}. \end{cases}$

7. 设函数 $f(x)=|\sin x|^3, x\in(-1,1)$. 证明：$f(x)$ 在点 $x=0$ 处的三阶导数不存在.

8. 求下列函数的高阶微分：

（1） $y=x\sin x$，求 $\mathrm{d}^2 y$；

（2） $y=\sqrt{1-x^2}$，求 $\mathrm{d}^2 y$；

（3） $y=\dfrac{\ln x}{x}$，求 $\mathrm{d}^2 y$；

（4） $y=x^2\mathrm{e}^{-x}$，求 $\mathrm{d}^3 y$；

（5） $y=3\sin(2x+5)$，求 $\mathrm{d}^n y$.

第五章 总练习题

一、填空题

1. 设 $f'(1)=2$，则 $\lim\limits_{x\to 1}\dfrac{f(x)-f(1)}{x^2-1}=$ ________.

2. 设 $y=\dfrac{1-\ln x}{1+\ln x}$，则 $y'=$ ________.

3. 曲线 $\begin{cases} x=\cos t+\cos^2 t, \\ y=1+\sin t \end{cases}$ 上对应点 $t=\dfrac{\pi}{4}$ 处的法线斜率为________.

4. 已知 $\mathrm{d}f(\sin 2x)\big|_{x=0}=\mathrm{d}x$，则 $f'(0)=$________.

5. 设 $f(x)=\sin\left(2x+\dfrac{\pi}{6}\right)$，则 $f^{(2024)}(0)=$________.

二、选择题

1. 若 $f'(x_0)=1$，则 $\lim\limits_{\Delta x\to 0}\dfrac{f(x_0+3\Delta x)-f(x_0-4\Delta x)}{\Delta x}=$（　　）.

A．-1　　　　B．1

C．-7　　　　D．7

2. 已知由 $\begin{cases} x=f'(t), \\ y=tf'(t)-f(t) \end{cases}$ 确定的参变量函数 $y=y(x)$ 二阶导数存在（其中 $f''(t)\neq 0$），则 $\dfrac{\mathrm{d}^2 y}{\mathrm{d}x^2}=$（　　）.

A. 1　　　　B. 0　　　　C. $\dfrac{1}{f''(t)}$　　　　D. $1-\dfrac{f'(t)}{f''(t)}$

3. 设 $f(x)=\lim\limits_{n\to\infty}\sqrt[n]{1+|x|^{3n}}$，则 $f(x)$ 在 $(-\infty,+\infty)$ 内（　　）.

A．处处可导　　　　B．恰有一个不可导点

C．恰有两个不可导点　　　　D．至少有三个不可导点

4. 设 $y=\dfrac{x+1}{x+2}$，则 $y^{(n)}=$（　　）.

A．$\dfrac{(-1)^n n!}{(x+2)^{n+1}}$　　　　B．$\dfrac{(-1)^{n+1} n!}{(x+2)^{n+1}}$

C．$\dfrac{(-1)^{n-1}(n-1)!}{(x+2)^n}$　　　　D．$\dfrac{(-1)^n (n-1)!}{(x+2)^n}$

5. 设函数 $y=f(x)$ 可导，且 $f'(x)>0$, Δx 为自变量在点 x_0 处的增量，Δy 与 $\mathrm{d}y$ 分别为函数在点 x_0 处的增量与微分，若 $\Delta x<0$，则（　　）.

A．$\Delta y>0, \mathrm{d}y>0$　　　　B．$\Delta y<0, \mathrm{d}y<0$

C．$\Delta y>0, \mathrm{d}y<0$　　　　D．$\Delta y<0, \mathrm{d}y>0$

三、解答题

1. 函数 $y=\mathrm{e}^{-|x|}$ 在点 $x=0$ 处是否连续，是否可导，为什么？

2. 设函数

$$f(x)=\begin{cases} x^2\sin\dfrac{\pi}{x}, & x<0, \\ c, & x=0, \\ ax^2+b, & x>0, \end{cases}$$ 其中 a, b, c 为常数，

试确定 a, b, c 的值，使得 $f(x)$ 在点 $x=0$ 处可导.

3. 已知一直线与曲线 $y=0.1x^3$ 相切于点 $x=2$，且与此曲线相交于另一点，求另一交点的坐标.

4. 设函数 $\varphi(x)$ 在点 $x=a$ 处连续，分别讨论下列函数在点 $x=a$ 处是否可导：

（1）$f(x)=(x-a)\varphi(x)$；（2）$f(x)=|x-a|\varphi(x)$；

（3）$f(x)=(x-a)|\varphi(x)|$.

5. 设函数 $f(x)=(x-a)^2\varphi(x)$，其中 $\varphi'(x)$ 在点 $x=a$ 的某邻域内连续，求 $f''(a)$.

6. 举出一个函数在 $(-\infty,+\infty)$ 内二阶可微，使得 $f''(x)$ 在点 $x=0$ 处不连续，其余处处连续.

四、证明题

1. 证明：双曲线 $xy=a^2$ 上任一点的切线与两坐标轴围成的三角形的面积等于常数.

2. 设函数 $f(x)$ 在点 $x=a$ 处连续，且 $|f(x)|$ 在点 $x=a$ 处可导. 证明：$f(x)$ 在点 $x=a$ 处也可导.

3. 设函数 $f(x)$ 在点 $x=1$ 处二阶可导，证明：若 $f'(1)=f''(1)=0$，则在点 $x=1$ 处有

$$\frac{\mathrm{d}}{\mathrm{d}x}f(x^2)=\frac{\mathrm{d}^2}{\mathrm{d}x^2}f^2(x).$$

4. 利用数学归纳法证明：

$$(x^{n-1}\mathrm{e}^{\frac{1}{x}})^{(n)}=\frac{(-1)^n}{x^{n+1}}\mathrm{e}^{\frac{1}{x}}.$$

PART SIX

第六章　微分中值定理及其应用

观察一个运动的物体时容易发现，某时间段的平均速度一定会与该时间段内某一时刻的瞬时速度相等的规律. 要从理论上说明此规律并不容易，此规律本质上是函数值与函数导数之间的数量关系，微分中值定理的发现揭示了函数导数与函数值之间的关系，它是研究函数性质最重要的工具之一，也很完美地说明了该运动规律的正确性.

本章先介绍中值定理，然后以导数为工具研究函数的单调性、极值、最值、凸性以及用多项式函数近似表达（逼近）比较复杂的函数等问题.

第一节　拉格朗日中值定理与导函数的性质

一、函数极值概念及费马定理

先引入函数局部最值的概念——**极值**，然后给出取得极值的必要条件——**费马**（Fermat，1601—1665 年，法国）**定理**.

定义 6.1.1　若函数 $f(x)$ 在某邻域 $U(x_0)$ 内对一切 $x \in U(x_0)$，都有

$$f(x_0) \geqslant f(x) \quad (f(x_0) \leqslant f(x)),$$

则称 $f(x_0)$ 为函数 $f(x)$ 的**极大（小）值**，或称函数 $f(x)$ 在点 x_0 处取得极大（小）值，极大值、极小值统称**极值**. 称点 x_0 是 $f(x)$ 的**极大（小）值点**，极大值点、极小值点统称**极值点**.

如果定义 6.1.1 中的 $f(x_0) \geqslant f(x)$（$f(x_0) \leqslant f(x)$）改为 $f(x_0) > f(x)$（$f(x_0) < f(x)$），则称 $f(x)$ 在点 x_0 处取得**严格极大（小）值**.

注　（1）极值的概念是局部性的，最值是整体性的概念.

若 $f(x_0)$ 是函数 $f(x)$ 的一个极大（小）值，则 $f(x_0)$ 是 $f(x)$ 在某邻域 $U(x_0)$ 内的一个最大（小）值，却不一定是 $f(x)$ 在定义域 D_f 上的最大（小）值. 如果 $f(x)$ 在区间内的最大（小）值，则该最大（小）值是 $f(x)$ 的极大（小）值.

（2）函数 $f(x)$ 的一个最大值不小于最小值，但 $f(x)$ 的一个极大值可能比其极小值小.

（3）极值点是函数 $f(x)$ 定义区间内的点，它不会是区间的端点.

如图 6.1.1 所示，函数 $f(x)$ 在 $[a,b]$ 上有两个极大值 $f(x_2), f(x_5)$；三个极小值 $f(x_1), f(x_4), f(x_6)$，其中极大值 $f(x_2)$ 比极小值 $f(x_6)$ 小. 在闭区间 $[a,b]$ 上，极小值 $f(x_1)$ 为最小值，而最大值是 $f(b)$，没有一个极大值为最大值.

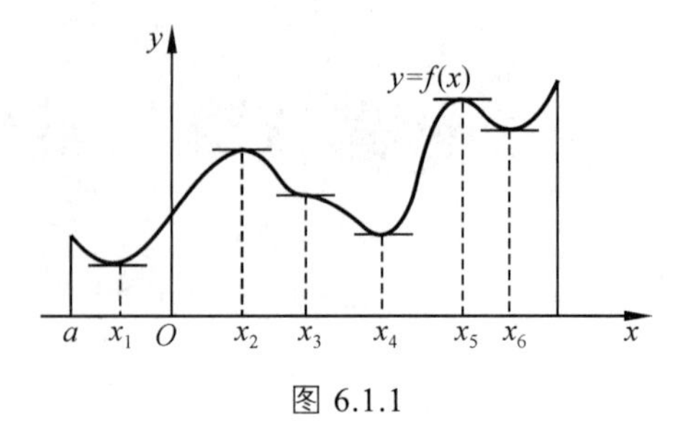

图 6.1.1

引理 6.1.1 若 $f'_+(x_0)>0$，则 $\exists\delta>0$，当 $\forall x\in(x_0,x_0+\delta)$ 时，有 $f(x)>f(x_0)$.

证 因为 $f'_+(x_0)=\lim\limits_{x\to x_0^+}\dfrac{f(x)-f(x_0)}{x-x_0}>0$，由极限的局部保号性得，$\exists\delta>0$，当 $0<x-x_0<\delta$ 时，有 $\dfrac{f(x)-f(x_0)}{x-x_0}>0$，因此 $f(x)>f(x_0)$.

类似地，可分别讨论 $f'_-(x_0)>0$，$f'_+(x_0)<0$，$f'_-(x_0)<0$ 的情况.

问题 若 $f'_+(x_0)>0$，是否 $\exists\delta>0$，使得函数 $y=f(x)$ 在 $(x_0,x_0+\delta)$ 内单调增加？

（不一定，如 $f(x)=x-x^2D(x)$，$f'(0)=1>0$，$y=f(x)$ 在 $(0,\delta)$ 内不是单调的）.

定理 6.1.1（费马定理） 函数 $f(x)$ 在某邻域 $U(x_0)$ 内有定义，若 $f(x)$ 在 x_0 处可导且取得极值，则 $f'(x_0)=0$.

证 不妨设 $f(x_0)$ 是其极大值，则存在某邻域 $U(x_0)$，当 $\forall x\in U(x_0)$，有

$$f(x_0)\geqslant f(x).$$

若 $f'(x_0)>0$，则 $f'_+(x_0)>0$，由引理 6.1.1 得，对 $\forall x\in U_+(x_0)$，有 $f(x)>f(x_0)$，与极大值矛盾. 若 $f'(x_0)<0$，则 $f'_-(x_0)<0$，对 $\forall x\in U_-(x_0)$，有 $f(x)>f(x_0)$，也与极大值矛盾. 因此 $f'(x_0)=0$.

定义 6.1.2 方程 $f'(x)=0$ 的根 x_0 称为 $f(x)$ 的**驻点**，即 $f'(x_0)=0$，又称为**稳定点（临界点）**.

注 （1）费马定理给出了函数在可导点取得极值的必要条件，非充分条件. 如：点 $x=0$ 是函数 $f(x)=x^3$ 的驻点，但不是其极值点.

（2）费马定理的两个条件若缺少一个，其结论不一定成立. 如：函数 $f(x)=x$ 在 $[-1,1]$ 上没有极值，其没有驻点. 另外，点 $x=0$ 是函数 $g(x)=|x|$ 在 $[-1,1]$ 上的极小值点，但其没有驻点.

总之，函数的极值点与其驻点互不包含，但是它们有密切联系.

二、罗尔定理

观察图 6.1.2 所示函数，不难发现曲线在点 D 处的切线是水平的，即切线与 AB 弦平行. 罗尔（Rolle，1652—1719 年，法国）定理将此几何事实用数学语言描述如下：

定理 6.1.2（罗尔定理） 设函数 $y=f(x)$ 满足下列条件：

（1）在闭区间 $[a,b]$ 上连续；

（2）在开区间 (a,b) 内可导；

（3）两个端点函数值相等，即 $f(a)=f(b)$.

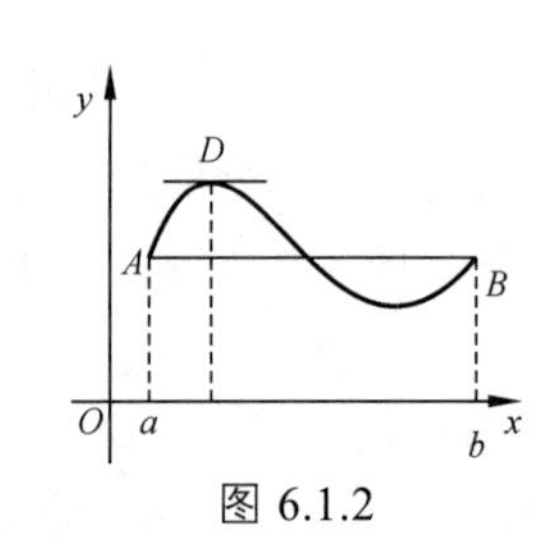

图 6.1.2

则至少存在一点 $\xi\in(a, b)$，使得 $f'(\xi)=0$.

证 由于 $f(x)$ 在闭区间 $[a, b]$ 上连续，则 $f(x)$ 在闭区间 $[a, b]$ 上一定存在最大值 M 和最小值 m，且 $M\geqslant m$.

（1）若 $M=m$，则 $f(x)$ 在闭区间 $[a, b]$ 上是常值函数，即 $f(x)=C$. 因此，任取 $\xi\in(a, b)$，都有 $f'(\xi)=0$.

（2）若 $M>m$，则 M 和 m 中至少有一个值不等于 $f(a)=f(b)$. 不妨设 $M\neq f(a)$，则至少存在一点 $\xi\in(a,b)$，使得 $f(\xi)=M$，由费马定理得，$f'(\xi)=0$.

注 罗尔定理三个条件若缺少一个，其结论不一定成立.

罗尔定理给出了函数驻点存在的充分条件，为解决方程 $f'(x)=0$ 解的存在性提供了方法，但通常这样的点是不易求出的.

例 6.1.1 证明：方程 $x-3e^x+4=0$ 有且仅有一个小于1的正根.

证 设 $f(x)=x-3e^x+4$，则 $f(x)$ 在 $[0, 1]$ 上连续，在 $(0, 1)$ 内可导，且 $f(0)=1>0$，$f(1)=5-3e<0$. 由零点定理（定理 4.3.3）得，$\exists x_0\in(0, 1)$，使得 $f(x_0)=0$，即 $x-3e^x+4=0$ 至少有一个小于 1 的正根 x_0.

若 $\exists x_1\in(0, 1)$，$x_1\neq x_0$，使得 $f(x_1)=0$. 由 $f(x)$ 在 $(0, 1)$ 内可导，在 x_0 与 x_1 构成的闭区间上 $f(x)$ 满足罗尔定理的条件，故至少存在介于 x_0 与 x_1 的一点 ξ，使得 $f'(\xi)=0$. 而 $\forall x\in(0,1)$，$f'(x)=1-3e^x<0$，矛盾. 因此 x_0 是方程 $x-3e^x+4=0$ 唯一小于1的正根.

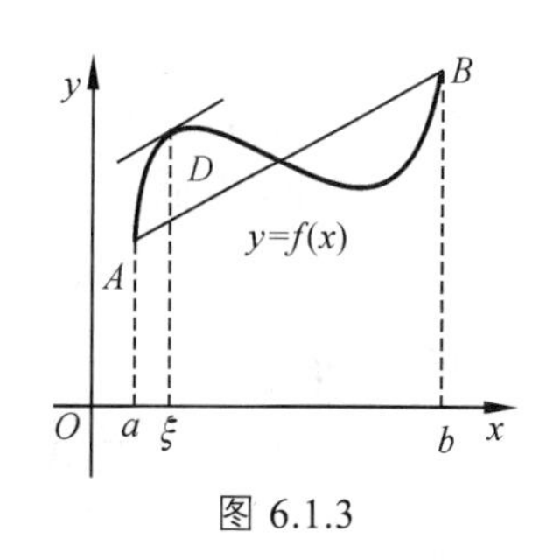

图 6.1.3

如图 6.1.3 所示，当函数 $y=f(x)$ 不满足罗尔定理中条件（3）时，曲线在点 D 处的切线与 AB 弦平行的事实仍存在，于是有拉格朗日（Lagrange，1736—1813 年，法国）中值定理.

三、拉格朗日中值定理

定理 6.1.3（拉格朗日中值定理） 设函数 $y=f(x)$ 满足下列条件：

（1）在闭区间 $[a, b]$ 上连续；

（2）在开区间 (a, b) 内可导.

则至少存在一点 $\xi\in(a, b)$，使得

$$f'(\xi)=\frac{f(b)-f(a)}{b-a} \quad \text{或} \quad f(b)-f(a)=f'(\xi)(b-a). \tag{6.1.1}$$

分析 定理结论可变形为：等式 $f(b)-f(a)-f'(x)(b-a)=0$ 在点 $\xi\in(a, b)$ 处成立. 如果能构造一个函数 $F(x)$，使 $F'(x)=f(b)-f(a)-f'(x)(b-a)$，且 $F(x)$ 在闭区间 $[a, b]$ 上满足罗尔定理的条件，则拉格朗日中值定理结论成立.

证 令 $F(x)=(f(b)-f(a))x-f(x)(b-a)$. 显然，$F(x)$ 在闭区间 $[a, b]$ 上连续，在开区间 (a, b) 内可导，且 $F(a)=af(b)-bf(a)=F(b)$. 由罗尔定理得，$\exists\xi\in(a, b)$，使得 $F'(\xi)=0$，因此结论成立.

注 当$b<a$时，式（6.1.1）也成立，并称式（6.1.1）为**拉格朗日中值公式**.

设$x, x+\Delta x \in (a, b)$，应用式（6.1.1）得

$$f(x+\Delta x)-f(x)=f'(x+\theta\Delta x)\Delta x \quad (0<\theta<1),$$

即

$$\Delta y=f'(x+\theta\Delta x)\Delta x \ (0<\theta<1). \tag{6.1.2}$$

式（6.1.2）称为**有限增量公式**，它精确表达了函数在一个区间上的增量值与函数在区间内某一点导数值之间的密切关系，是连接整体与局部的纽带.

另外，当函数$f(x)$满足$f(b)=f(a)$时，则拉格朗日定理就是罗尔定理. 由于其在微分学中占有重要地位，也称拉格朗日中值定理为**微分中值定理**.

进一步，有以下更一般的中值定理.

定理 6.1.4（一般中值定理） 设函数$f(x), g(x)$满足下列条件：

（1）在闭区间$[a, b]$上连续；

（2）在开区间(a, b)内可导.

则至少存在一点$\xi \in (a, b)$，使得

$$(f(b)-f(a))g'(\xi)=(g(b)-g(a))f'(\xi).$$

证 设$F(x)=(f(b)-f(a))g(x)-(g(b)-g(a))f(x)$，由于$F(x)$在$[a, b]$上满足罗尔中值定理的条件，因此结论成立.

当$g(x)=x$时，一般中值定理就是拉格朗日中值定理.

例 6.1.2 汽车在直线道路上行驶，设汽车的运动规律函数为$s(t)$，$s(t)$在$t\in[a,b]$上连续可导. 证明：在时段(a,b)内，汽车必有某一时刻的瞬时速度恰好等于时段$[a,b]$上汽车的平均速度.

证 由于$s(t)$满足定理 6.1.3 的条件，故存在一个时刻$t_0\in(a,b)$，使得

$$s'(t_0)=\frac{s(b)-s(a)}{b-a}.$$

又$s'(t_0)=v(t_0)$，$\overline{v}=\dfrac{s(b)-s(a)}{b-a}$，因此$v(t_0)=\overline{v}$.

例 6.1.3 证明：当$x>0$时，$\dfrac{x}{1+x}<\ln(1+x)<x$.

证 设$f(t)=\ln(1+t)$，显然$f(t)$在区间$[0,x]$（$x>0$）上连续，在区间$(0,x)$内可导，由定理 6.1.3 得，$\exists\xi\in(0,x)$，使得$f(x)-f(0)=f'(\xi)(x-0)$.

由于$f(0)=0$，$f'(x)=\dfrac{1}{1+x}$，从而$\ln(1+x)=\dfrac{x}{1+\xi}$.

又$0<\xi<x$，从而$\dfrac{x}{1+x}<\dfrac{x}{1+\xi}<x$. 故当$x>0$时，$\dfrac{x}{1+x}<\ln(1+x)<x$.

推论 6.1.1 设函数$f(x)$在区间I（开区间或闭区间）上可导，且$f'(x)\equiv 0$，则$f(x)$在区间I上是一个常量函数，即$f(x)\equiv C$（$C\in I$）.

证 在区间I上任取两点x_1, x_2（不妨设$x_1<x_2$），$f(x)$在区间$[x_1, x_2]$上满足拉格朗日中值

定理条件，则 $\exists\xi\in(x_1,x_2)$，使得 $f(x_2)-f(x_1)=f'(\xi)(x_2-x_1)=0$.

由 x_1,x_2 的任意性可知，$f(x)$ 在区间 I 上的任意两点处的函数值均相等，故 $f(x)$ 在区间 I 上是一个常数.

例 6.1.4 证明：当 $-1\leqslant x\leqslant 1$ 时，$\arcsin x+\arccos x=\dfrac{\pi}{2}$.

证 设 $f(x)=\arcsin x+\arccos x$（$-1\leqslant x\leqslant 1$），$f(x)$ 在 $[-1,1]$ 上连续，且 $x\in(-1,1)$ 时，$f'(x)=\dfrac{1}{\sqrt{1-x^2}}-\dfrac{1}{\sqrt{1-x^2}}=0$，因此 $f(x)\equiv C$，$x\in(-1,1)$.

又因为

$$f(0)=\arcsin 0+\arccos 0=0+\frac{\pi}{2}=\frac{\pi}{2}=C,$$

$$f(1)=f(1-0)=\frac{\pi}{2},\quad f(-1)=f(-1+0)=\frac{\pi}{2},$$

故当 $-1\leqslant x\leqslant 1$ 时，$\arcsin x+\arccos x=\dfrac{\pi}{2}$.

推论 6.1.2 设函数 $f(x)$ 与 $g(x)$ 在区间 I（开区间或闭区间）上可导，且 $f'(x)\equiv g'(x)$，$x\in I$，则在区间 I 上，$f(x)$ 与 $g(x)$ 值仅差一个常数，即 $f(x)=g(x)+C$（$C\in I$）.

四、导函数的性质

定理 6.1.5（导函数的介值定理） 函数 $f(x)$ 在区间 $[a,b]$ 上可导，且 $f'_+(a)\neq f'_-(b)$，c 是介于 $f'_+(a)$ 和 $f'_-(b)$ 之间的一个实数，则至少存在一个 $\xi\in(a,b)$，使得 $f'(\xi)=c$.

证 由于 $f(x)$ 在 $[a,b]$ 上可导，则 $f(x)$ 在 $[a,b]$ 上一定存在最大值与最小值.

不妨设 $f'_+(a)<f'_-(b)$，$c\in(f'_+(a),f'_-(b))$. 令 $g(x)=f(x)-cx$，有 $g'(x)=f'(x)-c$，显然 $g'_+(a)=f'_+(a)-c<0$，由引理 6.1.1 得，$\exists x_1\in(a,b)$，使得 $g(x_1)<g(a)$. 同理 $\exists x_2\in(a,b)$，使得 $g(x_2)<g(b)$. 因此 $\exists\xi\in(a,b)$，$g(\xi)$ 是 $g(x)$ 在 $[a,b]$ 上的最小值. 由费马定理得，$g'(\xi)=0$，即 $f'(\xi)=c$.

此定理也称为**达布**（Darboux，1842—1917 年，法国）**定理**.

定理 6.1.6 （1）设函数 $f(x)$ 在 $[x_0,x_0+\delta]$ 上连续，在 $(x_0,x_0+\delta)$ 内可导，且 $\lim\limits_{x\to x_0^+}f'(x)=a$，则 $f(x)$ 在点 x_0 处右可导，且 $f'_+(x_0)=a$.

（2）设函数 $f(x)$ 在 $[x_0-\delta,x_0]$ 上连续，在 $(x_0-\delta,x_0)$ 内可导，且 $\lim\limits_{x\to x_0^-}f'(x)=b$，则 $f(x)$ 在点 x_0 处左可导，且 $f'_-(x_0)=b$.

证 （1）$\forall x\in(x_0,x_0+\delta)$，$f(x)$ 在 $[x_0,x]$ 上满足拉格朗日中值定理条件，则 $\exists\xi\in(x_0,x)$，使得

$$f'(\xi)=\frac{f(x)-f(x_0)}{x-x_0}.$$

当 $x\to x_0^+$ 时，$\xi\to x_0^+$. 由 $\lim\limits_{x\to x_0^+}f'(x)=a$ 得，

$$\lim_{x\to x_0^+}\frac{f(x)-f(x_0)}{x-x_0}=\lim_{\xi\to x_0^+}f'(\xi)=a=f'(x_0+0),$$

即
$$f'_+(x_0)=a=f'(x_0+0).$$

同理可证（2），即 $f'_-(x_0)=b=f'(x_0-0)$.

推论 6.1.3（导函数的极限定理） 设函数 $f(x)$ 在某邻域 $U(x_0)$ 上连续，在 $\mathring{U}(x_0)$ 内可导，且极限 $\lim\limits_{x\to x_0}f'(x)$ 存在，则 $f(x)$ 在点 x_0 可导且 $f'(x_0)=\lim\limits_{x\to x_0}f'(x)$.

推论 6.1.4 任何一个可导函数的导函数不可能有第一类间断点.

推论 6.1.5 如果函数 $f(x)$ 在开区间 (a,b) 可导，且导函数 $f'(x)$ 单调，则 $f'(x)$ 在 (a,b) 内连续.

事实上，$\forall x_0\in(a,b)$，则 $f(x)$ 在 x_0 可导，即 $f'(x_0)=f'_+(x_0)=f'_-(x_0)$. 由 $f'(x)$ 单调与定理 3.2.8 得，$f'(x_0+0)$，$f'(x_0-0)$ 均存在，即 $f'(x_0+0)=f'_+(x_0)$，$f'(x_0-0)=f'_-(x_0)$，因此 $f'(x)$ 在 (a,b) 内连续.

例 6.1.5 求函数 $f(x)=\begin{cases}x+\sin x^2, x\leqslant 0,\\ \ln(1+x), x>0\end{cases}$ 的导函数.

解 易得

$$f'(x)=\begin{cases}1+2x\cos x^2, x<0,\\ \dfrac{1}{1+x}, & x>0,\end{cases}$$

且
$$f'(0-0)=\lim_{x\to 0^-}(1+2x\cos x^2)=1,\quad f'(0+0)=\lim_{x\to 0^+}\frac{1}{1+x}=1,$$

则函数 $f(x)$ 在 $U(0)$ 连续，$\lim\limits_{x\to 0}f'(x)=1$，因此 $f'(0)=1$. 从而

$$f'(x)=\begin{cases}1+2x\cos x^2, x\leqslant 0,\\ \dfrac{1}{1+x}, & x>0.\end{cases}$$

问题 讨论函数 $f(x)=\begin{cases}0, & x=0,\\ x^2\sin\dfrac{1}{x}, x\in(0,1]\end{cases}$ 的 $f'_+(0)$ 与 $f'(0+0)$ 的存在性.

1. 证明：当 $x\in(-\infty,+\infty)$ 时，$\arctan x+\operatorname{arccot} x=\dfrac{\pi}{2}$.
2. 设可导函数 $f(x)$ 在 $(-\infty,+\infty)$ 上满足 $f'(x)=f(x)$，且 $f(0)=1$，证明 $f(x)=\mathrm{e}^x$.
3. 证明：当 $a>b>0$，$n>1$ 时，$nb^{n-1}(a-b)<a^n-b^n<na^{n-1}(a-b)$.
4. 若函数 $f(x)$ 在 $[a,b]$ 上连续，在 (a,b) 内可导，且 $f(a)=f(b)=0$. 试证：至少存在一点

$\xi \in (a,b)$，使得 $f(\xi)+f'(\xi)=0$.

5. 设函数 $f(x)$ 在 $x \in \mathbf{R}$ 时可导，且 $f'(x)=0$ 至多有 $n-1$ 个实根，证明：$f(x)=0$ 至多有 n 个实根（$n \in \mathbf{N}_+$）.

6. 利用该习题第 5 题和数学归纳法证明：如果 $P(x)$ 是一个 n 次多项式，则方程 $P(x)=0$ 至多存在 n 个实根.

7. 设函数 $f(x)$ 在 $(-\infty,+\infty)$ 上可导，且 $f'(x) \geqslant c > 0$，证明：当 $x \leqslant 0$ 时，则 $f(x) \leqslant f(0)+cx$；当 $x \geqslant 0$ 时，则 $f(x) \geqslant f(0)+cx$.

8. 设函数 $f(x)$ 在 $(-\infty,+\infty)$ 上二阶可导，且满足 $f(x) \leqslant 0, f''(x) \geqslant 0$. 证明：函数 $f(x)$ 是常数.

9. 证明：若函数 $f(x)$ 的导函数 $f'(x)$ 在区间 I 上有界，则 $f(x)$ 在区间 I 上一致连续，以此证明函数 $f(x)=\ln x$ 在 $(a,+\infty)(a>0)$ 上一致连续.

10. 证明：设 $a>0$，若函数 $f(x)$ 在 $(a,+\infty)$ 内可导，且 $\lim\limits_{x\to+\infty} f'(x)=0$，则 $\lim\limits_{x\to+\infty} \dfrac{f(x)}{x}=0$.

11. 设函数 $f(x)$ 在 $(0,1]$ 上的导数 $f'(x)$ 有界，证明：$\lim\limits_{n\to\infty} f\left(\dfrac{1}{n}\right)$ 存在.（提示：利用柯西收敛准则）

第二节 柯西中值定理与洛必达法则

如图 6.2.1 所示，参变量函数 $\begin{cases} x=g(t), \\ y=f(t) \end{cases}$ 的曲线在点 D 处的切线与弦 AB 平行的事实仍成立. 点 D 处切线斜率为 $\left.\dfrac{\mathrm{d}y}{\mathrm{d}x}\right|_{t=\xi}=\dfrac{f'(\xi)}{g'(\xi)}$，弦 AB 的斜率为 $\dfrac{f(b)-f(a)}{g(b)-g(a)}$，因此几何事实可描述为

$$\frac{f'(\xi)}{g'(\xi)}=\frac{f(b)-f(a)}{g(b)-g(a)}.$$

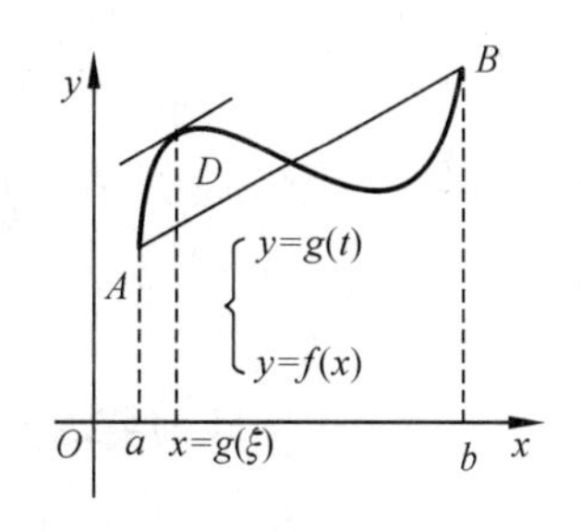

图 6.2.1

若 $f(t)$ 和 $g(t)$ 是两个函数，则有以下柯西中值定理.

一、柯西中值定理

定理 6.2.1（柯西中值定理） 若函数 $f(x)$，$g(x)$ 满足：

（1）在闭区间 $[a,b]$ 上连续；

（2）在开区间 (a,b) 内可导；

（3）$\forall x \in (a,b)$，$g'(x) \neq 0$.

则至少存在一点 $\xi \in (a,b)$，使得

$$\frac{f'(\xi)}{g'(\xi)}=\frac{f(b)-f(a)}{g(b)-g(a)}.$$

证 由条件（3）得，$g(b)-g(a)\neq 0$．否则若$g(b)-g(a)=0$，由罗尔定理得，至少存在一点$\eta\in(a,b)$，使得$g'(\eta)=0$，矛盾．利用定理 6.1.4（一般中值定理）可得结论成立．

定理 6.2.2 设$f(x)$在区间I上有n阶导数$f^{(n)}(x)$，若$\exists x_0\in I$，使$f^{(k)}(x_0)=0$（$0\leqslant k\leqslant n-1$），则$\forall x\in I$，当$x\neq x_0$时（不妨设$x_0<x$），至少存在一点$\xi\in(x_0,x)$，使得

$$f(x)=\frac{f^{(n)}(\xi)}{n!}(x-x_0)^n.$$

证 设$g(t)=(t-x_0)^n$，显然$g(t)$在$[x_0,x]$上连续，在(x_0,x)内n阶可导．当$t\in(x_0,x)$，有$g^{(k)}(x_0)=0\ (0\leqslant k\leqslant n-1)$，$g^{(k)}(t)\neq 0$，$g^{(n)}(t)=n!$．

由于$f(t),g(t)$在区间$[x_0,x]$上满足柯西中值定理条件，故$\exists x_1\in(x_0,x)$，使得

$$\frac{f(x)-f(x_0)}{g(x)-g(x_0)}=\frac{f'(x_1)}{g'(x_1)}，\ 即\ \frac{f(x)}{g(x)}=\frac{f'(x_1)}{g'(x_1)}.$$

又$f'(t),g'(t)$在区间$[x_0,x_1]$上仍满足柯西中值定理条件，故$\exists x_2\in(x_0,x_1)\subset(x_0,x)$，使得

$$\frac{f'(x_1)-f'(x_0)}{g'(x_1)-g'(x_0)}=\frac{f''(x_2)}{g''(x_2)}，\ 即\ \frac{f'(x_1)}{g'(x_1)}=\frac{f''(x_2)}{g''(x_2)}=\frac{f(x)}{g(x)}.$$

此步骤可继续n次，由$f^{(n-1)}(t),g^{(n-1)}(t)$在区间$[x_0,x_{n-1}]$上也满足柯西中值定理条件，故存在$\xi\in(x_0,x_{n-1})\subset(x_0,x)$，使得

$$\frac{f^{(n-1)}(x_{n-1})-f^{(n-1)}(x_0)}{g^{(n-1)}(x_{n-1})-g^{(n-1)}(x_0)}=\frac{f^{(n)}(\xi)}{g^{(n)}(\xi)}=\frac{f(x)}{g(x)}，\ 即\ f(x)=\frac{f^{(n)}(\xi)}{n!}(x-x_0)^n.$$

注 以上根据命题结论的特征引入辅助函数，是数学分析中常用的证明数学命题的方法，其技巧性较高，且所构造的函数不唯一，需仔细琢磨总结规律才能掌握．

例 6.2.1 设函数$f(x)$在$[0,1]$上连续，在$(0,1)$内可导，试证：至少存在一点$\xi\in(0,1)$，使得$f'(\xi)=2\xi(f(1)-f(0))$．

证 结论变形为$\dfrac{f(1)-f(0)}{1-0}=\dfrac{f'(\xi)}{2\xi}$．设$g(x)=x^2$，则$g(x)$，$f(x)$在$[0,1]$上满足柯西中值定理的条件，因此至少存在一点$\xi\in(0,1)$，使得$\dfrac{f(1)-f(0)}{1-0}=\dfrac{f'(\xi)}{2\xi}$，即

$$f'(\xi)=2\xi(f(1)-f(0)).$$

结论变形为$f'(\xi)-2\xi(f(1)-f(0))=0$．设$g(x)=f(x)-x^2(f(1)-f(0))$，则$g(x)$在$[0,1]$上满足罗尔定理的条件，因此至少存在一点$\xi\in(0,1)$，使得$g'(\xi)=0$，即

$$f'(\xi)=2\xi(f(1)-f(0)).$$

二、洛必达法则

在计算函数的极限时，经常会遇到两个无穷小量（无穷大量）$f(x)$与$g(x)$之比的极限$\lim\limits_{\substack{x\to a\\(x\to\infty)}}\dfrac{f(x)}{g(x)}$，而此极限可能存在，也可能不存在，通常称这类极限为**不定式**，并分别简记为$\dfrac{0}{0}$**型**

或$\dfrac{\infty}{\infty}$**型**. 接下来将以导数为工具，给出计算不定式极限的常用方法——**洛必达**（L'Hospital, 1661—1704 年，法国）**法则**.

1. $\dfrac{0}{0}$型不定式

定理 6.2.3　如果函数 $f(x)$ 与 $g(x)$ 满足：

（1）$\lim\limits_{x\to a} f(x)=\lim\limits_{x\to a} g(x)=0$；

（2）在 a 某去心邻域 $\mathring{U}(a)$ 内，$f(x)$ 与 $g(x)$ 均可导，且 $g'(x)\neq 0$；

（3）$\lim\limits_{x\to a}\dfrac{f'(x)}{g'(x)}=A$（$A$ 可为有限的实数，也可为 ∞）.

则
$$\lim_{x\to a}\frac{f(x)}{g(x)}=\lim_{x\to a}\frac{f'(x)}{g'(x)}=A.$$

证　这里仅证明 A 为有限实数的情况，A 为 ∞ 时类似可证. 定义
$$F(x)=\begin{cases} f(x), & x\neq a, \\ 0, & x=a, \end{cases}\qquad G(x)=\begin{cases} g(x), & x\neq a, \\ 0, & x=a. \end{cases}$$

$\forall x\in\mathring{U}(a)$，则 $F(x)$ 与 $G(x)$ 在 a 与 x 构成的区间上满足柯西中值定理的条件，从而在 a 与 x 之间至少存在 ξ，使得
$$\frac{F'(\xi)}{G'(\xi)}=\frac{F(x)-F(a)}{G(x)-G(a)}=\frac{F(x)}{G(x)}=\frac{f(x)}{g(x)}.$$

且当 $x\to a$ 时，有 $\xi\to a$，所以
$$\lim_{x\to a}\frac{f(x)}{g(x)}=\lim_{x\to a}\frac{F'(\xi)}{G'(\xi)}=\lim_{x\to a}\frac{f'(\xi)}{g'(\xi)}=\lim_{\xi\to a}\frac{f'(\xi)}{g'(\xi)}=\lim_{x\to a}\frac{f'(x)}{g'(x)}\ (\text{或}\ \infty).$$

例 6.2.2　求极限 $\lim\limits_{x\to 1}\dfrac{\ln x}{x^2-1}$.

解　属$\dfrac{0}{0}$型. 由 $f(x)=\ln x, g(x)=x^2-1$ 在 $x\in\mathring{U}(1)$ 可导，又 $\lim\limits_{x\to 1}\dfrac{f'(x)}{g'(x)}=\lim\limits_{x\to 1}\dfrac{\frac{1}{x}}{2x}=\dfrac{1}{2}=A$ 存在，

故
$$\lim_{x\to 1}\frac{\ln x}{x^2-1}=\lim_{x\to 1}\frac{f'(x)}{g'(x)}=\frac{1}{2}.$$

例 6.2.3　求极限 $\lim\limits_{x\to 0}\dfrac{\mathrm{e}^x-\cos x}{x\sin x}$.

解　属$\dfrac{0}{0}$型. 由 $f(x)=\mathrm{e}^x-\cos x, g(x)=x\sin x$ 在 $x\in\mathring{U}(0)$ 可导，又 $\lim\limits_{x\to 0}\dfrac{f'(x)}{g'(x)}=\lim\limits_{x\to 0}\dfrac{\mathrm{e}^x+\sin x}{\sin x+x\cos x}$ $=\infty=A$，

故
$$\lim_{x\to 0}\frac{\mathrm{e}^x-\cos x}{x\sin x}=\lim_{x\to 0}\frac{f'(x)}{g'(x)}=\infty.$$

注 定理 6.2.3 给出的是在一定条件下通过分子、分母分别求导后再求比值极限来确定不定式值的方法，称为**洛必达（L'Hospital）法则**. 待熟练掌握方法后，结合等价无穷替换、连续性等方法，可以使求解过程更加简洁.

如果 $\lim\limits_{x\to a}\dfrac{f'(x)}{g'(x)}$ 仍是 $\dfrac{0}{0}$ 型不定式，只要 $f'(x)$ 与 $g'(x)$ 满足定理 6.2.3 的条件，就可以继续使用洛必达法则，即

$$\lim_{x\to a}\frac{f(x)}{g(x)}=\lim_{x\to a}\frac{f'(x)}{g'(x)}=\lim_{x\to a}\frac{f''(x)}{g''(x)}.$$

但每次使用洛必达法则都必须验证定理 6.2.3 的条件.

例 6.2.4 求极限 $\lim\limits_{x\to 0}\dfrac{x-\sin x}{\ln(1+x^3)}$.

解 属 $\dfrac{0}{0}$ 型.

$$\lim_{x\to 0}\frac{x-\sin x}{\ln(1+x^3)}=\lim_{x\to 0}\frac{x-\sin x}{x^3}=\lim_{x\to 0}\frac{1-\cos x}{3x^2}=\lim_{x\to 0}\frac{\sin x}{6x}=\frac{1}{6}.$$

注 将定理 6.2.3 的趋向 $x\to a$ 换成 $x\to a^-$，$x\to a^+$，$x\to\infty$，$x\to+\infty$，$x\to-\infty$ 等情形，只需相应修改条件（2）中的邻域，其结论同样成立.

例 6.2.5 求极限 $\lim\limits_{x\to+\infty}\dfrac{\dfrac{\pi}{2}-\arctan x}{\sin\dfrac{1}{x}}$.

解 属 $\dfrac{0}{0}$ 型.

$$\lim_{x\to+\infty}\frac{\dfrac{\pi}{2}-\arctan x}{\sin\dfrac{1}{x}}=\lim_{x\to+\infty}\frac{-\dfrac{1}{1+x^2}}{-\dfrac{1}{x^2}\cos\dfrac{1}{x}}=\lim_{x\to+\infty}\left(\frac{x^2}{1+x^2}\cdot\frac{1}{\cos\dfrac{1}{x}}\right)=1.$$

注 定理 6.2.3 的条件是充分条件，即当极限 $\lim\limits_{x\to a}\dfrac{f'(x)}{g'(x)}$ 不存在（不含无穷大）时，极限 $\lim\limits_{x\to a}\dfrac{f(x)}{g(x)}$ 却有可能存在，因此用洛必达法则应**"试着用"**.

例 6.2.6 求极限 $\lim\limits_{x\to 0}\dfrac{x^2\sin\dfrac{1}{x}}{\ln(1+x)}$.

解 属 $\dfrac{0}{0}$ 型.

$$\lim_{x\to 0}\frac{x^2\sin\dfrac{1}{x}}{\ln(1+x)}=\lim_{x\to 0}\frac{x^2\sin\dfrac{1}{x}}{x}=\lim_{x\to 0}x\sin\frac{1}{x}=0,$$

然而 $\lim\limits_{x\to 0}\dfrac{f'(x)}{g'(x)}=\lim\limits_{x\to 0}\dfrac{2x\sin\dfrac{1}{x}-\cos\dfrac{1}{x}}{\dfrac{1}{1+x}}=\lim\limits_{x\to 0}(1+x)\left(2x\sin\dfrac{1}{x}-\cos\dfrac{1}{x}\right)$ 不存在.

2. $\dfrac{\infty}{\infty}$ 型不定式

定理 6.2.4　如果函数 $f(x)$ 与 $g(x)$ 满足:

（1）$\lim\limits_{x\to a}f(x)=\infty$，$\lim\limits_{x\to a}g(x)=\infty$；

（2）在 a 某去心邻域 $\mathring{U}(a)$ 内，$f(x)$ 与 $g(x)$ 均可导，且 $g'(x)\neq 0$；

（3）$\lim\limits_{x\to a}\dfrac{f'(x)}{g'(x)}=A$（$A$ 可为有限的实数，也可为 ∞）.

则
$$\lim_{x\to a}\frac{f(x)}{g(x)}=\lim_{x\to a}\frac{f'(x)}{g'(x)}=A.$$

证　只证 A 为实数的情形，A 为 ∞ 时类似可证. 由条件（3）得，对于 $\forall\varepsilon>0$，$\exists\delta>0$，当 $x\in\mathring{U}(a,\delta)$ 时，有
$$\left|\frac{f'(x)}{g'(x)}-A\right|<\frac{\varepsilon}{3}.$$

由于 $\lim\limits_{x\to a}g(x)=\infty$，可以取定 $x_0\in\mathring{U}(a,\delta)$，使得由 a 与 x_0 构成区间内任意 x，$g(x)\neq 0$，故函数 $f(x)$ 与 $g(x)$ 在 x 与 x_0 构成的区间上满足柯西中值定理的条件，故存在介于 x 与 x_0 之间的 $\xi\in\mathring{U}(a,\delta)$，使得
$$\left|\frac{f'(\xi)}{g'(\xi)}-A\right|<\frac{\varepsilon}{3},\quad f(x)-f(x_0)=\frac{f'(\xi)}{g'(\xi)}(g(x)-g(x_0)),$$

两边除以 $g(x)$ 后，整理得
$$\frac{f(x)}{g(x)}=\frac{f(x_0)}{g(x)}+\frac{f'(\xi)}{g'(\xi)}\left(1-\frac{g(x_0)}{g(x)}\right)=\frac{f(x_0)}{g(x)}+\frac{f'(\xi)}{g'(\xi)}-\frac{f'(\xi)}{g'(\xi)}\cdot\frac{g(x_0)}{g(x)}.$$

由 $\lim\limits_{x\to a}\dfrac{g(x_0)}{g(x)}=0$，$\left|\dfrac{f'(\xi)}{g'(\xi)}\right|$ 在 $\mathring{U}(a,\delta)$ 有界，则 $\lim\limits_{x\to a}\dfrac{f'(\xi)}{g'(\xi)}\cdot\dfrac{g(x_0)}{g(x)}=0$. 因此 $\exists\delta_1>0(\delta_1<\delta)$，使得当 $x\in\mathring{U}(a,\delta_1)$ 时，$\left|\dfrac{f(x_0)}{g(x)}\right|<\dfrac{\varepsilon}{3}$，$\left|\dfrac{f'(\xi)}{g'(\xi)}\cdot\dfrac{g(x_0)}{g(x)}\right|<\dfrac{\varepsilon}{3}$，则
$$\left|\frac{f(x)}{g(x)}-A\right|\leqslant\left|\frac{f(x_0)}{g(x)}\right|+\left|\frac{f'(\xi)}{g'(\xi)}-A\right|+\left|\frac{f'(\xi)}{g'(\xi)}\cdot\frac{g(x_0)}{g(x)}\right|<\frac{\varepsilon}{3}+\frac{\varepsilon}{3}+\frac{\varepsilon}{3}=\varepsilon,$$

即
$$\lim_{x\to a}\frac{f(x)}{g(x)}=A=\lim_{x\to a}\frac{f'(x)}{g'(x)}.$$

注 将定理 6.2.4 的 $x\to a$ 换成 $x\to a^-$, $x\to a^+$, $x\to\infty$, $x\to+\infty$, $x\to-\infty$ 等情形也有相同的结论，证明过程并没用到 $\lim\limits_{x\to a}f(x)=\infty$.

例 6.2.7 求 $\lim\limits_{x\to0^+}\dfrac{\ln\cot 7x}{\ln 2x}$.

解 属 $\dfrac{\infty}{\infty}$ 型.

$$\lim_{x\to0^+}\frac{\ln\cot 7x}{\ln 2x}=\lim_{x\to0^+}\frac{\dfrac{7}{\cot 7x}(-\csc^2 7x)}{\dfrac{2}{x}}=-\lim_{x\to0^+}\frac{7x}{2\sin 7x\cdot\cos 7x}=-\frac{1}{2}.$$

例 6.2.8 求极限 $\lim\limits_{x\to+\infty}\dfrac{\ln x}{x^\alpha}(\alpha>0)$.

解 属 $\dfrac{\infty}{\infty}$ 型.

$$\lim_{x\to+\infty}\frac{\ln x}{x^\alpha}=\lim_{x\to+\infty}\frac{\dfrac{1}{x}}{\alpha x^{\alpha-1}}=\lim_{x\to+\infty}\frac{1}{\alpha x^\alpha}=0.$$

例 6.2.9 求极限 $\lim\limits_{x\to+\infty}\dfrac{x^n}{\mathrm{e}^{\lambda x}}(n\in\mathbf{N}_+,\ \lambda>0)$.

解 属 $\dfrac{\infty}{\infty}$ 型.

$$\lim_{x\to+\infty}\frac{x^n}{\mathrm{e}^{\lambda x}}=\lim_{x\to+\infty}\frac{nx^{n-1}}{\lambda\mathrm{e}^{\lambda x}}=\cdots=\lim_{x\to+\infty}\frac{n!}{\lambda^n\mathrm{e}^{\lambda x}}=0.$$

例 6.2.10 求极限 $\lim\limits_{x\to\infty}\dfrac{x+\sin x}{x}$.

解 属 $\dfrac{\infty}{\infty}$ 型.

$$\lim_{x\to\infty}\frac{x+\sin x}{x}=\lim_{x\to\infty}\left(1+\frac{\sin x}{x}\right)=1,$$

而极限 $\lim\limits_{x\to\infty}\dfrac{f'(x)}{g'(x)}=\lim\limits_{x\to\infty}(1+\cos x)$ 不存在.

注 定理 6.2.4 的条件是充分条件，因此用洛必达法则应**“试着用”**.

3. 其他类型不定式

(1) $0\cdot\infty$ 类型.

函数乘积化为函数商的形式，将其转化为 $\dfrac{0}{0}$ 或 $\dfrac{\infty}{\infty}$ 型的不定式.

例 6.2.11 求 $\lim\limits_{x\to+\infty}x(\mathrm{e}^{\frac{1}{x}}-1)$.

解 属 $0\cdot\infty$ 型. 设 $t=\dfrac{1}{x}$，于是

$$\lim_{x\to+\infty} x(e^{\frac{1}{x}}-1)=\lim_{t\to 0^+}\frac{e^t-1}{t}=\lim_{t\to 0^+}e^t=1.$$

（2）$\infty-\infty$类型.

差式进行通分或有理化，将其转化为$\frac{0}{0}$型的不定式.

例 6.2.12 求$\lim\limits_{x\to 0}\left(\cot x-\frac{1}{x}\right)$.

解 属$\infty-\infty$型. 于是

$$\lim_{x\to 0}\left(\cot x-\frac{1}{x}\right)=\lim_{x\to 0}\frac{x\cos x-\sin x}{x\sin x}=\lim_{x\to 0}\frac{x\cos x-\sin x}{x^2}=\lim_{x\to 0}\frac{-x\sin x}{2x}=0.$$

例 6.2.13 求$\lim\limits_{x\to\infty}\left(x-x^2\ln\left(1+\frac{1}{x}\right)\right)$.

解 属$\infty-\infty$型. 设$t=\frac{1}{x}$，则当$x\to\infty$时，有$t\to 0$，于是

$$\lim_{x\to\infty}\left(x-x^2\ln\left(1+\frac{1}{x}\right)\right)=\lim_{t\to 0}\left(\frac{1}{t}-\frac{1}{t^2}\ln(1+t)\right)=\lim_{t\to 0}\frac{t-\ln(1+t)}{t^2}$$

$$=\lim_{t\to 0}\frac{1-\frac{1}{1+t}}{2t}=\lim_{t\to 0}\frac{1}{2(1+t)}=\frac{1}{2}.$$

（3）0^0，1^∞，∞^0类型.

利用$(f(x))^{g(x)}=e^{g(x)\ln f(x)}$及函数连续性，将其转化为$0\cdot\infty$型不定式，进一步再转化为$\frac{0}{0}$或$\frac{\infty}{\infty}$型的不定式.

例 6.2.14 求$\lim\limits_{x\to 0^+}x^{\frac{k}{1+\ln x}}$ ($k\neq 0$).

解 属0^0型.

$$\lim_{x\to 0^+}x^{\frac{k}{1+\ln x}}=e^{\lim\limits_{x\to 0^+}\frac{k\ln x}{1+\ln x}}=e^{\lim\limits_{x\to 0^+}\frac{kx^{-1}}{x^{-1}}}=e^k.$$

或设$y=x^{\frac{k}{1+\ln x}}$，则$\ln y=\frac{k}{1+\ln x}\ln x$，而$\lim\limits_{x\to 0^+}\frac{k}{1+\ln x}\ln x=\lim\limits_{x\to 0^+}\frac{k\ln x}{1+\ln x}=\lim\limits_{x\to 0^+}\frac{\frac{k}{x}}{\frac{1}{x}}=k$，即$\lim\limits_{x\to 0^+}\ln y=k$，于是$\lim\limits_{x\to 0^+}y=e^k$，故$\lim\limits_{x\to 0^+}x^{\frac{k}{1+\ln x}}=e^k$.

例 6.2.15 求$\lim\limits_{x\to 0}(\cos x)^{-\frac{1}{x^2}}$.

解 属1^∞型.

$$\lim_{x\to 0}(\cos x)^{-\frac{1}{x^2}}=e^{\lim\limits_{x\to 0}-\frac{\ln\cos x}{x^2}}=e^{\lim\limits_{x\to 0}\frac{\tan x}{2x}}=e^{\lim\limits_{x\to 0}\frac{x}{2x}}=e^{\frac{1}{2}}.$$

例 6.2.16 求 $\lim\limits_{x\to0^+}(\cot x)^{\frac{1}{\ln x}}$.

解 属 ∞^0 型.

$$\lim_{x\to0^+}(\cot x)^{\frac{1}{\ln x}}=\mathrm{e}^{\lim\limits_{x\to0^+}\frac{\ln\cot x}{\ln x}}=\mathrm{e}^{\lim\limits_{x\to0^+}\frac{\frac{1}{\cot x}(-\csc^2 x)}{x^{-1}}}=\mathrm{e}-\lim_{x\to0^+}\frac{x}{\sin x\cdot\cos x}=\mathrm{e}^{-1}.$$

虽然洛必达法则是求不定式极限的一种有效方法，但并非万能，且每次使用必须验证条件，遇到失效时，要寻找其他方法.

例 6.2.17 求 $\lim\limits_{x\to+\infty}\dfrac{\mathrm{e}^x+\mathrm{e}^{-x}}{\mathrm{e}^x-\mathrm{e}^{-x}}$.

解 属 $\dfrac{\infty}{\infty}$ 型. 如果使用洛必达法则，则有 $\lim\limits_{x\to+\infty}\dfrac{\mathrm{e}^x+\mathrm{e}^{-x}}{\mathrm{e}^x-\mathrm{e}^{-x}}=\lim\limits_{x\to+\infty}\dfrac{\mathrm{e}^x-\mathrm{e}^{-x}}{\mathrm{e}^x+\mathrm{e}^{-x}}=\lim\limits_{x\to+\infty}\dfrac{\mathrm{e}^x+\mathrm{e}^{-x}}{\mathrm{e}^x-\mathrm{e}^{-x}}$.

解题过程产生了循环，因而洛必达法则失效，应采用其他方法求其极限. 事实上

$$\lim_{x\to+\infty}\frac{\mathrm{e}^x+\mathrm{e}^{-x}}{\mathrm{e}^x-\mathrm{e}^{-x}}=\lim_{x\to+\infty}\frac{1+\mathrm{e}^{-2x}}{1-\mathrm{e}^{-2x}}=1.$$

在应用洛必达法则求不定式极限时，应当注意以下几点：

（1）对于数列的不定式极限，可通过先求相应形式函数的极限，再利用函数极限的归结原则得出所求数列的极限，但不能在数列形式下直接用洛必达法则，因为对于离散变量 $n\in\mathbf{N}_+$ 的函数是无法直接求导的.

（2）只有 $\dfrac{0}{0}$ 或 $\dfrac{\infty}{\infty}$ 型不定式极限才可以试着用洛必达法则，其他类型必须转化成 $\dfrac{0}{0}$ 或 $\dfrac{\infty}{\infty}$ 型.

（3）洛必达法则虽有效但非“万能”，它是不定式极限存在的充分条件，每次使用时都必须验证条件，再结合等价无穷替换，可以使求解过程更加简洁，每步计算都尽可能化简.

例 6.2.18 求数列极限 $\lim\limits_{n\to\infty}\left(\sin\dfrac{1}{n}\right)^{\frac{1}{n}}$.

解 数列属 0^0 型，但数列极限不能直接应用洛必达法则. 由于数列 $\left(\sin\dfrac{1}{n}\right)^{\frac{1}{n}}$ 是函数 $(\sin x)^x$ 在 $x\to0^+$ 趋向时的一个子列，故先求 $\lim\limits_{x\to0^+}(\sin x)^x$. 类似于例 6.2.14，有

$$\lim_{x\to0^+}(\sin x)^x=\mathrm{e}^{\lim\limits_{x\to0^+}x\ln\sin x}=\mathrm{e}^{\lim\limits_{x\to0^+}\frac{\ln\sin x}{x^{-1}}}=\mathrm{e}^{\lim\limits_{x\to0^+}\frac{\cot x}{-x^{-2}}}=\mathrm{e}^{-\lim\limits_{x\to0^+}\frac{x^2\cos x}{\sin x}}=\mathrm{e}^0=1,$$

再由归结原则得

$$\lim_{n\to\infty}\left(\sin\frac{1}{n}\right)^{\frac{1}{n}}=\lim_{x\to0^+}(\sin x)^x=1.$$

思考题 下面运算是否正确？

（1）$\lim\limits_{x\to0}\dfrac{1-\cos x}{2+x^2}=\lim\limits_{x\to0}\dfrac{\sin x}{2x}=\dfrac{1}{2}$.

（2）$\lim\limits_{x\to1}\dfrac{x^3+x^2-2}{x^3-3x+2}=\lim\limits_{x\to1}\dfrac{3x^2+2x}{3x^2-3}=\lim\limits_{x\to1}\dfrac{6x+2}{6x}=\dfrac{4}{3}$.

（3）已知函数 $g(x)$ 满足 $g(0)=g'(0)=0$， $g''(0)=2$， $f(x)=\begin{cases}\dfrac{g(x)}{x}, x\neq 0,\\ 0, \quad x=0,\end{cases}$ 则

$$f'(0)=\lim_{x\to0}\frac{f(x)-f(0)}{x-0}=\lim_{x\to0}\frac{g(x)}{x^2}=\lim_{x\to0}\frac{g'(x)}{2x}=\lim_{x\to0}\frac{g''(x)}{2}=1.$$

1. 设 $b>a>0$， 证明：至少存在一点 $\xi\in(a,b)$，使得 $\dfrac{be^a-ae^b}{b-a}=e^\xi-\xi e^\xi$.

2. 求下列不定式的极限：

（1）$\lim\limits_{\theta\to0}\dfrac{\theta-\sin\theta}{\theta-\arctan\theta}$；（2）$\lim\limits_{t\to1}\dfrac{t-1}{\ln t-\sin\pi t}$；（3）$\lim\limits_{x\to0}\left(\dfrac{1}{x}-\dfrac{1}{e^x-1}\right)$；

（4）$\lim\limits_{x\to0}\dfrac{\sin ax}{\tan bx}\ (ab\neq0)$；（5）$\lim\limits_{x\to0^+}x\ln x$；（6）$\lim\limits_{t\to+\infty}\dfrac{e^t+t^2}{e^t-t}$；

（7）$\lim\limits_{x\to0^+}(\sin x)^{\tan x}$；（8）$\lim\limits_{x\to0^+}(\ln x-\ln\sin x)$；（9）$\lim\limits_{x\to0}\left(\dfrac{1}{x^2}-\dfrac{1}{\sin^2 x}\right)$；

（10）$\lim\limits_{t\to\pi}(\pi-t)\tan\dfrac{t}{2}$；（11）$\lim\limits_{x\to0^+}x^{\frac{1}{\ln(e^x-1)}}$；（12）$\lim\limits_{n\to\infty}\left(\dfrac{1+2^{\frac{1}{n}}+3^{\frac{1}{n}}}{3}\right)^n$.

3. 设 $f(x)$ 在 x_0 处有二阶导数，证明：$\lim\limits_{h\to0}\dfrac{f(x_0+h)-2f(x_0)+f(x_0-h)}{h^2}=f''(x_0)$.

4. 证明：函数 $f(x)=x^4e^{-x^2}$ 在 $(-\infty,+\infty)$ 内有界.

5. 证明：函数 $f(x)=\begin{cases}e^{-\frac{1}{x^2}}, x\neq0,\\ 0, \quad x=0\end{cases}$ 在点 $x=0$ 存在任意阶导数，且 $f^{(n)}(0)=0$， $n\in\mathbf{N}_+$.

第三节 泰勒公式及其应用

多项式是具有很好性质且在运算上很方便的一类函数. 用多项式近似表示（逼近）函数是近似计算和理论分析中的一个重要内容，泰勒（Tayler，1685—1731 年，英国）公式是解决这类问题的重要工具.

一、泰勒公式

在第五章第三节中，若函数 $f(x)$ 在点 x_0 处可导，则当 $x\in U(x_0)$ 时，有

$$f(x)=f(x_0)+f'(x_0)(x-x_0)+o(x-x_0)$$

就是用一次多项式近似表示函数的情形，但当 x 与 x_0 偏离较大时，其精度不能满足需要. 下面将介绍用幂次更高且具有更高精度的多项式近似表示一般函数的公式——**泰勒公式**.

定义 6.3.1 函数 $f(x),g(x)$ 在某领域 $U(x_0)$ 内连续，若满足 $f(x_0)=g(x_0)$，称 $f(x)$ 和 $g(x)$ 在点 x_0 处有 0 阶接触，点 x_0 称为 $f(x)$ 和 $g(x)$ 的 0 阶接触点.

若 $f(x)$ 和 $g(x)$ 在某领域 $U(x_0)$ 内 n 阶可导，且对 $0\leqslant k\leqslant n$，都有 $f^{(k)}(x_0)=g^{(k)}(x_0)$，则称 $f(x)$ 和 $g(x)$ 在点 x_0 有 n 阶接触，点 x_0 称为 $f(x)$ 和 $g(x)$ 的 n 阶接触点.

在 $x=0$ 处，$y=\mathrm{e}^x$ 和 $y=1+x$ 有 1 阶接触；$y=\mathrm{e}^x$ 和 $y=1+x+\frac{1}{2}x^2$ 有 2 阶接触；$y=\mathrm{e}^x$ 和 $y=1+x+\frac{1}{2}x^2+\frac{1}{6}x^3$ 有 3 阶接触. 如图 6.3.1 所示，两个函数在点 $x=0$ 接触阶数越高，在点 $x=0$ 附近的近似程度也越高.

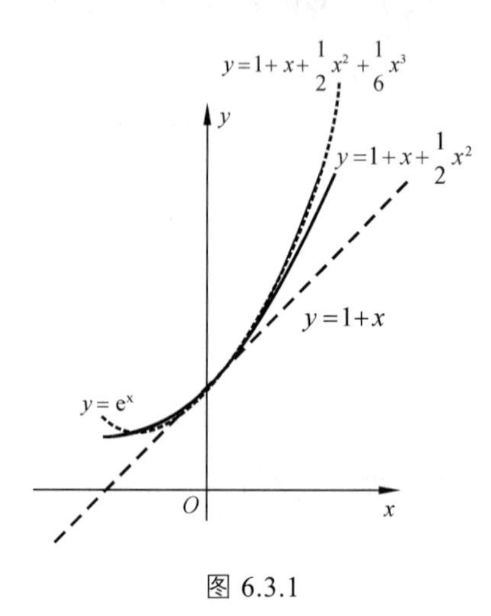

图 6.3.1

设 $f(x)$ 在含有 x_0 的某一开区间内 n 阶可导，试找一个多项式

$$P_n(x)=a_0+a_1(x-x_0)+a_2(x-x_0)^2+\cdots+a_n(x-x_0)^n$$

来近似表示 $f(x)$，使 $P_n(x)$ 和 $f(x)$ 在点 x_0 处有 n 阶接触.
即满足

$$P_n(x_0)=f(x_0),\ P_n'(x_0)=f'(x_0),\ P_n''(x_0)=f''(x_0),\ \cdots,\ P_n^{(n)}(x_0)=f^{(n)}(x_0).$$

经过逐阶求导，$P_n(x)$ 的系数满足

$$a_0=f(x_0),\ a_1=f'(x_0),\ a_2\cdot 2!=f''(x_0),\ a_3\cdot 3!=f'''(x_0),\ \cdots,\ a_n\cdot n!=f^{(n)}(x_0).$$

即 $$a_k=\frac{f^{(k)}(x_0)}{k!}\ (\ k=0,1,2,\cdots,n\ ),\ 其中\ f^{(0)}(x_0)=f(x_0),\ 0!=1.$$

故 $$P_n(x)=f(x_0)+f'(x_0)(x-x_0)+\frac{f''(x_0)}{2!}(x-x_0)^2+\cdots+\frac{f^{(n)}(x_0)}{n!}(x-x_0)^n. \tag{6.3.1}$$

称式（6.3.1）的 $P_n(x)$ 为函数 $f(x)$ 在点 x_0 的 n **次泰勒多项式**.

定理 6.3.1 如果函数 $f(x)$ 在点 x_0 处 n 阶可导，则 $\forall x\in U(x_0)$，当 $x\to x_0$ 时，有

$$\begin{aligned}f(x)&=f(x_0)+f'(x_0)(x-x_0)+\frac{f''(x_0)}{2!}(x-x_0)^2+\cdots+\frac{f^{(n)}(x_0)}{n!}(x-x_0)^n+o((x-x_0)^n)\\&=P_n(x)+o((x-x_0)^n).\end{aligned} \tag{6.3.2}$$

证 令 $R_n(x)=f(x)-P_n(x)$，$Q_n(x)=(x-x_0)^n$. 由于 $f(x)$ 在点 x_0 处 n 阶可导，则在某邻域 $U(x_0)$ 内，$f^{(n-1)}(x)$ 存在，于是 $R_n(x)$，$R_n'(x)$，$R_n''(x),\cdots$，$R_n^{(n-1)}(x)$ 在 $U(x_0)$ 内可导，$R_n^{(n)}(x)$ 在点 x_0 处可导，且

$$R_n(x_0)=R_n'(x_0)=R_n''(x_0)=\cdots=R_n^{(n)}(x_0)=0\,,$$

$$Q_n(x_0)=Q_n'(x_0)=Q_n''(x_0)=\cdots=Q_n^{(n-1)}(x_0)=0\,,\quad Q_n^{(n)}(x_0)=n!.$$

由洛必达法则，得

$$\lim_{x\to x_0}\frac{R_n(x)}{(x-x_0)^n}=\lim_{x\to x_0}\frac{R_n'(x)}{Q_n'(x)}=\lim_{x\to x_0}\frac{R_n''(x)}{Q_n''(x)}=\cdots=\lim_{x\to x_0}\frac{R_n^{(n-1)}(x)}{Q_n^{(n-1)}(x)}$$

$$=\lim_{x\to x_0}\frac{R_n^{(n-1)}(x)-R_n^{(n-1)}(x_0)}{Q_n^{(n-1)}(x)-Q_n^{(n-1)}(x_0)}=\lim_{x\to x_0}\frac{\dfrac{R_n^{(n-1)}(x)-R_n^{(n-1)}(x_0)}{x-x_0}}{\dfrac{Q_n^{(n-1)}(x)-Q_n^{(n-1)}(x_0)}{x-x_0}}$$

$$=\frac{R_n^{(n)}(x_0)}{Q_n^{(n)}(x_0)}=0.$$

因此 $R_n(x)=o((x-x_0)^n)$，即 $f(x)=P_n(x)+o((x-x_0)^n)$（$x\to x_0$）.

式（6.3.2）称为函数 $f(x)$ 在点 x_0 处的**带有佩亚诺**（Peano，1858—1932 年，意大利）**型余项的 n 阶泰勒公式**，其中 $R_n(x)=f(x)-P_n(x)$ 称为泰勒公式**的佩亚诺型余项**.

特别地，当 $x_0=0$ 时，式（6.3.2）为

$$f(x)=f(0)+f'(0)x+\frac{f''(0)}{2!}x^2+\cdots+\frac{f^{(n)}(0)}{n!}x^n+o(x^n)\ (x\to 0). \tag{6.3.3}$$

称式（6.3.3）为 $f(x)$ 在点 x_0 处的**带有佩亚诺型余项的 n 阶麦克劳林**（Maclourin，1698—1736 年，英国）**公式**.

例 6.3.1 验证下列函数带有佩亚诺型余项的麦克劳林公式：

（1）$\mathrm{e}^x=1+x+\dfrac{1}{2!}x^2+\cdots+\dfrac{1}{n!}x^n+o(x^n)$；

（2）$\sin x=x-\dfrac{x^3}{3!}+\dfrac{x^5}{5!}-\cdots+(-1)^n\dfrac{x^{2n+1}}{(2n+1)!}+o(x^{2n+1})$；

（3）$\cos x=1-\dfrac{x^2}{2!}+\dfrac{x^4}{4!}-\cdots+(-1)^n\dfrac{x^{2n}}{(2n)!}+o(x^{2n})$；

（4）$\ln(1+x)=x-\dfrac{x^2}{2}+\dfrac{x^3}{3}-\dfrac{x^4}{4}+\cdots+(-1)^{n-1}\dfrac{x^n}{n}+o(x^n)$；

（5）$(1+x)^m=1+mx+\dfrac{m(m-1)}{2!}x^2+\cdots+\dfrac{m(m-1)\cdots(m-n+1)}{n!}x^n+o(x^n)$；

（6）$\dfrac{1}{1-x}=1+x+x^2+\cdots+x^n+o(x^n)$.

证 （1）设 $f(x)=\mathrm{e}^x$，$f^{(k)}(x)=\mathrm{e}^x$，则 $f^{(k)}(0)=1$（$k=0,1,2,\cdots,n$）. 代入式（6.3.3）得

$$\mathrm{e}^x=1+x+\frac{1}{2!}x^2+\cdots+\frac{1}{n!}x^n+o(x^n).$$

（2）设 $f(x)=\sin x$，$f^{(k)}(x)=\sin\left(x+\dfrac{k\pi}{2}\right)$，则 $f^{(2k)}(0)=0$，$f^{(2k+1)}(0)=(-1)^k$（$k=0,1,2,\cdots,n$）.

代入式（6.3.3）得

$$\sin x = x - \frac{x^3}{3!} + \frac{x^5}{5!} - \cdots + (-1)^{m-1}\frac{x^{2m-1}}{(2m-1)!} + o(x^{2m}).$$

其他公式类似可得，这些公式在数学分析中常常用来获得其他函数的麦克劳林公式或泰勒公式，也可用来计算一些复杂不定式的极限，需要熟练掌握.

例 6.3.2 写出函数 $f(x)=\mathrm{e}^{-x^2}$ 带有佩亚诺型余项的 n 阶麦克劳林公式.

解 用 $(-x^2)$ 替换例 6.3.1（1）中的 x，于是

$$\mathrm{e}^{-x^2} = 1 - x^2 + \frac{1}{2!}x^4 + \cdots + \frac{(-1)^n}{n!}x^{2n} + o(x^{2n}).$$

例 6.3.3 写出函数 $f(x)=\ln x$ 在 $x=3$ 处带有佩亚诺型余项的 n 阶泰勒公式.

解 由于 $f(x)=\ln(3+x-3)=\ln 3+\ln\left(1+\dfrac{x-3}{3}\right)$，用 $\dfrac{x-3}{3}$ 替换例 6.3.1（4）中的 x，于是

$$\ln x = \ln 3 + \frac{1}{3}(x-3) - \frac{1}{2\cdot 3^2}(x-3)^2 + \frac{1}{3\cdot 3^3}(x-3)^3 + \cdots + \frac{(-1)^{n-1}}{n\cdot 3^n}(x-3)^n + o((x-3)^n).$$

这种并不通过计算函数在点 x_0 的各阶导数，直接利用已知函数的麦克劳林或泰勒公式得到其他函数相应公式的方法，称为**间接展开法**.

例 6.3.4 求极限 $\lim\limits_{x\to 0}\dfrac{1+\frac{1}{2}x^2-\sqrt{1+x^2}}{x^2(\cos x-\mathrm{e}^{x^2})}$.

解 属 $\dfrac{0}{0}$ 型不定式，如果试着用洛必达法则，会发现非常困难. 下面介绍用泰勒公式进行计算的方法. 事实上

$$\cos x = 1 - \frac{x^2}{2!} + \frac{x^4}{4!} - \cdots + (-1)^n\frac{x^{2n}}{(2n)!} + o(x^{2n}),$$

$$\mathrm{e}^{x^2} = 1 + x^2 + \frac{1}{2!}x^4 + \cdots + \frac{1}{n!}x^{2n} + o(x^{2n}),$$

$$x^2(\cos x - \mathrm{e}^{x^2}) = x^2\left(1 - \frac{x^2}{2!} + o(x^4) - 1 - x^2 + o(x^4)\right) = x^2\left(-\frac{x^2}{2!} - x^2 + o(x^4)\right) = -\frac{3}{2}x^4 + o(x^4),$$

$$\sqrt{1+x^2} = 1 + \frac{1}{2}x^2 + \frac{1}{2!}\frac{1}{2}\left(\frac{1}{2}-1\right)x^4 + o(x^4),$$

$$1 + \frac{1}{2}x^2 - \sqrt{1+x^2} = 1 + \frac{1}{2}x^2 - \left[1 + \frac{1}{2}x^2 + \frac{1}{2!}\frac{1}{2}\left(\frac{1}{2}-1\right)x^4 + o(x^4)\right] = \frac{1}{8}x^4 + o(x^4),$$

因此

$$\lim_{x\to 0}\frac{1+\frac{1}{2}x^2-\sqrt{1+x^2}}{x^2(\cos x-\mathrm{e}^{x^2})} = \lim_{x\to 0}\frac{\frac{1}{8}x^4+o(x^4)}{-\frac{3}{2}x^4+o(x^4)} = \lim_{x\to 0}\frac{\frac{1}{8}x^4+o(x^4)}{-\frac{3}{2}x^4+o(x^4)} = -\frac{1}{12}.$$

例 6.3.5　求极限 $\lim\limits_{x\to+\infty}(\sqrt[3]{x^3+3x^2}-\sqrt[4]{x^4-2x^3})$.

解　属 $\infty-\infty$ 型不定式. 由于

$$\sqrt[3]{x^3+3x^2}-\sqrt[4]{x^4-2x^3}=x\sqrt[3]{1+\frac{3}{x}}-x\sqrt[4]{1-\frac{2}{x}},$$

$$\sqrt[3]{1+\frac{3}{x}}=1+\frac{1}{3}\frac{3}{x}+\frac{1}{2!}\frac{1}{3}\left(\frac{1}{3}-1\right)\left(\frac{3}{x}\right)^2+o\left(\left(\frac{3}{x}\right)^2\right)=1+\frac{1}{x}-\frac{1}{x^2}+o\left(\frac{1}{x^2}\right),$$

$$x\sqrt[3]{1+\frac{3}{x}}=x+1-\frac{1}{x}+o\left(\frac{1}{x}\right),$$

$$\sqrt[4]{1-\frac{2}{x}}=1+\frac{1}{4}\left(-\frac{2}{x}\right)+\frac{1}{2!}\frac{1}{4}\left(\frac{1}{4}-1\right)\left(-\frac{2}{x}\right)^2+o\left(\left(-\frac{2}{x}\right)^2\right)=1-\frac{1}{2x}-\frac{3}{8x^2}+o\left(\frac{1}{x^2}\right),$$

$$x\sqrt[4]{1-\frac{2}{x}}=x-\frac{1}{2}-\frac{3}{8x}+o\left(\frac{1}{x}\right),$$

$$x\sqrt[3]{1+\frac{3}{x}}-x\sqrt[4]{1-\frac{2}{x}}=x+1-\frac{1}{x}+o\left(\frac{1}{x}\right)-x+\frac{1}{2}+\frac{3}{8x}+o\left(\frac{1}{x}\right)=\frac{3}{2}-\frac{5}{8x}+o\left(\frac{1}{x}\right),$$

因此

$$\lim_{x\to+\infty}(\sqrt[3]{x^3+3x^2}-\sqrt[4]{x^4-2x^3})=\lim_{x\to+\infty}\left(\frac{3}{2}-\frac{5}{8x}+o\left(\frac{1}{x}\right)\right)=\frac{3}{2}.$$

二、泰勒中值定理

由式（6.3.2）知，用 n 阶泰勒多项 $P_n(x)$ 近似表示函数 $f(x)$ 时，其误差为佩亚诺型余项 $R_n(x)=o((x-x_0)^n)$ 是一种定性的描述，而在理论研究与实践探索时需要给出余项 $R_n(x)$ 的定量公式.

定理 6.3.2（泰勒中值定理）　设函数 $f(x)$ 在 x_0 的某邻域 $U(x_0)$ 内 $n+1$ 阶可导，对任意 $x\in\mathring{U}(x_0)$，记 x_0 与 x 为端点的开区间为 I，则至少存在一点 $\xi\in I$，使得

$$f(x)=f(x_0)+f'(x_0)(x-x_0)+\frac{f''(x_0)}{2!}(x-x_0)^2+\cdots+\frac{f^{(n)}(x_0)}{n!}(x-x_0)^n+R_n(x),\qquad(6.3.4)$$

其中

$$R_n(x)=\frac{f^{(n+1)}(\xi)}{(n+1)!}(x-x_0)^{n+1}.$$

证　令 $R_n(x)=f(x)-P_n(x)$，$Q(x)=(x-x_0)^{n+1}$. 类似于定理 6.3.1，由于 $R_n(x)$ 在区间 I 内 $n+1$ 阶可导，且

$$R_n(x_0)=R_n'(x_0)=R_n''(x_0)=\cdots=R_n^{(n)}(x_0)=0,\quad R_n^{(n+1)}(x)=f^{(n+1)}(x),$$

$$Q(x_0)=Q'(x_0)=Q''(x_0)=\cdots=Q^{(n)}(x_0)=0,\quad Q^{(n+1)}(x)=(n+1)!.$$

对函数 $R_n(x)$ 和 $Q(x)$ 在区间 I 上应用柯西中值定理，得

$$\frac{R_n(x)}{(x-x_0)^{n+1}}=\frac{R_n(x)-R_n(x_0)}{Q(x)-Q(x_0)}=\frac{R_n'(\xi_1)}{Q'(\xi_1)}\ (\xi_1\in I),$$

$$\frac{R_n'(\xi_1)}{Q'(\xi_1)}=\frac{R_n'(\xi_1)-R_n'(x_0)}{Q'(\xi_1)-Q'(x_0)}=\frac{R_n''(\xi_2)}{Q''(\xi_2)}\ (\xi_2\text{介于}\xi_1\text{与}x_0\text{之间}),$$

如此继续下去，经过n次后，在ξ_n与x_0之间存在ξ，使得

$$\frac{R_n(x)}{(x-x_0)^{n+1}}=\frac{R_n^{(n)}(\xi_n)}{Q^{(n)}(\xi_n)}=\frac{R_n^{(n)}(\xi_n)-R_n(x_0)}{Q^{(n)}(\xi_n)-Q^{(n)}(x_0)}=\frac{R_n^{(n+1)}(\xi)}{Q^{(n+1)}(\xi)}=\frac{f^{(n+1)}(\xi)}{(n+1)!}.$$

当$n=0$时，式（6.3.4）为$f(x)=f(x_0)+f'(\xi)(x-x_0)$，这就是**拉格朗日中值公式**，余项$R_n(x)=\dfrac{f^{(n+1)}(\xi)}{(n+1)!}(x-x_0)^{n+1}$称为**拉格朗日型余项**，式（6.3.4）称为$f(x)$在点$x_0$处**带拉格朗日型余项的$n$阶泰勒公式**.

特别地，取$x_0=0$，式（6.3.4）称为$f(x)$的**带拉格朗日型余项的n阶麦克劳林公式**.

$$f(x)=f(0)+f'(0)x+\frac{f''(0)}{2!}x^2+\cdots+\frac{f^{(n)}(0)}{n!}x^n+\frac{f^{(n+1)}(\xi)}{(n+1)!}x^{n+1}\ (\xi\text{介于}0\text{与}x\text{之间}),$$

$$=f(0)+f'(0)x+\frac{f''(0)}{2!}x^2+\cdots+\frac{f^{(n)}(0)}{n!}x^n+\frac{f^{(n+1)}(\theta x)}{(n+1)!}x^{n+1}\ (\theta\in(0,1)),\qquad(6.3.5)$$

例 6.3.6 把例 6.3.1 中的麦克劳林公式改写为带有拉格朗日型余项的形式.

（1）$\mathrm{e}^x=1+x+\dfrac{1}{2!}x^2+\cdots+\dfrac{1}{n!}x^n+\dfrac{\mathrm{e}^{\theta x}}{(n+1)!}x^{n+1}\ (\theta\in(0,1),\ x\in(-\infty,+\infty))$；

（2）$\sin x=x-\dfrac{x^3}{3!}+\dfrac{x^5}{5!}-\cdots+(-1)^{n-1}\dfrac{x^{2n-1}}{(2n-1)!}+\dfrac{\cos\theta x}{(2n+1)!}x^{2n+1}\ (\theta\in(0,1),\ x\in(-\infty,+\infty))$；

（3）$\cos x=1-\dfrac{x^2}{2!}+\dfrac{x^4}{4!}-\cdots+(-1)^n\dfrac{x^{2n}}{(2n)!}+\dfrac{\cos\theta x}{(2n+2)!}x^{2n+2}\ (\theta\in(0,1),\ x\in(-\infty,+\infty))$；

（4）$\ln(1+x)=x-\dfrac{x^2}{2}+\dfrac{x^3}{3}-\dfrac{x^4}{4}+\cdots+(-1)^{n-1}\dfrac{x^n}{n}+(-1)^n\dfrac{x^{n+1}}{(n+1)(1+\theta x))^{n+1}}\ (\theta\in(0,1),\ x\in(-1,+\infty))$；

（5）$(1+x)^m=1+mx+\dfrac{m(m-1)}{2!}x^2+\cdots+\dfrac{m(m-1)\cdots(m-n+1)}{n!}x^n+$

$$\frac{m(m-1)\cdots(m-n+1)(m-n)}{(n+1)!}(1+\theta x)^{m-n-1}x^{n+1}\ (\theta\in(0,1),\ x\in(-1,+\infty));$$

（6）$\dfrac{1}{1-x}=1+x+x^2+\cdots+x^n+\dfrac{x^{n+1}}{(1-\theta x))^{n+2}}\ (\theta\in(0,1),\ x\in(-1,1))$.

三、泰勒公式在近似计算上的应用

例 6.3.7 （1）计算 e 的近似值，使其误差不超过10^{-6}；

（2）计算$\sin 9^\circ$的近似值，要求误差不超过10^{-5}.

解 （1）由例 6.3.6（1），取$x=1$，有

$$e = 1 + 1 + \frac{1}{2!} + \cdots + \frac{1}{n!} + \frac{e^{\theta}}{(n+1)!} \ (\theta \in (0,1)),$$

要求满足 $|R_n(1)| < 10^{-6}$，由 $\frac{e^{\theta}}{(n+1)!} < \frac{e}{(n+1)!} < \frac{3}{(n+1)!} < 10^{-6}$ 得，$n \geqslant 9$，故

$$e \approx 1 + 1 + \frac{1}{2!} + \cdots + \frac{1}{9!} \approx 2.718\,285,$$

其误差不超过 10^{-6}.

（2）先把角度化为弧度，$9^{\circ} = \frac{\pi}{180} \times 9 = \frac{\pi}{20} < \frac{1}{5}$（弧度）在 $x_0 = 0$ 附近. 由例 6.3.6（2），得

$$\sin x = x - \frac{x^3}{3!} + \frac{x^5}{5!} - \cdots + (-1)^{n-1} \frac{x^{2n-1}}{(2n-1)!} + \frac{\cos\theta x}{(2n+1)!} x^{2n+1} \ (\theta \in (0,1)),$$

要求满足误差 $|R_n(x)| < 10^{-5}$，由 $\left|\frac{\cos\theta x}{(2n+1)!} x^{2n+1}\right| \leqslant \left|\frac{1}{(2n+1)!5^{2n+1}}\right| < 10^{-5}$ 得，$n \geqslant 2$，故

$$\sin 9^{\circ} = \sin\frac{\pi}{20} \approx \frac{\pi}{20} - \frac{1}{3!}\left(\frac{\pi}{20}\right)^3 \approx 0.000\,646,$$

误差 $|R_n(x)| < \left|\frac{1}{5!5^5}\right| < 10^{-5}$.

例 6.3.8　证明数 e 为无理数.

证　由 $e = 1 + 1 + \frac{1}{2!} + \cdots + \frac{1}{n!} + \frac{e^{\theta}}{(n+1)!}$ 两边同乘以 $n!(n \geqslant 2)$，得

$$n!e - (n! + n! + 3 \cdot 4 \cdot \cdots \cdot n + \cdots + 1) = \frac{e^{\theta}}{n+1}.$$

若 e 为有理数，则 $e = \frac{p}{q}$（p, q 为互质的正整数）. 由于当 $n > q$ 时，$n!e = n!\frac{p}{q}$ 必为正整数，则 $\frac{e^{\theta}}{n+1}$ 必为整数，但 $0 < \frac{e^{\theta}}{n+1} < \frac{3}{n+1}$ 不可能为整数，矛盾. 因此 e 是无理数.

注　如果进一步用阶数更高的多项式来近似表示 $\sin x$，在满足同一误差要求条件下，x 能在偏离 x_0 更大范围变化取值. 一般地，泰勒多项式次数取得越高，则用它来逼近函数产生的误差就越小. 几何上用切线在局部代替一个可微函数曲线就是一次泰勒多项式逼近，对大部分应用就已足够.

1. 用直接法写出函数 $f(x) = (x^2 - 3x + 1)^3$ 的 n 阶麦克劳林公式.

2. 用直接法写出函数 $f(x) = \frac{1}{x}$ 在点 $x = -1$ 处带拉格朗日型余项的 n 阶泰勒公式.

3. 设 I 是点 x_0 的一个邻域，假设函数 $f(x)$ 在 I 内有连续三阶导数，且对所有 $x\in I$，都有 $f'''(x)>0$．证明：如果在 I 中 $x_0+h\neq x_0$，则存在唯一的 $\theta=\theta(h)$，使得

$$f(x_0+h)=f(x_0)+f'(x_0)h+f''(x_0+\theta h)\frac{h^2}{2!}\text{，且}\lim_{h\to 0}\theta(h)=\frac{1}{3}.$$

4. 计算 $\sqrt{\mathrm{e}}$ 的近似值，要求误差小于 0.01.

5. 利用泰勒公式求下列不定式的极限：

（1）$\lim\limits_{x\to 0}\dfrac{\cos x-\mathrm{e}^{-\frac{x^2}{2}}}{x^2(x+\ln(1-x))}$；　　（2）$\lim\limits_{x\to+\infty}\left(x-x^2\ln\left(1+\dfrac{1}{x}\right)\right)$.

第四节 函数的单调性、极值与最值

一、函数的单调性

在第一章第二节中介绍过函数单调的定义，下面进一步介绍利用导函数的符号判定可导函数的增减性的方法.

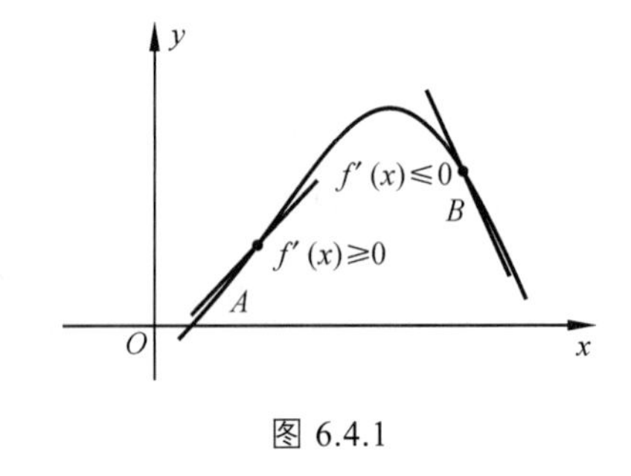

图 6.4.1

如图 6.4.1 所示，若函数 $f(x)$ 是可导单调增（减）函数，则有 $f'(x)\geqslant 0(\leqslant 0)$. 进一步，有

定理 6.4.1 若函数 $f(x)$ 在区间 I 上可导，则 $f(x)$ 在 I 上单调增（减）的充要条件是 $f'(x)\geqslant 0(\leqslant 0)$，$x\in I$.

定理 6.4.2 若函数 $f(x)$ 在区间 $[a,b]$ 上连续，在区间 (a,b) 内可导，则 $f(x)$ 在 $[a,b]$ 上严格单调增（减）的充要条件是：

（1）$f'(x)\geqslant 0(\leqslant 0)$，$\forall x\in(a,b)$；

（2）$f'(x)$ 在区间 (a,b) 内任何子区间都不恒等于零.

证（必要性） 若 $f(x)$ 在 $[a,b]$ 上严格单调增，则 $\forall x\in(a,b)$，取 $x+\Delta x\in(a,b)(\Delta x\neq 0)$，有

$$\frac{f(x+\Delta x)-f(x)}{\Delta x}>0.$$

由 $f(x)$ 在区间 (a,b) 内可导，则 $f'(x)=\lim\limits_{\Delta x\to 0}\dfrac{f(x+\Delta x)-f(x)}{\Delta x}\geqslant 0$，即（1）成立.

若 $f'(x)$ 在区间 (a,b) 上存在子区间恒等于零，则在该子区间 $f(x)\equiv C$ 为常值，与 $f(x)$ 在 $[a,b]$ 上严格单调增矛盾，即（2）成立.

（充分性） 设 $\forall x_1,x_2\in[a,b]$ 且 $x_1<x_2$，利用拉格朗日中值定理和条件（1）得，$\exists\xi\in(x_1,x_2)\subset[a,b]$，使得 $f(x_2)-f(x_1)=f'(\xi)(x_2-x_1)\geqslant 0$，因而 $f(x)$ 在 $[a,b]$ 上单调增. 若 $f(x)$ 在 $[a,b]$ 上不是严格单调增，则存在不相等的 $t_1,t_2\in[a,b]\ (t_1<t_2)$，使得 $f(t_1)=f(t_2)$，由于 $f(x)$

在$[t_1,t_2]\subset[a,b]$上单调增，则$\forall x\in(t_1,t_2)\subset I$，有$f(t_1)\leqslant f(x)\leqslant f(t_2)=f(t_1)$，所以$f(x)$在$[t_1,t_2]$为常值，即当$x\in(t_1,t_2)\subset[a,b]$时，$f'(x)\equiv 0$，与条件（2）矛盾．因此$f(x)$在$[a,b]$上是严格单调增．

同理，严格单调减的情形同样成立．

注　定理 6.4.2 揭示了导函数的符号与函数单调性的关系，其中的区间$[a,b]$也可换成区间$[a,+\infty)$，$(-\infty,b]$，$(-\infty,+\infty)$，它与引理 6.1.1 是不同的．

推论 6.4.1　设函数$f(x)$在区间I上可导，且$f'(x)\neq 0$，那么$f(x)$在区间I上严格单调．

证　如果有两点$a,b\in I$（设$a<b$）满足$f'(a)\cdot f'(b)<0$，由定理 6.1.5 知，存在某个$c\in(a,b)$，使得$f'(c)=0$，与已知条件矛盾．这说明$f'(x)$在I上符号是一定的，即$f(x)$在区间I上严格单调．

例 6.4.1　讨论函数$f(x)=x+\sin x$的单调性．

解　$D_f=(-\infty,+\infty)$，显然$f(x)$在D_f上可导，且$f'(x)=1+\cos x\geqslant 0$，当且仅当$x=(2n+1)\pi$（$n\in\mathbf{Z}$）时$f'(x)=0$，由定理 6.4.2 得，函数$f(x)=x+\sin x$在$D_f$上严格单调增（如图 6.4.2）．

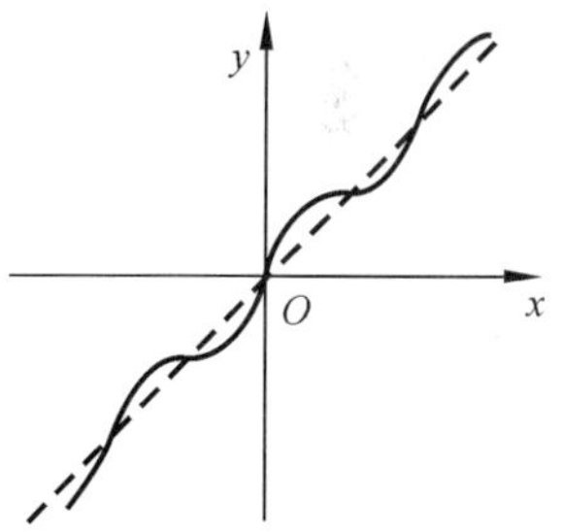

图 6.4.2

例 6.4.2　讨论函数$y=\sqrt[3]{x^2}$的单调性．

解　$D_f=(-\infty,+\infty)$，函数$y=\sqrt[3]{x^2}$在D_f上连续，且当$x\neq 0$时，$y'=\dfrac{2}{3\sqrt[3]{x}}$；当$x=0$时，$y'$不存在．

在$(-\infty,0)$内，有$y'<0$，所以y在$(-\infty,0]$上严格单调减；

在$(0,+\infty)$内，有$y'>0$，所以y在$[0,+\infty)$上严格单调增（如图 6.4.3）．

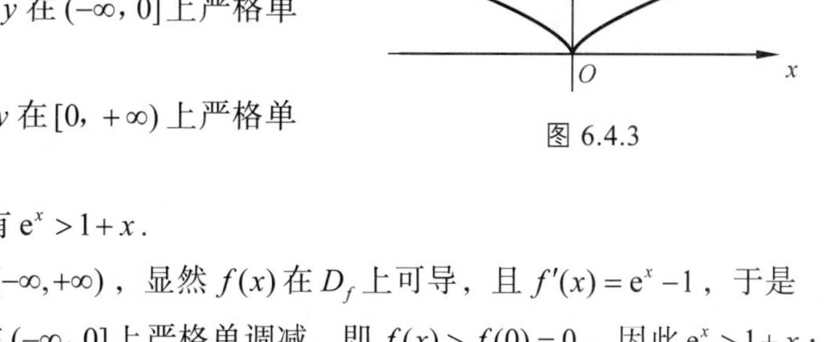

图 6.4.3

例 6.4.3　证明：当$x\neq 0$时，有$e^x>1+x$．

证　设$f(x)=e^x-1-x$，$D_f=(-\infty,+\infty)$，显然$f(x)$在D_f上可导，且$f'(x)=e^x-1$，于是当$x<0$时，$f'(x)<0$，$f(x)$在$(-\infty,0]$上严格单调减，即$f(x)>f(0)=0$，因此$e^x>1+x$；当$x>0$时，$f'(x)>0$，$f(x)$在$[0,+\infty)$上严格单调增，即$f(x)>f(0)=0$，因此$e^x>1+x$．综上所述，当$x\neq 0$时，有$e^x>1+x$．

二、函数的极值

在生产实践中经常遇到在一定条件下采用怎样的设计才能使用材料最省、性能最佳等“优化问题”，这就是数学函数中的最值问题．虽然函数的最值与极值是两个不同的概念，但它们之间存在着密切的联系．华罗庚（1910—1985）是我国近代以来最早为把数学理论研究和生产实践紧密结合作出巨大贡献的科学家．20 世纪六七十年代，他用深入浅出的语言编写出《优选法平话及其补充》（国防工业出版社 1971 年出版）和《统筹方法平话及补充》（中国工业出版社 1966 年出版）两本科普读物，把数学方法创造性地应用于国民经济领域，筛选出以改进生产工艺和提高产品质量为内容的“优选法”和处理生产组织与管理问题为内容的“统筹法”（简称“双法”），进行了“优化问题”研究的开创性工作.

极值的导数判别法则如下.

定理 6.4.3（一阶导数判别法则） 设函数 $f(x)$ 在 x_0 处连续，在某邻域 $\mathring{U}(x_0,\delta)$ 内可导.

（1）当 $x\in(x_0-\delta,x_0)$ 时，有 $f'(x)\leqslant 0$，当 $x\in(x_0,x_0+\delta)$ 时，有 $f'(x)\geqslant 0$，则 $f(x)$ 在点 x_0 取得极小值.

（2）当 $x\in(x_0-\delta,x_0)$ 时，有 $f'(x)\geqslant 0$，当 $x\in(x_0,x_0+\delta)$ 时，有 $f'(x)\leqslant 0$，则 $f(x)$ 在点 x_0 取得极大值.

（3）当 $f'(x)$ 在 $\mathring{U}(x_0,\delta)$ 内的符号不改变，则点 x_0 不是 $f(x)$ 的极值点.

注 定理 6.4.3 只要求 $f(x)$ 在 x_0 处连续，并没有要求 $f(x)$ 在 x_0 处可导. 若 $f(x)$ 在 x_0 处又可导，则点 x_0 必为 $f(x)$ 的驻点（费马定理）.

例 6.4.4 求函数 $f(x)=\left(x-\dfrac{5}{2}\right)\sqrt[3]{x^2}$ 的极值.

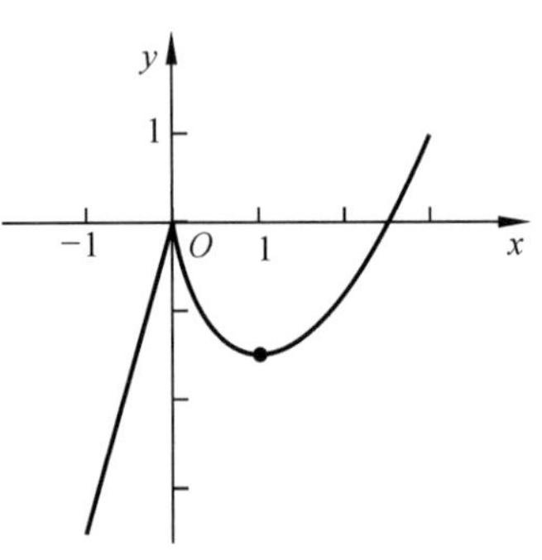

图 6.4.4

解 显然 $f(x)=x^{\frac{5}{3}}-\dfrac{5}{2}x^{\frac{2}{3}}$ 在 $(-\infty,+\infty)$ 内连续，但在点 $x=0$ 处不可导.

当 $x\neq 0$ 时，$f'(x)=\dfrac{5}{3}x^{\frac{2}{3}}-\dfrac{5}{3}x^{-\frac{1}{3}}=\dfrac{5(x-1)}{3\sqrt[3]{x}}$.

令 $f'(x)=0$，得驻点 $x=1$. 可能的极值点为 $x=1$ 和 $x=0$（如图 6.4.4）.

极值点的判别如表 6.4.1 所示.

表 6.4.1 极值点的判别

x	$(-\infty,0)$	0	$(0,1)$	1	$(1,+\infty)$
$f'(x)$	+	不存在	−	0	+
$f(x)$	↗	0 极大值	↘	$-3/2$ 极小值	↗

故 $f(x)$ 的极大值为 $f(0)=0$，极小值为 $f(1)=-\dfrac{3}{2}$.

定理 6.4.4（极值 n 阶导数判别法则） 设 $f(x)$ 在 x_0 的某邻域 $U(x_0,\delta)$ 内 $n-1$（$n\geqslant 2$）阶可导，在点 x_0 处 n 阶可导，且 $f'(x_0)=f''(x_0)=\cdots=f^{(n-1)}(x_0)=0,\ f^{(n)}(x_0)\neq 0$.

（1）若 n 为偶数，则 $f(x)$ 在 x_0 取得极值. 当 $f^{(n)}(x_0)>0$ 时，有 $f(x)$ 在点 x_0 处取得严格极小值；当 $f^{(n)}(x_0)<0$ 时，有 $f(x)$ 在点 x_0 处取得严格极大值.

（2）若 n 为奇数，则点 x_0 不是 $f(x)$ 的极值点.

证 根据条件，由泰勒公式（定理 6.3.1）得

$$f(x)-f(x_0)=\frac{f^{(n)}(x_0)}{n!}(x-x_0)^n+o((x-x_0)^n).$$

因此在某邻域$U(x_0)$的任意x，都有$f(x)-f(x_0)$与$\dfrac{f^{(n)}(x_0)}{n!}(x-x_0)^n$符号一致. 由此推知：

（1）若n为偶数，在某邻域$\mathring{U}(x_0)$内的任意x，有$(x-x_0)^n>0$.

当$f^{(n)}(x_0)>0$时，有$\dfrac{f^{(n)}(x_0)}{n!}(x-x_0)^n>0$，$f(x)-f(x_0)>0$，则$f(x)$在点$x_0$处取得严格极小值；

当$f^{(n)}(x_0)<0$时，有$\dfrac{f^{(n)}(x_0)}{n!}(x-x_0)^n<0$，$f(x)-f(x_0)<0$，则$f(x)$在点$x_0$处取得严格极大值.

（2）若n为奇数，且$f^{(n)}(x_0)\neq 0$，不妨设$f^{(n)}(x_0)>0$.

在邻域$\mathring{U}_-(x_0)$内的任意x，有$(x-x_0)^n<0$，则$\dfrac{f^{(n)}(x_0)}{n!}(x-x_0)^n<0$，即$f(x)<f(x_0)$；

在邻域$\mathring{U}_+(x_0)$内的任意x，有$(x-x_0)^n>0$，则$\dfrac{f^{(n)}(x_0)}{n!}(x-x_0)^n>0$，即$f(x)>f(x_0)$.

因此点x_0不是$f(x)$的极值点.

推论 6.4.2（极值二阶导数判别法则） 设函数$f(x)$在某邻域$U(x_0,\delta)$内可导，在点x_0处二阶可导，且$f'(x_0)=0, f''(x_0)\neq 0$. 则

（1）若$f''(x_0)<0$，则$f(x)$在x_0取严格极大值.

（2）若$f''(x_0)>0$，则$f(x)$在x_0取严格极小值.

注 以上极值导数判别法只是充分条件，而非必要条件.

例 6.4.5 求函数$f(x)=x^3(x-5)^2$的极值点与极值.

解 在$(-\infty,+\infty)$上，

$$f'(x)=3x^2(x-5)^2+2x^3(x-5)=5x^2(x-5)(x-3),$$

令$f'(x)=0$，得驻点$x_1=0$，$x_2=3$，$x_3=5$（个数较多），利用极值n阶导数判别法则判别如下：

$$f''(x)=10x(x-5)(x-3)+5x^2(x-3)+5x^2(x-5)=10x(2x^2-12x+15).$$

由于$f''(3)=-90<0$，所以$x_2=3$是$f(x)$的极大值点，极大值$f(3)=108$；

由于$f''(5)=250>0$，所以$x_3=5$是$f(x)$的极小值点，极大值$f(5)=0$；

为判别点$x_1=0$的状况，由$f''(0)=0$，$f'''(x)=30(2x^2-8x+5)$，得$f'''(0)=150\neq 0$，故点$x_1=0$不是$f(x)$的极值点.

本题也可以用一阶导数判别法则进行列表判别.

三、函数的最值

设函数$f(x)$在闭区间$[a,b]$上连续，则$f(x)$在$[a,b]$上必有最大值和最小值，最值点可能是a或b，或$x_0\in(a,b)$. 当$x_0\in(a,b)$时，点x_0必是$f(x)$的极值点. 若$f(x)$在x_0可导，则x_0是$f(x)$的驻点. 因此要找出$[a,b]$上连续函数$f(x)$的最值点，只需求出$f(x)$在(a,b)内不可导点、驻点

以及端点 a,b 处的函数值，比较它们的大小关系，最大者为最大值，最小者为最小值.

例 6.4.6 求函数 $f(x)=\left|x^3-3x^2+3x\right|$ 在 $[-1,2]$ 上的最大值和最小值.

解 函数 $f(x)=\begin{cases}-x(x^2-3x+3), x\in[-1,0]\\ x(x^2-3x+3), \quad x\in(0,2]\end{cases}$，除点 $x=0$ 外均可导，且

$$f'(x)=\begin{cases}-3x^2+6x-3, x\in[-1,0),\\ 3x^2-6x+3, \quad x\in(0,2].\end{cases}$$

则 $f(x)$ 在 $[-1,2]$ 上的驻点为 $x=1$，分段点 $x=0$ 是否可导不加考察. 计算得 $f(-1)=7$，$f(0)=0$，$f(1)=1$，$f(2)=2$. 因此 $f(x)$ 在 $[-1,2]$ 上的最大值 $f_{\max}(-1)=7$，最小值 $f_{\min}(0)=0$.

在实际问题中，涉及函数最值问题时，如果可以判定最值一定在区间内取得，函数在区间内又只有唯一驻点 x_0，则可以直接断定此驻点 x_0 就是函数的最值点.

例 6.4.7 费时最少路径原理：两种均匀介质中任意两点之间光线所走的实际路径费时最少. 斯涅尔折射定律：$c_1\sin\alpha_1=c_2\sin\alpha_2$. 其中 c_1,c_2 是光在两种介质中传播的速度，α_1 为入射角，α_2 折射角. 利用费时最少路经原理推出斯涅尔折射定律.

解 如图 6.4.5 所示，设一束光线从介质1点 $A_1(0,h_1)$ 沿折线段 A_1BA_2 的路径传播到介质 2 点 $A_2(a,h_2)$，点 $B(x,0)$ 是光到达介质1与介质2分界面的点. 则光通过图 6.4.5 所示路径所需的时间为

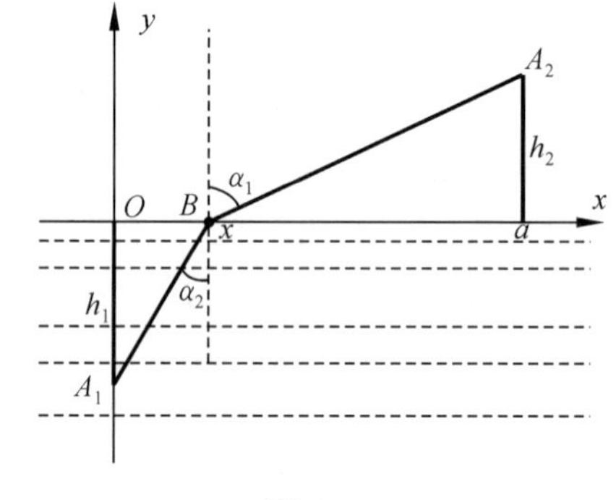

图 6.4.5

$$t(x)=\frac{\sqrt{h_1^2+x^2}}{c_1}+\frac{\sqrt{h_2^2+(a-x)^2}}{c_2}.$$

该问题转化为求 $t(x)$ 的最值. 当 $x\in[0,a]$时，有

$$t'(x)=\frac{x}{c_1\sqrt{h_1^2+x^2}}-\frac{a-x}{c_2\sqrt{h_2^2+(a-x)^2}},$$

$$t''(x)=\frac{h_1^2}{c_1}(h_1^2+x^2)^{-\frac{3}{2}}+\frac{h_2^2}{c_2}[h_2^2+(a-x)^2]^{-\frac{3}{2}}>0.$$

因此 $t'(x)$ 在 $[0,a]$ 严格单调增. 又 $t'(0)<0,\ t'(a)>0$，根据定理 6.1.5(导数介值定理)知，在 $(0,a)$ 内 $t'(x)$ 有唯一零点 x_0，且当 $x\in[0,x_0]$ 时，$t'(x)<0$；当 $x\in[x_0,a]$ 时，$t'(x)>0$，因此 x_0 是函数 $t(x)$ 的最小值点. 由费时最少路径原理知，光到达介质1与介质2分界面的位置为 $B(x_0,0)$，且 $t'(x_0)=0$. 由于

$$\sin\alpha_2=\frac{x_0}{\sqrt{h_1^2+x_0^2}},\quad \sin\alpha_1=\frac{a-x_0}{\sqrt{h_2^2+(a-x_0)^2}},$$

则
$$t'(x_0)=\frac{x_0}{c_1\sqrt{h_1^2+x_0^2}}-\frac{a-x_0}{c_2\sqrt{h_2^2+(a-x_0)^2}}=\frac{\sin\alpha_2}{c_1}-\frac{\sin\alpha_1}{c_2}=0,$$

于是 $$c_1 \sin\alpha_1 = c_2 \sin\alpha_2 .$$

下面利用单调性给出几个常用的不等式.

例 6.4.8 设函数 $f(x)=x^{\mu}-\mu x+\mu-1$（$x>0$，$\mu\neq 0$ 或1），证明：

（1）当 $\mu\in(0,1)$ 时，$f(x)\leqslant 0$；（2）当 $\mu\in(-\infty,0)\cup(1,+\infty)$ 时，$f(x)\geqslant 0$.

证 （1）当 $\mu\in(0,1)$ 时，$f'(x)=\mu(x^{\mu-1}-1)$，令 $f'(x)=0$，得驻点 $x=1$.

当 $x\in(0,1)$ 时，$f'(x)>0$；当 $x\in(1,+\infty)$ 时，$f'(x)<0$.

因此 $x=1$ 是 $f(x)$ 在 $(0,+\infty)$ 上的唯一最大值点，且 $f(1)=0$，从而 $f(x)\leqslant f(1)=0$（当且仅当 $x=1$ 时取最大值 0）.

（2）类似可证.

推论 6.4.3（伯努利不等式） 当 $\alpha>1$，$x>-1$ 时，有 $(1+x)^{\alpha}>1+\alpha x$.

证 在例 6.4.8 的情形（2）中，把 x 换成 $1+x>0$ 即可得到.

推论 6.4.4 [杨氏（Young，1882—1946 年，英国）**不等式]** 设 $a,b>0$，$p>1$ 且 $\frac{1}{q}+\frac{1}{p}=1$，则

$$ab \le \frac{1}{p}a^p+\frac{1}{q}b^p .$$

证 在例 6.4.8 的情形（1）中，令 $x=\frac{a^p}{b^q}$，$\mu=\frac{1}{p}$（$p>1$），有 $\left(\frac{a^p}{b^q}\right)^{\frac{1}{p}}-\frac{1}{p}\frac{a^p}{b^q}+\frac{1}{p}-1\leqslant 0$. 由 $\frac{1}{q}=1-\frac{1}{p}$，得

$$\frac{a}{b^{\frac{q}{p}}}\leqslant\frac{1}{p}\frac{a^p}{b^q}+\frac{1}{q} .$$

两边同乘以 b^q 得

$$ab^{q-\frac{q}{p}}\leqslant\frac{1}{p}a^p+\frac{1}{q}b^q .$$

又 $q-\frac{q}{p}=q\left(1-\frac{1}{p}\right)=1$，因此 $ab\leqslant\frac{1}{p}a^p+\frac{1}{q}b^p$.

利用杨氏不等式可以得到赫尔德（Hölder，1859—1937 年，德国）不等式.

赫尔德不等式 设 $x_i,y_i>0$（$i=1,2,\cdots,n$），$p>1$，且 $\frac{1}{q}+\frac{1}{p}=1$，则

$$\sum_{i=1}^{n}x_iy_i\leqslant\left(\sum_{i=1}^{n}x_i^p\right)^{\frac{1}{p}}\left(\sum_{i=1}^{n}y_i^q\right)^{\frac{1}{q}} .$$

当 $p=q=2$ 时，赫尔德不等式就是**施瓦茨-柯西不等式**：

$$\sum_{i=1}^{n}x_iy_i\leqslant\left(\sum_{i=1}^{n}x_i^2\right)^{\frac{1}{2}}\left(\sum_{i=1}^{n}y_i^2\right)^{\frac{1}{2}} .$$

利用赫尔德不等式可以得到闵可夫斯基（Minkowski，1864—1909 年，德国）不等式.

闵可夫斯基不等式 设 $x_i, y_i > 0$（$i = 1, 2, \cdots, n$），$p > 1$，则

$$\left[\sum_{i=1}^{n}(x_i + y_i)^p\right]^{\frac{1}{p}} \leqslant \left(\sum_{i=1}^{n} x_i^p\right)^{\frac{1}{p}} + \left(\sum_{i=1}^{n} y_i^p\right)^{\frac{1}{p}}.$$

习题 6.4

1. 判断函数 $f(x) = \arctan x - x$ 的单调性.

2. 讨论方程 $\ln x = ax$（$a > 0$）有几个实根.

3. 求下列函数的极值：

（1）$y = x - \ln(1+x)$；　　（2）$y = -x^4 + 2x^2$；

（3）$y = \dfrac{2x}{1+x^2}$；　　（4）$y = (x-1)^2(x+1)^3$；

（5）$y = x^{\frac{1}{x}}, x > 0$；　　（6）$y = \dfrac{\ln^2 x}{x}$.

4. 求下列函数的最值：

（1）$y = x + \sqrt{1-x}, -5 \leqslant x \leqslant 1$；　　（2）$y = x^4 - 8x^2 + 1, -1 \leqslant x \leqslant 3$.

5. 要建造一个体积为 V 的圆柱形带盖水桶，问底面半径 r 和高 h 分别等于多少时，才能使其表面积最小（用料最省）？

6. 测量某台机床的重量 n 次，测得其重量分别为 $w_1, w_2, \cdots, w_n$，问怎样选取机床的重量 w（用 $w_1, w_2, \cdots, w_n$ 表示），使得 w 与这 n 次测量数据之差的平方和最小？

7. 设函数 $f(x)$ 在区间 I 上连续，证明：若 x_0 是 $f(x)$ 在 I 上的唯一极大（小）值点，则必定是 $f(x)$ 的最大（小）值点.

8. 某公司有 50 套公寓要出租，当月租为 1000 元时，公寓可全部被租出去，当月租金每增加 50 元，就会增加一套公寓租不出去，而且租出去的公寓需要每月 100 元维护费用，试问房租定为多少时公司获利最大？

9. 求函数 $f(x) = \dfrac{\ln x}{x}$ 的最大值，并比较 99^{100} 和 100^{99} 的大小.

10. 设 $a, b > 0$，求 $f(x) = \dfrac{1}{x}\left(\dfrac{a+b+x}{3}\right)^3$ 在 $(0, +\infty)$ 内的最小值，并以此证明：当 a，b，$c > 0$ 时，有

$$\frac{a+b+c}{3} \geqslant \sqrt[3]{abc},\quad a > 0, b > 0, c > 0.$$

第五节 函数的凸性与其图形的拐点

一、函数的凸性

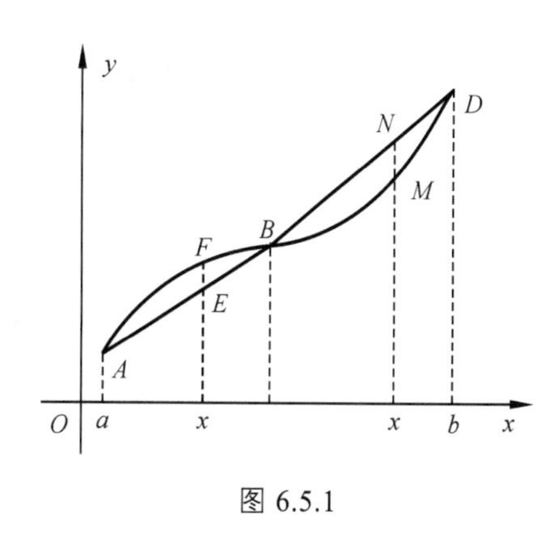

图 6.5.1

图 6.5.1 所示函数是单调增，曲线 $\widehat{ABD}$ 上升，显然弧 $\widehat{AB}$ 与 $\widehat{BD}$ 的弯曲方向明显不同，弧 $\widehat{AB}$ 与弧 $\widehat{BD}$ 的几何形态有所不同. 为了刻画函数对应图形弯曲方向不同的特性，引入函数的凸、凹性.

称具有弧 $\widehat{BD}$ 上任意点的纵坐标比 BD 弦上相应点的纵坐标比小的函数为凸函数，称具有弧 $\widehat{AB}$ 上任意点的纵坐标比 AB 弦上相应点的纵坐标比大的函数为凹函数. 一般地，

定义 6.5.1 设 $f(x)$ 为定义在区间 I 上的函数，若对 I 上的任意两点 x_1,x_2 和任意实数 $\lambda\in(0,1)$ 总有

$$f(\lambda x_1+(1-\lambda)x_2)\leqslant\lambda f(x_1)+(1-\lambda)f(x_2) \tag{6.5.1}$$

$$(\ f(\lambda x_1+(1-\lambda)x_2)\geqslant\lambda f(x_1)+(1-\lambda)f(x_2)\ ) \tag{6.5.2}$$

则称 $f(x)$ 是区间 I 上**凸（凹）函数**，或称 $f(x)$ 在 I 上**凸（凹）**.

如果定义 6.5.1 中的不等式“$\leqslant$（$\geqslant$）”改为严格不等式“$<$（$>$）”，则相应的函数称为**严格凸（凹）函数**.

显然，若函数 $f(x)$ 是区间 I 上凹函数，则 $-f(x)$ 是区间 I 上凸函数，故只需讨论凸函数的性质即可.

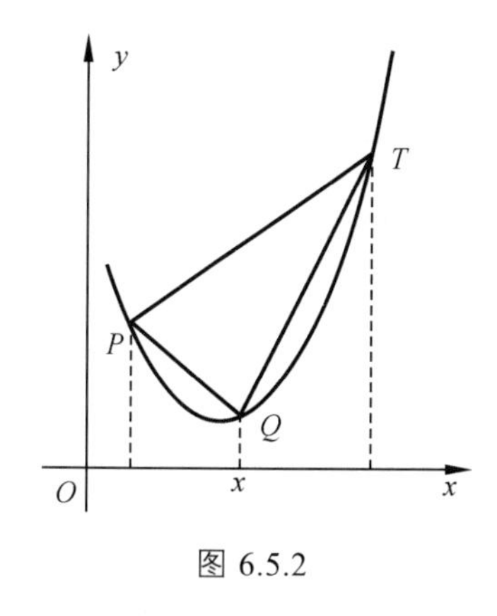

图 6.5.2

如图 6.5.2 所示，$f(x)$ 在区间 I 上是凸函数，其弧段上任意两点弧都在其相应弦的下方，且曲线上弦 PQ 的斜率随 Q 向右移动而增大，弦 TP 的斜率也随 P 向右移动而增大，于是有以下等价命题.

定理 6.5.1 设函数 $f(x)$ 在区间 I 上有定义，则下列命题等价.

（1）函数 $f(x)$ 在 I 上凸（严格凸）;

（2）$\forall x_1,x_2\in I$ 且 $x_1<x_2$，对 $\forall x\in(x_1,x_2)$，总有

$$\frac{f(x)-f(x_1)}{x-x_1}\leqslant\frac{f(x_2)-f(x_1)}{x_2-x_1}\leqslant\frac{f(x_2)-f(x)}{x_2-x}. \tag{6.5.3}$$

（3）$\forall x_1,x_2\in I$ 且 $x_1<x_2$，对 $\forall x\in(x_1,x_2)$，总有

$$\frac{f(x)-f(x_1)}{x-x_1}\leqslant\frac{f(x_2)-f(x)}{x_2-x}. \tag{6.5.4}$$

证 （1）⇒（2）.

$\forall x_1,x_2\in I$ 且 $x_1<x_2$， $\forall x\in(x_1,x_2)$，取 $\lambda=\dfrac{x_2-x}{x_2-x_1}\in(0,1)$，整理得

$$x=\lambda x_1+(1-\lambda)x_2,\quad 1-\lambda=1-\frac{x_2-x}{x_2-x_1}=\frac{x-x_1}{x_2-x_1},$$

由函数 $f(x)$ 在 I 上凸，得

$$\begin{aligned}f(x)=f(\lambda x_1+(1-\lambda)x_2)&\leqslant\lambda f(x_1)+(1-\lambda)f(x_2)\\&\leqslant\frac{x_2-x}{x_2-x_1}f(x_1)+\frac{x-x_1}{x_2-x_1}f(x_2),\end{aligned}\tag{6.5.5}$$

即

$$(x_2-x_1)f(x)\leqslant(x_2-x)f(x_1)+(x-x_1)f(x_2),$$

$$(x_2-x_1)f(x)-(x_2-x_1)f(x_1)\leqslant(x-x_1)f(x_2)-(x-x_1)f(x_1),$$

整理得

$$\frac{f(x)-f(x_1)}{x-x_1}\leqslant\frac{f(x_2)-f(x_1)}{x_2-x_1}.$$

由式（6.5.5）两端同时减去 $f(x_2)$，得

$$\begin{aligned}f(x)-f(x_2)&\leqslant\frac{x_2-x}{x_2-x_1}f(x_1)+\frac{x-x_1}{x_2-x_1}f(x_2)-f(x_2)\\&=\frac{x_2-x}{x_2-x_1}f(x_1)-\frac{x_2-x}{x_2-x_1}f(x_2),\end{aligned}$$

于是

$$\frac{f(x_2)-f(x_1)}{x_2-x_1}\leqslant\frac{f(x_2)-f(x)}{x_2-x}.$$

（2）⇒（3）. 显然成立.

（3）⇒（1）.

$\forall x_1,x_2\in I$ 且 $x_1<x_2$，$\forall\lambda\in(0,1)$，取 $x=\lambda x_1+(1-\lambda)x_2\in(x_1,x_2)$，$\lambda=\dfrac{x_2-x}{x_2-x_1}$，由 $\dfrac{f(x)-f(x_1)}{x-x_1}\leqslant\dfrac{f(x_2)-f(x)}{x_2-x}$ 得

$$\begin{aligned}f(x)=f(\lambda x_1+(1-\lambda)x_2)&\leqslant\frac{x_2-x}{x_2-x_1}f(x_1)+\frac{x-x_1}{x_2-x_1}f(x_2)\\&=\lambda f(x_1)+(1-\lambda)f(x_2).\end{aligned}$$

故函数 $f(x)$ 在 I 上凸.

若改为“函数 $f(x)$ 在 I 上严格凸”，只需将证明过程“$\leqslant$”改为“$<$”即可.

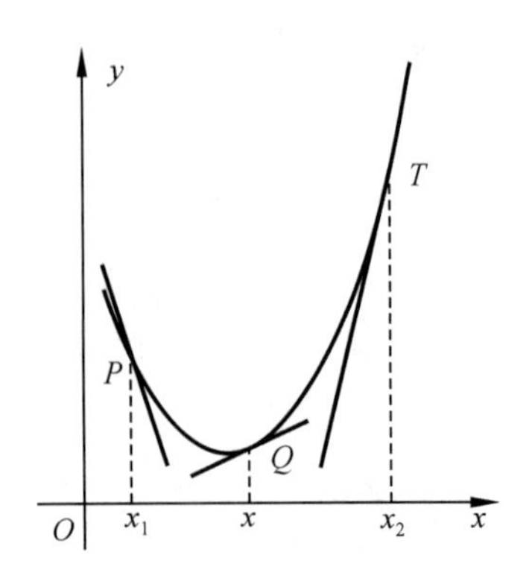

图 6.5.3

式（6.5.3）和式（6.5.4）与导数的形式很接近，可以利用导数来判断函数的凸性. 如图 6.5.3 所示，可导凸

函数在图形上任意一点处的切线始终在函数曲线的下方且切线斜率随切点右移而增大.

定理 6.5.2　设函数 $f(x)$ 在区间 I 上可导，则下列命题等价.

（1）函数 $f(x)$ 在 I 上凸；

（2）导函数 $f'(x)$ 在 I 上单调增；

（3）$\forall x_1,x_2 \in I$，有 $f(x_2) \geqslant f(x_1)+f'(x_1)(x_2-x_1)$.　　（6.5.6）

证（1）$\Rightarrow$（2）.

$\forall x_1,x_2 \in I$，不妨设 $x_1<x_2$，取 $h \in \left(0,\dfrac{x_2-x_1}{2}\right)$，有 $x_1<x_1+h<x_2-h<x_2$，由函数 $f(x)$ 在 I 上凸与定理 6.5.1，得

$$\frac{f(x_1+h)-f(x_1)}{h} \leqslant \frac{f(x_2)-f(x_1)}{x_2-x_1} \leqslant \frac{f(x_2)-f(x_2-h)}{h}.$$

因为函数 $f(x)$ 在 I 上可导，所以

$$f'(x_1)=\lim_{h\to 0^+}\frac{f(x_1+h)-f(x_1)}{h} \leqslant \lim_{h\to 0^+}\frac{f(x_2)-f(x_2-h)}{h}=f'(x_2).$$

故导函数 $f'(x)$ 在 I 上单调增.

（2）$\Rightarrow$（3）.

$\forall x_1,x_2 \in I$，不妨设 $x_1<x_2$，在 $[x_1,x_2]$ 上，由拉格朗日中值定理和 $f'(x)$ 在 I 上单调增，则存在 $\xi \in (x_1,x_2)$，使得

$$f(x_2)-f(x_1)=f'(\xi)(x_2-x_1) \geqslant f'(x_1)(x_2-x_1).$$

移项后即得式（6.5.6）.

（3）$\Rightarrow$（1）.

$\forall x_1,x_2 \in I$，不妨设 $x_1<x_2$，$\forall \lambda \in (0,1)$，取 $x=\lambda x_1+(1-\lambda)x_2 \in (x_1,x_2)$，则 $x_2-x=\lambda(x_2-x_1)$，$x_1-x=(1-\lambda)(x_1-x_2)$，由命题（3）得

$$f(x_1) \geqslant f(x)+f'(x)(x_1-x)=f(x)+(1-\lambda)f'(x)(x_1-x_2),$$

$$f(x_2) \geqslant f(x)+f'(x)(x_2-x)=f(x)+\lambda f'(x)(x_2-x_1).$$

因此

$$\lambda f(x_1)+(1-\lambda)f(x_2) \geqslant f(x)=f(\lambda x_1+(1-\lambda)x_2).$$

从而函数 $f(x)$ 在 I 上凸.

注　其中命题（3）的几何意义是：凸函数 $f(x)$ 的曲线总在其任一点处切线的上方，这是可导凸函数的几何特征.

例 6.5.1　函数 $f(x)$ 是开区间 (a,b) 内可导的凸函数，则 $x_0 \in (a,b)$ 为 $f(x)$ 的极小值点的充要条件是 x_0 为 $f(x)$ 的驻点，即 $f'(x_0)=0$.

证（必要性）　已由费马定理给出.

（充分性）　假设 $f'(x_0)=0$，$\forall x \in (a,b)$，$x \neq x_0$，由定理 6.5.2 得

$$f(x) \geqslant f(x_0)+f'(x_0)(x-x_0)=f(x_0)$$

因此 x_0 为 $f(x)$ 的极小值点.

如果函数具有二阶导函数，则可以利用二阶导函数的符号判定函数的凸性.

定理 6.5.3 设函数 $f(x)$ 在 I 上二阶可导，则函数 $f(x)$ 在 I 上凸（凹）的充要条件是

$$f''(x) \geqslant 0 (f''(x) \leqslant 0), \quad \forall x \in I.$$

证 若 $f''(x) \geqslant 0, x \in I$，则导函数 $f'(x)$ 在 I 上单调增，由定理 6.5.2 知，函数 $f(x)$ 在 I 上凸. 反之，函数 $f(x)$ 在 I 上凸，由定理 6.5.2 知，导函数 $f'(x)$ 在 I 上单调增，而且 $f''(x)$ 存在，根据定理 6.4.1 得 $f''(x) \geqslant 0$.

注 若 $f''(x) > 0 (f''(x) < 0)$，则函数 $f(x)$ 在 I 上严格凸（凹）.

例 6.5.2 讨论下列函数的凸性.

（1）$y = \ln x$；（2）$y = \arctan x$.

解（1）因为当 $x \in D_f = (0, +\infty)$ 时，$y' = \dfrac{1}{x}, y'' = -\dfrac{1}{x^2} < 0$，所以 $y = \ln x$ 在 $(0, +\infty)$ 内严格凹.

（2）因为当 $x \in D_f = (-\infty, +\infty)$ 时，$y' = \dfrac{1}{1+x^2}$，$y'' = -\dfrac{2x}{(1+x^2)^2}$，当 $x < 0$ 时，$y'' > 0$，所以 $y = \arctan x$ 在 $(-\infty, 0]$ 上严格凸；当 $x > 0$ 时，$y'' < 0$，所以 $y = \arctan x$ 在 $[0, +\infty)$ 上严格凹.

注 点 $(0,0)$ 是函数 $y = \arctan x$ 严格凸与严格凹的分界点，通常称此点为曲线的拐点.

二、函数曲线的拐点

定义 6.5.2 设函数 $y = f(x)$ 在点 x_0 处连续. 当 $f(x)$ 在 $\mathring{U}_-(x_0)$ 内严格凸，在 $\mathring{U}_+(x_0)$ 内严格凹，或当 $f(x)$ 在 $\mathring{U}_-(x_0)$ 内严格凹，在 $\mathring{U}_+(x_0)$ 内严格凸，则称点 $(x_0, f(x_0))$ 为函数 $f(x)$ 曲线的**拐点**，即函数在拐点两侧严格凸、严格凹改变了.

定理 6.5.4 若函数 $f(x)$ 在点 x_0 处二阶可导，则点 $(x_0, f(x_0))$ 为函数 $y = f(x)$ 曲线拐点的必要条件是 $f''(x_0) = 0$.

证 若 $(x_0, f(x_0))$ 为函数 $y = f(x)$ 曲线的拐点，不妨设当 $f(x)$ 在 $\mathring{U}_-(x_0)$ 内严格凸，在 $\mathring{U}_+(x_0)$ 内严格凹，由定理 6.5.2 知 $f'(x)$ 在 $\mathring{U}_-(x_0)$ 内单调增，在 $\mathring{U}_+(x_0)$ 内单调减. 因此 $f'(x_0)$ 是 $f'(x)$ 在 $U(x_0, \delta)$ 内的极大值，由费马定理得 $f''(x_0) = 0$.

定理 6.5.5 设函数 $f(x)$ 在点 x_0 处可导，且在 x_0 的某邻域 $\mathring{U}(x_0)$ 内二阶可导，且在 $\mathring{U}_-(x_0)$ 和 $\mathring{U}_+(x_0)$ 的符号相反，则点 $(x_0, f(x_0))$ 是函数 $y = f(x)$ 曲线的拐点.

例 6.5.3 求下列函数曲线的拐点.

（1）$y = x^3$；（2）$y = \sqrt[3]{x}$.

解 （1）$x \in D_f = (-\infty, +\infty)$，$y' = 3x^2$，$y'' = 6x$.

当 $x < 0$ 时，$y'' < 0$，函数 $y = x^3$ 在 $(-\infty, 0]$ 上严格凹；

当 $x > 0$ 时，$y'' > 0$，函数 $y = x^3$ 在 $[0, +\infty)$ 上严格凸.

又 $x = 0$，$y = 0$，因此函数 $y = x^3$ 曲线的拐点是 $(0,0)$.

（2）$y=\sqrt[3]{x}$ 在 $(-\infty,+\infty)$ 内连续，当 $x\neq 0$ 时，有 $y'=\frac{1}{3}x^{-\frac{2}{3}}$， $y''=-\frac{2}{9}x^{-\frac{5}{3}}$.

当 $x<0$ 时，$y''>0$，函数 $y=x^3$ 在 $[0,+\infty)$ 上严格凸；

当 $x>0$ 时，$y''<0$，函数 $y=x^3$ 在 $[0,+\infty)$ 上严格凹.

又 $x=0$，$y=0$，因此函数 $y=\sqrt[3]{x}$ 曲线的拐点是 $(0,0)$.

问题 函数 $y=f(x)$ 曲线的拐点是 $(x_0,f(x_0))$，则 $f''(x_0)=0$ 是否一定成立？

三、詹森不等式

下面给出凸函数的更一般的形式——詹森（Jensen，1859—1925 年，丹麦)不等式，它在数学分析中具有广泛的应用.

定理 6.5.6（詹森不等式） 若函数 $f(x)$ 在 I 上凸，则对 $\forall x_i\in I$，$\lambda_i>0$（$i=1,2,\cdots,n$），当 $\sum_{i=1}^{n}\lambda_i=1$ 时，有

$$f\left(\sum_{i=1}^{n}\lambda_i x_i\right)\leqslant\sum_{i=1}^{n}\lambda_i f(x_i) \tag{6.5.7}$$

证（数学归纳法） 当 $n=2$ 时，根据凸函数的定义，命题显然成立.

假设当 $n=k\geqslant 2$ 时，命题成立. 即对 $\forall x_i\in I$，$a_i>0$（$i=1,2,\cdots,k$），当 $\sum_{i=1}^{k}a_i=1$ 时，有

$$f\left(\sum_{i=1}^{k}a_i x_i\right)\leqslant\sum_{i=1}^{k}a_i f(x_i).$$

当 $n=k+1$ 时，对 $\forall x_i\in I$ 及 $\lambda_i>0$（$i=1,2,\cdots,k+1$），且 $\sum_{i=1}^{k+1}\lambda_i=1$. 令 $a_i=\frac{\lambda_i}{1-\lambda_{k+1}}>0$，（$i=1,2,\cdots,k$），则 $\sum_{i=1}^{k}a_i=1$. 根据归纳假设，得

$$\begin{aligned}
&f(\lambda_1x_1+\lambda_2x_2+\cdots+\lambda_kx_k+\lambda_{k+1}x_{k+1})\\
&=f\left((1-\lambda_{k+1})\frac{\lambda_1x_1+\cdots+\lambda_kx_k}{1-\lambda_{k+1}}+\lambda_{k+1}x_{k+1}\right)\\
&\leqslant(1-\lambda_{k+1})f\left(\frac{\lambda_1x_1+\cdots+\lambda_kx_k}{1-\lambda_{k+1}}\right)+\lambda_{k+1}f(x_{k+1})\\
&=(1-\lambda_{k+1})f(a_1x_1+\cdots+a_kx_k)+\lambda_{k+1}f(x_{k+1})\\
&\leqslant(1-\lambda_{k+1})(a_1f(x_1)+a_2f(x_2)+\cdots+a_kf(x_k))+\lambda_{k+1}f(x_{k+1})\\
&=(1-\lambda_{k+1})\left(\frac{\lambda_1}{1-\lambda_{k+1}}f(x_1)+\cdots+\frac{\lambda_k}{1-\lambda_{k+1}}f(x_k)\right)+\lambda_{k+1}f(x_{k+1})\\
&=\lambda_1f(x_1)+\cdots+\lambda_kf(x_k)+\lambda_{k+1}f(x_{k+1})=\sum_{i=1}^{k+1}\lambda_if(x_i).
\end{aligned}$$

因此詹森不等式成立.

例 6.5.4 利用函数的凸性证明均值不等式：设 $x_i>0\,(i=1,2,\cdots,n)$，则

$$\frac{n}{\dfrac{1}{x_1}+\dfrac{1}{x_2}+\cdots+\dfrac{1}{x_n}}\leqslant\sqrt[n]{x_1x_2\cdots x_n}\leqslant\frac{x_1+x_2+\cdots+x_n}{n}.$$

证 设 $f(x)=\ln x$．当 $x>0$ 时，$f(x)$ 二阶可导，且 $f'(x)=\dfrac{1}{x}$，$f''(x)=-\dfrac{1}{x^2}<0$．因此，函数 $f(x)=\ln x$ 在 $(0,+\infty)$ 上严格凹．取 $\lambda_i=\dfrac{1}{n}>0\,(i=1,2,\cdots,n)$，由詹森不等式，得

$$\ln\left(\frac{x_1+x_2+\cdots+x_n}{n}\right)\geqslant\frac{1}{n}(\ln x_1+\ln x_2+\cdots+\ln x_n).$$

从而

$$\frac{x_1+x_2+\cdots+x_n}{n}\geqslant\sqrt[n]{x_1x_2\cdots x_n}.$$

其他证明见例 1.1.1.

例 6.5.5 证明不等式 $(abc)^{\frac{a+b+c}{3}}\leqslant a^ab^bc^c$，其中 a,b,c 均为正数.

证 设 $f(x)=x\ln x$．当 $x>0$ 时，$f(x)$ 二阶可导，且 $f'(x)=\ln x+1$，$f''(x)=\dfrac{1}{x}>0$，则 $f(x)=x\ln x$ 在 $x>0$ 时是严格凸函数．由詹森不等式，得

$$f\left(\frac{a+b+c}{3}\right)\leqslant\frac{1}{3}(f(a)+f(b)+f(c)),$$

因此

$$\frac{a+b+c}{3}\ln\frac{a+b+c}{3}\leqslant\frac{1}{3}(a\ln a+b\ln b+c\ln c),$$

即

$$\left(\frac{a+b+c}{3}\right)^{a+b+c}\leqslant a^ab^bc^c.$$

又因为 $\sqrt[3]{abc}\leqslant\dfrac{a+b+c}{3}$，所以 $(abc)^{\frac{a+b+c}{3}}\leqslant a^ab^bc^c$.

1. 讨论下列函数的凸性，并求其曲线的拐点.

（1）$y=x\mathrm{e}^{-x}$；　　（2）$y=\ln(x^2+1)$；

（3）$y=x+\dfrac{1}{x}$；　　（4）$y=x^3-5x^2+3x+5$；

（5）$y=x^{\frac{2}{3}}(1-x)$； （6）$y=\sqrt{\sin x}, x\in[0,\pi]$.

2. 若函数 f 在区间 I 上连续，且对于任意的 $x_1,x_2\in I$ 都有

$$f\left(\frac{x_1+x_2}{2}\right)\leqslant\frac{f(x_1)+f(x_2)}{2},$$

则函数 f 在 I 上是凸函数.（连续凸函数的一个等价定义）

3. 问 a,b 取何值时，点 $(1,3)$ 是函数 $y=ax^3+bx^2$ 曲线的拐点.

4. 试确定函数 $y=k(x^2-3)^2$ 中 k 的值($k\neq0$)，使曲线在其拐点处的法线经过原点.

5. 利用函数 $y=x^p(p>1,x\geqslant0)$ 的凸性，证明赫尔德不等式：

$$\sum_{i=1}^{n}a_ib_i\leqslant\left(\sum_{i=1}^{n}a_i^p\right)^{\frac{1}{p}}\left(\sum_{i=1}^{n}b_i^q\right)^{\frac{1}{q}}\ (a_i>0,b_i>0,p>1,\frac{1}{p}+\frac{1}{q}=1).$$

6. 设 A,B,C 是三角形的三个内角，证明

$$\sin A+\sin B+\sin C\leqslant\frac{3}{2}\sqrt{3}.$$

7. 求证：圆内接 n 边形的最大面积必为正 n 边形($n\geqslant3$).

8. 利用函数凸性证明不等式：

$$x\ln x+y\ln y\geqslant(x+y)\ln\frac{x+y}{2}\ (x>0,y>0).$$

9. 设函数 $f(x)$ 在 x_0 的某邻域内有连续三阶导数，且

$$f''(x_0)=0,\quad f'''(x_0)\neq0.$$

试问 $(x_0,f(x_0))$ 是否为曲线 $y=f(x)$ 的拐点？

第六节 函数图像的描绘

函数的图像能直观表达出函数的性态，虽说现在许多数学软件可以直接画出函数的图像，但用分析的方法勾勒出函数的图像仍是数学研究的重要手段之一.

以导数为工具已经可以确定函数的单调性、凸性、极值和曲线的拐点、渐近线，这样函数图像的大致形状基本清楚了，再结合函数的周期性、奇偶性等性质，就能比较准确地描绘出函数的图像.

描绘函数图像的一般程序是：

（1）确定函数的定义域以及所具有的某些基本特性（奇偶性、周期性）；

（2）考察函数的连续性、可导性，找出间断点、不可导点，并求出函数的一阶导函数与二阶导函数；

（3）利用 $f'(x)=0$ 和不可导点确定函数的单调区间、极值点；

（4）利用 $f''(x)=0$ 和不可导点确定函数的凹凸区间以及其曲线的拐点；

（5）考察函数图形的铅直、斜渐近线（包括水平渐近线），并求出渐近线方程；

（6）综合以上讨论结果并适当补充容易计算函数值的点（如坐标轴的交点等），在直角坐标系中，画出渐近线，描绘出特殊点，按函数的性态描绘出函数图像.

例 6.6.1 描绘函数 $f(x)=\dfrac{1}{\sqrt{2\pi}}\mathrm{e}^{-\frac{1}{2}x^2}$ 的图像.

解 函数 $f(x)$ 的定义域为 $D_f=(-\infty,+\infty)$，且是偶函数. 其图形关于坐标轴 y 对称. 显然函数 $f(x)$ 在 $(-\infty,+\infty)$ 内可导，且

$$f'(x)=-\frac{x}{\sqrt{2\pi}}\mathrm{e}^{-\frac{1}{2}x^2},\quad f''(x)=\frac{(x+1)(x-1)}{\sqrt{2\pi}}\mathrm{e}^{-\frac{1}{2}x^2}.$$

令 $f'(x)=0$，得 $x_1=0$；令 $f''(x)=0$，得 $x_2=-1, x_3=1$.

综合考察函数的性态，如表 6.6.1.

表 6.6.1 函数 $f(x)=\dfrac{1}{\sqrt{2\pi}}\mathrm{e}^{-\frac{1}{2}x^2}$ 的性态

x	$(-\infty,-1)$	-1	$(-1,0)$	0	$(0,1)$	1	$(1,+\infty)$
$f'(x)$	+	+	+	0	−	−	−
$f''(x)$	+	0	−	−	−	0	+
$y=f(x)$	凸增 ↗	$\left(-1,\dfrac{1}{\sqrt{2\pi\mathrm{e}}}\right)$ 拐点	凹增 ↗	极大值 $f_{极大}=\dfrac{1}{\sqrt{2\pi}}$	凹减 ↘	$\left(1,\dfrac{1}{\sqrt{2\pi\mathrm{e}}}\right)$ 拐点	凸减 ↘

由于 $\lim\limits_{x\to\infty}f(x)=0$，$y=0$ 为其曲线的水平渐近线. 再找辅助点：$B\left(2,\dfrac{1}{\sqrt{2\pi\mathrm{e}^2}}\right)$，按画坐标系、渐近线、特殊点，结合函数上面的分析性态描绘出图 6.6.1 所示图像（此曲线是标准正态分布密度曲线，在概率统计中常用到）.

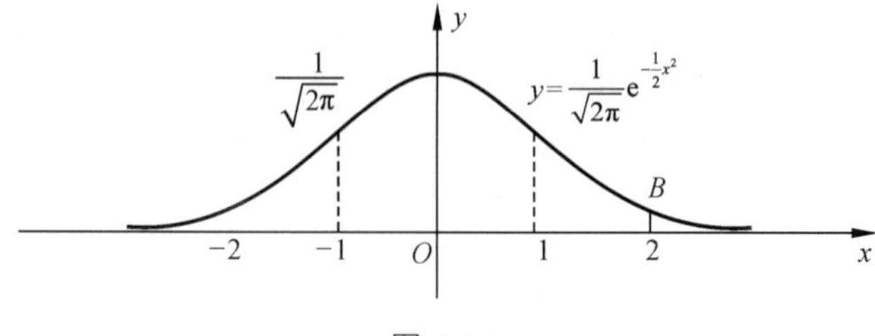

图 6.6.1

例 6.6.2 描绘函数 $f(x)=\dfrac{x^3}{x^2-1}$ 的图像.

解 函数 $f(x)$ 的定义域为 $D_f=(-\infty,-1)\cup(-1,1)\cup(1,+\infty)$，且是奇函数. 其图形关于原点对称. 显然 $x_1=-1,x_2=1$ 是函数的无穷间断点， $f(x)$ 在 D_f 内可导，且

$$f'(x)=\frac{x^2(x^2-3)}{x^2-1}\text{，}\quad f''(x)=\frac{2x(x^2+3)}{(x^2-1)}.$$

令 $f'(x)=0$，得 $x_3=-\sqrt{3},x_4=\sqrt{3}$；令 $f''(x)=0$，得 $x_5=0$.

综合考察函数的性态，如表 6.6.2.

表 6.6.2 函数 $f(x)=\dfrac{x^3}{x^2-1}$ 的性态

x	$(-\infty,-\sqrt{3})$	$-\sqrt{3}$	$(-\sqrt{3},-1)$	$(-1,0)$	0	$(0,1)$	$(1,\sqrt{3})$	$\sqrt{3}$	$(\sqrt{3},+\infty)$
$f'(x)$	+	0	−	−	0	−	−	0	+
$f''(x)$	−	−	−	+	0	−	+	+	+
$y=f(x)$	凹增 ↗	极大值 $-\dfrac{3\sqrt{3}}{2}$	凹减 ↘	凸减 ↘	拐点 $(0,0)$	凹减 ↘	凸减 ↘	极小值 $\dfrac{3\sqrt{3}}{2}$	凸增 ↗

由例 3.5.5 知， $y=f(x)$ 有斜渐近线 $y=x$，铅直渐近线 $x=\pm1$. 按画坐标系、渐近线、特殊点，结合函数上面的分析性态描绘出图 6.6.2 所示图像.

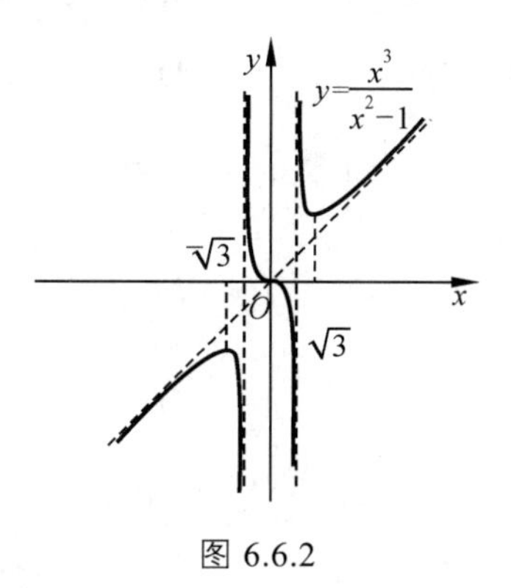

图 6.6.2

描绘下列函数的图像.

（1） $y=\dfrac{x}{1+x^2}$；　　　　（2） $y=x^2+\dfrac{1}{x}$；

（3） $y=\dfrac{x^2-2x+4}{x-2}$；

（4） $y=\tan^2 x$；

（5） $y=x^3-3x^2+3x+10$.

第六章 总练习题

一、填空题

1. 曲线 $y=(x+1)\mathrm{e}^{-x}$ 的拐点坐标为__________.

2. 设常数 $k>0$，函数 $f(x)=\ln x-\dfrac{x}{\mathrm{e}}+k$ 在 $(0,+\infty)$ 内零点的个数为__________.

3. $f(x)=x+\cos x$（$0\leqslant x\leqslant 2\pi$）的单调递增区间为__________.

4. 函数 $f(x)=\ln\sin x$ 在区间 $\left[\dfrac{\pi}{6},\dfrac{5\pi}{6}\right]$ 上满足罗尔定理的点是__________.

5. 函数 $f(x)=x-\ln(1+x)$ 的极值是__________.（要标明极大还是极小）

二、选择题

1. 设在 $[0,1]$ 上 $f''(x)>0$，则下列不等式成立的是（　　）.

A. $f'(1)>f'(0)>f(1)-f(0)$

B. $f'(1)>f(1)-f(0)>f'(0)$

C. $f(1)-f(0)>f'(1)>f'(0)$

D. $f'(1)>f(0)-f(1)>f'(0)$

2. 设 $f'(x_0)=f''(x_0)=0, f'''(x_0)>0$，则（　　）.

A. $f'(x_0)$ 是 $f'(x)$ 的极大值

B. $f(x_0)$ 是 $f(x)$ 的极大值

C. $(x_0,f(x_0))$ 是曲线的拐点

D. $f(x_0)$ 是 $f(x)$ 的极小值

3. 设 $\lim\limits_{x\to 0}\dfrac{x-\arctan x}{x^k}=c$，其中 k,c 为常数，且 $c\neq 0$，则（　　）.

A. $k=2,c=-\dfrac{1}{2}$

B. $k=2,c=\dfrac{1}{2}$

C. $k=3,c=-\dfrac{1}{3}$

D. $k=3,c=\dfrac{1}{3}$

4. 设 $f(x)$ 具有二阶导数，$g(x)=f(0)(1-x)+f(1)x$，则在 $[0,1]$ 上（　　）.

A. 当 $f'(x)\geqslant 0$ 时，$f(x)\geqslant g(x)$

B. 当 $f'(x)\geqslant 0$ 时，$f(x)\leqslant g(x)$

C. 当 $f''(x)\geqslant 0$ 时，$f(x)\geqslant g(x)$

D. 当 $f''(x)\geqslant 0$ 时，$f(x)\leqslant g(x)$

5. 下列关于函数 $f(x)=x^{\frac{1}{x}}$ 的极值说法正确的是（　　）.

A. 极大值为 $f(\mathrm{e})=\mathrm{e}^{\frac{1}{\mathrm{e}}}$

B. 极小值为 $f(\mathrm{e})=\mathrm{e}^{\frac{1}{\mathrm{e}}}$

C. 极大值为 $f(1)=1$

D. 极小值为 $f(1)=1$

三、试完成下列各题

1. 证明：若 $x>0$，则

（1）$\sqrt{x+1}-\sqrt{x}=\dfrac{1}{2\sqrt{x+\theta(x)}}$，其中$\dfrac{1}{4}\leqslant\theta(x)\leqslant\dfrac{1}{2}$；

（2）$\lim\limits_{x\to0^+}\theta(x)=\dfrac{1}{4}$，$\lim\limits_{x\to+\infty}\theta(x)=\dfrac{1}{2}$.

2. 若$\lim\limits_{x\to\infty}f'(x)=k$，求$\lim\limits_{x\to\infty}(f(x+a)-f(x))$（$a$为常数）.

3. 设$a_0+\dfrac{a_1}{2}+\cdots+\dfrac{a_n}{n+1}=0$，证明：$f(x)=a_0+a_1x+\cdots+a_nx^n$在$(0,1)$内至少有一个零点.

4. 求下列函数的极限.

（1）$\lim\limits_{x\to0}\left(\dfrac{1}{\ln(1+x)}-\dfrac{1}{x}\right)$；　（2）$\lim\limits_{x\to+\infty}\left(\dfrac{2}{\pi}\arctan x\right)^x$；

（3）$\lim\limits_{x\to0}\dfrac{xe^x-\ln(1+x)}{x^2}$；　（4）$\lim\limits_{x\to\infty}\left(x-x^2\ln\left(1+\dfrac{1}{x}\right)\right)$.

5. 证明：当$x\in(-1,1)$时，有不等式$\ln\dfrac{1+x}{1-x}+\cos x\geqslant1+\dfrac{1}{2}x^2$成立.

6. 设函数$f(x)$在$[0,1]$上连续，在$(0,1)$内可导，且$f(1)=1$，证明：存在$\xi\in(0,1)$，使得$f(\xi)+\xi f'(\xi)=1$.

7. 已知设$f(x)$在$[0,1]$上连续，$f(0)=0$且$f'(x)$在$(0,1)$上存在且单调递增，证明：$\dfrac{f(x)}{x}$在$(0, 1)$内单调递增.

8. 设函数$f(x)$在$[a,h]$内三阶可导，且$f(a)=f'(a)=f(b)=f'(b)=0$. 证明：存在$c\in(a,b)$，使得$f'''(c)=0$.

9. 设$h>0$，函数$f(x)$在邻域$U(a,h)$内具有$n+1$阶连续导数，且$f^{(n+1)}(a)\neq0$，若$f(x)$在$U(a,h)$上的泰勒公式为

$$f(a+h)=f(a)+f'(a)h+\cdots+\frac{f^{(n-1)}(a)}{(n-1)!}h^{n-1}+\frac{f^{(n)}(a+\theta h)}{n!}h^n\ (0<\theta<1),$$

证明：$\lim\limits_{h\to0}\theta=\dfrac{1}{n+1}$.

10. 证明：

（1）设$f(x)$在$(a,+\infty)$内可导，若$\lim\limits_{x\to+\infty}f(x)$，$\lim\limits_{x\to+\infty}f'(x)$存在，则$\lim\limits_{x\to+\infty}f'(x)=0$.

（2）设$f(x)$在$(a,+\infty)$内可导，若$\lim\limits_{x\to+\infty}f(x)$，$\lim\limits_{x\to+\infty}f^{(n)}(x)$存在，则

$$\lim_{x\to+\infty}f^{(k)}(x)=0\ (\ k=1,2,\cdots,n\ ).$$

11. 设函数$f(x)$为$(-\infty,+\infty)$内二阶可导的函数，若$f(x)$在$(-\infty,+\infty)$内有界，则存在$\xi\in(-\infty,+\infty)$，使得$f''(\xi)=0$.

12. 设函数$f(x)$在$(-1,1)$内有n阶导数，且在$(-1,1)$内有$|f(x)|\leqslant M|x|^n$（$M>0$），证明：

$$f(0)=f'(0)=\cdots=f^{(n-1)}(0).$$

13. 设函数 $f(x)$ 在 $(-1,1)$ 内有 n 阶导数，且在 $(-1,1)$ 内有 $|f^{(n)}(x)|\leqslant K$（$K>0$），及 $f(0)=f'(0)=\cdots=f^{(n-1)}(0)=0$，证明：$|f(x)|\leqslant K|x|^n$.

14. 设 $a>1$，$f(x)=a^x-ax$ 在 $(-\infty,+\infty)$ 内的驻点为 $x(a)$. 问 a 为何值时，$x(a)$ 是其最小值，并求出最小值.

15. 设 $k>0$，试问 k 为何值时，方程 $\arctan x-kx=0$ 有正实根.

16. 求数列 $\sqrt[n]{n}$ 的最大项.

17. 证明：在区间 (a,b) 内的凸（凹）函数 $f(x)$ 必定在 (a,b) 内连续.

PART

第七章　一元函数积分学

SEVEN

积分学研究的对象仍是函数，它诞生于人们探索面积、体积、路程等具体量的计算过程中，是微积分学的重要组成部分. 本章介绍定积分和不定积分的概念、性质以及基本计算方法.

第一节　定积分的概念

定积分是积分学的重要内容之一，它是一类特定结构和式的极限，下面通过两个实例介绍定积分的相关概念.

一、两个引例

引例 7.1.1　曲边梯形面积

如图 7.1.1 所示，称由区间 $[a,b]$ 上非负连续函数 $y=f(x)$，直线 $x=a,\ x=b,\ y=0$ 所围成的这种类型的平面图形为**曲边梯形**，曲线 $y=f(x)$ 上弧段 $\overset{\frown}{AB}$ 称为其**曲边**.

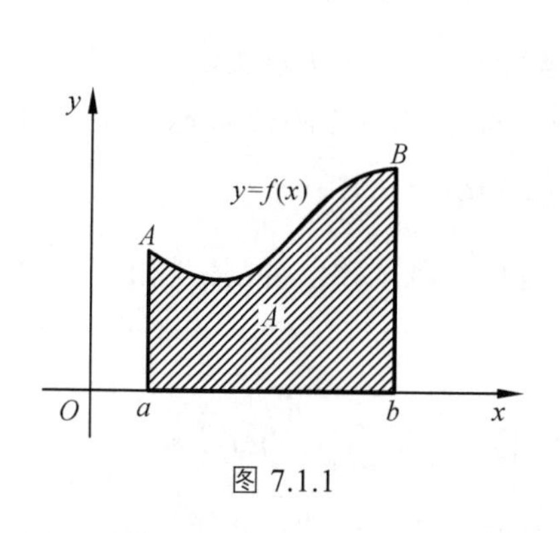

图 7.1.1

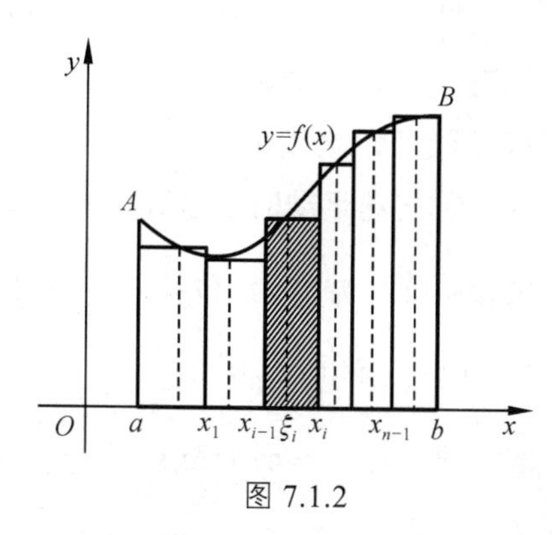

图 7.1.2

在中学数学中，利用三角形面积公式可计算矩形、梯形、多边形等规则图形的面积. 对于曲边梯形面积还没有直接的公式，但可以通过在局部“以直代曲”，先得到该曲边梯形面积的一个近似值，再进一步改进，便可得出其面积. 具体过程如下：

（1）**任意分割**（化整为零）．在区间$[a,b]$内任意取$n-1$个分点，满足

$$a=x_0<x_1<x_2<\cdots<x_{i-1}<x_i<\cdots<x_{n-1}<x_n=b.$$

将区间$[a,b]$分成n个小子区间$\Delta_i=[x_{i-1},x_i]$，其长度记为$\Delta x_i=x_i-x_{i-1}$（$i=1,2,\cdots,n$）．相应的曲边梯形被分割成n个小曲边梯形（如图 7.1.2），曲边梯形面积A等于这n个小曲边梯形ΔA_i之和.

（2）**局部近似**（以直代曲）．在每个$[x_{i-1},x_i]$上任取一点ξ_i，第i个小曲边梯形面积ΔA_i可近似等于以$f(\xi_i)$为高、Δx_i为底的小矩形面积$f(\xi_i)\Delta x_i$，即$\Delta A_i\approx f(\xi_i)\Delta x_i$（$i=1,2,\cdots,n$）.

（3）**求和**（合零为整）．曲边梯形面积$A=\sum\limits_{i=1}^{n}\Delta A_i\approx\sum\limits_{i=1}^{n}f(\xi_i)\Delta x_i$，该近似值既依赖于分割区间的点$x_i$，又与在每个$[x_{i-1},x_i]$上所取点$\xi_i$的值有关.

（4）**取极限**．记$\|T\|=\max\limits_{1\leqslant i\leqslant n}\{\Delta x_i\}$，当$\|T\|\to 0$时，当$f(x)$是一个连续函数时，随着分割无限细密，无论分割区间的点x_i和ξ_i点如何取值，和式$\sum\limits_{i=1}^{n}f(\xi_i)\Delta x_i$都与同一个数无限接近（证明见定理 7.2.3），则这个数就是所求曲边梯形的面积精确值．即

$$A=\lim_{\|T\|\to 0}\sum_{i=1}^{n}f(\xi_i)\Delta x_i.$$

由此可见，曲边梯形面积A可由上面特定和式的极限来确定和定义.

这种方法在探讨变速直线运动的位移以及变力做功等问题时同样适用.

引例 7.1.2　变速直线运动的位移

设某质点做直线运动．若其以速度v做匀速运动，则在时间段$[a,b]$上运动的位移$s=v(b-a)$；若其以变速度$v=v(t)$做非匀速运动，则求在时间段$[a,b]$上质点运动的位移s时可使用上述求曲边梯形面积的类似方法进行计算.

（1）**任意分割**（化整为零）．在时间段$[a,b]$内任意取$n-1$个分点：

$$a=t_0<t_1<t_2<\cdots<t_{i-1}<t_i<\cdots<t_{n-1}<t_n=b$$

将区间$[a,b]$分成n个子区间$\Delta_i=[t_{i-1},t_i]$，其长度记为$\Delta t_i=t_i-t_{i-1}$（$i=1,2,\cdots,n$）.

（2）**局部近似**（以直代曲）．在每个$[t_{i-1},t_i]$上任取一点ξ_i，第i个小位移Δs_i近似等于$[t_{i-1},t_i]$上速度为$v(\xi_i)$的匀速运动的位移$v(\xi_i)\Delta t_i$，即$\Delta s_i\approx v(\xi_i)\Delta t_i$（$i=1,2,\cdots,n$）.

（3）**求和**（合零为整）．位移$s\approx\sum\limits_{i=1}^{n}v(\xi_i)\Delta t_i$．该近似值既依赖于分割区间的$t_i$，又与在每个$[t_{i-1},t_i]$上所取点$\xi_i$的值有关.

（4）**取极限**．记$\|T\|=\max\limits_{1\leq i\leq n}\{\Delta t_i\}$，当$\|T\|\to 0$时，位移$s=\lim\limits_{\|T\|\to 0}\sum\limits_{i=1}^{n}v(\xi_i)\Delta t_i$.

虽然引例 7.1.1 与引例 7.1.2 研究的内容不同，但最后都是经过“分割、近似、求和、取极限”确定出某常数，其数学本质可归结为一种特定和式的极限问题．这种分割、近似、求和、取极限的思想，在阿基米德的“穷竭法”、刘徽的“割圆术”中都有所体现，但在建立极限的严格数学定义之前，均无法对取极限这一过程给出精确的定义，直至黎曼的研究成果，才为

这种经典理论奠定了严密的基础. 将这种特定和式极限值称为**定积分**或**黎曼积分**.

二、定积分的定义

定义 7.1.1 设函数 $f(x)$ 在闭区间 $[a,b]$ 上有定义，在 $[a,b]$ 内任意取 $n-1$ 个分点，即 $x_0=a<x_1<x_2<\cdots<x_{n-1}<b=x_n$，区间 $[a,b]$ 被分成 n 个子区间 $\Delta_i=[x_{i-1},x_i]$（$i=1,\ 2,\cdots,n$），称此分点集或子区间集为构成区间 $[a,b]$ 的一个**分割**，记为

$$T=\{x_0=a,x_1,\cdots,x_{n-1},x_n=b\}\text{或}T=\{\Delta_1,\Delta_2,\cdots,\Delta_n\}.$$

子区间 Δ_i 的长度记为 $\Delta x_i=x_i-x_{i-1}$，称 $\|T\|=\max\limits_{1\le i\le n}\{\Delta x_i\}$ 为分割 T 的**细度**（**模**）. 在每个 Δ_i 上任取一点 $\xi_i\in\Delta_i$（称为**介点**），作积 $f(\xi_i)\Delta x_i$，$i=1,2,\cdots,n$. 作和 $\sum_f(T)=\sum\limits_{i=1}^{n}f(\xi_i)\Delta x_i$，称 $\sum_f(T)$ 为 $f(x)$ 在 $[a,b]$ 上**积分和**（**黎曼和**）.

如果极限 $\lim\limits_{\|T\|\to 0}\sum\limits_{i=1}^{n}f(\xi_i)\Delta x_i$ 存在，且极限值与分割 T 及介点集 $\{\xi_1,\xi_2,\cdots,\xi_n\}$ 的取法无关，则称函数 $f(x)$ 在 $[a,b]$ 上**可积**或**黎曼可积**，该极限称为函数 $f(x)$ 在 $[a,b]$ 上的**定积分**或**黎曼积分**，记为 $\int_a^b f(x)\mathrm{d}x$，即

$$\int_a^b f(x)\mathrm{d}x=\lim_{\|T\|\to 0}\sum_{i=1}^{n}f(\xi_i)\Delta x_i. \tag{7.1.1}$$

式（7.1.1）中 $f(x)$ 称为**被积函数**，$f(x)\mathrm{d}x$ 称为**被积表达式**，x 称为**积分变量**，$[a,b]$ 称为**积分区间**，a 称为**积分下限**，b 称为**积分上限**.

注 定积分 $\int_a^b f(x)\mathrm{d}x$ 是一个极限值，可改用"$\varepsilon-\delta$"定义.

定义 7.1.2 设函数 $f(x)$ 在闭区间 $[a,b]$ 上有定义，J 为一常数. 若对 $\forall\varepsilon>0$，$\exists\delta>0$，使得对 $[a,b]$ 的任意分割 T 和 $\forall\xi_i\in\Delta x_i$（$i=1,2,\cdots,n$），只要 $\|T\|<\delta$，都有

$$\left|\sum_{i=1}^{n}f(\xi_i)\Delta x_i-J\right|<\varepsilon.$$

则称函数 $f(x)$ 在 $[a,b]$ 上**可积**或**黎曼可积**，常数 J 称为函数 $f(x)$ 在 $[a,b]$ 上的**定积分**或**黎曼积分**，即 $\int_a^b f(x)\mathrm{d}x=J$.

注 （1）定积分是一个由被积函数 $f(x)$ 及积分区间 $[a,b]$ 所确定的数，与积分变量用什么字母作为记号无关. 即

$$\int_a^b f(x)\mathrm{d}x=\int_a^b f(t)\mathrm{d}t=\int_a^b f(u)\mathrm{d}u.$$

（2）定积分是考察当 $\|T\|\to 0$ 时（不是当 $n\to\infty$ 时）积分和的极限. 当 $\|T\|\to 0$ 时，必有 $n\to\infty$，但当 $n\to\infty$ 时，未必有 $\|T\|\to 0$.

根据定积分的定义，本节的两个引例可表示为：

（1）曲边梯形面积 $A=\int_a^b f(x)\,\mathrm{d}x$； （2）位移 $s=\int_a^b v(t)\mathrm{d}t$.

三、定积分的几何意义

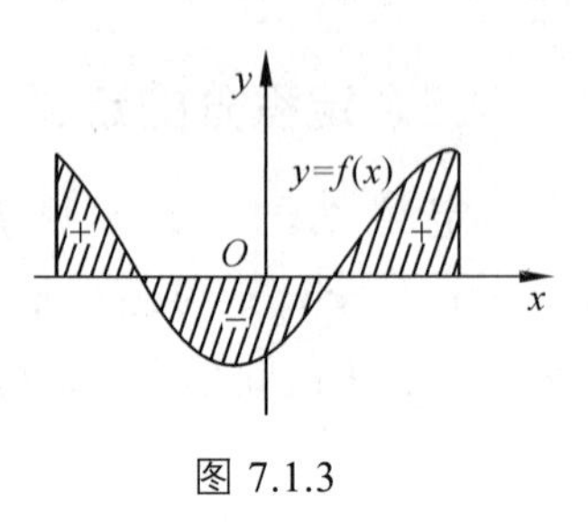

图 7.1.3

（1）当 $f(x)\geqslant 0$ 时，$\int_a^b f(x)\mathrm{d}x$ 表示由曲线 $y=f(x)$，直线 $x=a, x=b(a<b)$ 以及 x 轴围成的曲边梯形的面积；

（2）当 $f(x)\leqslant 0$ 时，$\int_a^b f(x)\mathrm{d}x\,(a<b)$ 表示相应的曲边梯形面积的负值；

（3）一般地，如图 7.1.3 所示，$\int_a^b f(x)\mathrm{d}x\,(a<b)$ 表示曲边梯形面积的**代数和**.

四、利用定义计算定积分

当定积分 $\int_a^b f(x)\mathrm{d}x$ 存在时，由定义知，采取特殊分割 T 和在每个子区间上取特殊介点 ξ_i，得到一个特殊积分和，则此积分和的极限值与所需计算的定积分的值相等.

例 7.1.1 已知函数 $y=x^2$ 在区间 $[0,1]$ 上可积，用定义计算定积分 $\int_0^1 x^2\mathrm{d}x$.

解 把区间 $[0,1]$ 分成 n 等份，分点为 $x_i=\dfrac{i}{n}$（$i=1,2,\cdots,n$）. 每个子区间 $[x_{i-1},x_i]$ 的长度 $\Delta x_i=\dfrac{1}{n}$，此时 $\|T\|=\dfrac{1}{n}\to 0 \Leftrightarrow n\to\infty$. 取介点 $\xi_i=x_i=\dfrac{i}{n}$（$i=1,2,\cdots,n$），得积分和

$$\begin{aligned}\sum_{i=1}^{n} f(\xi_i)\Delta x_i&=\sum_{i=1}^{n}\left(\frac{i}{n}\right)^2\frac{1}{n}=\frac{1}{n^3}\sum_{i=1}^{n} i^2=\frac{1}{n^3}(1^2+2^2+\cdots+n^2)\\&=\frac{1}{n^3}\frac{n(n+1)(2n+1)}{6}=\frac{1}{6}\left(1+\frac{1}{n}\right)\left(2+\frac{1}{n}\right).\end{aligned}$$

由于

$$\lim_{\|T\|\to 0}\sum_{i=1}^{n} f(\xi_i)\Delta x_i=\lim_{n\to\infty}\frac{1}{6}\left(1+\frac{1}{n}\right)\left(2+\frac{1}{n}\right)=\frac{1}{3},$$

故 $\int_0^1 x^2\mathrm{d}x=\dfrac{1}{3}$.

当遇到被积函数较为复杂时，通过定积分的定义，即求积分和的极限这一方法是难以计算出定积分值的. 下面介绍一种有效且常用的计算方法.

由引例 7.1.2 知，以变速 $v=v(t)\geqslant 0$（$v(t)\geqslant 0$）做直线运动的质点，从时刻 $t=a$ 到时刻 $t=b$ 所经过的位移 $s=\int_a^b v(t)\mathrm{d}t$.

另一方面，若该质点运动规律为 $s=s(t)$，则从时刻 $t=a$ 到时刻 $t=b$ 所经过的位移为 $s=s(b)-s(a)$，因此 $\int_a^b v(t)\mathrm{d}t=s(b)-s(a)$，其中 $s'(t)=v(t)$. （7.1.2）

由式（7.1.2）可知，被积函数 $v(t)$ 在区间 $[a,b]$ 上的定积分值等于导数为被积函数 $v(t)$ 的函数 $s(t)$ 的上限函数值 $s(b)$ 与下限函数值 $s(a)$ 之差. 若这一规律普遍成立，则定积分的计算就转化为寻找一个导函数等于被积函数的函数在积分区间上增量值.

寻找一个导函数等于已知函数的函数，本质上是求导运算的逆运算，这是积分学的另一个基本内容——**不定积分**，为此先引入原函数的概念.

五、原函数及其性质

定义 7.1.3 如果在区间 I 上，可导函数 $F(x)$ 的导函数为 $f(x)$，即对 $\forall x\in I$，都有

$$F'(x)=f(x) \text{ 或 } \mathrm{d}F(x)=f(x)\mathrm{d}x.$$

则称 $F(x)$ 为 $f(x)$（或 $f(x)\mathrm{d}x$）在区间 I 上的一个**原函数**.

如：由 $(\sin x)'=\cos x$ 知 $\sin x$ 是 $\cos x$ 的在 $(-\infty,+\infty)$ 内一个原函数；由 $(\ln x)'=\dfrac{1}{x}$ 知 $\ln x$ 是 $\dfrac{1}{x}$ 的在 $(0,+\infty)$ 内一个原函数.

性质 7.1.1 若一个函数有原函数，则它具有无数多个原函数.

事实上，如果函数 $f(x)$ 在 I 上有原函数 $F(x)$，$\forall C\in\mathbf{R}$，$(F(x)+C)'=f(x)$，则 $F(x)+C$ 是 $f(x)$ 在 I 上的原函数，由 C 的任意性得，函数 $f(x)$ 有无数多个原函数.

性质 7.1.2 若一个函数有原函数，则在其无数多个原函数中的任意两个原函数只相差一个常数.

事实上，设 $F(x),G(x)$ 都是函数 $f(x)$ 在 I 上的原函数，则 $F'(x)=G'(x)=f(x)$，即 $(F(x)-G(x))'=f(x)-f(x)=0$. 由推论 6.1.1 得，$F(x)-G(x)=C$（C 为常数）.

综上所述，如果函数 $f(x)$ 在 I 上有原函数 $F(x)$，则 $f(x)$ 在 I 上全体原函数所组成的集合可表示为

$$\{F(x)+C\mid C\in\mathbf{R}\}.$$

因此，只要求出 $f(x)$ 在 I 上的一个原函数 $F(x)$，就可以用 $F(x)+C$ 来代表 $f(x)$ 在 I 上全体原函数.

六、牛顿-莱布尼茨公式

定理 7.1.1 若函数 $f(x)$ 在区间 $[a,b]$ 上可积，且 $F(x)$ 是 $f(x)$ 在区间 $[a,b]$ 上任意一个原函数，则

$$\int_a^b f(x)\mathrm{d}x=F(b)-F(a). \tag{7.1.3}$$

证 设 $F'(x)=f(x)$，$\forall x\in[a,b]$. 对 $[a,b]$ 的任意分割 $T=\{\Delta_1,\Delta_2,\cdots,\Delta_n\}$，$F(x)$ 在每个子区间 Δ_i 上都满足拉格朗日中值定理条件，则 $\exists\eta_i\in\Delta_i$，使得

$$F(x_i)-F(x_{i-1})=F'(\eta_i)\Delta x_i=f(\eta_i)\Delta x_i,$$

则积分和

$$\sum_{i=1}^n f(\eta_i)\Delta x_i=\sum_{i=1}^n(F(x_i)-F(x_{i-1}))=F(b)-F(a),$$

又函数 $f(x)$ 在区间 $[a,b]$ 上可积，则

$$\int_a^b f(x)\mathrm{d}x=\lim_{\|T\|\to0}\sum_{i=1}^n f(\eta_i)\Delta x_i=F(b)-F(a).$$

称式（7.1.3）为**牛顿-莱布尼茨（Newton-Leibniz）公式**，常被写成

$$\int_a^b f(x)\mathrm{d}x = F(x)\Big|_a^b \quad（或 [F(x)]_a^b）. \tag{7.1.4}$$

其中 $F'(x)=f(x)$ 本身是微分学的问题，而求 $\int_a^b f(x)\mathrm{d}x$ 是积分学的问题，牛顿-莱布尼茨公式表明一个可积函数在区间 $[a,b]$ 上的定积分等于它的一个原函数在区间 $[a,b]$ 上的增量. 其建立了微分学与积分学的密切联系，也为计算定积分提供了一个有效而简便的方法，为微积分学迅速发展奠定了基础，因此称其为**微积分基本公式**.

例 7.1.2 计算 $\int_0^1 x^2\mathrm{d}x$.

解 由 $\dfrac{x^3}{3}$ 是 x^2 的一个原函数以及式（7.1.4），有

$$\int_0^1 x^2\mathrm{d}x = \frac{x^3}{3}\bigg|_0^1 = \frac{1^3}{3}-\frac{0^3}{3}=\frac{1}{3}.$$

例 7.1.3 计算 $\int_{-1}^1 \dfrac{1}{1+x^2}\mathrm{d}x$.

解 由 $\arctan x$ 是 $\dfrac{1}{1+x^2}$ 的一个原函数以及式（7.1.4），有

$$\int_{-1}^1 \frac{1}{1+x^2}\mathrm{d}x = \arctan x\Big|_{-1}^1 = \frac{\pi}{4}-\left(-\frac{\pi}{4}\right)=\frac{\pi}{2}.$$

例 7.1.4 计算 $\int_0^{\frac{\pi}{4}} \tan^2 x\mathrm{d}x$.

解 尽管没有给出 $\tan^2 x$ 原函数形式. 但 $\tan^2 x = \sec^2 x - 1$，显然 $\tan x - x$ 是 $\sec^2 x-1$ 的一个原函数，故

$$\int_0^{\frac{\pi}{4}} \tan^2 x\mathrm{d}x = \int_0^{\frac{\pi}{4}} (\sec^2 x-1)\mathrm{d}x = [\tan x - x]_0^{\frac{\pi}{4}} = \tan\frac{\pi}{4}-\frac{\pi}{4}-0+0 = 1-\frac{\pi}{4}.$$

由定义可知，利用定积分可求特定和式数列的极限.

例 7.1.5 计算下列数列极限.

（1）$\lim\limits_{n\to\infty} n\left(\dfrac{1}{n^2+1}+\dfrac{1}{n^2+2^2}+\cdots+\dfrac{1}{n^2+n^2}\right)$;

（2）$\lim\limits_{n\to\infty} \dfrac{1}{n}\left[\sin\dfrac{\pi}{n}+\sin\dfrac{2\pi}{n}+\cdots+\sin\dfrac{(n-1)\pi}{n}\right]$.

解 （1）

$$\lim_{n\to\infty} n\left(\frac{1}{n^2+1}+\frac{1}{n^2+2^2}+\cdots+\frac{1}{n^2+n^2}\right) = \lim_{n\to\infty}\frac{1}{n}\left(\frac{1}{1+\left(\frac{1}{n}\right)^2}+\frac{1}{1+\left(\frac{2}{n}\right)^2}+\cdots+\frac{1}{1+\left(\frac{n}{n}\right)^2}\right)$$

$$= \lim_{n\to\infty}\sum_{i=1}^n \frac{1}{1+\left(\frac{i}{n}\right)^2}\cdot\frac{1}{n} = \int_0^1 \frac{1}{1+x^2}\mathrm{d}x = \arctan x\Big|_0^1 = \frac{\pi}{4}.$$

（2）$\lim\limits_{n\to\infty}\dfrac{1}{n}\left[\sin\dfrac{\pi}{n}+\sin\dfrac{2\pi}{n}+\cdots+\sin\dfrac{(n-1)\pi}{n}\right]=\lim\limits_{n\to\infty}\dfrac{1}{\pi}\sum\limits_{i=1}^{n}\sin\dfrac{(i-1)\pi}{n}\cdot\dfrac{\pi}{n}$

$$=\frac{1}{\pi}\int_0^{\pi}\sin x\mathrm{d}x=\frac{1}{\pi}[-\cos x]_0^{\pi}=\frac{2}{\pi}.$$

至此，定积分余下的问题是判断具备哪些条件的函数可积、判断哪些函数的原函数存在、如何求原函数三大问题.

习题 7.1

1. 已知下列定积分都存在，请利用定积分的定义计算下列积分.

（1）$\int_0^1 c\mathrm{d}x$；　　（2）$\int_0^1 x\mathrm{d}x$；

（3）$\int_a^b \dfrac{1}{x^2}\mathrm{d}x\ (b>a>0)$.

2. 利用积分的几何意义求下列积分.

（1）$\int_{-1}^1\sqrt{1-x^2}\mathrm{d}x$；　　（2）$\int_a^b\left(x-\dfrac{a+b}{2}\right)\mathrm{d}x$.

3. 验证函数 $y=\dfrac{x^2}{2}\operatorname{sgn}x$ 是 $|x|$ 在 $(-\infty,+\infty)$ 内的一个原函数.

4. 计算下列积分.

（1）$\int_0^1\dfrac{1}{1+x}\mathrm{d}x$；　　（2）$\int_0^1 \mathrm{e}^{2x}\mathrm{d}x$.

5. 计算下列极限.

（1）$\lim\limits_{n\to\infty}\dfrac{1}{n^4}(1+2^3+\cdots+n^3)$；

（2）$\lim\limits_{n\to\infty}\left(\dfrac{1}{n+1}+\dfrac{1}{n+2}+\cdots+\dfrac{1}{n+n}\right)$.

第二节　函数的可积性

本节讨论可积函数具备的条件.

一、可积的必要条件

定理 7.2.1　若函数 $f(x)$ 在 $[a,b]$ 上可积，则 $f(x)$ 在 $[a,b]$ 上必有界.

证（反证法）　设 $\int_a^b f(x)\mathrm{d}x=J$，则对 $\varepsilon_0=1$，$\exists\delta_0>0$，使得 $[a,b]$ 的任意分割 $T=\{\Delta_i\}$，及介点集 $\{\xi_i\}$，当 $\|T\|<\delta_0$ 时，有

$$\left|\sum_{i=1}^{n} f(\xi_i)\Delta x_i - J\right| \leqslant \varepsilon_0 = 1\text{，即}\left|\sum_{i=1}^{n} f(\xi_i)\Delta x_i\right| \leqslant 1+|J|. \quad (7.2.1)$$

若 $f(x)$ 在 $[a,b]$ 上无界，则对 $[a,b]$ 的上述分割 $T=\{\Delta_i\}$，必存在属于 T 的某个子区间 Δ_k 上 $f(x)$ 无界. 在 $i\neq k$ 的各个子区间 Δ_i 上任意取定 η_i，记 $G=\left|\sum_{i\neq k} f(\eta_i)\Delta x_i\right|$. 由 $f(x)$ 在 Δ_k 上无界，则存在 $\eta_k\in\Delta_k$，使得 $|f(\eta_k)| > \dfrac{1+|J|+G}{\Delta x_k}$. 于是有

$$\left|\sum_{i=1}^{n} f(\eta_i)\Delta x_i\right| \geqslant |f(\eta_k)\Delta x_k| - \left|\sum_{i\neq k} f(\eta_i)\Delta x_i\right| > \frac{1+|J|+G}{\Delta x_k}\Delta x_k - G = 1+|J|.$$

与式（7.2.1）矛盾. 因此，函数 $f(x)$ 在 $[a,b]$ 上有界.

思考题 有界仅是函数可积的必要条件,但不是充分条件. 试找出一个有界而不可积的函数（提示：狄利克雷函数）.

二、达布上和与达布下和

以下均假定函数 $f(x)$ 在 $[a,b]$ 上是有界的.

设区间 $[a,b]$ 的任意分割 $T=\{\Delta_1,\Delta_2,\cdots,\Delta_n\}$，令

$$M=\sup_{x\in[a,b]} f(x),\ m=\inf_{x\in[a,b]} f(x),$$

$$M_i=\sup_{x\in\Delta_i} f(x),\ m_i=\inf_{x\in\Delta_i} f(x),\ \omega_i=M_i-m_i\ (i=1,2,\cdots,n).$$

和式 $S(T)=\sum_{i=1}^{n} M_i\Delta x_i,\ s(T)=\sum_{i=i}^{n} m_i\Delta x_i$ 分别称为 $f(x)$ 关于分割 T 的**达布上和**与**达布下和**，**达布上和**与**达布下和**统称为**达布和**. 称 ω_i 为 $f(x)$ 在 Δ_i 上的振幅，和式 $\sum_{i=i}^{n}\omega_i\Delta x_i$ 称为 $f(x)$ 关于 T 的**振幅和**. 达布和、振幅和只与分割 T 有关，与介点 ξ_i 取值无关，且有界函数的达布和有界. 因此又记作

$$S(T)=\sum_T M_i\Delta x_i,\ s(T)=\sum_T m_i\Delta x_i,\ \sum_T \omega_i\Delta x_i=\sum_{i=1}^{n}\omega_i\Delta x_i.$$

对 $\forall\xi_i\in\Delta_i\ (i=1,2,\cdots,n)$，有

$$m(b-a)\leqslant s(T)=\inf_{\{\xi_i\}}\sum_{i=1}^{n} f(\xi_i)\Delta x_i \leqslant \sum_{i=1}^{n} f(\xi_i)\Delta x_i$$

$$\leqslant S(T)=\sup_{\{\xi_i\}}\sum_{i=1}^{n} f(\xi_i)\Delta x_i \leqslant M(b-a). \quad (7.2.2)$$

由式（7.2.2）知，若 $\lim_{\|T\|\to0} s(T)=\lim_{\|T\|\to0} S(T)=I$，则 $\lim_{\|T\|\to0}\sum_{i=1}^{n} f(\xi_i)\Delta x_i=I$. 这为探讨函数的可积性提供了一条途径，下面进一步研究达布和、振幅和的性质.

性质 7.2.1 若 T' 是区间 $[a,b]$ 的分割 T 增加 p 个分点后得到的新分割（称 T' 是 T 的**加密分割**），则加密分割达布上和不增，达布下和不减，且

$$0\leqslant S(T)-S(T')\leqslant p(M-m)\|T\|,$$

$$0\leqslant s(T')-s(T)\leqslant p(M-m)\|T\|.$$

证 设区间$[a,b]$的一个分割$T=\{a=x_0,x_1,x_2,\cdots,x_{n-1},x_n=b\}$. 不失一般性, 若$T'$是由分割$T$增加一个分点$x_i'\in(x_{i-1},x_i)$后得到区间$[a,b]$的新分割，记

$$M_i'=\sup_{x\in[x_{i-1},x_i']}f(x),\ M_i''=\sup_{x\in[x_i',x_i]}f(x).$$

则$m\leqslant M_i'\leqslant M_i\leqslant M,m\leqslant M_i''\leqslant M_i\leqslant M$，因此

$$M_i'(x_i'-x_{i-1})+M_i''(x_i-x_i')\leqslant M_i(x_i'-x_{i-1})+M_i(x_i-x_i')=M_i(x_i-x_{i-1}).$$

由于在$S(T)$和$S(T')$中的其他项均无变化，则

$$0\leqslant S(T)-S(T')=(M_i-M_i')(x_i'-x_{i-1})+(M_i-M_i'')(x_i-x_i')\leqslant(M-m)(x_i-x_{i-1}).$$

由此继续下去可得，$0\leqslant S(T)-S(T')\leqslant p(M-m)\|T\|$成立.

同理可得，$0\leqslant s(T')-s(T)\leqslant p(M-m)\|T\|$成立.

性质 7.2.2 若T'是区间$[a,b]$的分割T的加密分割，则$\sum\limits_{T'}\omega_i'\Delta x_i'\leqslant\sum\limits_{T}\omega_i\Delta x_i$. 即分割加密，振幅和不增.

性质 7.2.3（达布定理） 设函数$f(x)$在$[a,b]$上有界，则$\lim\limits_{\|T\|\to0}S(T)$和$\lim\limits_{\|T\|\to0}s(T)$存在，且

$$\lim_{\|T\|\to0}s(T)=\underline{J}=\sup_T s(T)\leqslant\lim_{\|T\|\to0}S(T)=\overline{J}=\inf_T S(T).$$

证 若$M=m$，函数为常值函数，结论显然成立.

若$M>m$，由下确界定义知$\forall\varepsilon>0$，必存在$[a,b]$的一个由p个分点组成的分割T'，使得

$$\overline{J}\leqslant S(T')\leqslant\overline{J}+\frac{\varepsilon}{2}.\tag{7.2.3}$$

对$[a,b]$的任意分割T，则分割$T+T'$至多比分割T多p个分点，由性质 7.2.1 知，$S(T+T')\leqslant S(T')$且$S(T)-S(T+T')\leqslant p(M-m)\|T\|$，则

$$S(T)-p(M-m)\|T\|\leqslant S(T+T')\leqslant S(T').$$

即$S(T)\leqslant S(T')+p(M-m)\|T\|$.

取$\delta=\dfrac{\varepsilon}{2(M-m)p}>0$，当$\|T\|<\delta$时，有$S(T)\leqslant S(T')+\dfrac{\varepsilon}{2}$. 又$\overline{J}\leqslant S(T)$，结合式（7.2.3）得，$\overline{J}\leqslant S(T)\leqslant\overline{J}+\varepsilon$，因此$\lim\limits_{\|T\|\to0}S(T)=\inf\limits_T S(T)=\overline{J}$.

同理可得，$\lim\limits_{\|T\|\to0}s(T)=\sup\limits_T s(T)=\underline{J}$，且$\underline{J}\leqslant\overline{J}$.

三、可积的充要条件

定理 7.2.2（可积准则） 设函数$f(x)$在$[a,b]$上有界，则下列命题等价.

（1）函数 $f(x)$ 在 $[a,b]$ 上可积；

（2）$\forall\varepsilon>0$，$\exists\delta>0$，对 $[a,b]$ 的任意分割 T，当 $\|T\|<\delta$ 时，有

$$0\leqslant S(T)-s(T)<\varepsilon\text{（或 }0\leqslant\sum_{i=1}^{n}\omega_i\Delta x_i<\varepsilon\text{）;}$$

（3）$\forall\varepsilon>0$，$\exists\delta>0$，存在 $[a,b]$ 的分割 T，有 $0\leqslant S(T)-s(T)<\varepsilon$（或 $0\leqslant\sum_{i=1}^{n}\omega_i\Delta x_i<\varepsilon$）;

（4）$\lim_{\|T\|\to 0}s(T)=\underline{J}=\overline{J}=\lim_{\|T\|\to 0}S(T)$（或 $\lim_{\|T\|\to 0}\sum_{T}\omega_i\Delta x_i=0$）.

证 （1）⇒（2）. 设 $\int_a^b f(x)\mathrm{d}x=J$，则对 $\forall\varepsilon>0$，$\exists\delta>0$，使得对 $[a,b]$ 的任意分割 T 和 $\forall\xi_i\in\Delta x_i$（$i=1,2,\cdots,n$），当 $\|T\|<\delta$ 时，有 $J-\frac{\varepsilon}{3}<\sum_{i=1}^{n}f(\xi_i)\Delta x_i<J+\frac{\varepsilon}{3}$，由式（7.2.2）知

$$J-\frac{\varepsilon}{3}\leqslant s(T)\leqslant S(T)\leqslant J+\frac{\varepsilon}{3},$$

即 $0\leqslant S(T)-s(T)<\varepsilon$.

（2）⇒（3）.

显然成立.

（3）⇒（4）.

$\forall\varepsilon>0$，存在 $[a,b]$ 的分割 T，有 $0\leqslant S(T)-s(T)<\varepsilon$. 由性质 7.2.3 知 $0\leqslant\overline{J}-\underline{J}\leqslant S(T)-s(T)<\varepsilon$. 由 ε 的任意性，则

$$\lim_{\|T\|\to 0}s(T)=\underline{J}=\overline{J}=\lim_{\|T\|\to 0}S(T).$$

（4）⇒（1）.

设 $\lim_{\|T\|\to 0}s(T)=\underline{J}=\overline{J}=\lim_{\|T\|\to 0}S(T)=J$. $\forall\varepsilon>0$，$\exists\delta>0$，存在 $[a,b]$ 的分割 T 和 $\forall\xi_i\in\Delta x_i$（$i=1,2,\cdots,n$），当 $\|T\|<\delta$ 时，有 $J-\varepsilon<s(T)\leqslant J$，$J\leqslant S(T)<J+\varepsilon$. 从而

$$J-\varepsilon<s(T)\leqslant\sum_{i=1}^{n}f(\xi_i)\Delta x_i\leqslant S(T)<J+\varepsilon.$$

因此函数 $f(x)$ 在 $[a,b]$ 上可积，且 $\int_a^b f(x)\mathrm{d}x=J$.

四、可积的充分条件（可积函数类）

根据定理 7.2.2 知，以下几类函数是可积的.

定理 7.2.3 若函数 $f(x)$ 在 $[a,b]$ 上连续，则 $f(x)$ 在 $[a,b]$ 上可积.

证 函数 $f(x)$ 在 $[a,b]$ 上连续，则 $f(x)$ 在 $[a,b]$ 上一致连续. 即 $\forall\varepsilon>0$，$\exists\delta>0$，使得当 $x',x''\in[a,b]$ 且 $|x'-x''|<\delta$ 时，有 $|f(x')-f(x'')|<\frac{\varepsilon}{b-a}$. 因此对 $[a,b]$ 任意分割 T，当 $\|T\|<\delta$ 时，$f(x)$ 在任一子区间 Δ_i 上的振幅满足

$$\omega_i = M_i - m_i = \sup_{x',x''\in\Delta x_i} \left|f(x') - f(x'')\right| < \frac{\varepsilon}{b-a}.$$

即

$$\sum_T \omega_i \Delta x_i \leqslant \frac{\varepsilon}{b-a}\sum_T \Delta x_i = \varepsilon.$$

由定理 7.2.2 知 $f(x)$ 在 $[a,b]$ 上可积.

定理 7.2.4 若 $f(x)$ 是在 $[a,b]$ 上只有有限个间断点的有界函数，则 $f(x)$ 在 $[a,b]$ 上可积.

证 不失一般性，设 $f(x)$ 在 $[a,b]$ 上仅有一个间断点 $c\in(a,b)$ 且 $m\leqslant f(x)\leqslant M$.

$\forall\varepsilon>0$，取 $\delta=\min\left\{\frac{\varepsilon}{6(M-m)},\frac{c-a}{2},\frac{b-c}{2}\right\}>0$，记 $f(x)$ 在子区间 $\Delta=[c-\delta,c+\delta]$ 上的振幅为 ω'，则

$$\omega'\Delta < (M-m)\frac{2\varepsilon}{6(M-m)} = \frac{\varepsilon}{3}.$$

由于 $f(x)$ 在 $[a,c-\delta]$ 和 $[c+\delta,b]$ 上连续，因此 $f(x)$ 在 $[a,c-\delta]$ 和 $[c+\delta,b]$ 上可积. 由定理 7.2.2 知，对上述 $\varepsilon>0$，存在 $[a,c-\delta]$ 的某个分割 $T_1=\{\Delta_{11},\Delta_{12},\cdots,\Delta_{1,n-1}\}$，满足 $\sum_{T_1}\omega_i\Delta x_i<\frac{\varepsilon}{3}$；存在 $[c+\delta,b]$ 的某个分割 $T_2=\{\Delta_{2,n+1},\Delta_{2,n+2},\cdots,\Delta_{2,n+p}\}$，满足 $\sum_{T_2}\omega_i\Delta x_i<\frac{\varepsilon}{3}$. 令 $T=\{\Delta_{11},\Delta_{12},\cdots,\Delta_{1,n-1},\Delta,\Delta_{2,n+1},\Delta_{2,n+2},\cdots,\Delta_{2,n+p}\}$，则 T 是 $[a,b]$ 上的一个分割，对于 T 有

$$\sum_T\omega_i\Delta x_i=\sum_{T_1}\omega_i\Delta x_i+\omega'\Delta+\sum_{T_2}\omega_i\Delta x_i<\frac{\varepsilon}{3}+\frac{\varepsilon}{3}+\frac{\varepsilon}{3}=\varepsilon.$$

因此 $f(x)$ 在 $[a,b]$ 上可积.

定理 7.2.5 若函数 $f(x)$ 在 $[a,b]$ 上单调，则 $f(x)$ 在 $[a,b]$ 上可积.

证 不妨设 $f(x)$ 为单调增，且 $f(a)<f(b)$（若 $f(a)=f(b)$，则 $f(x)$ 为常值函数，显然可积）. 对 $[a,b]$ 任一分割 $T=\{\Delta_1,\Delta_2,\cdots,\Delta_n\}$，$f(x)$ 在每个子区间 Δx_i 上的振幅可表示为

$$\omega_i=M_i-m_i=f(x_i)-f(x_{i-1}).$$

于是有

$$\sum_T\omega_i\Delta x_i\leqslant\sum_{i=1}^{n}(f(x_i)-f(x_{i-1}))\|T\|=(f(b)-f(a))\|T\|.$$

因此，对 $\forall\varepsilon>0$，取 $\delta=\frac{\varepsilon}{f(b)-f(a)}$，对任意分割 T，当 $\|T\|<\delta$，有 $\sum_T\omega_i\Delta x_i\leqslant\varepsilon$，所以 $f(x)$ 在 $[a,b]$ 上可积.

注 在 $[a,b]$ 上的单调函数即使有无限多个间断点，它仍在 $[a,b]$ 上可积.

例 7.2.1 单调函数 $f(x)=\begin{cases}0, x=0,\\ \frac{1}{n}, \frac{1}{n+1}<x\leqslant\frac{1}{n}\ (n=1,2,\cdots)\end{cases}$ 在区间 $[0,1]$ 上可积.

习题 7.2

1. 证明：狄利克雷函数 $D(x)=\begin{cases}1,x\text{为有理数},\\0,x\text{为无理数}\end{cases}$ 在 $[0,1]$ 有界但不可积.

2. 若函数 $f(x)$ 在 $[a,b]$ 上可积，对 $\forall[c,d]\subset[a,b]$，则函数 $f(x)$ 在 $[c,d]$ 上可积.

3. 设有界函数 $f(x)$ 在 $[a,b]$ 上的所有间断点为 $\{x_n\}$，且 $\lim\limits_{n\to\infty}x_n=c$，证明：函数 $f(x)$ 在 $[a,b]$ 上可积.

4. 设函数 $f(x)$ 在 $[a,b]$ 上可积，且仅在有限个点处 $g(x)\neq f(x)$，则 $g(x)$ 在 $[a,b]$ 上可积，且 $\int_a^b f(x)\mathrm{d}x=\int_a^b g(x)\mathrm{d}x$.

5. 证明：函数 $f(x)=\begin{cases}0, & x=0,\\ 2x\sin\dfrac{1}{x}-\cos\dfrac{1}{x}, & x\neq 0\end{cases}$ 在区间 $[-1,2]$ 上可积，并求 $\int_{-1}^2 f(x)\mathrm{d}x$.

6. 证明：函数 $f(x)=\begin{cases}0, & x=0,\\ \operatorname{sgn}\left(\sin\dfrac{\pi}{x}\right), & x\neq 0\end{cases}$ 在区间 $[0,1]$ 上可积.

7. 设函数 $f(x)$ 在 $[a,b]$ 上可积，且满足 $|f(x)|\geqslant m>0$（m 为一常数），证明：函数 $\dfrac{1}{f(x)}$ 在 $[a,b]$ 上可积.

8. 设函数 $f(x),g(x)$ 在 $[a,b]$ 上可积且满足复合运算的条件，复合函数 $f(g(x))$ 在 $[a,b]$ 上是否一定可积？当函数 $f(x)$ 为连续函数时，结论又如何？

第三节 定积分的性质

定积分是一类特定和式的极限，它具有与函数极限相似的性质，这些性质也为定积分的计算提供了方便.

在定积分 $\int_a^b f(x)\mathrm{d}x$ 定义中 $a<b$，而在实际问题中会遇到积分上限 b 不大于积分下限 a 的情形，即当 $a\geqslant b$ 时，只需将分割 T 改为 $x_0=a>x_1>\cdots>x_{n-1}>x_n=b$，其积分和与 $a<b$ 情形的积分和只相差一个符号，其极限的存在性没有改变，因此当 $f(x)$ 在 $[a,b]$ 上可积时，规定 $\int_b^a f(x)\mathrm{d}x=-\int_a^b f(x)\mathrm{d}x$；当 $a=b$ 时，规定 $\int_a^b f(x)\mathrm{d}x=0$.

有此补充规定后，除特别说明外，$\int_a^b f(x)\mathrm{d}x$ 的积分上下限 a,b 大小不加限制.

定理 7.3.1（线性性质） 设 $f(x),g(x)$ 在 $[a,b]$ 上可积，k_1,k_2 为任意实数，则函数 $k_1f(x)+k_2g(x)$ 在 $[a,b]$ 上也可积，且

$$\int_a^b [k_1 f(x)+k_2 g(x)]\mathrm{d}x = k_1\int_a^b f(x)\mathrm{d}x + k_2\int_a^b g(x)\mathrm{d}x .$$

证　当 $k_1 = k_2 = 0$ 时，结论显然成立.

当 $k_1^2 + k_2^2 \neq 0$ 时，则 $|k_1|+|k_2| = k > 0$，设 $\int_a^b f(x)\mathrm{d}x = I$，$\int_a^b g(x)\mathrm{d}x = J$.

对 $\forall \varepsilon > 0$，$\exists \delta_1 > 0$，使 $\|T\| < \delta_1$ 时，$\left|\sum_{i=1}^n f(\xi_i)\Delta x_i - I\right| < \dfrac{\varepsilon}{k}$；

$\exists \delta_2 > 0$，使 $\|T\| < \delta_2$ 时，$\left|\sum_{i=1}^n g(\eta_i)\Delta x_i - J\right| < \dfrac{\varepsilon}{k}$.

取 $\delta = \min\{\delta_1, \delta_2\} > 0$，当 $\|T\| < \delta$ 时，有

$$\left|\sum_{i=1}^n (k_1 f(\xi_i) + k_2 g(\xi_i))\Delta x_i - (k_1 I + k_2 J)\right| < |k_1|\left|\sum_{i=1}^n f(\xi_i)\Delta x_i - I\right| + |k_2|\left|\sum_{i=1}^n g(\xi_i)\Delta x_i - J\right|$$

$$< \frac{|k_1|+|k_2|}{k}\varepsilon = \varepsilon .$$

因此

$$\int_a^b [k_1 f(x)+k_2 g(x)]\mathrm{d}x = k_1\int_a^b f(x)\mathrm{d}x + k_2\int_a^b g(x)\mathrm{d}x .$$

定理 7.3.2（乘积可积性）　若 $f(x), g(x)$ 在 $[a,b]$ 上可积，则 $f(x)g(x)$ 在 $[a,b]$ 上可积.

证　由于 $f(x), g(x)$ 在 $[a,b]$ 上有界，则 $\exists M > 0$，有 $|f(x)|, |g(x)| < M$. 对 $[a,b]$ 的任一分割 $T = \{\Delta_1, \Delta_2, \cdots, \Delta_n\}$，记 $f(x)g(x)$，$f(x)$ 和 $g(x)$ 在子区间 Δ_i 上的振幅分别为 ω_i，ω_i' 和 ω_i''，则对 $\forall x', x'' \in \Delta_i$，有

$$\begin{aligned}|f(x')g(x') - f(x'')g(x'')| &= |(f(x') - f(x''))g(x') + f(x'')(g(x') - g(x''))| \\ &\leqslant |f(x') - f(x'')||g(x')| + |f(x'')||g(x') - g(x'')| \\ &\leqslant M\left(|f(x') - f(x'')| + |g(x') - g(x'')|\right),\end{aligned}$$

由此得 $\omega_i \leqslant M(\omega_i' + \omega_i'')$，即

$$0 \leqslant \sum_T \omega_i \Delta x_i \leqslant M\sum_T \omega_i' \Delta x_i + M\sum_T \omega_i'' \Delta x_i .$$

对 $\forall \varepsilon > 0$，$\exists \delta_1 > 0$，使得当 $\|T\| < \delta_1$ 时，$0 \leqslant \sum_T \omega_i' \Delta x_i < \dfrac{\varepsilon}{2M}$；$\exists \delta_2 > 0$，使得当 $\|T\| < \delta_2$ 时，$0 \leqslant \sum_T \omega_i'' \Delta x_i < \dfrac{\varepsilon}{2M}$.

取 $\delta = \min\{\delta_1, \delta_2\} > 0$，当 $\|T\| < \delta$ 时，有 $0 \leqslant \sum_T \omega_i \Delta x_i < \varepsilon$，因此 $f(x)g(x)$ 在 $[a,b]$ 上可积.

注　上述结论只得出 $f(x)g(x)$ 在 $[a,b]$ 上可积，并没有给出 $\int_a^b f(x)g(x)\mathrm{d}x$ 的值，因此定理 7.3.2 不能直接提供 $\int_a^b f(x)g(x)\mathrm{d}x$ 的计算方法. 一般地，

$$\int_a^b f(x)g(x)\mathrm{d}x \neq \int_a^b f(x)\mathrm{d}x \cdot \int_a^b g(x)\mathrm{d}x .$$

定理 7.3.3（区间可加性） 函数 $f(x)$ 在 $[a,b]$ 上可积的充要条件是：$\forall c\in[a,b]$，$f(x)$ 在 $[a,c]$ 和 $[c,b]$ 上都可积，且

$$\int_a^b f(x)\mathrm{d}x=\int_a^c f(x)\mathrm{d}x+\int_c^b g(x)\mathrm{d}x. \tag{7.3.1}$$

证（充分性） 若 $f(x)$ 在 $[a,c]$ 和 $[c,b]$ 上可积，则 $\forall\varepsilon>0$，存在 $[a,c]$ 和 $[c,b]$ 上的分割 T_1,T_2，使得

$$\sum_{T_1}\omega_{i1}\Delta x_{i1}<\frac{\varepsilon}{2},\quad \sum_{T_2}\omega_{i2}\Delta x_{i2}<\frac{\varepsilon}{2}.$$

将 T_1 和 T_2 的分点合并得到 $[a,b]$ 的一个新分割，记为 T，则

$$\sum_T\omega_i\Delta x_i\leqslant\sum_{T_1}\omega_{i1}\Delta x_{i1}+\sum_{T_2}\omega_{i2}\Delta x_{i2}<\varepsilon.$$

因此 $f(x)$ 在 $[a,b]$ 上可积.

在取 $[a,b]$ 的分割 T 时始终将 c 点取为分点，则 T 在 $[a,c]$ 和 $[c,b]$ 上的分点分别构成 $[a,c]$ 和 $[c,b]$ 的分割 T_1,T_2，且有等式

$$\sum_T f(\xi_i)\Delta x_i=\sum_{T_1}f(\xi_{i1})\Delta x_{i1}+\sum_{T_2}f(\xi_{i2})\Delta x_{i2}.$$

当 $\|T\|\to 0$ 时，$\|T_1\|,\|T_2\|\to 0$，因此取极限得

$$\int_a^b f(x)\mathrm{d}x=\int_a^c f(x)\mathrm{d}x+\int_c^b g(x)\mathrm{d}x.$$

（必要性） 若 $f(x)$ 在 $[a,b]$ 上可积，$\forall\varepsilon>0$，存在一个分割 T，使得 $\sum\limits_T\omega_i\Delta x_i<\varepsilon$. 将在 T 上增加分点 c 后得到的分割记为 T^*，则 $\sum\limits_{T^*}\omega_i^*\Delta x_i^*\leqslant\sum\limits_T\omega_i\Delta x_i<\varepsilon$.

T^* 在 $[a,c]$ 和 $[c,b]$ 上的分点分别构成 $[a,c]$ 和 $[c,b]$ 的分割，分别记为 T_1，T_2，记 T_1 的子区间为 Δx_{i1}，其上的振幅分别为 ω_{i1}，记 T_2 的子区间为 Δx_{i2}，其上的振幅分别为 ω_{i2}，显然有

$$\sum_{T_1}\omega_{i1}\Delta x_{i1}\leqslant\sum_{T^*}\omega_i^*\Delta x_i^*<\varepsilon,\quad \sum_{T_2}\omega_{i2}\Delta x_{i2}\leqslant\sum_{T^*}\omega_i^*\Delta x_i^*<\varepsilon.$$

因此 $f(x)$ 在 $[a,c]$ 和 $[c,b]$ 上可积.

注 由于 $\int_a^b f(x)\mathrm{d}x=-\int_b^a f(x)\mathrm{d}x$，当在给定的区间上可积时，式（7.3.1）对于 a,b,c 的任何大小顺序都能成立.

定理 7.3.4（保不等式性） 设 $a<b$，

（1）设 $f(x)$ 在 $[a,b]$ 上可积，且 $f(x)\geqslant 0$（$\forall x\in[a,b]$），则 $\int_a^b f(x)\mathrm{d}x\geqslant 0$；

（2）设 $f(x),g(x)$ 在 $[a,b]$ 上可积，且 $f(x)\geqslant g(x)$（$\forall x\in[a,b]$），则 $\int_a^b f(x)\mathrm{d}x\geqslant\int_a^b g(x)\mathrm{d}x$.

证 （1）设 $\int_a^b f(x)\mathrm{d}x=J$，由于 $\forall x\in[a,b]$，$f(x)\geqslant 0$，则对 $[a,b]$ 任意分割 T，$f(x)$ 在 $[a,b]$ 上关于 T 的积分和 $\sum\limits_T f(\xi_i)\Delta x_i\geqslant 0$. 由于 $\sum\limits_T f(\xi_i)\Delta x_i\geqslant 0$ 不是细度 $\|T\|$ 的函数，不能直接利用极限的保不等式性质推出 $\int_a^b f(x)\mathrm{d}x\geqslant 0$.

假设 $J<0$，对 $\varepsilon=-\frac{1}{2}J>0$，$\exists\delta>0$，对任意满足 $\|T\|<\delta$ 的 $[a,b]$ 分割 T，$\forall\xi_i\in\Delta_i$（$i=1,2,\cdots,n$），有

$$\left|\sum_{i=1}^{n}f(\xi_i)\Delta x_i-J\right|<-\frac{1}{2}J.$$

从而 $\sum_{i=1}^{n}f(\xi_i)\Delta x_i<J-\frac{1}{2}J=\frac{1}{2}J<0$，矛盾．因此，$\int_a^b f(x)\mathrm{d}x\geqslant 0$．

（2）由于 $f(x)-g(x)\geqslant 0$，则 $\int_a^b(f(x)-g(x))\mathrm{d}x\geqslant 0$，即 $\int_a^b f(x)\mathrm{d}x\geqslant\int_a^b g(x)\mathrm{d}x$．

例 7.3.1 设 $a<b$，$f(x)$ 在 $[a,b]$ 上是非负连续函数，且 $f(x)\not\equiv 0$，则 $\int_a^b f(x)\mathrm{d}x>0$．

证 因为 $f(x)$ 非负且 $f(x)\not\equiv 0$，则 $\exists x_0\in[a,b]$，$f(x_0)>0$．由 $f(x)$ 在点 x_0 处连续，对 $\varepsilon=\frac{1}{2}f(x_0)$，$\exists\delta>0$，使得 $x_0-\delta,x_0+\delta\in[a,b]$，当 $|x-x_0|<\delta$ 时，有

$$|f(x)-f(x_0)|<\varepsilon=\frac{1}{2}f(x_0)\text{，即 }f(x)>\frac{f(x_0)}{2}.$$

又 $\int_a^{x_0-\delta}f(x)\mathrm{d}x\geqslant 0$，$\int_{x_0+\delta}^{b}f(x)\mathrm{d}x\geqslant 0$，$\int_{x_0-\delta}^{x_0+\delta}f(x)\mathrm{d}x\geqslant\frac{1}{2}\int_{x_0-\delta}^{x_0+\delta}f(x_0)\mathrm{d}x=f(x_0)\delta>0$，因此

$$\int_a^b f(x)\mathrm{d}x=\int_a^{x_0-\delta}f(x)\mathrm{d}x+\int_{x_0-\delta}^{x_0+\delta}f(x)\mathrm{d}x+\int_{x_0+\delta}^{b}f(x)\mathrm{d}x>0.$$

定理 7.3.5（绝对值可积性） 设 $a<b$，函数 $f(x)$ 在 $[a,b]$ 上可积，则 $|f(x)|$ 在 $[a,b]$ 上也可积，且 $\left|\int_a^b f(x)\mathrm{d}x\right|\leqslant\int_a^b|f(x)|\mathrm{d}x$．

证 由 $||a|-|b||\leqslant|a-b|$ 知，对 $[a,b]$ 的任一分割 $T=\{\Delta_1,\Delta_2,\cdots,\Delta_n\}$，$f(x)$ 与 $|f(x)|$ 在 Δ_i 上的振幅分别为 ω_i 与 ω_i'（$i=1,2,\cdots,n$），则 $\omega_i'\leqslant\omega_i$．由此可得，$0\leqslant\sum_T\omega_i'\Delta x_i\leqslant\sum_T\omega_i\Delta x_i$，因此 $|f(x)|$ 在 $[a,b]$ 上可积.

$$\forall x\in[a,b]\text{，有 }-|f(x)|\leqslant f(x)\leqslant|f(x)|\text{，则 }-\int_a^b|f(x)|\mathrm{d}x\leqslant\int_a^b f(x)\mathrm{d}x\leqslant\int_a^b|f(x)|\mathrm{d}x.$$

定理 7.3.6（估值不等式） 设 $f(x)$ 在 $[a,b]$ 上有最大值 M 和最小值 m，则

$$m(b-a)\leqslant\int_a^b f(x)\mathrm{d}x\leqslant M(b-a).$$

证 由于 $\forall x\in[a,b]$，$m\leqslant f(x)\leqslant M$，因此

$$m(b-a)\leqslant\int_a^b m\mathrm{d}x\leqslant\int_a^b f(x)\mathrm{d}x\leqslant\int_a^b M\mathrm{d}x\leqslant M(b-a).$$

例 7.3.2 证明不等式：$3\sqrt{\mathrm{e}}<\int_{\mathrm{e}}^{4\mathrm{e}}\frac{\ln x}{\sqrt{x}}\mathrm{d}x<6$．

证 设 $f(x)=\frac{\ln x}{\sqrt{x}}$，由 $f'(x)=\frac{2-\ln x}{2x\sqrt{x}}=0$，可得 $f(x)$ 在 $[\mathrm{e},4\mathrm{e}]$ 上的唯一驻点为 $x=\mathrm{e}^2$，又

$f(\mathrm{e}^2)=\dfrac{2}{\mathrm{e}}$， $f(\mathrm{e})=\dfrac{1}{\sqrt{\mathrm{e}}}$， $f(4\mathrm{e})=\dfrac{\ln 4\mathrm{e}}{2\sqrt{\mathrm{e}}}$. 因此， $f(x)$ 在 $[\mathrm{e},4\mathrm{e}]$ 上有 $\dfrac{1}{\sqrt{\mathrm{e}}}<\dfrac{\ln x}{\sqrt{x}}<\dfrac{2}{\mathrm{e}}$. 故

$$3\sqrt{\mathrm{e}}=\int_{\mathrm{e}}^{4\mathrm{e}}\frac{1}{\sqrt{\mathrm{e}}}\mathrm{d}x<\int_{\mathrm{e}}^{4\mathrm{e}}\frac{\ln x}{\sqrt{x}}\mathrm{d}x<\int_{\mathrm{e}}^{4\mathrm{e}}\frac{2}{\mathrm{e}}\mathrm{d}x=6.$$

定理 7.3.7（第一积分中值定理） 若函数 $f(x)$ 在 $[a,b]$ 上连续，且 $g(x)$ 在 $[a,b]$ 上可积且不变号，则至少存在一点 $\xi\in[a,b]$，使得

$$\int_a^b f(x)g(x)\mathrm{d}x=f(\xi)\int_a^b g(x)\mathrm{d}x.$$

特别地，若 $f(x)$ 在 $[a,b]$ 上连续，则至少存在一点 $\xi\in[a,b]$，使得

$$\int_a^b f(x)\mathrm{d}x=f(\xi)(b-a).$$

证 不妨设 $a<b$. 函数 $f(x)$ 在 $[a,b]$ 上连续，则 $f(x)$ 在 $[a,b]$ 上存在最大值 M 和最小值 m. 由 $g(x)$ 在 $[a,b]$ 上不变号，不妨设 $g(x)\geqslant 0$（ $x\in[a,b]$ ），则 $\int_a^b g(x)\mathrm{d}x\geqslant 0$ 且

$$mf(x)\leqslant f(x)g(x)\leqslant Mg(x).$$

由定理 7.3.4，得

$$m\int_a^b g(x)\mathrm{d}x\leqslant\int_a^b f(x)g(x)\mathrm{d}x\leqslant M\int_a^b g(x)\mathrm{d}x.$$

若 $\int_a^b g(x)\mathrm{d}x=0$，由上式知 $\int_a^b f(x)g(x)\mathrm{d}x=0$，因此 $\forall\xi\in[a,b]$，结论都成立.

若 $\int_a^b g(x)\mathrm{d}x>0$，则

$$m\leqslant\frac{\int_a^b f(x)g(x)\mathrm{d}x}{\int_a^b g(x)\mathrm{d}x}\leqslant M.$$

由连续函数的介值性，则 $\exists\xi\in[a,b]$，使得

$$f(\xi)=\frac{\int_a^b f(x)g(x)\mathrm{d}x}{\int_a^b g(x)\mathrm{d}x}.$$

因此，结论都成立.

特别地，令 $g(x)\equiv 1$，得

$$\int_a^b f(x)\mathrm{d}x=f(\xi)(b-a).$$

注 定理 7.3.7 中函数 $f(x)$ 连续、$g(x)$ 不变号，缺少一个条件，结论不一定成立.

例 7.3.3 求极限 $\lim\limits_{n\to\infty}\int_n^{n+p}\dfrac{\sin x}{x}\mathrm{d}x$ ($p,n\in\mathbf{N}_+$).

解 因为 $f(x)=\dfrac{\sin x}{x}$ 在 $[n,n+p]$ 上连续，由积分中值定理得，$\exists\xi\in[n,n+p]$，使得

$$\int_n^{n+p}\frac{\sin x}{x}\mathrm{d}x=\frac{\sin\xi}{\xi}p.$$

当 $n\to\infty$ 时，$\xi\to\infty$，又 $|\sin\xi|\leqslant 1$，因此

$$\lim_{n\to\infty}\int_n^{n+p}\frac{\sin x}{x}\mathrm{d}x=\lim_{\xi\to\infty}\frac{\sin\xi}{\xi}p=0\ .$$

例 7.3.4　设函数 $f(x)$ 在 $[0,1]$ 上连续，在 $(0,1)$ 内可导，且 $3\int_{\frac{2}{3}}^{1}f(x)\mathrm{d}x=f(0)$，证明：存在 $\xi\in[0,1]$，使 $f'(\xi)=0$.

证　因为 $f(x)$ 在 $[0,1]$ 上连续，在 $(0,1)$ 内可导，由积分中值定理得，$\exists\eta\in\left[\frac{2}{3},1\right]$，使得

$$f(0)=3\int_{\frac{2}{3}}^{1}f(x)\mathrm{d}x=3f(\eta)\cdot\left(1-\frac{2}{3}\right)=f(\eta)\ ,$$

故 $f(x)$ 在 $[0,\eta]$ 上满足罗尔定理的条件，则 $\exists\xi\in(0,\eta)\subset(0,1)$，使得 $f'(\xi)=0$.

例 7.3.5（柯西-施瓦茨不等式）　设函数 $f(x),g(x)$ 在 $[a,b]$ 上连续，则

$$\left(\int_a^b f(x)g(x)\mathrm{d}x\right)^2\leqslant\int_a^b f^2(x)\mathrm{d}x\cdot\int_a^b g^2(x)\mathrm{d}x\ .$$

证　记 $A=\int_a^b f^2(x)\mathrm{d}x$，$B=\int_a^b f(x)g(x)\mathrm{d}x$，$C=\int_a^b g^2(x)\mathrm{d}x$. $\forall t\in\mathbf{R}$，有

$$(tf(x)-g(x))^2\geqslant 0\ ,\quad \int_a^b(tf(x)-g(x))^2\mathrm{d}x=At^2-2Bt+C\geqslant 0\ ,$$

所以 $B^2\leqslant AC$，即 $\left(\int_a^b f(x)g(x)\mathrm{d}x\right)^2\leqslant\int_a^b f^2(x)\mathrm{d}x\cdot\int_a^b g^2(x)\mathrm{d}x$

习题 7.3

1. 证明：若非负函数 $f(x)$ 在 $[a,b]$ 上连续，且 $\int_a^b f(x)\mathrm{d}x=0$，则 $f(x)\equiv 0$，$x\in[a,b]$.

2. 比较下列积分的大小：

（1）$\int_0^1 x\mathrm{d}x$ 和 $\int_0^1\sqrt{x}\mathrm{d}x$；　　（2）$\int_0^{\frac{\pi}{2}}x\mathrm{d}x$ 和 $\int_0^{\frac{\pi}{2}}\sin x\mathrm{d}x$；

（3）$\int_1^0\mathrm{e}^{-x}\mathrm{d}x$ 和 $\int_1^0\mathrm{e}^{-x^2}\mathrm{d}x$；　　（4）$\int_1^2 x^2\mathrm{d}x$ 和 $\int_1^2 x^3\mathrm{d}x$.

3. 求下列极限：

（1）$\lim\limits_{n\to\infty}\int_0^1\frac{x^n}{1+x}\mathrm{d}x$；　　（2）$\lim\limits_{n\to\infty}\int_0^{\frac{\pi}{2}}\sin^n x\mathrm{d}x$；

（3）$\lim\limits_{n\to\infty}\int_0^1\mathrm{e}^{x^n}\mathrm{d}x$；　　（4）$\lim\limits_{n\to\infty}\int_n^{n+1}\frac{\cos x}{x}\mathrm{d}x$.

4. 证明下列不等式：

（1）$\frac{\pi}{2}<\int_0^{\frac{\pi}{2}}\frac{\mathrm{d}x}{\sqrt{1-\frac{1}{2}\sin^2 x}}<\frac{\pi}{\sqrt{2}}$；　　（2）$1<\int_0^1 \mathrm{e}^{x^2}\mathrm{d}x<\mathrm{e}$；

（3）若 $f(x)=\begin{cases}1, & x=0,\\ \frac{\sin x}{x}, & 0<x\leqslant 1,\end{cases}$ 则 $\frac{2}{\pi}<\int_0^1 f(x)\mathrm{d}x<1$.

5. 设函数 $f(x)$ 在 $[a,b]$ 上连续，且单调递减，证明：对 $\forall \beta\in[0,1]$，都有

$$\int_0^\beta f(x)\mathrm{d}x\geqslant \beta\int_0^1 f(x)\mathrm{d}x.$$

6. 证明下列不等式：当 $a<b$ 时，

（1）设函数 $f(x)$ 在 $[a,b]$ 上可积，则

$$\left(\int_a^b f(x)\sin x\mathrm{d}x\right)^2+\left(\int_a^b f(x)\cos x\mathrm{d}x\right)^2\leqslant (b-a)\int_a^b f^2(x)\mathrm{d}x.$$

（2）设非负函数 $f(x)$ 在 $[a,b]$ 上可积，则

$$\left(\int_a^b f(x)\sin nx\mathrm{d}x\right)^2+\left(\int_a^b f(x)\cos nx\mathrm{d}x\right)^2\leqslant \left(\int_a^b f(x)\mathrm{d}x\right)^2.$$

7. 证明下列不等式：当 $a<b$ 时，

（1）（赫尔德不等式）设 $f(x),g(x)$ 在 $[a,b]$ 上连续，且 $p>1,\frac{1}{p}+\frac{1}{q}=1$，则

$$\int_a^b f(x)g(x)\mathrm{d}x\leqslant\left(\int_a^b |f(x)|^p\,\mathrm{d}x\right)^{\frac{1}{p}}\left(\int_a^b |g(x)|^p\,\mathrm{d}x\right)^{\frac{1}{q}}.$$

（2）（闵可夫斯基不等式）设 $f(x),g(x)$ 在 $[a,b]$ 上连续，且 $p>1$，则

$$\left(\int_a^b |f(x)+g(x)|^p\,\mathrm{d}x\right)^{\frac{1}{p}}\leqslant\left(\int_a^b |f(x)|^p\,\mathrm{d}x\right)^{\frac{1}{p}}+\left(\int_a^b |g(x)|^p\,\mathrm{d}x\right)^{\frac{1}{p}}.$$

第四节 不定积分的概念和基本积分公式

由牛顿-莱布尼茨公式知，在被积函数存在原函数的条件下，定积分值等于被积函数的一个原函数在积分区间的增量. 本节将给出一个函数存在原函数的条件，为了便于求其原函数，引入不定积分的概念，并介绍基本积分公式.

一、变限函数及其性质

定义 7.4.1 设函数 $f(x)$ 在 $[a,b]$ 上可积，$\forall x\in[a,b]$，则称积分 $\int_a^x f(x)\mathrm{d}x$ 为函数 $f(x)$ 在 $[a,b]$ 上的**积分（变）上限函数**，记为

$$\Phi(x)=\int_a^x f(x)\mathrm{d}x\ ,\quad x\in[a,b]\ .$$

类似定义 $\int_x^b f(x)\mathrm{d}x$ 为 $f(x)$ 在 $[a,b]$ 上的**积分（变）下限函数**，由

$$\int_x^b f(x)\mathrm{d}x=-\int_b^x f(x)\mathrm{d}x\ ,$$

故积分（变）下限函数可转化为积分（变）上限函数.

另外，由定积分与积分变量的记法无关知，$\int_a^x f(t)\mathrm{d}t=\int_a^x f(x)\mathrm{d}x$ 函数值由 x 确定. 积分上限函数 $\Phi(x)$ 给出了定义新函数的方法，它具有以下重要性质.

定理 7.4.1（微积分基本定理）

（1）若函数 $f(x)$ 在 $[a,b]$ 上可积，则积分上限函数 $\Phi(x)=\int_a^x f(t)\mathrm{d}t$ 在 $[a,b]$ 上连续.

（2）若函数 $f(x)$ 在 $[a,b]$ 上连续，则积分上限函数 $\Phi(x)=\int_a^x f(t)\mathrm{d}t$ 在 $[a,b]$ 上可导，且

$$\Phi'(x)=\frac{\mathrm{d}}{\mathrm{d}x}\int_a^x f(t)\mathrm{d}t=f(x)\ ,\quad x\in[a,b]\ .\qquad(7.4.1)$$

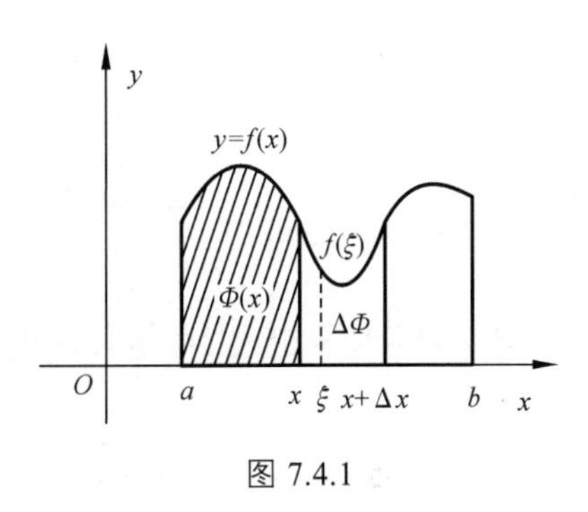

图 7.4.1

证　（1）如图 7.4.1 所示，函数 $f(x)$ 在 $[a,b]$ 上可积，则 $f(x)$ 在 $[a,b]$ 有界，即 $\exists M>0$，$\forall x\in[a,b]$，有 $|f(x)|\leqslant M$. $\forall x\in(a,b)$，取 Δx，使得 $x+\Delta x\in(a,b)$，则

$$\Delta\Phi=\Phi(x+\Delta x)-\Phi(x)=\int_a^{x+\Delta x} f(t)\mathrm{d}t-\int_a^x f(t)\mathrm{d}t=\int_x^{x+\Delta x} f(t)\mathrm{d}t\ ,\qquad(7.4.2)$$

即

$$|\Delta\Phi|=\left|\int_x^{x+\Delta x} f(t)\mathrm{d}t\right|\leqslant\left|\int_x^{x+\Delta x}|f(t)|\mathrm{d}t\right|\leqslant\left|\int_x^{x+\Delta x} M\mathrm{d}t\right|\leqslant M|\Delta x|\ ,$$

于是 $\lim\limits_{\Delta x\to 0}|\Delta\Phi|=0$，因此 $\Phi(x)$ 在 $[a,b]$ 上连续.

（2）由式（7.4.2）以及 $f(x)$ 在 $[a,b]$ 上连续，利用积分中值定理得，$\Delta\Phi=f(\xi)\Delta x$，其中 ξ 介于 x 和 $x+\Delta x$ 之间. 当 $\Delta x\to 0$ 时，$\xi\to x$，于是

$$\Phi'(x)=\lim_{\Delta x\to 0}\frac{\Delta\Phi}{\Delta x}=\lim_{\Delta x\to 0}f(\xi)=\lim_{\xi\to x}f(\xi)=f(x)\ .$$

注　式（7.4.1）中 $\Phi(x)=\int_a^x f(t)\mathrm{d}t$ 需要符合三个特征：下限为常数，上限为求导运算的自变量 x，被积表达式 $f(t)\mathrm{d}t$ 只能是积分变量 t，不能含求导运算意义下的变量 x 的式子.

例 7.4.1　设 $\Phi(x)=\int_0^x \sin t^2\mathrm{d}t$，求 $\Phi'(0),\ \Phi'\left(\frac{\sqrt{\pi}}{2}\right)$.

解　因为 $\Phi'(x)=\sin x^2$，所以 $\Phi'(0)=0$，$\Phi'\left(\frac{\sqrt{\pi}}{2}\right)=\frac{\sqrt{2}}{2}$.

例 7.4.2　求 $F(x)=\int_0^{x^2} x\mathrm{e}^{-t^2}\mathrm{d}t$ 的导数.

解 由于 $F(x)=x\int_0^{x^2}\mathrm{e}^{-t^2}\mathrm{d}t$，则

$$F'(x)=\int_0^{x^2}\mathrm{e}^{-t^2}\mathrm{d}t+x\frac{\mathrm{d}}{\mathrm{d}x}\int_0^{x^2}\mathrm{e}^{-t^2}\mathrm{d}t.$$

设 $G(x)=\int_0^{x^2}\mathrm{e}^{-t^2}\mathrm{d}t$，令 $u=x^2$，得 $G(x)=H(u)=\int_0^{u}\mathrm{e}^{-t^2}\mathrm{d}t$，则

$$G'(x)=H'(u)\cdot u'(x)=\frac{\mathrm{d}}{\mathrm{d}u}\int_0^{u}\mathrm{e}^{-t^2}\mathrm{d}t\cdot\frac{\mathrm{d}u}{\mathrm{d}x}=\mathrm{e}^{-u^2}\cdot 2x=2x\mathrm{e}^{-x^4}.$$

因此

$$F'(x)=\int_0^{x^2}\mathrm{e}^{-t^2}\mathrm{d}t+2x^2\mathrm{e}^{-x^4}.$$

一般地，如果函数 $f(x)$ 连续，$\varphi(x),\psi(x)$ 可导，则

$$\frac{\mathrm{d}}{\mathrm{d}t}\left(\int_{\psi(x)}^{\varphi(x)}f(t)\mathrm{d}t\right)=f(\varphi(x))\varphi'(x)-f(\psi(x))\psi'(x).$$

例 7.4.3 求 $\lim\limits_{x\to 0}\dfrac{\int_{\cos x}^{1}\mathrm{e}^{-t^2}\mathrm{d}t}{\sin x^2}$.

解 属 $\dfrac{0}{0}$ 型未定式. 由洛必达法则，得

$$\lim_{x\to 0}\frac{\int_{\cos x}^{1}\mathrm{e}^{-t^2}\mathrm{d}t}{\sin x^2}=\lim_{x\to 0}\frac{-\mathrm{e}^{-\cos^2 x}(-\sin x)}{2x}=\frac{1}{2\mathrm{e}}.$$

例 7.4.4 设 $f(x)$ 在 $(-\infty,+\infty)$ 上连续且 $f(x)>0$，证明：函数 $F(x)=\dfrac{\int_0^x tf(t)\mathrm{d}t}{\int_0^x f(t)\mathrm{d}t}$ 在 $(0,+\infty)$ 严格单调增加.

证 由式（7.4.1），得

$$F'(x)=\frac{xf(x)\int_0^x f(t)\mathrm{d}t-f(x)\int_0^x tf(t)\mathrm{d}t}{\left(\int_0^x f(t)\mathrm{d}t\right)^2}=\frac{f(x)\int_0^x (x-t)f(t)\mathrm{d}t}{\left(\int_0^x f(t)\mathrm{d}t\right)^2},$$

当 $0<t<x$ 时，有 $f(t)>0$，$(x-t)f(t)>0$，利用保不等式性质，得

$$\int_0^x f(t)\mathrm{d}t>0,\quad \int_0^x (x-t)f(t)\mathrm{d}t>0,$$

于是 $F'(x)>0\ (x>0)$，故 $F(x)$ 在 $(0,+\infty)$ 严格单调增加.

利用变限积分还能得到第二积分中值定理.

定理 7.4.2（第二积分中值定理） 若函数 $f(x)$ 在 $[a,b]$ 上可积，

（1）若函数 $g(x)$ 在 $[a,b]$ 上单调减，且 $g(x)\geqslant 0$，则至少存在一点 $\xi\in[a,b]$，使得

$$\int_a^b f(x)g(x)\mathrm{d}x=g(a)\int_a^{\xi}f(x)\mathrm{d}x;$$

（2）若函数 $g(x)$ 在 $[a,b]$ 上单调增，且 $g(x)\geqslant 0$，则至少存在一点 $\eta\in[a,b]$，使得

$$\int_a^b f(x)g(x)\mathrm{d}x = g(b)\int_\eta^b f(x)\mathrm{d}x \text{ ;}$$

（3）若函数 $g(x)$ 在 $[a,b]$ 上单调，则至少存在一点 $\zeta \in [a,b]$，使得

$$\int_a^b f(x)g(x)\mathrm{d}x = g(a)\int_a^\zeta f(x)\mathrm{d}x + g(b)\int_\zeta^b f(x)\mathrm{d}x .$$

证 （略）.

注 微积分基本定理沟通了导数与定积分这两个表面上似乎不相干的概念之间的内在联系，并且直接回答了函数存在原函数的条件.

二、原函数的存在性

定理 7.4.2（原函数存在定理） 连续函数一定存在原函数.

事实上，函数 $f(x)$ 在区间 I 上连续时，构造函数 $\Phi(x) = \int_a^x f(t)\mathrm{d}t$，有 $\Phi'(x) = f(x)$.

因此，连续函数一定有原函数.

牛顿-莱布尼茨公式，也可由定理 7.4.2 导出.

事实上，$\Phi(x)=\int_a^x f(t)\mathrm{d}t$ 是 $f(x)$ 的一个原函数，与 $f(x)$ 的任意原函数 $F(x)$ 的关系是 $F(x)-\Phi(x)=C$（$C\in \mathbf{R}$）. 当 $x=a$ 时，有 $F(a)-\Phi(a)=C$, 而 $\Phi(a)=0$，所以 $F(a)=C$.

当 $x=b$ 时，$F(b)-\Phi(b)=C$，即 $F(b)-\Phi(b)=\Phi(a)$，因此，$\int_a^b f(x)\mathrm{d}x = F(b)-F(a)$.

注 此处要求 $f(x)$ 在区间 I 上连续，条件比定理 7.1.1 的条件要强.

定理 7.4.3（原函数不存在定理） 每个含有第一类间断点的函数在任意含这个第一类间断点的区间内没有原函数.

如：函数 $f(x)=\operatorname{sgn} x=\begin{cases}1, x>0,\\ 0, x=0,\\ -1, x<0\end{cases}$ 在任意含原点的区间 I 上不存在原函数. 事实上，若 $F(x)$ 是 $f(x)$ 在区间 I 上的原函数，则 $F'(x)=f(x)$，即

$$F_+'(0)=\lim_{h\to 0^+}\frac{F(h)-F(0)}{h}=\lim_{h\to 0^+}F'(\xi)=\lim_{h\to 0^+}f(\xi)=f(0+0)\text{，其中 }\xi\in(0,h).$$

类似可得 $F_-'(0)=f(0-0)$，而 $x=0$ 是 $f(x)$ 的第一类间断点，则 $F'(0)\neq f(0)$，矛盾. 因此 $f(x)$ 在区间 I 上不存在原函数.

遇到分段函数的定积分，可利用区间可加性求定积分.

例 7.4.5 设函数 $f(x)=\begin{cases}2x-1, -1\leqslant x<0,\\ \mathrm{e}^{-x}, \quad 0\leqslant x\leqslant 1,\end{cases}$ 求 $\int_{-1}^1 f(x)\mathrm{d}x$.

解 显然 $f(x)$ 在 $x=0$ 处间断，但在 $[-1,1]$ 上分段连续，利用区间可加性得

$$\begin{aligned}\int_{-1}^1 f(x)\mathrm{d}x &= \int_{-1}^0 f(x)\mathrm{d}x+\int_0^1 f(x)\mathrm{d}x=\int_{-1}^0(2x-1)\mathrm{d}x+\int_0^1\mathrm{e}^{-x}\mathrm{d}x\\ &=[x^2-x]_{-1}^0+[-\mathrm{e}^{-x}]_0^1=-2-0-\mathrm{e}^{-1}+1=-(\mathrm{e}^{-1}+1).\end{aligned}$$

找到函数存在原函数的条件后，为了便于找出原函数，下面引入不定积分的概念.

三、不定积分的概念

定义 7.4.2 函数 $f(x)$ 的在区间 I 上的全体原函数 $F(x)+C$（$C\in\mathbf{R}$）称为 $f(x)$ 在 I 上的**不定积分**，记为

$$\int f(x)\mathrm{d}x=F(x)+C.$$

其中“$\int$”称为**积分号**，$f(x)$ 称为**被积函数**，x 称为**积分变量**，$f(x)\mathrm{d}x$ 称为**被积表达式**，C 称为**积分常数**或**任意常数**，它可取任一实数. 尽管不定积分记号中各部分都有其特定的名称，但在使用时必须把它看作一个整体.

注 函数 $f(x)$ 的不定积分 $\int f(x)\mathrm{d}x$ 既不是一个数，也不是一个函数，而是一类相差一个常数的函数簇，是 $f(x)$ 的全体原函数簇. 由于

$$\left(\int f(x)\mathrm{d}x\right)'=(F(x)+C)'=f(x),$$

$$\mathrm{d}\int f(x)\mathrm{d}x=\mathrm{d}(F(x)+C)'=f(x)\mathrm{d}x.$$

因此微分（求导）运算“d”与不定积分运算“$\int$”构成了一对互逆运算，就像加法与减法、乘法与除法、对数与指数运算一样.

例 7.4.6 求 $\int\cos x\mathrm{d}x$.

解 由于 $\mathrm{d}\sin x=\cos x\mathrm{d}x$，所以 $\int\cos x\mathrm{d}x=\sin x+C$.

例 7.4.7 求 $\int\frac{1}{x}\mathrm{d}x$.

解 当 $x>0$ 时，由于 $(\ln x)'=\frac{1}{x}$，所以在 $(0,+\infty)$ 内，$\int\frac{1}{x}\mathrm{d}x=\ln x+C$；

当 $x<0$ 时，由于 $[\ln(-x)]'=\frac{1}{-x}\cdot(-1)=\frac{1}{x}$，所以在 $(-\infty,0)$ 内，$\int\frac{1}{x}\mathrm{d}x=\ln(-x)+C$.

为方便起见，将两式结合起来表示为

$$\int\frac{1}{x}\mathrm{d}x=\ln|x|+C\ (x\neq 0).$$

例 7.4.8 求 $\int x^{\alpha}\mathrm{d}x$（$\alpha\neq-1$）.

解 由于 $\mathrm{d}\left(\frac{1}{\alpha+1}x^{\alpha+1}\right)=x^{\alpha}\mathrm{d}x$，所以 $\int x^{\alpha}\mathrm{d}x=\frac{1}{\alpha+1}x^{\alpha+1}+C$.

四、基本不定积分公式

从基本初等函数的微分公式可以得到基本微分公式及相应的基本积分公式（见表 7.4.1）.

表 7.4.1 基本积分公式表

微分公式	不定积分公式
（1）$\mathrm{d}(C)=0\mathrm{d}x$（$C$ 是常数）	（1）$\int 0\mathrm{d}x=C$（C 是常数）
（2）$\mathrm{d}(kx)=k\mathrm{d}x$（$k$ 是常数）	（2）$\int k\mathrm{d}x=kx+C$（k 是常数）
（3）$\mathrm{d}\left(\dfrac{1}{\mu+1}x^{\mu+1}\right)=x^{\mu}\mathrm{d}x\ (\mu\neq -1)$	（3）$\int x^{\mu}\mathrm{d}x=\dfrac{1}{\mu+1}x^{\mu+1}+C(\mu\neq -1)$
（4）$\mathrm{d}(\ln\|x\|)=\dfrac{1}{x}\mathrm{d}x$	（4）$\int\dfrac{1}{x}\mathrm{d}x=\ln\|x\|+C$
（5）$\mathrm{d}(a^{x})=a^{x}\ln a\mathrm{d}x\ (a>0,a\neq 1)$	（5）$\int a^{x}\mathrm{d}x=\dfrac{1}{\ln a}a^{x}+C\ (a>0,a\neq 1)$，$\int \mathrm{e}^{x}\mathrm{d}x=\mathrm{e}^{x}+C$
（6）$\mathrm{d}(\cos x)=-\sin x\mathrm{d}x$	（6）$\int\sin x\mathrm{d}x=-\cos x+C$
（7）$\mathrm{d}\sin x=\cos x\mathrm{d}x$	（7）$\int\cos x\mathrm{d}x=\sin x+C$
（8）$\mathrm{d}(\tan x)=\sec^{2}x\mathrm{d}x$	（8）$\int\dfrac{1}{\cos^{2}x}\mathrm{d}x=\int\sec^{2}x\mathrm{d}x=\tan x+C$
（9）$\mathrm{d}(\cot x)=-\csc^{2}x\mathrm{d}x$	（9）$\int\dfrac{1}{\sin^{2}x}\mathrm{d}x=\int\csc^{2}x\mathrm{d}x=-\cot x+C$
（10）$\mathrm{d}(\sec x)=\sec x\tan x\mathrm{d}x$	（10）$\int\sec x\tan x\mathrm{d}x=\sec x+C$
（11）$\mathrm{d}(\csc x)=-\csc x\cot x\mathrm{d}x$	（11）$\int\csc x\cot x\mathrm{d}x=-\csc x+C$
（12）$\mathrm{d}(\arctan x)=\dfrac{1}{1+x^{2}}\mathrm{d}x$	（12）$\int\dfrac{1}{1+x^{2}}\mathrm{d}x=\arctan x+C=-\mathrm{arccot}\, x+C$
（13）$\mathrm{d}(\arcsin x)=\dfrac{1}{\sqrt{1-x^{2}}}\mathrm{d}x$	（13）$\int\dfrac{1}{\sqrt{1-x^{2}}}\mathrm{d}x=\arcsin x+C=-\arccos x+C$

以上公式是不定积分的计算基础，必须熟记和灵活运用.

例 7.4.9 求 $\int x^{2}\sqrt{x}\mathrm{d}x$.

解 $\int x^{2}\sqrt{x}\mathrm{d}x=\int x^{\frac{5}{2}}\mathrm{d}x=\dfrac{1}{\frac{5}{2}+1}x^{\frac{5}{2}+1}+C=\dfrac{2}{7}x^{\frac{7}{2}}+C=\dfrac{2}{7}x^{3}\sqrt{x}+C$.

例 7.4.10 求 $\int\dfrac{\mathrm{d}x}{x\cdot\sqrt[3]{x}}$.

解 $\int\dfrac{\mathrm{d}x}{x\cdot\sqrt[3]{x}}=\int x^{-\frac{4}{3}}\mathrm{d}x=\dfrac{x^{-\frac{4}{3}+1}}{-\frac{4}{3}+1}+C=-3x^{-\frac{1}{3}}+C=-\dfrac{3}{\sqrt[3]{x}}+C$.

当被积函数是幂函数，不管是用分式还是用根式表示，应先把它化成 x^{μ} 的形式，然后应用幂函数的积分公式即表 7.4.1 中（3）来求不定积分.

1. 求下列极限：

（1）$\lim\limits_{x\to 0}\dfrac{1}{x}\int_0^x \cos t^2 \mathrm{d}t$；　　（2）$\lim\limits_{x\to\infty}\dfrac{\left(\int_0^x \mathrm{e}^{t^2}\mathrm{d}t\right)^2}{\int_0^x \mathrm{e}^{2t^2}\mathrm{d}t}$.

2. 设函数 $f(x)$ 在 $[a,b]$ 上连续，$F(x)=\int_a^x f(t)(x-t)\mathrm{d}t$，证明：$F''(x)=f(x)$，$x\in[a,b]$.

3. 验证下列等式：

（1）$\int \dfrac{1}{1+9x^2}\mathrm{d}x=\dfrac{1}{3}\arctan 3x+C$；　　（2）$\int \dfrac{1}{(\arccos x)^2\sqrt{1-x^2}}\mathrm{d}x=\dfrac{1}{\arccos x}+C$；

（3）$\int \dfrac{1}{\sqrt{x^2-1}}\mathrm{d}x=\ln(x+\sqrt{x^2-1})+C$；　　（4）$\int \dfrac{\sin x}{\cos^2 x}\mathrm{d}x=\int \tan x\sec x\mathrm{d}x=\sec x+C$；

（5）$\int \mathrm{e}^x\sin x\mathrm{d}x=\dfrac{1}{2}\mathrm{e}^x(\sin x-\cos x)+C$；　　（6）$\int x\cos x\mathrm{d}x=x\sin x+\cos x+C$.

4. 设 $f(x)=\begin{cases} x, & x<1, \\ x^2, & x\geqslant 1, \end{cases}$ 求 $F(x)=\int_0^x f(t)\mathrm{d}t$ 的表达式.

5. 设 $f(x)$ 在 $[0,1]$ 上连续，且 $f(x)<1$，证明：方程 $2x-\int_0^x f(t)\mathrm{d}t=1$ 在 $(0,1)$ 内只有一个实根.

第五节 不定积分简单积分法与第一换元积分法

不定积分的计算除要用到表 7.4.1 中基本积分公式外，还常会用到以下线性运算法则.

一、不定积分的线性运算法则

定理 7.5.1 若函数 $f(x)$ 与 $g(x)$ 在区间 I 上都存在原函数，k_1,k_2 是两个任意常数，则函数 $k_1f(x)+k_2g(x)$ 也存在原函数，且

$$\int (k_1f(x)+k_2g(x))\mathrm{d}x=k_1\int f(x)\mathrm{d}x+k_2\int g(x)\mathrm{d}x.$$

事实上

$$\begin{aligned}\left(k_1\int f(x)\mathrm{d}x+k_2\int g(x)\mathrm{d}x\right)'&=\left(k_1\int f(x)\mathrm{d}x\right)'+\left(k_2\int g(x)\mathrm{d}x\right)'\\&=k_1\left(\int f(x)\mathrm{d}x\right)'+k_2\left(\int g(x)\mathrm{d}x\right)'\\&=k_1f(x)+k_2g(x).\end{aligned}$$

一般地，

$$\int\left(\sum_{i=1}^{n}(k_i f_i(x)\right)\mathrm{d}x=\sum_{i=1}^{n}\left(k_i\int f_i(x)\mathrm{d}x\right). \tag{7.5.1}$$

例 7.5.1 求 $\int\frac{(x+\sqrt{x})(x-2\sqrt{x})}{\sqrt{x}}\mathrm{d}x$.

解 应先把它化成 x^{μ} 的形式，于是

$$\int\frac{(x+\sqrt{x})(x-2\sqrt{x})}{\sqrt{x}}\mathrm{d}x=\int\frac{x^2-x\sqrt{x}-2x}{\sqrt{x}}\mathrm{d}x=\int(x^{\frac{3}{2}}-x-2\sqrt{x})\mathrm{d}x$$

$$=\frac{2}{5}x^{\frac{5}{2}}-\frac{1}{2}x^2-\frac{1}{\sqrt{x}}+C.$$

例 7.5.2 求 $\int(\mathrm{e}^x\sqrt{x}-3a^x)\mathrm{e}^{-x}\mathrm{d}x\ (a>0,a\neq 1)$.

解 由于 $a^x\mathrm{e}^{-x}=\left(\frac{a}{\mathrm{e}}\right)^x$，而 $\frac{a}{\mathrm{e}}$ 是常数，利用表 7.4.1 中不定积分公式（5），可得

$$\int(\mathrm{e}^x\sqrt{x}-3a^x)\mathrm{e}^{-x}\mathrm{d}x=\int\left[x^{\frac{1}{2}}-3\left(\frac{a}{\mathrm{e}}\right)^x\right]\mathrm{d}x=\frac{2}{3}x^{\frac{3}{2}}-\frac{3\left(\frac{a}{\mathrm{e}}\right)^x}{\ln\frac{a}{\mathrm{e}}}+C$$

$$=\frac{2}{3}x^{\frac{3}{2}}+\frac{3}{1-\ln a}\left(\frac{a}{\mathrm{e}}\right)^x+C.$$

例 7.5.3 求 $\int\frac{1+x+x^2}{x(1+x^2)}\mathrm{d}x$.

解 被积函数的分子和分母都是多项式，通过化简可以把它化成表 7.4.1 中所列函数的积分，然后再逐项积分.

$$\int\frac{1+x+x^2}{x(1+x^2)}\mathrm{d}x=\int\frac{x+(1+x^2)}{x(1+x^2)}\mathrm{d}x=\int\left(\frac{1}{1+x^2}+\frac{1}{x}\right)\mathrm{d}x$$

$$=\int\frac{1}{1+x^2}\mathrm{d}x+\int\frac{1}{x}\mathrm{d}x=\arctan x+\ln|x|+C.$$

例 7.5.4 $\int\tan^2 x\mathrm{d}x$.

解 表 7.4.1 中没有函数 $\tan^2 x$ 的公式，先利用三角恒等式化成表 7.4.1 中所列函数的积分，然后再逐项求积分.

$$\int\tan^2 x\mathrm{d}x=\int(\sec^2 x-1)\mathrm{d}x=\int\sec^2 x\mathrm{d}x-\int\mathrm{d}x=\tan x-x+C.$$

例 7.5.5 $\int\sin^2\frac{x}{2}\mathrm{d}x$.

解 表 7.4.1 中没有函数 $\sin^2\frac{x}{2}$ 的公式，同例 7.5.4，先利用三角恒等式变形，然后再逐项求积分.

$$\int\sin^2\frac{x}{2}\mathrm{d}x=\int\frac{1-\cos x}{2}\mathrm{d}x=\frac{1}{2}\int(1-\cos x)\mathrm{d}x=\frac{1}{2}(x-\sin x)+C.$$

例 7.5.6 $\int \frac{1}{\sin^2\frac{x}{2}\cos^2\frac{x}{2}}\mathrm{d}x$.

解 同例 7.5.5，先利用三角恒等式变形，然后再逐项求积分.

$$\int \frac{1}{\sin^2\frac{x}{2}\cos^2\frac{x}{2}}\mathrm{d}x = 4\int \frac{1}{\sin^2 x}\mathrm{d}x = -4\cot x + C.$$

不难发现，利用已经介绍过的方法，求 $\tan x, \sec x$ 等基本初等函数的不定积分，很难得出结果. 下面介绍将复合函数的求导法则反过来运用，把被积表达式 $f(x)\mathrm{d}x$ 凑成 $\mathrm{d}F(x)$ 形式来求不定积分的方法.

二、第一类换元（凑微分）法

定理 7.5.2 设 $u=\varphi(x)$ 在区间 I 上可导，$F(u)$ 是 $f(u)$ 在区间 J 上的一个原函数，且 $\varphi(I)\subset J$，若 $g(x)=f(\varphi(x))\varphi'(x)$，$x\in I$，则有积分公式

$$\int g(x)\mathrm{d}x = \int f(\varphi(x))\varphi'(x)\mathrm{d}x = F(\varphi(x))+C. \tag{7.5.2}$$

证 由于

$$\frac{\mathrm{d}F(\varphi(x))}{\mathrm{d}x} = \frac{\mathrm{d}F(u)}{\mathrm{d}u}\cdot\frac{\mathrm{d}u}{\mathrm{d}x} = f(u)\varphi'(x) = f(\varphi(x))\varphi'(x) = g(x),$$

因此

$$\int g(x)\mathrm{d}x = F(\varphi(x))+C.$$

利用式（7.5.2）去求不定积分，可以分解成以下步骤：

$$\int g(x)\mathrm{d}x \text{ 视为} \int f(\varphi(x))\varphi'(x)\mathrm{d}x = \int f(\varphi(x))\mathrm{d}\varphi(x) \xlongequal{\text{令}u=\varphi(x)} \int f(u)\mathrm{d}u = \int \mathrm{d}F(u)$$

$$= F(u)+C \xlongequal{\text{将}u=\varphi(x)\text{代回}} F(\varphi(x))+C.$$

例 7.5.7 求 $\int 6\cos 3x\mathrm{d}x$.

解 被积函数 $\cos 3x$ 可以视为 $f(u)=\cos u$，$u=3x$ 的复合，而 $\int \cos u\mathrm{d}u$ 有基本积分公式，则

$$\int 6\cos 3x\mathrm{d}x = 2\int \cos 3x\cdot(3x)'\mathrm{d}x = 2\int \cos 3x\mathrm{d}(3x)$$

$$\xlongequal{\text{设}u=3x} 2\int \cos u\mathrm{d}u = 2\sin u + C$$

$$\xlongequal{\text{将}u=3x\text{代回}} 2\sin(3x)+C.$$

例 7.5.8 求 $\int \frac{1}{3+2x}\mathrm{d}x$.

解 被积函数 $\frac{1}{3+2x}$ 视为 $f(u)=\frac{1}{u}$， $u=3+2x$ 复合，而 $\int\frac{1}{u}\mathrm{d}u$ 有基本积分公式，则

$$\int\frac{1}{3+2x}\mathrm{d}x=\frac{1}{2}\int\frac{1}{3+2x}(3+2x)'\mathrm{d}x=\frac{1}{2}\int\frac{1}{3+2x}\mathrm{d}(3+2x)$$

$$\xlongequal{\text{设}u=3+2x}\frac{1}{2}\int\frac{1}{u}\mathrm{d}u=\frac{1}{2}\ln|u|+C$$

$$\xlongequal{\text{将}u=3+2x\text{代回}}\frac{1}{2}\ln|3+2x|+C.$$

例 7.5.9 求 $\int x\sqrt{1-x^2}\mathrm{d}x$.

解 $\int x\sqrt{1-x^2}\mathrm{d}x=-\frac{1}{2}\int\sqrt{1-x^2}(1-x^2)'\mathrm{d}x=-\frac{1}{2}\int\sqrt{1-x^2}\mathrm{d}(1-x^2)$

$$\xlongequal{\text{设}u=1-x^2}-\frac{1}{2}\int u^{\frac{1}{2}}\mathrm{d}u=-\frac{1}{3}u^{\frac{3}{2}}+C$$

$$\xlongequal{\text{将}u=1-x^2\text{代回}}-\frac{1}{3}(1-x^2)^{\frac{3}{2}}+C.$$

此方法称为**第一类换元法**，以上例子可以看出这个方法本质上是凑微分，又称为**凑微分法**. 这种方法熟悉后，可不再写出中间变量 $u=\varphi(x)$. 这种积分法没有好的一般的规律，读者应在熟记基本积分公式的基础上，不断练习、总结经验，才能灵活运用.

例 7.5.10 求 $\int\frac{1}{a^2+x^2}\mathrm{d}x\ (a>0)$.

解 $\int\frac{1}{a^2+x^2}\mathrm{d}x=\frac{1}{a^2}\int\frac{1}{1+\left(\frac{x}{a}\right)^2}\mathrm{d}x=\frac{1}{a}\int\frac{1}{1+\left(\frac{x}{a}\right)^2}\mathrm{d}\left(\frac{x}{a}\right)=\frac{1}{a}\arctan\frac{x}{a}+C.$

即

$$\int\frac{1}{a^2+x^2}\mathrm{d}x=\frac{1}{a}\arctan\frac{x}{a}+C.$$

例 7.5.11 求 $\int\frac{1}{\sqrt{a^2-x^2}}\mathrm{d}x\ (a>0)$.

解 $\int\frac{1}{\sqrt{a^2-x^2}}\mathrm{d}x=\frac{1}{a}\int\frac{1}{\sqrt{1-\left(\frac{x}{a}\right)^2}}\mathrm{d}x=\int\frac{1}{\sqrt{1-\left(\frac{x}{a}\right)^2}}\mathrm{d}\left(\frac{x}{a}\right)=\arcsin\frac{x}{a}+C.$

即

$$\int\frac{1}{\sqrt{a^2-x^2}}\mathrm{d}x=\arcsin\frac{x}{a}+C.$$

例 7.5.12 求 $\int\frac{1}{x^2-a^2}\mathrm{d}x\ (a>0)$.

解 $$\int\frac{1}{x^2-a^2}dx=\frac{1}{2a}\int\left(\frac{1}{x-a}-\frac{1}{x+a}\right)dx=\frac{1}{2a}\left(\int\frac{1}{x-a}dx-\int\frac{1}{x+a}dx\right)$$
$$=\frac{1}{2a}\left[\int\frac{1}{x-a}d(x-a)-\int\frac{1}{x+a}d(x+a)\right]$$
$$=\frac{1}{2a}(\ln|x-a|-\ln|x+a|)+C=\frac{1}{2a}\ln\left|\frac{x-a}{x+a}\right|+C.$$

即 $$\int\frac{1}{x^2-a^2}dx=\frac{1}{2a}\ln\left|\frac{x-a}{x+a}\right|+C \text{ 或 } \int\frac{1}{a^2-x^2}dx=\frac{1}{2a}\ln\left|\frac{x+a}{x-a}\right|+C.$$

例 7.5.13 求 $\int\tan x dx$.

解 $$\int\tan x dx=\int\frac{\sin x}{\cos x}dx=-\int\frac{1}{\cos x}d(\cos x)=-\ln|\cos x|+C.$$

即 $$\int\tan x dx=-\ln|\cos x|+C.$$

类似可得 $$\int\cot x dx=\ln|\sin x|+C.$$

例 7.5.14 求 $\int\sec x dx$.

解 $$\int\sec x dx=\int\frac{1}{\cos x}dx=\int\frac{\cos x}{\cos^2 x}dx=\int\frac{(\sin x)'}{\cos^2 x}dx=\int\frac{1}{1-\sin^2 x}d(\sin x)$$
$$=\frac{1}{2}\ln\left|\frac{\sin x+1}{\sin x-1}\right|+C.$$

即 $$\int\sec x dx=\frac{1}{2}\ln\left|\frac{\sin x+1}{\sin x-1}\right|+C.$$

又 $$\frac{\sin x+1}{\sin x-1}=\frac{(\sin x+1)^2}{\sin^2 x-1}=-\left(\frac{\sin x+1}{\cos x}\right)^2=-(\sec x+\tan x)^2.$$

因此 $$\int\sec x dx=\ln|\sec x+\tan x|+C.$$

或 $$\int\sec x dx=\int\frac{\sec x(\sec x+\tan x)}{\sec x+\tan x}dx=\int\frac{(\sec x+\tan x)'}{\sec x+\tan x}dx=\ln|\sec x+\tan x|+C.$$

类似可得 $$\int\csc x dx=\ln|\csc x-\cot x|+C.$$

例 7.5.15 求 $\int\cos mx\cos nx dx$ ($m\neq n$).

解 利用三角函数的积化和差公式，得

$$\int\cos mx\cos nx dx=\frac{1}{2}\int(\cos(m-n)x+\cos(m+n)x)dx$$
$$=\frac{1}{2}\left(\int\cos(m-n)x dx+\int\cos(m+n)x dx\right)$$
$$=\frac{1}{2}\left(\frac{\sin(m-n)x}{m-n}+\frac{\sin(m+n)x}{m+n}\right)+C.$$

例 7.5.16 求 $\int\cos^3 x\sin^2 x\mathrm{d}x$.

解 $\int\cos^3 x\sin^2 x\mathrm{d}x=\int\cos^2 x\sin^2 x(\sin x)'\mathrm{d}x=\int(1-\sin^2 x)\sin^2 x\mathrm{d}(\sin x)$

$$=\int(\sin^2 x-\sin^4 x)\mathrm{d}(\sin x)=\frac{1}{3}\sin^3 x-\frac{1}{5}\sin^5 x+C.$$

注 （1）遇到x倍数的三角函数积分，直接凑微分；

（2）遇到不同角的正弦、余弦函数乘积的积分，一般利用积化和差公式将其化为x倍数的正弦与余弦函数和差的积分；

（3）遇到同角正弦、余弦函数乘积的积分，一般拆开奇次项凑微分，只含偶次项乘积的积分，常用倍角公式将幂次降低.

例 7.5.17 求 $\int\sin^4 x\cos^2 x\mathrm{d}x$.

解 $\int\sin^4 x\cos^2 x\mathrm{d}x=\int\left(\frac{1-\cos 2x}{2}\right)^2\frac{1+\cos 2x}{2}\mathrm{d}x=\frac{1}{8}\int(1-\cos 2x-\cos^2 2x+\cos^3 2x)\mathrm{d}x$

$$=\frac{1}{8}\int(1-\cos^2 2x)\mathrm{d}x-\frac{1}{8}\int(1-\cos^2 2x)\cos 2x\mathrm{d}x$$

$$=\frac{1}{8}\int(\sin^2 2x)\mathrm{d}x-\frac{1}{8}\int\sin^2 2x\cos 2x\mathrm{d}x$$

$$=\frac{1}{16}\int(1-\cos 4x)\mathrm{d}x-\frac{1}{16}\int\sin^2 2x\mathrm{d}(\sin 2x)$$

$$=\frac{x}{16}-\frac{1}{64}\sin 4x-\frac{1}{48}\sin^3 2x+C.$$

例 7.5.18 求 $\int\mathrm{e}^{1+\sin^2 x}\sin 2x\mathrm{d}x$.

解 $\int\mathrm{e}^{1+\sin^2 x}\sin 2x\mathrm{d}x=\int\mathrm{e}^{1+\sin^2 x}(1+\sin^2 x)'\mathrm{d}x=\mathrm{e}^{1+\sin^2 x}+C.$

以上表明用式（7.5.2）求不定积分时，关键是将被积表达式 $f(x)\mathrm{d}x$ 拆成 $f(\varphi(x))\varphi'(x)\mathrm{d}x$，且 $f(u)$ 有积分公式.

习题 7.5

1. 求下列不定积分.

（1）$\int(x^a-a^x)\mathrm{d}x\ (a>0)$； （2）$\int(\sqrt{x}+1)(\sqrt{x^3}-1)\mathrm{d}x$；

（3）$\int\left(x-\frac{1}{x}\right)^2\mathrm{d}x$； （4）$\int(4x^3+3\sin x)\mathrm{d}x$；

（5）$\int\frac{\mathrm{e}^{2x}-1}{\mathrm{e}^x-1}\mathrm{d}x$； （6）$\int\frac{1+4x^2}{x^2(x^2+1)}\mathrm{d}x$；

（7）$\int\frac{1}{\sin^2 x\cos^2 x}\mathrm{d}x$；（8）$\int 3^x \mathrm{e}^x\mathrm{d}x$；

（9）$\int\left(\cos^2\frac{x}{2}+\cot^2 x\right)\mathrm{d}x$；（10）$\int\left(\frac{3}{1+x^2}-\frac{2}{\sqrt{1-x^2}}\right)\mathrm{d}x$；

（11）$\int\frac{2\cdot 3^x-5\cdot 2^x}{3^x}\mathrm{d}x$；（12）$\int\frac{1}{1+\cos 2x}\mathrm{d}x$；

（13）$\int\frac{\cos 2x}{\cos x-\sin x}\mathrm{d}x$；（14）$\int\frac{\cos 2x}{\cos^2 x\sin^2 x}\mathrm{d}x$；

（15）$\int\left(2^x+\frac{1}{3^x}\right)^2\mathrm{d}x$.

2. 已知 $f'(\sin^2 x)=\cos^2 x$，求 $f(x)$.

3. 已知 $\int xf(x)\mathrm{d}x=\arccos x+C$，求 $f(x)$.

4. 设曲线 $y=f(x)$ 上任意一点处的切线斜率为该点横坐标 2 倍，且经过点 $(2,5)$，试求 $f(x)$.

5. 已知某质点作直线运动，加速度为 $\frac{\mathrm{d}^2 s}{\mathrm{d}t^2}=\sin t$，且当 $t=0$ 时，$s=0$，$\frac{\mathrm{d}s}{\mathrm{d}t}=1$，求质点的运动规律.

6. 设 $f(0)=0$，$f'(\ln x)=\begin{cases}1, & 0<x\leqslant 1,\\ x, & 1<x<+\infty,\end{cases}$ 试求 $f(x)$.

7. 在下列括号内填入适当的系数，使等式成立（例如：$\mathrm{e}^{2x}\mathrm{d}x=\left(\frac{1}{2}\right)\mathrm{de}^{2x}$）.

（1）$\mathrm{d}x=(\quad)\mathrm{d}(4x)$；（2）$\mathrm{d}x=(\quad)\mathrm{d}(5x+4)$；

（3）$x\mathrm{d}x=(\quad)\mathrm{d}(1-2x^2)$；（4）$\mathrm{e}^{-\frac{x}{2}}\mathrm{d}x=(\quad)\mathrm{d}(\mathrm{e}^{-\frac{x}{2}}+2)$；

（5）$\frac{1}{x}\mathrm{d}x=(\quad)\mathrm{d}(2+5\ln x)$；（6）$\frac{1}{1+4x^2}\mathrm{d}x=(\quad)\mathrm{d}(\arctan 2x)$；

（7）$\frac{\mathrm{d}x}{\sqrt{1-x^2}}=(\quad)\mathrm{d}(1-\arcsin x)$；（8）$\frac{x\mathrm{d}x}{\sqrt{1-x^2}}=(\quad)\mathrm{d}(\sqrt{1-x^2})$；

（9）$\sin\left(\frac{3}{2}x\right)\mathrm{d}x=(\quad)\mathrm{d}\left(\cos\left(\frac{3}{2}x\right)\right)$；（10）$\mathrm{e}^{3x}\mathrm{d}x=(\quad)\mathrm{d}(\mathrm{e}^{3x})$.

8. 求下列不定积分（$a>0$）.

（1）$\int x^2(3+x^3)^{\frac{1}{3}}\mathrm{d}x$；（2）$\int\frac{1}{\sqrt{1-4x}}\mathrm{d}x$；

（3）$\int\frac{1}{x^2-3x-4}\mathrm{d}x$；（4）$\int x\mathrm{e}^{-x^2}\mathrm{d}x$；

（5）$\int\frac{1}{x(1+\ln x)^3}\mathrm{d}x$；

（6）$\int\cos 2x\mathrm{d}x$；

（7）$\int\frac{\cos\sqrt{x}}{\sqrt{x}}\mathrm{d}x$；

（8）$\int\frac{\sin x}{1+\cos x}\mathrm{d}x$；

（9）$\int\cos^3 x\mathrm{d}x$；

（10）$\int\frac{\arctan x}{1+x^2}\mathrm{d}x$；

（11）$\int\frac{1}{x^2}\tan\frac{1}{x}\mathrm{d}x$；

（12）$\int\sin 5x\cos 3x\mathrm{d}x$；

（13）$\int\frac{1}{1+\mathrm{e}^x}\mathrm{d}x$；

（14）$\int\frac{1}{\sqrt{1+2x-x^2}}\mathrm{d}x$；

（15）$\int\sec^4 x\mathrm{d}x$；

（16）$\int\frac{x}{x^4+a^4}\mathrm{d}x$；

（17）$\int\tan^4 x\mathrm{d}x$；

（18）$\int\frac{\arctan\sqrt{x}}{\sqrt{x}(1+x)}\mathrm{d}x$.

第六节　不定积分第二换元积分法与分部积分法

不难发现，利用已经介绍过的方法，对 $\sqrt{a^2-x^2}$ 等初等函数的不定积分也很难求出结果. 可以适当选择变量代换 $x=\psi(t)$，将积分 $\int f(x)\mathrm{d}x$ 化为积分 $\int f(\psi(t))\psi'(t)\mathrm{d}t$，向能积分的函数转化，这种方法称为**第二换元积分法**，又称为**变量代换法**.

一、第二类换元法

定理 7.6.1　设 $x=\psi(t)$ 是单调的、可导的函数，且 $\psi'(t)\neq 0$，若 $f(\psi(t))\psi'(t)$ 的原函数为 $\Phi(t)$，则有积分公式

$$\int f(x)\mathrm{d}x=\left(\int f(\psi(t))\psi'(t)\mathrm{d}t\right)_{t=\psi^{-1}(x)}=\Phi(\psi^{-1}(x))+C. \tag{7.6.1}$$

其中 $t=\psi^{-1}(x)$ 是 $x=\psi(t)$ 的反函数.

证　由于

$$\frac{\mathrm{d}\Phi(\psi^{-1}(x))}{\mathrm{d}x}=\frac{\mathrm{d}\Phi(t)}{\mathrm{d}t}\cdot\frac{\mathrm{d}t}{\mathrm{d}x}=f(\psi(t))\psi'(t)\cdot\frac{1}{\psi'(t)}=f(\psi(t))=f(x),$$

所以

$$\int f(x)\mathrm{d}x=\left(\int f(\psi(t))\psi'(t)\mathrm{d}t\right)_{t=\psi^{-1}(x)}=\Phi(\psi^{-1}(x))+C.$$

注　利用式（7.6.1）求不定积分时，最后一定要将 $t=\psi^{-1}(x)$ 代回，表示成 x 的函数.

例 7.6.1　求 $\int\sqrt{a^2-x^2}\mathrm{d}x$（$a>0$）.

解　设 $x=a\sin t$，$|t|<\frac{\pi}{2}$，则 $\sqrt{a^2-x^2}=\sqrt{a^2-a^2\sin^2 t}=a\cos t$，$\mathrm{d}x=a\cos t\mathrm{d}t$，于是

$$\int\sqrt{a^2-x^2}\mathrm{d}x=\int a\cos t\cdot a\cos t\mathrm{d}t=a^2\int\cos^2 t\mathrm{d}t=\frac{a^2}{2}\int(1+\cos 2t)\mathrm{d}t$$

$$=a^2\left(\frac{1}{2}t+\frac{1}{4}\sin 2t\right)+C=a^2\left(\frac{1}{2}t+\frac{1}{2}\sin t\cos t\right)+C$$

$$=\frac{1}{2}\left(a^2\arcsin\frac{x}{a}+x\sqrt{a^2-x^2}\right)+C.$$

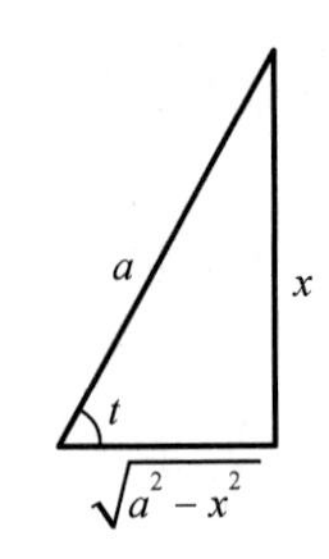

例 7.6.2 求 $\int\frac{1}{\sqrt{x^2-a^2}}\mathrm{d}x\ (a>0)$.

解 设 $x=a\sec t$，$0<t<\frac{\pi}{2}$，则 $\mathrm{d}x=a\sec t\tan t\mathrm{d}t$，于是

$$\int\frac{1}{\sqrt{x^2-a^2}}\mathrm{d}x=\int\frac{1}{a\tan t}a\sec t\tan t\mathrm{d}t=\int\sec t\mathrm{d}t=\ln\left|\sec t+\tan t\right|+C_1$$

$$=\ln\left|\frac{x}{a}+\frac{\sqrt{x^2-a^2}}{a}\right|+C_1=\ln\left|x+\sqrt{x^2-a^2}\right|+C.$$

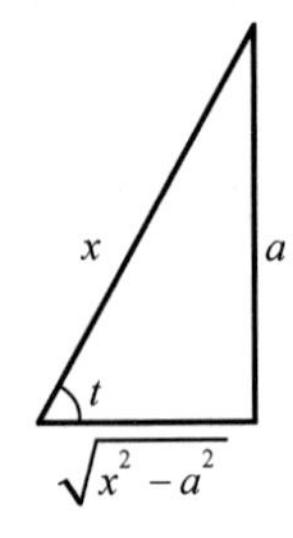

例 7.6.3 求 $\int\frac{1}{\sqrt{x^2+a^2}}\mathrm{d}x\ (a>0)$.

解 设 $x=a\tan t$，$|t|<\frac{\pi}{2}$，则 $\mathrm{d}x=a\sec^2 t\mathrm{d}t$，于是

$$\int\frac{1}{\sqrt{x^2+a^2}}\mathrm{d}x=\int\frac{1}{a\sec t}a\sec^2 t\mathrm{d}t=\int\sec t\mathrm{d}t=\ln\left|\sec t+\tan t\right|+C_1$$

$$=\ln\left|\frac{x}{a}+\frac{\sqrt{x^2+a^2}}{a}\right|+C_1=\ln\left|x+\sqrt{x^2+a^2}\right|+C.$$

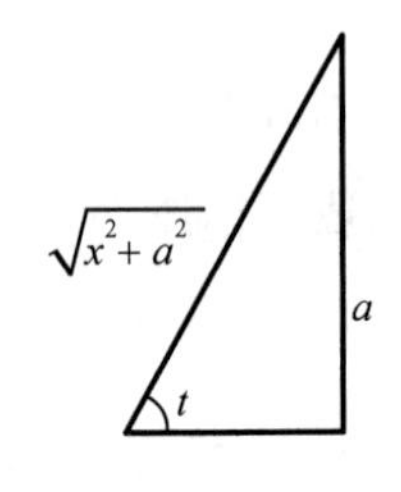

注 遇到被积函数含二次式的根式积分，常利用三角代换化去根式.

（1）$\sqrt{a^2-x^2}$，可设 $x=a\sin t$；

（2）$\sqrt{x^2-a^2}$，可设 $x=a\sec t$；

（3）$\sqrt{a^2+x^2}$，可设 $x=a\tan t$.

下面再介绍一些其他变量代换办法.

例 7.6.4 求 $\int\frac{x+2}{\sqrt{2x+1}}\mathrm{d}x$.

解 设 $\sqrt{2x+1}=t$，即 $x=\frac{1}{2}(t^2-1)$，则 $\mathrm{d}x=t\mathrm{d}t$，于是

$$\int\frac{x+2}{\sqrt{2x+1}}\mathrm{d}x=\int\frac{1}{t}\cdot\frac{1}{2}(t^2+3)\cdot t\mathrm{d}t=\frac{1}{2}\int(t^2+3)\mathrm{d}t=\frac{1}{6}t^3+\frac{3}{2}t+C$$

$$=\frac{1}{6}t(t^2+9)+C=\frac{1}{3}\sqrt{2x+1}(x+5)+C.$$

例 7.6.5 求 $\int\frac{\sqrt{a^2-x^2}}{x^4}\mathrm{d}x\ (a>0)$.

解 设 $x=\frac{1}{t}(t>0)$，则 $\mathrm{d}x=-\frac{1}{t^2}\mathrm{d}t$，于是

$$\int\frac{\sqrt{a^2-x^2}}{x^4}\mathrm{d}x=\int\frac{\sqrt{a^2-\frac{1}{t^2}}}{\frac{1}{t^4}}\left(-\frac{1}{t^2}\mathrm{d}t\right)=-\int t\sqrt{a^2t^2-1}\mathrm{d}t=-\frac{1}{2a^2}\int(a^2t^2-1)^{\frac{1}{2}}\mathrm{d}(a^2t^2-1)$$

$$=-\frac{1}{3a^2}(a^2t^2-1)^{\frac{3}{2}}+C=-\frac{1}{3a^2x^3}(a^2-x^2)^{\frac{3}{2}}+C.$$

例 7.6.6 求 $\int\frac{1}{\sqrt{x}+\sqrt[3]{x}}\mathrm{d}x$.

解 设 $x=t^6$，则 $\mathrm{d}x=6t^5\mathrm{d}t$，于是

$$\int\frac{1}{\sqrt{x}+\sqrt[3]{x}}\mathrm{d}x=\int\frac{1}{t^3+t^2}\cdot 6t^5\mathrm{d}t=6\int\frac{t^3}{1+t}\mathrm{d}t=6\int\left(1-t+t^2-\frac{1}{1+t}\right)\mathrm{d}t$$

$$=6\left(t-\frac{1}{2}t^2+\frac{1}{3}t^3-\ln|1+t|\right)+C$$

$$=6x^{\frac{1}{6}}-3x^{\frac{1}{3}}+2x^{\frac{1}{2}}-6\ln|1+x^{\frac{1}{6}}|)+C.$$

例 7.6.7 求 $\int\frac{1}{\sqrt{1+\mathrm{e}^x}}\mathrm{d}x$.

解 设 $\sqrt{1+\mathrm{e}^x}=t$，即 $x=\ln(t^2-1)$，则 $\mathrm{d}x=\frac{2t}{t^2-1}\mathrm{d}t$，于是

$$\int\frac{1}{\sqrt{1+\mathrm{e}^x}}\mathrm{d}x=\int\frac{1}{t}\cdot\frac{2t}{t^2-1}\mathrm{d}t=2\int\frac{1}{t^2-1}\mathrm{d}t=\ln\left|\frac{t-1}{t+1}\right|+C$$

$$=\ln\frac{\sqrt{1+\mathrm{e}^x}-1}{\sqrt{1+\mathrm{e}^x}+1}+C=x-2\ln(\sqrt{1+\mathrm{e}^x}+1)+C.$$

上面一些例题的结果常常被当作公式使用，可以在表 7.4.1 的基础上补充以下公式，其中常数 $a>0$.

（14）$\int\tan x\mathrm{d}x=-\ln|\cos x|+C$；

（15）$\int\cot x\mathrm{d}x=\ln|\sin x|+C$；

（16）$\int\sec x\mathrm{d}x=\ln|\sec x+\tan x|+C$；

（17）$\int\csc x\mathrm{d}x=\ln|\csc x-\cot x|+C$；

（18）$\int\frac{1}{a^2+x^2}\mathrm{d}x=\frac{1}{a}\arctan\frac{x}{a}+C$；

（19）$\int\frac{1}{x^2-a^2}\mathrm{d}x=\frac{1}{2a}\ln\left|\frac{x-a}{x+a}\right|+C$；

（20）$\int\frac{1}{\sqrt{a^2-x^2}}\mathrm{d}x=\arcsin\frac{x}{a}+C$；

（21）$\int\frac{1}{\sqrt{x^2\pm a^2}}\mathrm{d}x=\ln(x+\sqrt{x^2\pm a^2})+C$；

（22）$\int \frac{x}{\sqrt{a^2+x^2}}\mathrm{d}x=\sqrt{a^2+x^2}+C$；（23）$\int \frac{x}{\sqrt{a^2-x^2}}\mathrm{d}x=-\sqrt{a^2-x^2}+C$.

例 7.6.8 求 $\int \frac{\mathrm{d}x}{\sqrt{1+x-x^2}}$.

解 $\int \frac{\mathrm{d}x}{\sqrt{1+x-x^2}}=\int \frac{\mathrm{d}x}{\sqrt{\frac{5}{4}-\left(x-\frac{1}{2}\right)^2}}=\int \frac{1}{\sqrt{\left(\frac{\sqrt{5}}{2}\right)^2-\left(x-\frac{1}{2}\right)^2}}\mathrm{d}\left(x-\frac{1}{2}\right)=\arcsin\frac{2x-1}{\sqrt{5}}+C$.

二、不定积分的分部积分法

对于求 $y=\ln x, y=\arcsin x$ 初等函数的不定积分，利用以上方法也很难得出结果. 下面介绍基于两个函数乘积求导法则的不定积分基本方法——**分部积分法**.

设函数 $u=u(x)$ 和 $v=v(x)$ 具有连续导数. 则

$$(u\cdot v)'=u'v+uv',$$

移项得

$$uv'=(u\cdot v)'-u'v \text{ 或 } u\mathrm{d}v=\mathrm{d}(uv)-v\mathrm{d}u,$$

于是

$$\int uv'\mathrm{d}x=u\cdot v-\int u'v\mathrm{d}x \text{ 或 } \int u\mathrm{d}v=uv-\int v\mathrm{d}u. \tag{7.6.2}$$

式（7.6.2）称为**分部积分公式**，它将不易求得的积分 $\int uv'\mathrm{d}x$ 转化为容易求得的积分 $\int u'v\mathrm{d}x$ 来计算，这种方法称为**分部积分法**. 应用分部积分法关键在于恰当地选择 u 和 $\mathrm{d}v$，使所求积分的被积表达式 $f(x)\mathrm{d}x$ 化为 $u\mathrm{d}v$，且 $\int v\mathrm{d}u$ 易积，其过程是

$$\int uv'\mathrm{d}x=\int u\mathrm{d}v=uv-\int v\mathrm{d}u=uv-\int u'v\mathrm{d}x=\cdots.$$

注 选择 u（被积函数保留部分）一般按“反、对、幂、三、指”顺序保留.

例 7.6.9 求 $\int x\cos x\mathrm{d}x$.

解 被积函数为“幂、三”乘积式. 设 $u=x$，$\mathrm{d}v=\cos x\mathrm{d}x$，则 $u'=1$，$v=\sin x$. 利用式（7.6.2），得

$$\int x\cos x\mathrm{d}x=\int x\mathrm{d}(\sin x)=x\sin x-\int \sin x\mathrm{d}x=x\sin x+\cos x+C.$$

注 如果设 $u=\cos x$，$v'=x$，则 $u'=\sin x$，$v=\frac{1}{2}x^2$. 利用式（7.6.2），得

$$\int x\cos x\mathrm{d}x=\int \cos x\mathrm{d}\left(\frac{x^2}{2}\right)=\frac{x^2}{2}\cos x+\int \frac{x^2}{2}\sin x\mathrm{d}x.$$

不难看出，上式右端的积分比原积分更复杂（被积函数结构没变，但幂函数的次数升高了），这样继续下去是无法求得结果，因此这种选择 u 和 $\mathrm{d}v$ 不恰当.

例 7.6.10 求 $\int xe^x\mathrm{d}x$.

解 被积函数为“幂、指”乘积式. 设 $u=x$，$\mathrm{d}v=\mathrm{e}^x\mathrm{d}x$，则 $u'=1$，$v=\mathrm{e}^x$，于是

$$\int xe^x dx = \int xde^x = xe^x - \int e^x dx = xe^x - e^x + C .$$

例 7.6.11　求 $\int x\ln x dx$.

解　被积函数为“对、幂”乘积式. 设 $u = \ln x$ ，$dv = xdx = d\left(\frac{1}{2}x^2\right)$ ，则 $du = \frac{1}{x}dx$ ，$v = \frac{1}{2}x^2$ ，于是

$$\begin{aligned}\int x\ln x dx &= \int \ln x d\left(\frac{1}{2}x^2\right) = \frac{1}{2}x^2\ln x - \frac{1}{2}\int x^2 d\ln x \\ &= \frac{1}{2}x^2\ln x - \frac{1}{2}\int xdx = \frac{1}{2}x^2\ln x - \frac{1}{4}x^2 + C .\end{aligned}$$

例 7.6.12　求 $\int \arcsin x dx$.

解　被积函数为“反、幂”乘积式. 设 $u = \arcsin x$ ，$dv = dx$ ，则 $du = \frac{1}{\sqrt{1-x^2}}dx$ ，$v = x$ ，于是

$$\begin{aligned}\int \arcsin x dx &= x\arcsin x - \int x d\arcsin x = x\arcsin x - \int x\frac{1}{\sqrt{1-x^2}}dx \\ &= x\arcsin x + \frac{1}{2}\int (1-x^2)^{-\frac{1}{2}}d(1-x^2) = x\arcsin x + \sqrt{1-x^2} + C .\end{aligned}$$

例 7.6.13　求 $\int x\,\mathrm{arccot}\, x dx$.

解　$$\begin{aligned}\int x\,\mathrm{arccot}\, x dx &= \frac{1}{2}\int \mathrm{arccot}\, x\, dx^2 = \frac{1}{2}x^2\,\mathrm{arccot}\, x - \frac{1}{2}\int x^2 d(\mathrm{arccot}\, x) \\ &= \frac{1}{2}x^2\mathrm{arccot}\, x + \frac{1}{2}\int x^2\cdot\frac{1}{1+x^2}dx = \frac{1}{2}x^2\,\mathrm{arccot}\, x + \frac{1}{2}\int\left(1-\frac{1}{1+x^2}\right)dx \\ &= \frac{1}{2}x^2\,\mathrm{arccot}\, x + \frac{1}{2}x - \frac{1}{2}\arctan x + C .\end{aligned}$$

例 7.6.14　求 $\int e^x\cos x dx$.

解　$$\begin{aligned}\int e^x\cos x dx &= \int \cos x de^x = e^x\cos x - \int e^x d\cos x = e^x\cos x + \int e^x\sin x dx \\ &= e^x\cos x + \int \sin x de^x = e^x\cos x + e^x\sin x - \int e^x d\sin x \\ &= e^x\cos x + e^x\sin x - \int e^x\cos x dx .\end{aligned}$$

于是

$$2\int e^x\cos x dx = e^x\cos x + e^x\sin x + C_1 ,$$

即

$$\int e^x\cos x dx = \frac{1}{2}e^x(\cos x + \sin x) + C .$$

例 7.6.15　求 $\int\sqrt{a^2-x^2}dx\ (a>0)$.

解 $\int\sqrt{a^2-x^2}\mathrm{d}x = x\sqrt{a^2-x^2}-\int x\mathrm{d}\sqrt{a^2-x^2} = x\sqrt{a^2-x^2}-\int x\cdot\frac{(-2x)}{2\sqrt{a^2-x^2}}\mathrm{d}x$

$$= x\sqrt{a^2-x^2}+\int\frac{x^2-a^2+a^2}{\sqrt{a^2-x^2}}\mathrm{d}x$$

$$= x\sqrt{a^2-x^2}-\int\sqrt{a^2-x^2}\mathrm{d}x+a^2\int\frac{1}{\sqrt{a^2-x^2}}\mathrm{d}x$$

$$= x\sqrt{a^2-x^2}-\int\sqrt{a^2-x^2}\mathrm{d}x+a^2\arcsin\frac{x}{a}+C_1 .$$

于是

$$\int\sqrt{a^2-x^2}\mathrm{d}x = \frac{1}{2}\left(x\sqrt{a^2-x^2}+a^2\arcsin\frac{x}{a}\right)+C .$$

例 7.6.16 求 $\int\sec^3 x\mathrm{d}x$.

解 $\int\sec^3 x\mathrm{d}x = \int\sec x\cdot\sec^2 x\mathrm{d}x = \int\sec x\mathrm{d}\tan x = \sec x\tan x-\int\sec x\tan^2 x\mathrm{d}x$

$$= \sec x\tan x-\int\sec x(\sec^2 x-1)\mathrm{d}x = \sec x\tan x-\int\sec^3 x\mathrm{d}x+\int\sec x\mathrm{d}x$$

$$= \sec x\tan x+\ln|\sec x+\tan x|-\int\sec^3 x\mathrm{d}x .$$

于是

$$\int\sec^3 x\mathrm{d}x = \frac{1}{2}(\sec x\tan x+\ln|\sec x+\tan x|)+C .$$

例 7.6.17 求 $I_n=\int\frac{\mathrm{d}x}{(x^2+a^2)^n}$，其中 n 为正整数.

解

$$I_1=\int\frac{\mathrm{d}x}{x^2+a^2}=\frac{1}{a}\arctan\frac{x}{a}+C .$$

当 $n>1$ 时，用分部积分法，有

$$I_{n-1}=\int\frac{\mathrm{d}x}{(x^2+a^2)^{n-1}} = \frac{x}{(x^2+a^2)^{n-1}}+2(n-1)\int\frac{x^2}{(x^2+a^2)^n}\mathrm{d}x$$

$$=\frac{x}{(x^2+a^2)^{n-1}}+2(n-1)\int\left[\frac{1}{(x^2+a^2)^{n-1}}-\frac{a^2}{(x^2+a^2)^n}\right]\mathrm{d}x ,$$

即

$$I_{n-1}=\frac{x}{(x^2+a^2)^{n-1}}+2(n-1)(I_{n-1}-a^2 I_n) .$$

于是

$$I_n=\frac{1}{2a^2(n-1)}\left[\frac{x}{(x^2+a^2)^{n-1}}+(2n-3)I_{n-1}\right].$$

以此作为递推公式，并由 $I_1=\frac{1}{a}\arctan\frac{x}{a}+C$，可得 I_n.

注 应用分部积分公式的有效结果一般是：幂降；消对数或反三角函数；现原型.

例 7.6.18 设 $f(x)$ 的一个原函数是 e^{-x^2}，求 $\int xf'(x)\mathrm{d}x$.

解 $\int xf'(x)\mathrm{d}x=\int x\mathrm{d}f(x)=xf(x)-\int f(x)\mathrm{d}x$，

而
$$\int f(x)\mathrm{d}x=\mathrm{e}^{-x^2}+C_1,\quad f(x)=(\mathrm{e}^{-x^2})'=-2x\mathrm{e}^{-x^2},$$
于是
$$\int xf'(x)\mathrm{d}x=-2x^2\mathrm{e}^{-x^2}-\mathrm{e}^{-x^2}+C.$$

在积分过程中往往要兼用多种方法，例如，

例 7.6.19 求 $\int \mathrm{e}^{\sqrt{x}}\mathrm{d}x$.

解 令 $\sqrt{x}=t$，则 $x=t^2$，$\mathrm{d}x=2t\mathrm{d}t$，于是
$$\int \mathrm{e}^{\sqrt{x}}\mathrm{d}x=2\int t\mathrm{e}^t\mathrm{d}t=2\int t\mathrm{d}\mathrm{e}^t=2(t\mathrm{e}^t-\mathrm{e}^t)+C=2\mathrm{e}^{\sqrt{x}}(\sqrt{x}-1)+C.$$

第一类换元法与分部积分法有一个共同点是：第一步都需要凑微分，即
$$\int f(\varphi(x))\varphi'(x)\mathrm{d}x=\int f(\varphi(x))\mathrm{d}\varphi(x)\xlongequal{令\varphi(x)=u}\int f(u)\mathrm{d}u$$
$$\int u(x)v'(x)\mathrm{d}x=\int u(x)\mathrm{d}v(x)=u(x)v(x)-\int v(x)\mathrm{d}u(x).$$

但两者的最终目的是不同的. 凑微分是将 $f(\varphi(x))$ 看成 $\varphi(x)$ 为中间变量的复合函数 $f(u)$ 来积分，而分部积分是找出独立的两个函数 $u(x),v(x)$.

习题 7.6

1.求下列不定积分（$a>0$）.

（1）$\int\frac{1}{\sqrt{1+\mathrm{e}^{2x}}}\mathrm{d}x$；（2）$\int x^3\sqrt{4-x^2}\mathrm{d}x$；

（3）$\int\frac{1}{x+\sqrt{1-x^2}}\mathrm{d}x$；（4）$\int\frac{1}{1+\sqrt{1-x^2}}\mathrm{d}x$；

（5）$\int\frac{\sqrt{x^2-9}}{x^2}\mathrm{d}x$；（6）$\int\frac{x}{\sqrt[3]{1-x}}\mathrm{d}x$；

（7）$\int\frac{1}{x\sqrt{x^2-1}}\mathrm{d}x$；（8）$\int\frac{1}{x(2+x^5)}\mathrm{d}x$；

（9）$\int\frac{1}{x^2\sqrt{1+x^2}}\mathrm{d}x$；（10）$\int(a^2+x^2)^{-\frac{3}{2}}\mathrm{d}x$；

（11）$\int\frac{1}{\sqrt[3]{x}(\sqrt{x}+\sqrt[3]{x})}\mathrm{d}x$；（12）$\int\frac{1}{(x^2+1)\sqrt{1-x^2}}\mathrm{d}x$；

2. 求下列不定积分（$a>0$）.

（1）$\int x\cos 2x\mathrm{d}x$；（2）$\int x^2\ln x\mathrm{d}x$；

（3）$\int \frac{\ln x}{x^2}\mathrm{d}x$；（4）$\int x\mathrm{e}^{-x}\mathrm{d}x$；

（5）$\int \arccos x\mathrm{d}x$；（6）$\int x\arctan x\mathrm{d}x$；

（7）$\int x\tan^2 x\mathrm{d}x$；（8）$\int \frac{x\cos x}{\sin^3 x}\mathrm{d}x$；

（9）$\int \cos(\ln x)\mathrm{d}x$；（10）$\int \frac{x\mathrm{e}^x}{(1+x)^2}\mathrm{d}x$；

（11）$\int x\ln\frac{1+x}{1-x}\mathrm{d}x$；（12）$\int \frac{x\arcsin x}{\sqrt{1-x^2}}\mathrm{d}x$；

（13）$\int xf''(x)\mathrm{d}x$；（14）$\int \mathrm{e}^{-2x}\sin x\mathrm{d}x$.

3. 已知 $f(x)$ 的一个原函数为 $(1+\sin x)\ln x$，求 $\int xf'(x)\mathrm{d}x$.

第七节 有理函数和可转化为有理函数的不定积分

从理论上讲有理函数的不定积分计算问题是可以彻底解决的，下面介绍彻底解决的方法——**最简分式和法**.

一、有理函数的不定积分

1. 有理函数

有理函数是指由两个多项式的商所表示的函数，即具有如下形式的函数

$$R(x)=\frac{P(x)}{Q(x)}=\frac{\alpha_0x^n+\alpha_1x^{n-1}+\cdots+\alpha_{n-1}x+\alpha_n}{\beta_0x^m+\beta_1x^{m-1}+\cdots+\beta_{m-1}x+\beta_m}. \tag{7.7.1}$$

其中 m 和 n 都是非负整数，$\alpha_0,\alpha_1,\cdots,\alpha_n$ 及 $\beta_0,\beta_1,\cdots,\beta_m$ 都是实数，且 $\alpha_0\neq 0$，$\beta_0\neq 0$. 当 $n<m$ 时，称 $R(x)$ 是**真分式**；而当 $m\geqslant n$ 时，称 $R(x)$ 是**假分式**.

由多项式的除法知，任何一个假分式都可以化成一个多项式与一个真分式之和，

$$\frac{x^4}{1+x^2}=x^2-1+\frac{1}{1+x^2}.$$

因此求有理函数的不定积分最终归结为求真分式的不定积分. 以下介绍真分式的**最简分式和**的不定积分法.

2. 真分式的最简分式和分解

（1）依据代数学知识，在实数域内，任何多项式都可以分解成不能再分解的一次因式和二次因式乘积的**标准形式**.

将真分式（7.7.1）的分母多项式 $Q(x)$ 作如下标准分解：

$$Q(x)=\beta_0(x-a_1)^{\lambda_1}\cdots(x-a_k)^{\lambda_k}(x^2+p_1x+q_1)^{\mu_1}\cdots(x^2+p_sx+q_s)^{\mu_s} \tag{7.7.2}$$

其中 λ_i 和 μ_j 为正整数，a_i,p_j,q_j 为实数，且 $p_j^2-4q_j<0$（$i=1,\cdots,k,\ j=1,\cdots,s$）.

（2）根据分母 $Q(x)$ 分解成的各因式，分别写出与之相对应的最简分式，即对应于因式 $(x-a_i)^{\lambda_i}$ 的最简分式是

$$\frac{A_1}{x-a_i}+\frac{A_2}{(x-a_i)^2}+\cdots+\frac{A_{k_i}}{(x-a_i)^{\lambda_i}}.$$

对应于因式 $(x^2+p_jx+q_j)^{\mu_j}$ 的最简分式是

$$\frac{B_1x+C_1}{x^2+p_jx+q_j}+\frac{B_2x+C_2}{(x^2+p_jx+q_j)^2}+\cdots+\frac{B_{\mu_j}x+C_{\mu_j}}{(x^2+p_jx+q_j)^{\mu_j}}$$

其中 A_i 和 B_j,C_j 为待定常数.

（3）真分式 $\dfrac{P(x)}{Q(x)}$ 就是所有相对应的**最简分式和**，即把所有最简分式相加，通分后所得式的分子与 $P(x)$ 相等，利用多项式相等的条件得出所有的待定系数 A_i 和 B_{μ_j},C_{μ_j}.

例 7.7.1 将真分式 $R(x)=\dfrac{x^3+x^2-x+4}{x^4+x^3+x+1}$ 分解成最简分式和.

解 因为

$$Q(x)=x^4+x^3+x+1=(x+1)^2(x^2-x+1).$$

所以

$$\frac{x^3+x^2-x+4}{x^4+x^3+x+1}=\frac{A}{x+1}+\frac{B}{(x+1)^2}+\frac{mx+n}{x^2-x+1},$$

通分得

$$\frac{x^3+x^2-x+4}{x^4+x^3+x+1}=\frac{A(x+1)(x^2-x+1)+B(x^2-x+1)+(mx+n)(x+1)^2}{(x+1)^2(x^2-x+1)}.$$

即
$$x^3+x^2-x+4=(A+m)x^3+(B+2m+n)x^2+(-B+2m+n)x+A+B+n.$$

比较两端分子同次系数，得

$$\begin{cases}A+\qquad m=1\\ \quad B+2m+n=1\\ \quad -B+2m+n=-1\\ A+B\qquad +n=4\end{cases}.$$

解得 $A=\frac{5}{3},B=1,m=-\frac{2}{3},n=\frac{4}{3}$，故

$$\frac{x^3+x^2-x+4}{x^4+x^3+x+1}=\frac{\frac{5}{3}}{x+1}+\frac{1}{(x+1)^2}+\frac{-\frac{2}{3}x+\frac{4}{3}}{x^2-x+1}.$$

注：在求解待定系数 A,B,m,n 值时，也可取 x 的特殊值. 如 $x=-1$，得 $B=1$.

3. 有理真分式的不定积分

经过最简分式和的分解，有理真分式的不定积分最终归结为以下形式的函数不定积分和.

（1）$\int\frac{A}{(x-a)^{\lambda}}\mathrm{d}x=\begin{cases}A\ln|x-a|+C, & \lambda=1,\\ \frac{A}{(1-\lambda)(x-a)^{\lambda-1}}+C, & \lambda\geqslant 2,\end{cases}$

（2）$\int\frac{Bx+C}{(x^2+px+q)^k}\mathrm{d}x\quad(p^2-4q<0)$.

为此，设 $t=x+\frac{p}{2}$，则有

$$\int\frac{Bx+C}{(x^2+px+q)^k}\mathrm{d}x=\int\frac{B\left(x+\frac{p}{2}\right)+C-\frac{p}{2}B}{\left[\left(x+\frac{p}{2}\right)^2+\left(q-\frac{1}{4}p^2\right)\right]^k}\mathrm{d}x=\int\frac{Bt+L}{(t^2+r^2)^k}\mathrm{d}t$$

$$=B\int\frac{t}{(t^2+r^2)^k}\mathrm{d}t+L\int\frac{1}{(t^2+r^2)^k}\mathrm{d}t.$$

其中 $L=C-\frac{p}{2}B$，$r^2=q-\frac{1}{4}p^2$. 显然，

$$\int\frac{t}{(t^2+r^2)^k}\mathrm{d}t=\begin{cases}\frac{1}{2}\ln\left|t^2+r^2\right|+C, & k=1,\\ \frac{1}{2(1-k)}(t^2+r^2)^{1-k}+C, & k\geqslant 2.\end{cases}$$

不定积分 $\int\frac{1}{(t^2+r^2)^k}\mathrm{d}t$ 的结果见例 7.6.17. 至此，求有理分式函数的不定积分在理论上得到完全解决.

例 7.7.2 求 $\int\frac{1}{x(x-1)^2}\mathrm{d}x$.

解 由 $\frac{1}{x(x-1)^2}=\frac{A}{x}+\frac{B}{x-1}+\frac{D}{(x-1)^2}$，得

$$1=A(x-1)^2+Bx(x-1)+Dx,$$

即

$$\begin{cases}A+B=0\\ 2A+B-D=0,\\ A=1\end{cases}$$

解得 $A=1,B=-1,D=1$，故

$$\int\frac{1}{x(x-1)^2}\mathrm{d}x=\int\left[\frac{1}{x}-\frac{1}{x-1}+\frac{1}{(x-1)^2}\right]\mathrm{d}x=\ln|x|-\ln|x-1|-\frac{1}{x-1}+C.$$

例 7.7.3 求 $\int\frac{x^2-x+4}{x^4+x^3+x+1}\mathrm{d}x$.

解 由 $\frac{x^2-x+4}{x^4+x^3+x+1}=\frac{1}{x+1}+\frac{1}{(x+1)^2}-\frac{x-2}{x^2-x+1}$，故

$$\begin{aligned}\int\frac{x^2-x+4}{x^4+x^3+x+1}\mathrm{d}x&=\int\left[\frac{1}{x+1}+\frac{1}{(x+1)^2}-\frac{x-2}{x^2-x+1}\right]\mathrm{d}x\\&=\int\left[\frac{1}{x+1}+\frac{1}{(x+1)^2}-\frac{1}{2}\frac{2x-1}{x^2-x+1}+\frac{3}{2}\frac{1}{\left(x-\frac{1}{2}\right)^2+\left(\frac{\sqrt{3}}{2}\right)^2}\right]\mathrm{d}x\\&=\ln|x+1|-\frac{1}{x+1}-\frac{1}{2}\left|x^2-x+1\right|+\frac{3}{2}\cdot\frac{2}{\sqrt{3}}\arctan\frac{2x-1}{\sqrt{3}}+C.\end{aligned}$$

虽然从理论上讲最简分式和法能解决有理分式函数的不定积分问题，但并不意味着这种方法是最简洁的.

例 7.7.4 求 $\int\frac{1}{x(x^7+3)}\mathrm{d}x$.

解 $\int\frac{1}{x(x^7+3)}\mathrm{d}x=\int\frac{x^6}{x^7(x^7+3)}\mathrm{d}x=\frac{1}{7}\int\frac{1}{x^7(x^7+3)}\mathrm{d}x^7=\frac{1}{21}\int\left(\frac{1}{x^7}-\frac{1}{x^7+3}\right)\mathrm{d}x^7$

$$=\frac{1}{21}(\ln\left|x^7\right|-\ln\left|x^7+3\right|)+C=\frac{1}{3}\ln|x|-\frac{1}{21}\ln\left|x^7+3\right|+C.$$

该积分如果采用最简分式和法求解，将难以实施.

二、三角函数有理式的积分

三角函数有理式是由 $\sin x$, $\cos x$ 及常数经过有限次四则运算所得到的函数，记为 $R(\sin x,\cos x)$，求其不定积分的方法灵活多样，下面介绍其通用方法——**万能代换法**.

设 $u=\tan\frac{x}{2}$，则 $x=2\arctan u$，$\mathrm{d}x=\frac{2}{1+u^2}\mathrm{d}u$，由三角公式得

$$\sin x=\frac{2\tan\frac{x}{2}}{1+\tan^2\frac{x}{2}}=\frac{2u}{1+u^2},\quad \cos x=\frac{1-\tan^2\frac{x}{2}}{1+\tan^2\frac{x}{2}}=\frac{1-u^2}{1+u^2}$$

以及

$$\int R(\sin x,\cos x)\mathrm{d}x=\int R\left(\frac{2u}{1+u^2},\frac{1-u^2}{1+u^2}\right)\frac{2}{1+u^2}\mathrm{d}u.$$

上式右端即一个有理函数的不定积分，理论上应该能求出其不定积分，故称此代换为万能代换.

例 7.7.5 求 $\int \frac{1}{1+\sin x+\cos x}\mathrm{d}x$.

解 令 $u=\tan\frac{x}{2}$，则 $x=2\arctan u$，$\mathrm{d}x=\frac{2}{1+u^2}\mathrm{d}u$，$\sin x=\frac{2u}{1+u^2}$，$\cos x=\frac{1-u^2}{1+u^2}$，于是

$$\int \frac{1}{1+\sin x+\cos x}\mathrm{d}x=\int \frac{1}{1+\frac{2u}{1+u^2}+\frac{1-u^2}{1+u^2}}\cdot\frac{2}{1+u^2}\mathrm{d}u=\int\frac{1}{1+u}\mathrm{d}u$$

$$=\ln|1+u|+C=\ln\left|1+\tan\frac{x}{2}\right|+C.$$

虽然万能代换对三角函数有理式的不定积分总是有效的，但如果 $R(\sin x,\cos x)$ 只含 $\sin x$，$\cos x$ 的偶次幂，可设 $u=\tan x$，则 $x=\arctan u$，$\mathrm{d}x=\frac{1}{1+u^2}\mathrm{d}u$，$\sin x=\frac{u}{\sqrt{1+u^2}}$，$\cos x=\frac{1}{\sqrt{1+u^2}}$，这样会使计算更加简洁.

例 7.7.6 求 $\int \frac{1}{4+\cos^2 x}\mathrm{d}x$.

解 设 $u=\tan x$，则 $x=\arctan u$，$\mathrm{d}x=\frac{1}{1+u^2}\mathrm{d}u$，于是

$$\int \frac{1}{4+\cos^2 x}\mathrm{d}x=\int \frac{1}{4+\frac{1}{1+u^2}}\cdot\frac{1}{1+u^2}\mathrm{d}u=\int\frac{1}{4+5u^2}\mathrm{d}u=\frac{1}{5}\int\frac{1}{u^2+\left(\frac{2}{\sqrt{5}}\right)^2}\mathrm{d}u$$

$$=\frac{1}{5}\cdot\frac{\sqrt{5}}{2}\arctan\frac{2u}{\sqrt{5}}+C=\frac{1}{2\sqrt{5}}\arctan\frac{2\tan x}{\sqrt{5}}+C.$$

另外，并非所有的三角函数有理式的积分都需要化为有理函数的积分.

例 7.7.7 求 $\int \frac{\cos x}{1+\sin x}\mathrm{d}x$.

解 $\int \frac{\cos x}{1+\sin x}\mathrm{d}x=\int\frac{1}{1+\sin x}\mathrm{d}(1+\sin x)=\ln(1+\sin x)+C$.

三、$\int R\left(x,\sqrt[n]{\frac{ax+b}{cx+d}}\right)\mathrm{d}x$（$ad-bc\neq 0$）型无理根式的不定积分

设 $\sqrt[n]{\frac{ax+b}{cx+d}}=u$，则 $x=\frac{-du^n+b}{cu^n-a}$，$\int R\left(x,\sqrt[n]{\frac{ax+b}{cx+d}}\right)\mathrm{d}x$ 可转化为有理函数的不定积分.

例 7.7.8 求$\int \frac{1}{x}\sqrt{\frac{1+x}{x}}\mathrm{d}x$.

解 设$\sqrt{\frac{1+x}{x}}=u$，则$x=\frac{1}{u^2-1}$， $\mathrm{d}x=-\frac{2u}{(u^2-1)^2}\mathrm{d}u$，

$$\int \frac{1}{x}\sqrt{\frac{1+x}{x}}\mathrm{d}x=\int (u^2-1)u\cdot\frac{-2u}{(u^2-1)^2}\mathrm{d}u=-2\int\frac{u^2}{u^2-1}\mathrm{d}u=-2\int\left(1+\frac{1}{u^2-1}\right)\mathrm{d}u$$

$$=-2u-\ln\left|\frac{u-1}{u+1}\right|+C=-2\sqrt{\frac{1+x}{x}}-\ln\left|\frac{\sqrt{\frac{1+x}{x}}-1}{\sqrt{\frac{1+x}{x}}+1}\right|+C$$

$$=-2\sqrt{\frac{1+x}{x}}-\ln\frac{\sqrt{1+x}-\sqrt{x}}{\sqrt{1+x}+\sqrt{x}}+C.$$

例 7.7.9 求$\int\frac{1}{(1+x)\sqrt{2+x-x^2}}\mathrm{d}x$.

解 $\frac{1}{(1+x)\sqrt{2+x-x^2}}=\frac{1}{(1+x)\sqrt{(1+x)(2-x)}}=\frac{1}{(1+x)^2}\sqrt{\frac{1+x}{2-x}}$，

设$\sqrt{\frac{1+x}{2-x}}=u$，则$x=\frac{2u^2-1}{u^2+1}$， $\mathrm{d}x=\frac{6u}{(u^2+1)^2}\mathrm{d}u$， $\frac{1}{(1+x)^2}=\frac{(1+u^2)^2}{9u^4}$，

于是

$$\int\frac{1}{(1+x)\sqrt{2+x-x^2}}\mathrm{d}x=\int\frac{(1+u^2)^2}{9u^4}u\cdot\frac{6u}{(u^2+1)^2}\mathrm{d}u=\frac{2}{3}\int\frac{1}{3u^2}\mathrm{d}u$$

$$=-\frac{2}{3u}+C=-\frac{2}{3}\sqrt{\frac{2-x}{1+x}}+C.$$

需要指出的是：通常所说的“求不定积分”是指用初等函数的形式把不定积分表示出来，尽管初等函数在其定义区间内存在不定积分，但$\int \mathrm{e}^{x^2}\mathrm{d}x$， $\int \mathrm{e}^{-x^2}\mathrm{d}x$， $\int\sin x^2\mathrm{d}x$， $\int\cos x^2\mathrm{d}x$， $\int\frac{\sin x}{x}\mathrm{d}x$， $\int\frac{\cos x}{x}\mathrm{d}x$， $\int\frac{x}{\ln x}\mathrm{d}x$， $\int\frac{1}{\sqrt{1+x^4}}\mathrm{d}x$， $\int\sqrt{1-k^2\sin^2 x}\mathrm{d}x(0<k^2<1)$等不定积分均不能用初等函数表示，即这些不定积分存在但积不出来，俗称“不可积分”.

不定积分的计算就讨论到这里了，需要大家多练习，灵活掌握不定积分的基本方法. 此外，许多数学软件（Mathematical，Malleable，Maple）也都具有求不定积分的实用功能.

最后顺便指出，在求不定积分时，还可以利用一些现成的积分表，在积分表中一般是按被积函数分类编排的，只要根据被积函数的类型或经过简单变形，查阅公式即可.

习题 7.7

1. 求下列不定积分.

（1）$\int\frac{x^4}{x-1}dx$；

（2）$\int\frac{x-3}{(x-1)^2(x+1)}dx$；

（3）$\int\frac{x-2}{x^2-7x+12}dx$；

（4）$\int\frac{x^3-1}{4x^3-x}dx$；

（5）$\int\frac{1}{(x^2+1)(x^2+x+1)}dx$；

（6）$\int\frac{1}{(x-1)(x^2+1)}dx$.

2. 求下列不定积分.

（1）$\int\sin 3x\sin 5x dx$；

（2）$\int\frac{\sin x}{1+\sin x}dx$；

（3）$\int\frac{\cos^5 x}{\sin^3 x}dx$；

（4）$\int\frac{1}{2+\sin^2 x}dx$；

（5）$\int\frac{1}{1+\tan x}dx$；

（6）$\int\frac{1-\sin x+\cos x}{1+\sin x-\cos x}dx$.

3. 求下列不定积分.

（1）$\int\frac{x^2}{\sqrt{1+x-x^2}}dx$；

（2）$\int\frac{1}{\sqrt{x+x^2}}dx$；

（3）$\int\frac{1}{\sqrt[3]{(x-1)^4(x+1)^2}}dx$；

（4）$\int\frac{1}{x\sqrt{x^2-2x-3}}dx$.

第八节 定积分的积分法

由牛顿-莱布尼茨公式可知，求定积分 $\int_a^b f(x)dx$ 的问题可转化为求 $f(x)$ 的原函数 $F(x)$ 在积分区间 $[a,b]$ 上的增量. 由于定积分是一个数值，虽然计算方法类似于不定积分，但应用换元积分法和分部积分法时具有各自的特点.

一、定积分的换元积分法

定理 7.8.1 设函数 $f(x)$ 在 $[a,b]$ 上连续，函数 $x=\varphi(t)$ 满足

（1）$\varphi(\alpha)=a$，$\varphi(\beta)=b$，且 $a\leqslant\varphi(t)\leqslant b$；

（2）$\varphi(t)$ 的导函数在 $[\alpha,\beta]$（或 $[\beta,\alpha]$）上可积，则

$$\int_a^b f(x)\mathrm{d}x = \int_\alpha^\beta f(\varphi(t))\varphi'(t)\mathrm{d}t .$$

证 由于函数 $f(x)$ 在 $[a,b]$ 上连续，因此 $f(x)$ 在 $[a,b]$ 上存在原函数. 设 $F(x)$ 是 $f(x)$ 的一个原函数，由牛顿-莱布尼茨公式知，

$$\int_a^b f(x)\mathrm{d}x = F(b)-F(a)$$

函数 $F(\varphi(t))$ 是 $F(x)$ 与 $\varphi(t)$ 的复合函数，由复合函数求导法则知，

$$\frac{\mathrm{d}}{\mathrm{d}t}F(\varphi(t)) = F'(\varphi(t))\varphi'(t) = f(\varphi(t))\varphi'(t) ,$$

因此，$F(\varphi(t))$ 是 $f(\varphi(t))\varphi'(t)$ 的一个原函数. 由牛顿-莱布尼茨公式知，

$$\int_\alpha^\beta f(\varphi(t))\varphi'(t)\mathrm{d}t = F(\varphi(\beta)) - F(\varphi(\alpha)) = F(b)-F(a) = \int_a^b f(x)\mathrm{d}x .$$

注 应用定积分换元积分公式需注意两点：

（1）用 $x=\varphi(t)$ 把原来变量 x 代换成新变量 t 时，积分上、下限也要换成相应于新变量 t 的积分上、下限，即“换元必换限”，且“上换上、下换下”；

（2）在求出 $f(\varphi(t))\varphi'(t)$ 的一个原函数 $F(t)$ 后，只要计算出 $F(t)$ 在新积分上、下限处值的差即可，不必像计算不定积分那样必须把 $F(t)$ 变换成原来变量 x 的函数.

例 7.8.1 计算定积分 $\int_0^{\ln 2}\sqrt{\mathrm{e}^x-1}\,\mathrm{d}x$.

解 设 $\sqrt{\mathrm{e}^x-1}=t$ ，即 $x=\ln(t^2+1)$ ，则 $\mathrm{d}x=\frac{2t}{1+t^2}$ ，且当 $x=0$ 时，$t=0$ ；当 $x=\ln 2$ 时，$t=1$. 于是

$$\int_0^{\ln 2}\sqrt{\mathrm{e}^x-1}\mathrm{d}x = \int_0^1 t\cdot\frac{2t}{1+t^2}\mathrm{d}t = 2\int_0^1\left(1-\frac{1}{t^2+1}\right)\mathrm{d}t = 2[t-\arctan t]_0^1 = 2-\frac{\pi}{2} .$$

应用定积分的换元积分法时，可以不引进新变量而利用**“凑微分”**法积分，这时积分上、下限就不能改变.

例 7.8.2 计算 $\int_1^{\mathrm{e}}\frac{1}{x(x+3\ln x)}\mathrm{d}x$.

解 $\int_1^{\mathrm{e}}\frac{1}{x(x+3\ln x)}\mathrm{d}x = \frac{1}{3}\int_1^{\mathrm{e}}\frac{1}{(1+3\ln x)}\mathrm{d}(1+3\ln x) = \frac{1}{3}[\ln|1+3\ln x|]_1^{\mathrm{e}} = \frac{1}{3}\ln 4$.

例 7.8.3 计算 $J=\int_0^1\frac{\ln(1+x)}{1+x^2}\mathrm{d}x$.

解 被积函数 $\frac{\ln(1+x)}{1+x^2}$ 的原函数很难用初等函数表示. 为此，设 $x=\tan t$ ，$t\in\left[0,\frac{\pi}{4}\right]$. 且 $\mathrm{d}x=\sec^2 t\mathrm{d}t$ ，当 $x=0$ 时，$t=0$ ；当 $x=1$ 时，$t=\frac{\pi}{4}$. 故

$$\int_0^1 \frac{\ln(1+x)}{1+x^2}\mathrm{d}x = \int_0^{\frac{\pi}{4}} \ln(1+\tan t)\mathrm{d}t = \int_0^{\frac{\pi}{4}} \ln\frac{\cos t+\sin t}{\cos t}\mathrm{d}t = \int_0^{\frac{\pi}{4}} \ln\frac{\sqrt{2}\cos\left(\frac{\pi}{4}-t\right)}{\cos t}\mathrm{d}t$$

$$= \int_0^{\frac{\pi}{4}} \ln\sqrt{2}\mathrm{d}t + \int_0^{\frac{\pi}{4}} \ln\cos\left(\frac{\pi}{4}-t\right)\mathrm{d}t - \int_0^{\frac{\pi}{4}} \ln\cos t\mathrm{d}t .$$

设 $u=\frac{\pi}{4}-t$，则

$$\int_0^{\frac{\pi}{4}} \ln\cos\left(\frac{\pi}{4}-t\right)\mathrm{d}t = \int_{\frac{\pi}{4}}^0 \ln\cos u\mathrm{d}(-u) = \int_0^{\frac{\pi}{4}} \ln\cos u\mathrm{d}u ,$$

因此

$$\int_0^1 \frac{\ln(1+x)}{1+x^2}\mathrm{d}x = \int_0^{\frac{\pi}{4}} \ln\sqrt{2}\mathrm{d}t = \frac{\pi}{8}\ln 2 .$$

例 7.8.4 设函数 $f(x)$ 在 $[-a,a]$ 上连续，证明：

（1）$\int_{-a}^a f(x)\mathrm{d}x = \int_0^a (f(-x)+f(x))\mathrm{d}x$；

（2）若 $f(x)$ 是 $[-a,a]$ 上的偶函数，则 $\int_{-a}^a f(x)\mathrm{d}x = 2\int_0^a f(x)\mathrm{d}x$；

（3）若 $f(x)$ 是 $[-a,a]$ 上的奇函数，则 $\int_{-a}^a f(x)\mathrm{d}x = 0$.

证 （1）因为 $\int_{-a}^a f(x)\mathrm{d}x = \int_{-a}^0 f(x)\mathrm{d}x + \int_0^a f(x)\mathrm{d}x$. 对积分 $\int_{-a}^0 f(x)\mathrm{d}x$，令 $x=-t$，则 $\mathrm{d}x=-\mathrm{d}t$，且当 $x=-a$ 时，$t=a$；当 $x=0$ 时，$t=0$. 于是

$$\int_{-a}^0 f(x)\mathrm{d}x = \int_a^0 f(-t)(-\mathrm{d}t) = \int_0^a f(-t)\mathrm{d}t = \int_0^a f(-x)\mathrm{d}x .$$

从而

$$\int_{-a}^a f(x)\mathrm{d}x = \int_0^a f(-x)\mathrm{d}x + \int_0^a f(x)\mathrm{d}x = \int_0^a (f(-x)+f(x))\mathrm{d}x .$$

（2）若 $f(x)$ 为偶函数，即 $f(-x)=f(x)$，则 $f(x)+f(-x)=2f(x)$，所以

$$\int_{-a}^a f(x)\mathrm{d}x = 2\int_0^a f(x)\mathrm{d}x .$$

（3）若 $f(x)$ 为奇函数，即 $f(-x)=-f(x)$，则 $f(x)+f(-x)=0$，所以

$$\int_{-a}^a f(x)\mathrm{d}x = 0 .$$

利用上述结论，得

$$\int_{-\pi}^{\pi} x^4 \sin x\mathrm{d}x = 0 .$$

例 7.8.5 设 $f(x)$ 在 $[0,1]$ 上连续，证明：

（1）$\int_0^{\frac{\pi}{2}} f(\sin x)\mathrm{d}x = \int_0^{\frac{\pi}{2}} f(\cos x)\mathrm{d}x$；

（2）$\int_0^{\pi} xf(\sin x)\mathrm{d}x = \frac{\pi}{2}\int_0^{\pi} f(\sin x)\mathrm{d}x$，并计算 $\int_0^{\pi}\frac{x\sin x}{1+\cos^2 x}\mathrm{d}x$.

证　（1）设 $x=\frac{\pi}{2}-t$，则 $\mathrm{d}x=-\mathrm{d}t$，且当 $x=0$ 时，$t=\frac{\pi}{2}$；当 $x=\frac{\pi}{2}$ 时，$t=0$．于是

$$\int_0^{\frac{\pi}{2}} f(\sin x)\mathrm{d}x = \int_{\frac{\pi}{2}}^{0} f(\cos t)(-\mathrm{d}t) = \int_0^{\frac{\pi}{2}} f(\cos t)\mathrm{d}t = \int_0^{\frac{\pi}{2}} f(\cos x)\mathrm{d}x .$$

（2）设 $x=\pi-t$，则 $\mathrm{d}x=-\mathrm{d}t$，且当 $x=0$ 时，$t=\pi$；当 $x=\pi$ 时，$t=0$．于是

$$\int_0^{\pi} xf(\sin x)\mathrm{d}x = \int_{\pi}^{0}(\pi-t)f(\sin t)(-\mathrm{d}t) = \int_0^{\pi}(\pi-t)f(\sin t)\mathrm{d}t$$

$$= \pi\int_0^{\pi} f(\sin t)\mathrm{d}t - \int_0^{\pi} tf(\sin t)\mathrm{d}t$$

$$= \pi\int_0^{\pi} f(\sin x)\mathrm{d}x - \int_0^{\pi} xf(\sin x)\mathrm{d}x .$$

所以

$$\int_0^{\pi} xf(\sin x)\mathrm{d}x = \frac{\pi}{2}\int_0^{\pi} f(\sin x)\mathrm{d}x .$$

利用上述结论，得

$$\int_0^{\pi}\frac{x\sin x}{1+\cos^2 x}\mathrm{d}x = \frac{\pi}{2}\int_0^{\pi}\frac{\sin x}{1+\cos^2 x}\mathrm{d}x = -\frac{\pi}{2}\int_0^{\pi}\frac{1}{1+\cos^2 x}\mathrm{d}\cos x$$

$$= -\frac{\pi}{2}\arctan(\cos x)\big|_0^{\pi} = \frac{\pi^2}{4}.$$

二、定积分的分部积分法

定理 7.8.2　设函数 $u(x),v(x)$ 在 $[a,b]$ 上可导，且 $u'(x),v'(x)$ 在 $[a,b]$ 上可积，则

$$\int_a^b u(x)\mathrm{d}v(x) = [u(x)v(x)]_a^b - \int_a^b v(x)\mathrm{d}u(x) ,$$

或

$$\int_a^b u(x)v'(x)\mathrm{d}x = [u(x)v(x)]_a^b - \int_a^b v(x)u'(x)\mathrm{d}x .$$

例 7.8.6　计算 $\int_0^1 \mathrm{e}^{\sqrt{x}}\mathrm{d}x$.

解　令 $\sqrt{x}=t$，即 $x=t^2$，则 $\mathrm{d}x=2t\mathrm{d}t$，且当 $x=0$ 时，$t=0$；当 $x=1$ 时，$t=1$．于是

$$\int_0^1 \mathrm{e}^{\sqrt{x}}\mathrm{d}x = 2\int_0^1 t\mathrm{e}^t\mathrm{d}t = 2\int_0^1 t\mathrm{d}\mathrm{e}^t = 2(t\mathrm{e}^t)\big|_0^1 - 2\int_0^1 \mathrm{e}^t\mathrm{d}t$$

$$= 2\mathrm{e} - 2[\mathrm{e}^t]_0^1 = 2\mathrm{e} - 2\mathrm{e} + 2 = 2 .$$

例 7.8.7 设 $f(x)=\int_1^{\sqrt{x}} \mathrm{e}^{-u^2}\mathrm{d}u$，求 $\int_0^1 \sqrt{x}f(x)\mathrm{d}x$.

解 因为 $f'(x)=\mathrm{e}^{-x}\cdot\dfrac{1}{2\sqrt{x}}$，于是

$$\int_0^1 \sqrt{x}f(x)\mathrm{d}x=\frac{2}{3}\int_0^1 f(x)\mathrm{d}x^{\frac{3}{2}}=\frac{2}{3}[x^{\frac{3}{2}}f(x)]_0^1-\frac{2}{3}\int_0^1 x^{\frac{3}{2}}\cdot\mathrm{e}^{-x}\cdot\frac{1}{2\sqrt{x}}\mathrm{d}x$$

$$=-\frac{1}{3}\int_0^1 x\mathrm{e}^{-x}\mathrm{d}x=\frac{1}{3}\int_0^1 x\mathrm{d}\mathrm{e}^{-x}=\frac{1}{3}[x\mathrm{e}^{-x}]_0^1-\frac{1}{3}\int_0^1 \mathrm{e}^{-x}\mathrm{d}x$$

$$=\frac{1}{3}\mathrm{e}^{-1}+\frac{1}{3}[\mathrm{e}^{-x}]_0^1=\frac{2\mathrm{e}^{-1}-1}{3}.$$

例 7.8.8 计算 $\int_0^{\frac{\pi}{2}}\sin^n x\mathrm{d}x=\int_0^{\frac{\pi}{2}}\cos^n x\mathrm{d}x$（$n=1,2,\cdots$）.

解 利用分部积分法，得

$$I_n=\int_0^{\frac{\pi}{2}}\sin^n x\mathrm{d}x=-\int_0^{\frac{\pi}{2}}\sin^{n-1}x\mathrm{d}\cos x=[-\cos x\sin^{n-1}x]_0^{\frac{\pi}{2}}+(n-1)\int_0^{\frac{\pi}{2}}\sin^{n-2}x\cos^2 x\mathrm{d}x$$

$$=0+(n-1)\int_0^{\frac{\pi}{2}}\sin^{n-2}x\cos^2 x\mathrm{d}x=(n-1)\left[\int_0^{\frac{\pi}{2}}\sin^{n-2}x(1-\sin^2 x)\mathrm{d}x\right]$$

$$=(n-1)I_{n-2}-(n-1)I_n.$$

即
$$I_n=\frac{n-1}{n}I_{n-2}.$$

记 $1\cdot 3\cdot\cdots\cdot(2n-1)=(2n-1)!!$，$2\cdot 4\cdot\cdots\cdot(2n)=(2n)!!$，于是

当 $n=2k$ 时，$I_n=I_{2k}=\dfrac{2k-1}{2k}I_{2k-2}=\dfrac{2k-1}{2k}\cdot\dfrac{2k-3}{2k-2}\cdot\cdots\cdot\dfrac{1}{2}I_0=\dfrac{(2k-1)!!}{(2k)!!}\cdot\dfrac{\pi}{2}$；

当 $n=2k+1$ 时，$I_n=I_{2k+1}=\dfrac{2k}{2k+1}I_{2k-1}=\dfrac{2k}{2k+1}\cdot\dfrac{2k-2}{2k-1}\cdot\cdots\cdot\dfrac{2}{3}I_1=\dfrac{(2k)!!}{(2k+1)!!}$.

即
$$\int_0^{\frac{\pi}{2}}\sin^n x\mathrm{d}x=\int_0^{\frac{\pi}{2}}\cos^n x\mathrm{d}x=\begin{cases}\dfrac{(n-1)!!}{n!!}\cdot\dfrac{\pi}{2}, & n\text{为偶数且}n\geqslant 2,\\ \dfrac{(n-1)!!}{n!!}\cdot 1, & n\text{为奇数且}n\geqslant 3.\end{cases}$$

由上述公式可得沃利斯（Wallis，1616—1703 年，英国）公式：

$$\frac{\pi}{2}=\lim_{k\to\infty}\left\{\left[\frac{(2k)!!}{(2k-1)!!}\right]^2\cdot\frac{1}{2k+1}\right\}.$$

例 7.8.9 设函数 $f(x)$ 在点 x_0 的某邻域 $U(x_0)$ 上有直到 $n+1$ 阶的连续导数，则 $\forall x\in\mathring{U}(x_0)$，有

$$f(x)=f(x_0)+\sum_{k=1}^{n}\frac{f^{(k)}(x_0)}{k!}(x-x_0)^k+\frac{1}{n!}\int_{x_0}^{x}(x-t)^n f^{(n+1)}(t)\mathrm{d}t$$

其中 $R_n(x)=\frac{1}{n!}\int_{x_0}^{x}(x-t)^n f^{(n+1)}(t)\mathrm{d}t$ ，称为泰勒公式的**积分型余项**.

事实上，由牛顿-莱布尼茨公式和分部积分法得，$\forall x\in \mathring{U}(x_0)$ ，有

$$\begin{aligned}
f(x)&=f(x_0)+\int_{x_0}^{x}f'(t)\mathrm{d}t=f(x_0)+\int_{x_0}^{x}f'(t)\mathrm{d}(t-x)\\
&=f(x_0)+[(t-x)f'(t)]_{x_0}^{x}-\int_{x_0}^{x}(t-x)f''(t)\mathrm{d}t\\
&=f(x_0)+(x-x_0)f'(x_0)-\left\{\left[\frac{(t-x)^2}{2}f''(t)\right]_{x_0}^{x}-\int_{x_0}^{x}\frac{(t-x)^2}{2}f'''(t)\mathrm{d}t\right\}\\
&=\cdots\\
&=\sum_{k=1}^{n}\frac{(x-x_0)^k}{k!}f^{(k)}(x_0)+\frac{1}{n!}\int_{x_0}^{x}(x-t)f^{(n+1)}(t)\mathrm{d}t.
\end{aligned}$$

习题 7.8

1. 求下列定积分.

（1）$\int_1^4\frac{1}{x(1+\sqrt{x})}\mathrm{d}x$ ；

（2）$\int_{\frac{1}{4}}^{\frac{1}{2}}\frac{\arcsin\sqrt{x}}{\sqrt{x(1-x)}}\mathrm{d}x$ ；

（3）$\int_0^1(x^2-x+1)^{-\frac{3}{2}}\mathrm{d}x$ ；

（4）$\int_0^{\frac{\pi}{2}}\frac{\cos x}{\sin x+\cos x}\mathrm{d}x$ ；

（5）$\int_{-1}^1\frac{x\mathrm{d}x}{\sqrt{5-4x}}$ ；

（6）$\int_0^a x^2\sqrt{a^2-x^2}\mathrm{d}x\,(a>0)$；

（7）$\int_{-2}^{-\sqrt{2}}\frac{1}{x\sqrt{x^2-1}}\mathrm{d}x$ ；

（8）$\int_0^1\frac{1}{x+\sqrt{1-x^2}}\mathrm{d}x$.

2. 求下列定积分.

（1）$\int_0^1 x\mathrm{e}^{-2x}\mathrm{d}x$ ；

（2）$\int_0^1 x(\arctan x)^2\mathrm{d}x$ ；

（3）$\int_0^{\pi}\frac{(x+1)\sin x}{1+\cos^2 x}\mathrm{d}x$ ；

（4）$\int_0^{\frac{\pi}{2}}\mathrm{e}^x\sin x\mathrm{d}x$ ；

（5）$\int_0^2\frac{1+x^2}{1+x^4}\mathrm{d}x$ ；

（6）$\int_0^{\frac{\pi}{2}}\frac{1}{3+2\cos x}\mathrm{d}x$.

3. 求下列定积分.

（1）$\int_0^{\pi}\sqrt{\sin^3 x-\sin^5 x}\mathrm{d}x$ ；

（2）$\int_{\frac{1}{\mathrm{e}}}^{\mathrm{e}}|\ln x|\mathrm{d}x$ ；

（3）$\int_0^2 \max\{x^2, x\}\mathrm{d}x$；（4）$\int_0^{\pi}(\mathrm{e}^{\cos x}-\mathrm{e}^{-\cos x})\mathrm{d}x$；

（5）$\int_{-\frac{\pi}{4}}^{\frac{\pi}{4}} \frac{\sin^2 x}{1+\mathrm{e}^{-x}}\mathrm{d}x$；（6）$\int_0^{\frac{\pi}{2}} \frac{x+\sin x}{1+\cos x}\mathrm{d}x$.

4. 设函数 $f(x)$ 是 $\mathbf{R}$ 上的以 T 为周期的连续函数，则 $\forall a\in \mathbf{R}$，$\int_a^{a+T} f(x)\mathrm{d}x=\int_0^T f(x)\mathrm{d}x$.

5. 证明：设 $m,n\in \mathbf{N}_+$，则

（1）$\int_{-\pi}^{\pi}\cos mx\cos nx\mathrm{d}x=\begin{cases}0, & m\neq n,\\ \pi, & m=n;\end{cases}$（2）$\int_{-\pi}^{\pi}\sin mx\sin nx\mathrm{d}x=\begin{cases}0, & m\neq n,\\ \pi, & m=n;\end{cases}$

（3）$\int_{-\pi}^{\pi}\cos mx\sin nx\mathrm{d}x=0$.

6. 设 $f(x)$ 有一个原函数为 $\frac{\sin x}{x}$，求 $\int_{\frac{\pi}{2}}^{\pi} xf'(x)\mathrm{d}x$.

7. 设函数 $f(x)$ 在 $[1,+\infty)$ 上连续，且 $\lim\limits_{x\to+\infty} f(x)=a$. 证明：$\lim\limits_{x\to+\infty}\frac{1}{x}\int_0^x f(t)\mathrm{d}t=a$.

8. 证明：$\int_0^{\frac{\pi}{2}}(\sin\theta-\cos\theta)\ln(\sin\theta+\cos\theta)\mathrm{d}\theta=0$.

9. 设 $f(x)$ 在 $[a,b]$ 上连续，且满足条件：$\int_a^b x^k f(x)\mathrm{d}x=0$（$k=0,1,\cdots,n$）. 证明：函数 $f(x)$ 在 (a,b) 内至少有 $n+1$ 个不同的零点.

第七章 总练习题

一、填空题

1. 设 $\int xf(x)\mathrm{d}x=\arcsin x+C$，则 $\int\frac{1}{f(x)}\mathrm{d}x=$__________；

2. 设 $f'(\ln x)=1+x$，则 $\int f(x)\mathrm{d}x=$__________；

3. 极限 $\lim\limits_{x\to 0}\frac{\int_0^x \sin(xt)^2\mathrm{d}t}{x^5}=$__________；

4. 极限 $\lim\limits_{n\to\infty}\frac{1+\sqrt{2}+\cdots+\sqrt{n}}{n\sqrt{n}}=$__________；

5. 已知 $f(x)=\int_a^x 12t^2\mathrm{d}t$ 且 $\int_0^1 f(x)\mathrm{d}x=1$，则 $a=$__________.

二、选择题

1. 设函数 $f(x)$ 在 $(-\infty,+\infty)$ 内连续，则 $\mathrm{d}\int f(x)\mathrm{d}x=$（　　）.

A. $f(x)\mathrm{d}x$　　B. $f'(x)\mathrm{d}x$　　C. $f(x)$　　D. $f(x)+C$

2. 若 $f(x)$ 的导函数是 $\sin x$，则 $f(x)$ 有一个原函数为（　　）.

A. $1-\sin x$　　B. $1+\sin x$　　C. $1-\cos x$　　D. $1+\cos x$

3. $\int_a^b f'(2x)\mathrm{d}x =$ ( ).

A. $f(b)-f(a)$ B. $f(2b)-f(2a)$

C. $2(f(2b)-f(2a))$ D. $\frac{1}{2}(f(2b)-f(2a))$

4. 设函数 $f(x)$ 在 $[-1,1]$ 上连续，则 $x=0$ 是函数 $g(x)=\frac{\int_0^x f(t)\mathrm{d}t}{x}$ 的（ ）.

A. 跳跃间断点 B. 可去间断点

C. 无穷间断点 D. 震荡间断点

5. 设 $M=\int_{-\frac{\pi}{2}}^{\frac{\pi}{2}}\frac{\sin x}{1+x^2}\cos^4 x\mathrm{d}x$， $N=\int_{-\frac{\pi}{2}}^{\frac{\pi}{2}}(\sin^3 x+\cos^4 x)\mathrm{d}x$， $P=\int_{-\frac{\pi}{2}}^{\frac{\pi}{2}}(x^2\sin^3 x-\cos^4 x)\mathrm{d}x$，则有（ ）.

A. $N<P<M$ B. $M<P<N$

C. $N<M<P$ D. $P<M<N$

三、求下列积分

1. $\int\frac{xe^x}{\sqrt{e^x-1}}\mathrm{d}x$； 2. $\int\frac{x^3}{\sqrt{1+x^2}}\mathrm{d}x$；

3. $\int\frac{x^2}{1+x^2}\arctan x\mathrm{d}x$； 4. $\int e^{\sin x}\frac{x\cos^3 x-\sin x}{\cos^2 x}\mathrm{d}x$；

5. $\int_0^{\frac{\pi}{2}}\sqrt{1-\sin 2x}\mathrm{d}x$； 6. $\int_0^{\sqrt{\ln 2}}x^3 e^{x^2}\mathrm{d}x$；

7. $\int_0^1\frac{\ln(1+x)}{(2-x)^2}\mathrm{d}x$； 8. $\int_0^1\sqrt{2x-x^2}\mathrm{d}x$.

四、解下列各题

1. 设函数 $f(x)$ 连续，且 $f(0)\neq 0$，求 $\lim\limits_{x\to 0}\frac{\int_0^x(x-t)f(t)\mathrm{d}t}{\int_0^x xf(x-t)\mathrm{d}t}$.

2. 设函数 $f(x)=\int_0^{x^2}\ln(2+t)\mathrm{d}t$，试确定 $f'(x)$ 的零点个数.

3. 设 $\int_0^2 f(x)\mathrm{d}x=1$，且 $f(2)=\frac{1}{2}$， $f'(2)=0$，求 $\int_0^1 x^2 f''(2x)\mathrm{d}x$.

4. 设函数 $f(x)=\frac{1}{1+x}+x^2\int_0^1 f(x)\mathrm{d}x$，求 $\int_0^1 f(x)\mathrm{d}x$.

5. 设函数 $f(x)=\int_0^x(x^2-t^2)\mathrm{d}t+\int_x^1(t^2-x^2)\mathrm{d}t$，求 $f(x)$ 在 $[0,1]$ 上的最值.

五、证明题

1. 设函数 $f(x)=\int_1^x\frac{\ln t}{1+t^2}\mathrm{d}t$，证明： $f\left(\frac{1}{x}\right)=f(x)$（$x>0$）.

2. 证明：$1<\int_0^{\frac{\pi}{2}}\frac{\sin x}{x}\mathrm{d}x<\frac{\pi}{2}$.

3. 设 $f(x)$ 是 $[a,b]$ 上可导的凸函数，证明：

$$f\left(\frac{a+b}{2}\right)\leqslant\frac{1}{b-a}\int_a^b f(x)\mathrm{d}x\leqslant\frac{f(a)+f(b)}{2}.$$

4. 设 $f(x)$ 在 $[0,1]$ 上可导，且满足条件 $f(1)=2\int_0^{\frac{1}{2}}xf(x)\mathrm{d}x$，证明：$\exists\xi\in(0,1)$，使得

$$f(\xi)+\xi f'(\xi)=0.$$

PART EIGHT

第八章　定积分的应用

在引入定积分概念时我们已经知道，定积分实际上是一种重要的计算方法，它有非常广泛的应用. 本章将在定积分理论基础上，介绍一些几何量（如面积、体积、弧长等）和物理量（如功、液体静压力、引力等）的计算方法，最后引入广义积分，并讨论其性质.

第一节　面积与体积

一、微元法

1. 微元法

用定积分求解实际问题时，需要经过“**分割、近似、求和、取极限**”四个步骤，然后导出所求量Φ积分形式的计算公式，计算积分得出结果，其中求出局部所求量$\Delta\Phi_i$的近似表达式是其关键一步. 如

（1）求曲边为连续函数$y=f(x)\geqslant 0$，底为$[a,b]$的曲边梯形的面积A：

$$\Delta A_i \approx f(\xi_i)\Delta x_i\text{，且}\left|\Delta A_i - f(\xi_i)\Delta x_i\right| = o(\Delta x_i)\text{，故}A=\int_a^b f(x)\mathrm{d}x.$$

（2）求速度为连续函数$v=v(t)\geqslant 0$运动物体在时间$[a,b]$内的位移s：

$$\Delta s_i \approx v(\xi_i)\Delta t_i\text{，且}\left|\Delta s_i - v(\xi_i)\Delta t_i\right| = o(\Delta t_i)\text{，故}s=\int_a^b v(t)\mathrm{d}t.$$

一般地，如图 8.1.1 所示，对于在区间$[a,b]$上的所求量Φ（面积、位移），用$\Phi(x)$表示在子区间$[a,x]$上的部分量，则$\Phi(x)$是$[a,b]$上x的函数. 显然$\Phi(a)=0$，$\Phi(b)=\Phi$，如果存在可积函数$f(x)$，使得在$[a,b]$上恒有

$$\Delta\Phi(x) = f(x)\Delta x + o(\Delta x)\text{，即}\mathrm{d}(\Phi(x)) = f(x)\mathrm{d}x,$$

则由牛顿-莱布尼茨公式得

$$\int_a^b f(x)\mathrm{d}x = [\Phi(x)]_a^b = \Phi(b)-\Phi(a)=\Phi.$$

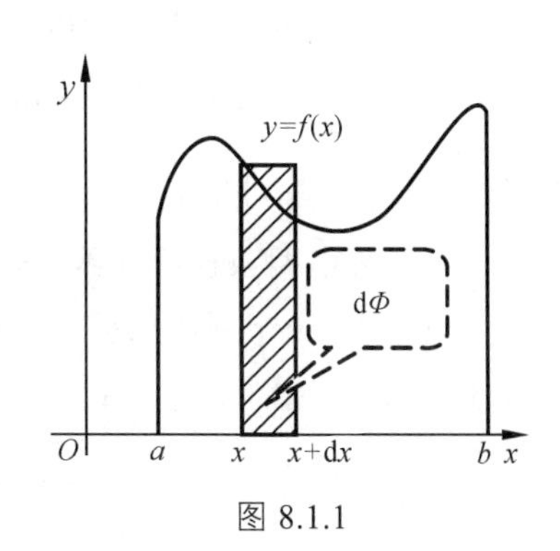

图 8.1.1

因此，求$[a,b]$上所求量Φ时，可通过寻找$\Delta\Phi(x)$的线性主部$f(x)\Delta x$，即通过$\Phi(x)$的微分$f(x)\mathrm{d}x$来寻找所求量Φ积分形式的计算公式，这种方法称为**微元法**. 称$f(x)\mathrm{d}x$为所求量Φ的**微元**，记为$\mathrm{d}\Phi=f(x)\mathrm{d}x$.

2. 利用微元法求Φ的条件

（1）在适当的坐标系下，所求量Φ是与一个变量如x的变化区间$[a,b]$有关的量.

（2）所求量Φ对区间$[a,b]$具有可加性.

如果把$[a,b]$分成若个部分区间，则Φ也相应地被分成若个部分量$\Delta\Phi$，且Φ等于所有部分量$\Delta\Phi$之和，即$\Phi=\sum\Delta\Phi$.

（3）部分量$\Delta\Phi$能近似计算，且$\forall x\in[a,b]$，$\Delta\Phi(x)=f(x)\Delta x+o(\Delta x)$，其中$f(x)$在$[a,b]$上可积.

3. 利用微元法求Φ的步骤

（1）建立适当的坐标系，选取积分变量如x，确定其范围$[a,b]$.

（2）找微元.

在区间$[a,b]$上任取一子区间$[x,x+\Delta x]$，求出$\Delta\Phi(x)$的线性主部$f(x)\Delta x$，即

$$\Delta\Phi(x)=f(x)\Delta x+o(\Delta x).$$

若$f(x)$在$[a,b]$上连续，则有$|\Delta\Phi(x)-f(x)\Delta x|\leqslant\omega\cdot\Delta x=o(\Delta x)$，其中$\omega$是函数$f(x)$是$[x,x+\Delta x]$上的振幅. 则

$$\mathrm{d}(\Phi(x))=f(x)\mathrm{d}x.$$

（3）Φ的积分形式计算公式：$\Phi=\int_a^b f(x)\mathrm{d}x$.

下面介绍利用微元法建立一些几何量的计算公式.

二、平面图形的面积

1. 边界用直角坐标系方程表示的平面区域面积

（1）边界由两条连续曲线$y=f_1(x)$与$y=f_2(x)$以及直线$x=a$与$x=b$（$a<b$）所围成（如图 8.1.2）.

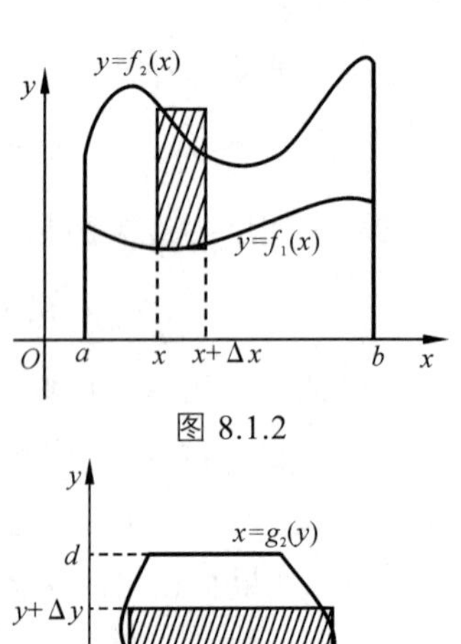

图 8.1.2

选取积分变量x，则$x\in[a,b]$，所求面积微元

$$\mathrm{d}A=|f_2(x)-f_1(x)|\mathrm{d}x,$$

即$A=\int_a^b|f_2(x)-f_1(x)|\mathrm{d}x$.

（2）边界由两条连续曲线$x=g_1(y)$与$x=g_2(y)$以及直线$y=c$与$y=d$（$c<d$）所围成（如图 8.1.3）.

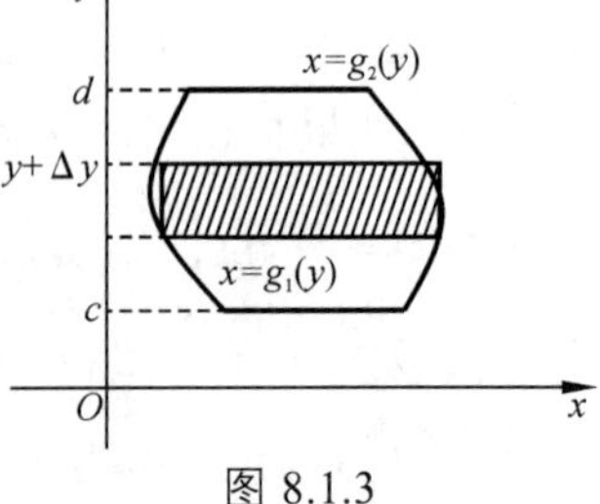

图 8.1.3

选取积分变量y，则$y\in[c,d]$，所求面积微元

$$\mathrm{d}A=|g_2(y)-g_1(y)|\mathrm{d}y,$$

即 $A=\int_c^d|g_2(y)-g_1(y)|\mathrm{d}y$.

例 8.1.1　计算由曲线 $y=x^2$ 和 $y^2=x$ 所围平面图形的面积（如图 8.1.4）.

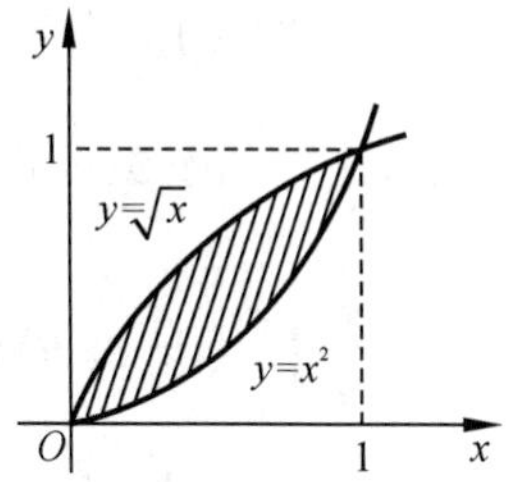

图 8.1.4

解　解方程组 $\begin{cases}y=x^2,\\ y^2=x,\end{cases}$ 得交点 (0, 0) 和 (1, 1) .

积分变量选为 x ，则 $x\in[0,1]$ ，所求面积微元

$$\mathrm{d}A=(\sqrt{x}-x^2)\mathrm{d}x ,$$

则

$$A=\int_0^1(\sqrt{x}-x^2)\mathrm{d}x=\left[\frac{2}{3}x^{\frac{3}{2}}-\frac{1}{3}x^3\right]_0^1=\frac{1}{3}.$$

若积分变量选为 y ，则 $y\in[0,1]$ ，所求面积微元

$$\mathrm{d}A=(\sqrt{y}-y^2)\mathrm{d}y ,$$

则

$$A=\int_0^1(\sqrt{y}-y^2)\mathrm{d}y=\left[\frac{2}{3}y^{\frac{3}{2}}-\frac{1}{3}y^3\right]_0^1=\frac{1}{3}.$$

例 8.1.2　计算由抛物线 $y^2=2x$ 与直线 $x-y=4$ 所围平面图形的面积（如图 8.1.5）.

解　解方程组 $\begin{cases}y^2=2x,\\ x-y=4,\end{cases}$ 得交点 $(2,\ -2)$ 和 $(8,\ 4)$.

积分变量选为 y ，则 $y\in[-2,4]$ ，所求面积微元

$$\mathrm{d}A=\left(y+4-\frac{1}{2}y^2\right)\mathrm{d}y ,$$

则

$$A=\int_{-2}^4\left(y+4-\frac{1}{2}y^2\right)\mathrm{d}y=\left[\frac{y^2}{2}+4y-\frac{y^3}{6}\right]_{-2}^4=18 .$$

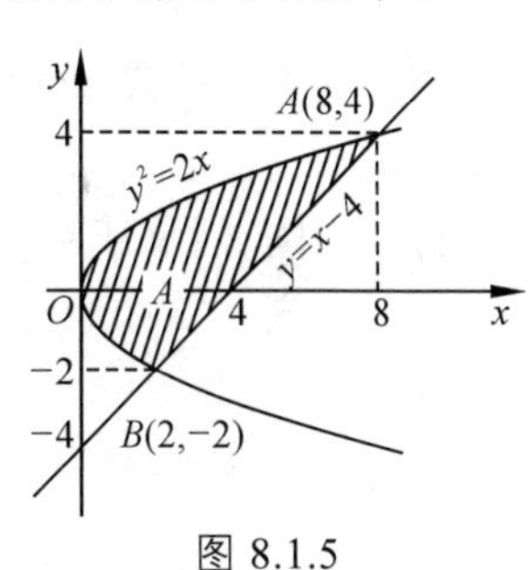

图 8.1.5

若积分变量选为 x ，则 $x\in[0,\ 2]$ ，面积微元 $\mathrm{d}A_1=[\sqrt{2x}-(-\sqrt{2x})]\mathrm{d}x$ ， $x\in[2,\ 8]$ ，面积微元 $\mathrm{d}A_2=[\sqrt{2x}-(x-4)]\mathrm{d}x$. 则

$$A=A_1+A_2=\int_0^2 2\sqrt{2}\sqrt{x}\mathrm{d}x+\int_2^8(\sqrt{2}\sqrt{x}-x+4)\mathrm{d}x$$

$$=\left[\frac{4\sqrt{2}}{3}x^{\frac{3}{2}}\right]_0^2+\left[\frac{2\sqrt{2}}{3}x^{\frac{3}{2}}-\frac{1}{2}x^2+4x\right]_2^8=\frac{16}{3}+\frac{38}{3}=18.$$

注　例 8.1.2 表明同一问题，选取不同积分变量，计算的难易程度有可能不同，因此在实际计算时，积分变量的选取要使得计算简捷.

（3）边界为一条曲线 L： $\begin{cases}x=x(t),\\ y=y(t),\end{cases}$ $t\in[\alpha,\ \beta]$ ，其中 $x=x(t)$ 连续可微， $y=y(t)$ 连续，且 $x(\alpha)=a, x(\beta)=b$ ，可由换元积分法得，所围成图形的面积为

$$A=\left|\int_\alpha^\beta y(t)x'(t)\mathrm{d}t\right|.$$

例 8.1.3　计算椭圆 $\dfrac{x^2}{a^2}+\dfrac{y^2}{b^2}=1$ 所围成的面积.

解 如图 8.1.6 所示，椭圆参数方程为 $x=a\cos t$， $y=b\sin t$，$0\leqslant t\leqslant 2\pi$，于是

$$A=\left|\int_0^{2\pi} b\sin t\cdot a\sin t\mathrm{d}t\right|=ab\int_0^{2\pi}\sin^2 t\mathrm{d}t$$

$$=\frac{ab}{2}\int_0^{2\pi}(1-\cos 2t)\mathrm{d}t=\frac{ab}{2}\left[t-\frac{1}{2}\sin 2t\right]_0^{2\pi}=\pi ab.$$

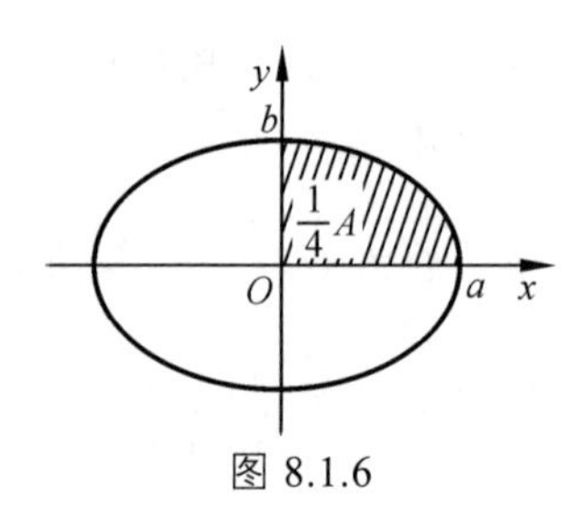

图 8.1.6

当 $a=b$ 时，就得到大家熟悉的圆的面积公式 $S=\pi a^2$.

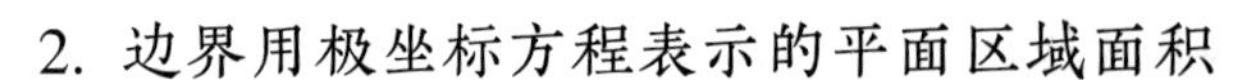

2. 边界用极坐标方程表示的平面区域面积

曲线 L: $r=r(\theta)$，$\alpha\leqslant\theta\leqslant\beta$，其中 $r(\theta)$ 为连续函数，由曲线 L 与两条射线 $\theta=\alpha$，$\theta=\beta$ 围成图形（如图 8.1.7）的面积.

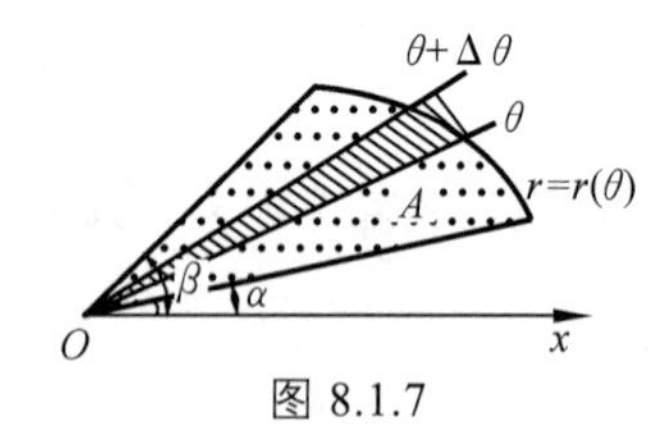

图 8.1.7

取 θ 为积分变量，$\theta\in[\alpha,\beta]$，任取 $[\theta,\theta+\Delta\theta]\subset[\alpha,\beta]$，则面积（阴影）微元 $\mathrm{d}A=\frac{1}{2}r^2(\theta)\mathrm{d}\theta$. 即

$$A=\frac{1}{2}\int_\alpha^\beta r^2(\theta)\mathrm{d}\theta.$$

例 8.1.4 计算心形线 $r=a(1+\cos\theta)$ 所围成的面积（$a>0$）.

解 如图 8.1.8 所示，取 θ 为积分变量，$0\leqslant\theta\leqslant 2\pi$，于是

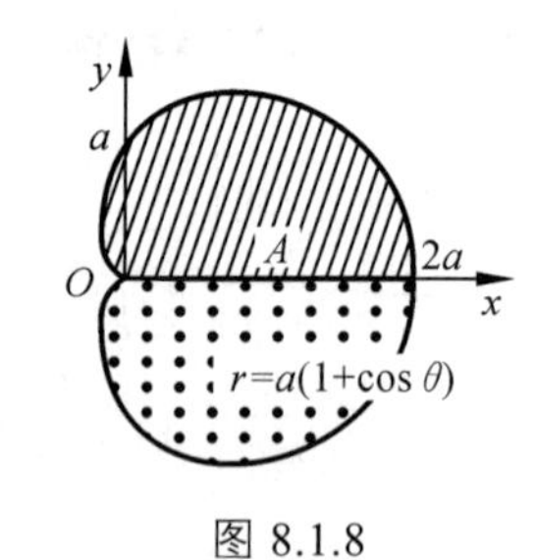

图 8.1.8

$$A=\frac{1}{2}\int_0^{2\pi}a^2(1+\cos\theta)^2\mathrm{d}\theta=\frac{a^2}{2}\int_0^{2\pi}(1+2\cos\theta+\cos^2\theta)\mathrm{d}\theta$$

$$=\frac{a^2}{4}\int_0^{2\pi}(3+4\cos\theta+\cos 2\theta)\mathrm{d}\theta=\frac{a^2}{4}\left[3\theta+4\sin\theta+\frac{1}{2}\sin 2\theta\right]_0^{2\pi}$$

$$=\frac{3\pi}{2}a^2.$$

三、体　积

1. 柱体法求一组平行截面面积已知的立体体积

据史料记载，我国南北朝时期就有了祖暅（456—536 年，数学家祖冲之之子）原理："缘幂势既同，则积不容异．"即介于两个平行平面之间的两个立体，被任一平行于这两个平面的平面所截得的面积相等，则这两个立体的体积相等. 这个原理比卡瓦列利（Cavalieri，1598—1647 年，意大利）在 1635 年的发现要早 1100 多年.

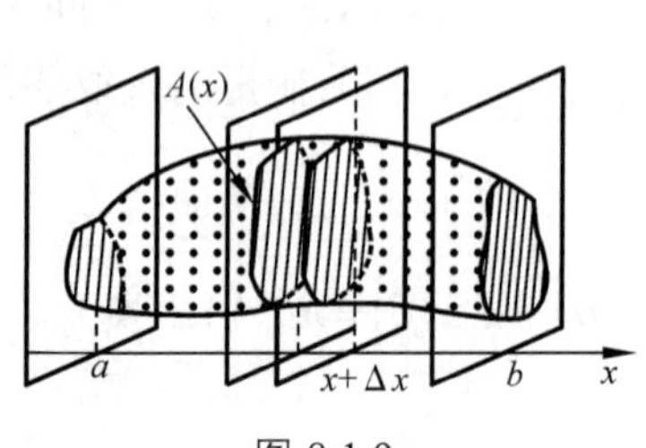

图 8.1.9

设介于垂直于 x 轴的两平面 $x=a$ 与 $x=b$（$a<b$）之间的立体 Ω，在 $\forall x\in[a,b]$ 处作垂直于 x 轴的平面截 Ω 所得截面面积是一个连续函数 $A(x)$（如图 8.1.9）.

取 x 为积分变量，$x\in[a,b]$，任取 $[x,x+\Delta x]\subset[a,b]$，把介于 $[x,x+\Delta x]$ 间的小立体看成以 $A(x)$ 为底、高为 Δx 的柱体，由于 $A(x)$ 连续，于是体积微元为

$$\mathrm{d}V=A(x)\mathrm{d}x,$$

故所求立体的体积为

$$V=\int_a^b A(x)\mathrm{d}x.$$

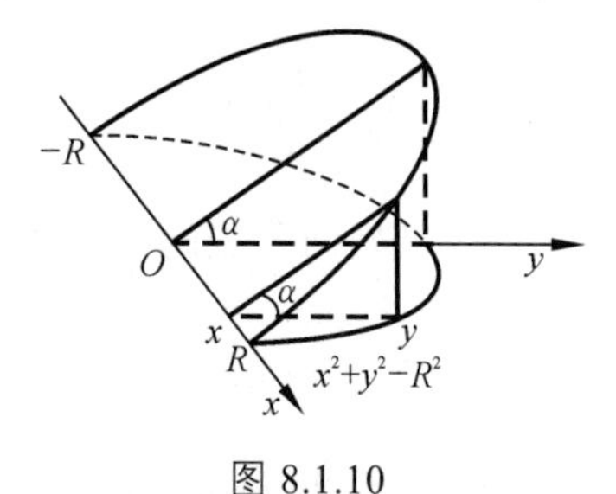

图 8.1.10

例 8.1.5 如图 8.1.10 所示，设一底面半径为 R 的圆柱体被过其底面圆心，且与底面交成角为 α 的平面所截，求所截得立体的体积.

解 底圆的方程为

$$x^2+y^2=R^2,\quad x\in[-R,R].$$

$\forall x\in[-R,R]$，过点 x 且垂直 x 轴的截面是一个直角三角形，其两条直角边的边长分别为 $y_1=\sqrt{R^2-x^2}$ 及 $y_2=\sqrt{R^2-x^2}\tan\alpha$，故截面面积为

$$A(x)=\frac{1}{2}(R^2-x^2)\tan\alpha.$$

因此所求立体的体积为

$$V=\int_{-R}^{R}\frac{1}{2}(R^2-x^2)\tan\alpha\mathrm{d}x=\frac{1}{2}\tan\alpha\left[R^2x-\frac{1}{3}x^3\right]_{-R}^{R}=\frac{2}{3}R^3\tan\alpha.$$

2. 柱体法求旋转体体积

由一个平面图形绕该平面内一条定直线旋转一周所形成的立体称为**旋转体**，定直线称为**旋转轴**.

（1）由连续曲线 $y=f(x)$，直线 $x=a$，$x=b$（$a<b$）及 x 轴围成的曲边梯形绕 x 轴旋转一周所形成的旋转体（如图 8.1.11）.

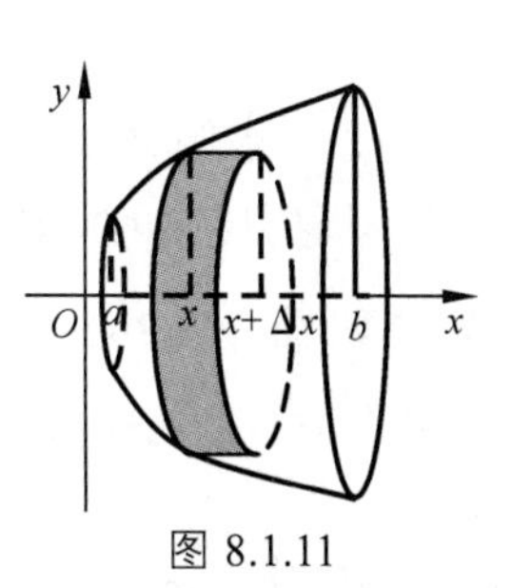

图 8.1.11

取 x 为积分变量，$x\in[a,b]$，则旋转体的体积为

$$V=\pi\int_a^b(f(x))^2\mathrm{d}x.$$

（2）由连续曲线 $x=\varphi(y)$，直线 $y=c$，$y=d$（$c<d$）及 y 轴围成的平面图形绕 y 轴旋转一周所形成的旋转体（如图 8.1.12）.

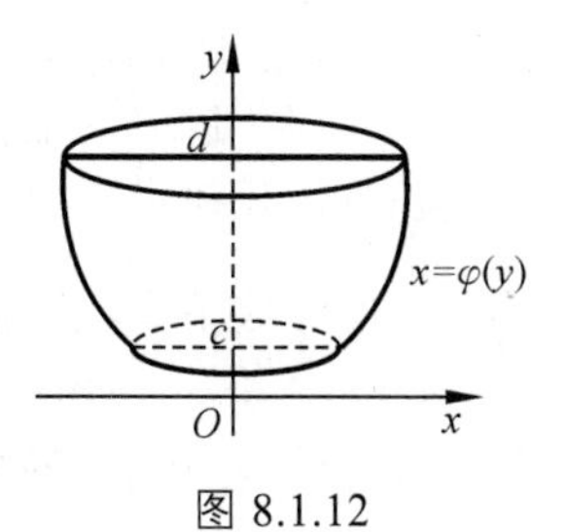

图 8.1.12

取 y 为积分变量，$y\in[c,d]$，则旋转体的体积为

$$V=\pi\int_c^d(\varphi(y))^2\mathrm{d}y.$$

例 8.1.6 求椭圆 $\dfrac{x^2}{a^2}+\dfrac{y^2}{b^2}=1$ 围成的平面图形分别绕 x 轴与 y 轴旋转一周所形成的旋转体的体积.

解 如图 8.1.13 所示，由于椭圆关于坐标轴对称，所以只需考虑第一象限内的曲边梯形绕坐标轴旋转所形成的旋转体的体积.

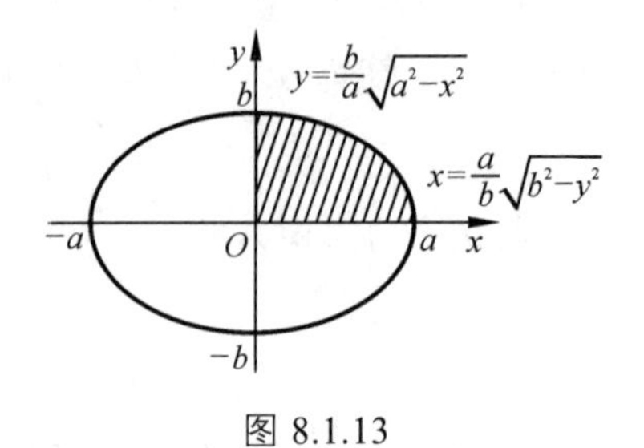

图 8.1.13

绕 x 旋转所形成的旋转体的体积为

$$V_x=2\pi\int_0^a\frac{b^2}{a^2}(a^2-x^2)\mathrm{d}x=2\pi\frac{b^2}{a^2}\left(a^2x-\frac{x^3}{3}\right)\bigg|_0^a=\frac{4}{3}\pi ab^2.$$

绕 y 旋转所形成的旋转体的体积为

$$V_y=2\pi\int_0^b\frac{a^2}{b^2}(b^2-y^2)\mathrm{d}y=2\pi\frac{a^2}{b^2}\left(b^2y-\frac{y^3}{3}\right)\bigg|_0^b=\frac{4}{3}\pi a^2b.$$

特别地，当 $a=b=R$ 时，可得半径为 R 的球体的体积

$$V=\frac{4}{3}\pi R^3.$$

（3）由连续曲线 $y=f_1(x), y=f_2(x)$（$f_1(x)\leqslant f_2(x)$），直线 $x=a$，$x=b$（$a<b$）及 x 轴围成的曲边梯形绕 x 轴旋转一周所形成的旋转体.

由柱体法体积之差求得该旋转体的体积为

$$V=\pi\int_a^b[f_2(x)]^2\mathrm{d}x-\pi\int_a^b[f_1(x)]^2\mathrm{d}x.$$

（4）由连续曲线 $x=\varphi_1(y), x=\varphi_2(y)$（$\varphi_1(y)\leqslant\varphi_2(y)$），直线 $y=c$，$y=d$（$c<d$）及 y 轴围成的平面图形绕 y 轴旋转一周所形成的旋转体.

由柱体法体积之差求得该旋转体的体积为

$$V=\pi\int_c^d(\varphi_2(y))^2\mathrm{d}y-\pi\int_c^d(\varphi_1(y))^2\mathrm{d}y.$$

例 8.1.7 求圆 $x^2+(y-b)^2=a^2$（$0<a<b$）围成的平面图形绕 x 轴旋转一周所形成的旋转体的体积.

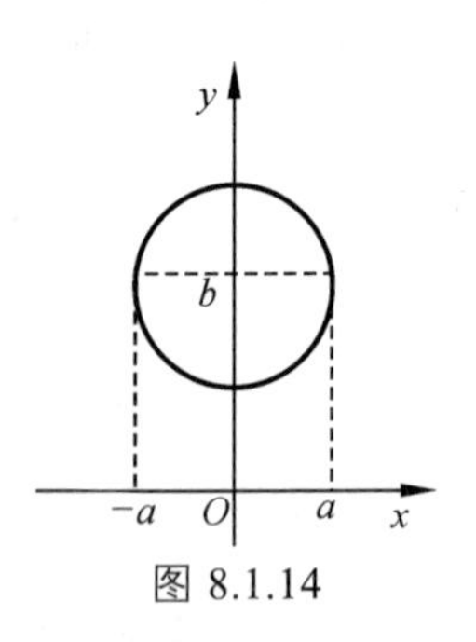

图 8.1.14

解 如图 8.1.14 所示，该旋转体是由 $y_1=b+\sqrt{a^2-x^2}$，$y_2=b-\sqrt{a^2-x^2}$ 及 $x=a, x=-a$ 围成的平面图形绕 x 轴旋转所形成的立体.

所求旋转体的体积为

$$V=\pi\int_{-a}^a(b+\sqrt{a^2-x^2})^2\mathrm{d}x-\pi\int_{-a}^a(b-\sqrt{a^2-x^2})^2\mathrm{d}x$$

$$=4\pi b\int_{-a}^a\sqrt{a^2-x^2}\mathrm{d}x=8\pi b\int_0^a\sqrt{a^2-x^2}\mathrm{d}x.$$

由定积分的几何意义得

$$\int_0^a\sqrt{a^2-x^2}\mathrm{d}x=\frac{1}{4}\pi a^2，\text{即 }V=2\pi^2a^2b.$$

3. 柱壳法求旋转环状体的体积

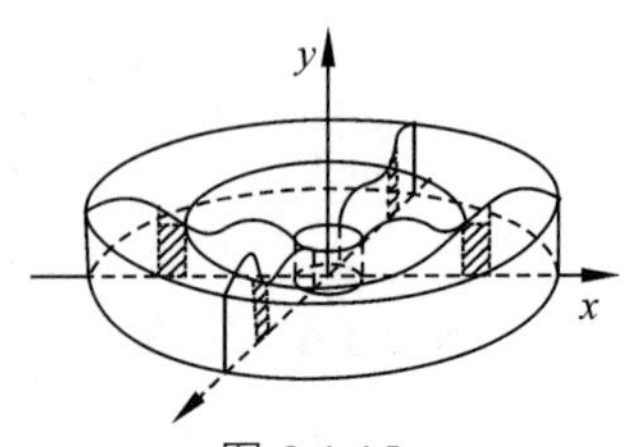

图 8.1.15

由连续曲线 $y=f(x)$，直线 $x=a$，$x=b$（$0<a<b$）及 x 轴围成的曲边梯形绕 y 轴旋转一周所形成的旋转体（如图 8.1.15）.

取 x 为积分变量，$x\in[a,b]$，在 $[x,x+\Delta x]$ 区间的小曲边梯形绕 y 轴旋转一周所形成旋转体可近似视为圆柱壳，体积微元 $\mathrm{d}V=2\pi x|f(x)|$，则旋转体的体积为

$$V=2\pi\int_a^b x|f(x)|\mathrm{d}x.$$

例 8.1.8　求曲边梯形 $0\leqslant y\leqslant x-x\sin x$，$0\leqslant x\leqslant\pi$ 绕 y 轴旋转一周所形成的旋转体的体积（如图 8.1.16）.

解　取 x 为积分变量，$x\in[0,\pi]$，所求旋转体的体积为

$$V=2\pi\int_0^\pi x(x-x\sin x)\mathrm{d}x=2\pi\left(\int_0^\pi x^2\mathrm{d}x-\int_0^\pi x^2\sin x\mathrm{d}x\right)$$

$$=2\pi\left(\frac{1}{3}x^3\Big|_0^\pi+[x^2\cos x]_0^\pi-2\int_0^\pi x\cos x\mathrm{d}x\right)$$

$$=\frac{2}{3}\pi^4-2\pi^3-4\pi[x\sin x]_0^\pi+4\pi\int_0^\pi\sin x\mathrm{d}x$$

$$=\frac{2}{3}\pi^4-2\pi^3+8\pi.$$

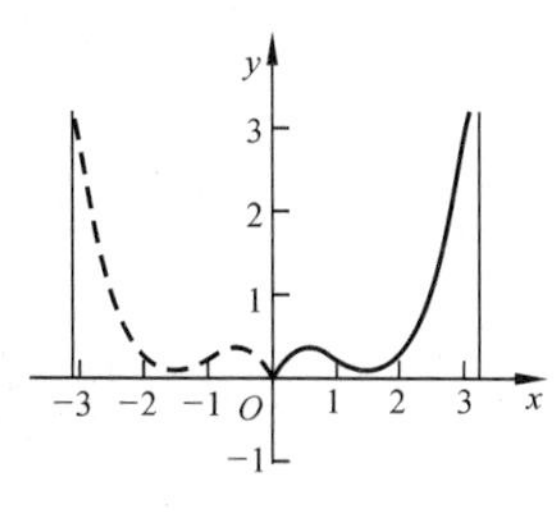

图 8.1.16

例 8.1.7 另解：

$$V=2\int_{b-a}^{b+a}2\pi y\sqrt{a^2-(y-b)^2}\mathrm{d}x=4\pi\int_{-a}^{a}(t+b)\sqrt{a^2-t^2}\mathrm{d}x$$

$$=4\pi\left(0+b\int_{-a}^{a}\sqrt{a^2-t^2}\mathrm{d}x\right)=4\pi b\cdot\frac{1}{2}\pi a^2=2\pi^2a^2b.$$

1. 求下列平面图形的面积.

（1）曲线 $y=x^2$ 与曲线 $y=2-x^2$ 所围成的图形；

（2）曲线 $y=x^2$，$y=\dfrac{x^2}{4}$ 与直线 $y=1$ 所围成的图形；

（3）曲线 $x=t-t^3$，$y=1-t^4$（$t\in[-1,1]$）围成的图形；

（4）星形线 $x=a\cos^3 t$，$y=a\sin^3 t$（$a>0$，$t\in[0,2\pi]$）围成的图形；

（5）圆 $r=3\cos\theta$ 与心形线 $r=1+\cos\theta$ 公共部分围成的图形；

（6）三叶玫瑰线 $r=a\sin 3\theta$（$a>0$）围成的图形.

2. 已知抛物线 $y^2=2x$ 把圆 $x^2+y^2\leqslant 8$ 分成两部分，求这两部分的面积之比.

3. 过原点作曲线 $y=\ln x$ 的切线，求该切线与曲线 $y=\ln x$ 及 x 轴围成的平面图形的面积.

4. 计算底面是半径为 R 的圆，而垂直于底面上一条固定直径的所有截面都是等边三角形的立体体积（如图 8.1.17）.

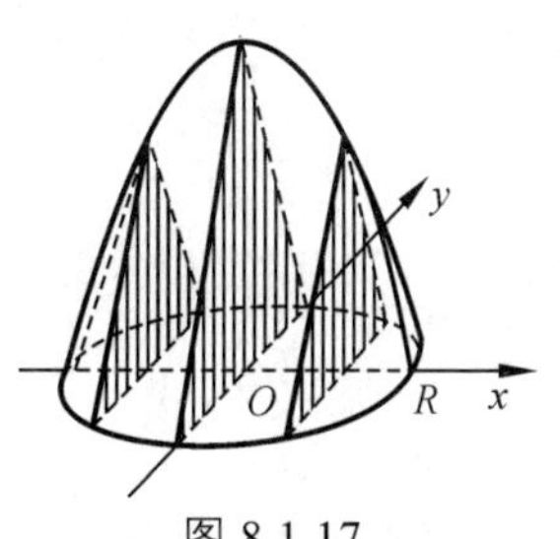

图 8.1.17

5. 求下列图形分别绕 x 轴，y 轴旋转所形成的旋转体的体积.

（1）曲线 $y=x^2$ 与 $x=y^2$ 围成的平面图形；

（2）曲线 $y=\sin x$ 与 x 轴在 $x\in[0,\pi]$ 上围成的平面图形；

（3）曲线 $y=\sqrt{x}$ 与直线 $x=1$，$x=4$，$y=0$ 围成的平面图形.

6. 求 $x^2+(y-5)^2=16$ 围成的平面图形绕 x 轴旋转所形成的旋转体的体积.

7. 设圆锥底面半径为 r，高为 h，求其体积.

8. 已知球的半径为 r，验证高为 $h\,(h<r)$ 的球缺体积 $V=\pi h^2\left(r-\dfrac{h}{3}\right)$.

9. 求心形线 $r=1+\cos\theta$ 绕极轴旋转一周形成旋转体的体积.

第二节 平面曲线的弧长与曲率

一、平面曲线的弧长

1. 弧长的概念

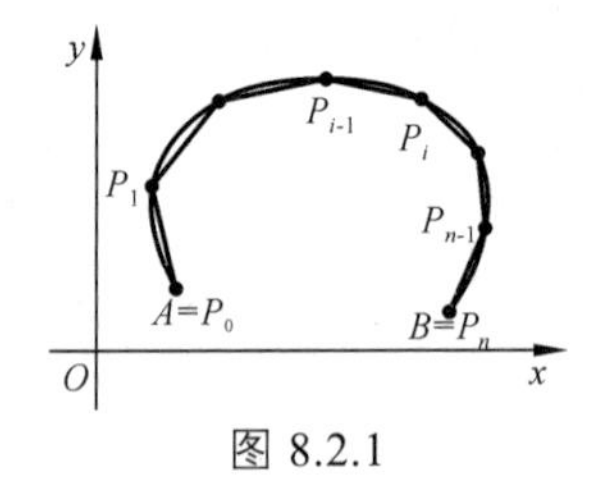

图 8.2.1

虽然我们对弧的长度早已熟悉，但仍需要给出曲线的长度的概念——**弧长**的确切定义.

如图 8.2.1 所示，在曲线 $C=\overset{\frown}{AB}$ 上从点 A 到点 B 任意依次取分点：

$$A=P_0,P_1,\cdots,P_{n-1},P_n=B\ ,$$

它们构成曲线 C 的一个分割，记为 T．用 $\overline{P_{i-1}P_i}$ 表示连接 T 中相邻点 P_{i-1},P_i 的小线段（$i=1,2,\cdots,n$），$|P_{i-1}P_i|$ 为该小线段的长度，这 n 条小线段称为 C 的一条**内接折线**. 记

$$\|T\|=\max_{1\leqslant i\leqslant n}\{|P_{i-1}P_i|\},\quad s_T=\sum_{i=1}^{n}|P_{i-1}P_i|\,.$$

称 s_T 为 C 关于分割 T 的内接折线总长.

定义 8.2.1 对于曲线 C 的任意分割 T，如果内接折线总长 s_T 极限

$$\lim_{\|T\|\to0}s_T=\lim_{\|T\|\to0}\sum_{i=1}^{n}|P_{i-1}P_i|=s$$

存在，则称曲线 C 是可求长的弧段，且称此极限 s 为曲线 C 的**弧长**.

显然 $s_T=\sum\limits_{i=1}^{n}|P_{i-1}P_i|$ 并非积分和的形式，但它由“分割、近似、求和、取极限”四个步骤得来，可以利用定积分的方法进行计算.

2. 弧长公式

定义 8.2.2 设平面曲线 C 的方程为 $\begin{cases}x=x(t),\\ y=y(t),\end{cases}$ $t\in[\alpha,\beta]$. 如果 $x(t)$ 与 $y(t)$ 在 $t\in[\alpha,\beta]$ 上存在连续的导数，且 $x'^2(t)+y'^2(t)\neq0$，则称 C 为一条**光滑曲线**.

定理 8.2.1 设一条平面光滑曲线 C：$\begin{cases} x = x(t), \\ y = y(t), \end{cases}$ $t \in [\alpha, \beta]$，则曲线 C 是可求长的弧段，且弧长

$$s = \int_{\alpha}^{\beta} \sqrt{x'^2(t) + y'^2(t)} \mathrm{d}t . \tag{8.2.1}$$

证 曲线 C 的任意分割 $T = \{P_0, P_1, \cdots, P_{n-1}, P_n\}$，并设 P_0 与 P_n 分别对应 $t = \alpha$ 和 $t = \beta$，且

$$P_i(x_i, y_i) = (x(t_i), y(t_i)) \ (i = 1, 2, \cdots, n-1).$$

于是，与 T 对应得到区间 $[\alpha, \beta]$ 的一个分割

$$T' \colon\ \alpha = t_0 < t_1 < \cdots < t_{n-1} < t_n = \beta, \quad \Delta_i = [t_{i-1}, t_i] .$$

函数 $x = x(t),\ y = y(t)$ 在 T' 所属的每个小区间 $\Delta_i = [t_{i-1}, t_i]$ 上，分别满足微分中值定理条件，则

$$\exists \xi_i \in \Delta_i，使得\ \Delta x_i = x(t_i) - x(t_{i-1}) = x'(\xi_i) \Delta t_i ;$$

$$\exists \eta_i \in \Delta_i，使得\ \Delta y_i = y(t_i) - y(t_{i-1}) = y'(\eta_i) \Delta t_i .$$

从而曲线 C 的内接折线总长为

$$s_T = \sum_{i=1}^{n} \sqrt{\Delta x_i^2 + \Delta y_i^2} = \sum_{i=1}^{n} \sqrt{x'^2(\xi_i) + y'^2(\eta_i)} \Delta t_i$$

$$= \sum_{i=1}^{n} \sqrt{x'^2(\xi_i) + y'^2(\xi_i)} \Delta t_i + \sum_{i=1}^{n} (\sqrt{x'^2(\xi_i) + y'^2(\eta_i)} - \sqrt{x'^2(\xi_i) + y'^2(\xi_i)}) \Delta t_i .$$

利用 $\left|\sqrt{a^2 + b^2} - \sqrt{x^2 + y^2}\right| \leqslant \left|\sqrt{(a-x)^2 + (b-y)^2}\right|$ 得，

$$\left|\sqrt{x'^2(\xi_i) + y'^2(\eta_i)} - \sqrt{x'^2(\xi_i) + y'^2(\xi_i)}\right| \leqslant \left|y'(\eta_i) - y'(\xi_i)\right| .$$

由于 $y'(t)$ 在 $t \in [\alpha, \beta]$ 上连续，则 $y'(t)$ 在 $[\alpha, \beta]$ 上一致连续，即 $\forall \varepsilon > 0, \exists \delta > 0$，当 $\|T'\| < \delta$，有

$$\left|y'(\eta_i) - y'(\xi_i)\right| < \frac{\varepsilon}{\beta - \alpha} \ (i = 1, 2, \cdots, n).$$

因此

$$\sum_{i=1}^{n} (\sqrt{x'^2(\xi_i) + y'^2(\eta_i)} - \sqrt{x'^2(\xi_i) + y'^2(\xi_i)}) \Delta t_i < \frac{\varepsilon}{\beta - \alpha} \sum_{i=1}^{n} \Delta t_i = \varepsilon .$$

即

$$\lim_{\|T\| \to 0} \sum_{i=1}^{n} (\sqrt{x'^2(\xi_i) + y'^2(\eta_i)} - \sqrt{x'^2(\xi_i) + y'^2(\xi_i)}) \Delta t_i = 0 .$$

由于 $x'(t),\ y'(t)$ 在 $t \in [\alpha, \beta]$ 上连续，则

$$\lim_{\|T\| \to 0} \sum_{i=1}^{n} \sqrt{x'^2(\xi_i) + y'^2(\xi_i)} \Delta t_i = \int_{\alpha}^{\beta} \sqrt{x'^2(t) + y'^2(t)} \mathrm{d}t .$$

于是

$$s = \lim_{\|T\| \to 0} \sum_{i=1}^{n} \left|P_{i-1} P_i\right| = \int_{\alpha}^{\beta} \sqrt{x'^2(t) + y'^2(t)} \mathrm{d}t .$$

特别地，曲线 C 的直角坐标方程为 $y=f(x)$，$x\in[a,b]$ 且 $f'(x)$ 连续，则

$$s=\int_a^b\sqrt{1+f'^2(x)}\mathrm{d}x. \tag{8.2.2}$$

曲线 C 的极坐标方程为 $r=r(\theta)$，$\theta\in[\alpha,\beta]$ 且 $r'(\theta)$ 连续，则

$$s=\int_\alpha^\beta\sqrt{r^2(\theta)+r'^2(\theta)}\mathrm{d}\theta. \tag{8.2.3}$$

例 8.2.1 求旋轮线 $x=a(t-\sin t)$，$y=a(1-\cos t)$，$t\in[0,2\pi]$ 一拱的弧长（如图 8.2.2）.

解 由于 $x'(t)=a(1-\cos t)$，$y'(x)=a\sin t$，则

$$s=\int_0^{2\pi}\sqrt{a^2(1-\cos t)^2+a^2\sin^2 t}\mathrm{d}t=\int_0^{2\pi}\sqrt{2a^2(1-\cos t)}\mathrm{d}t$$

$$=2a\int_0^{2\pi}\sin\frac{t}{2}\mathrm{d}t=8a.$$

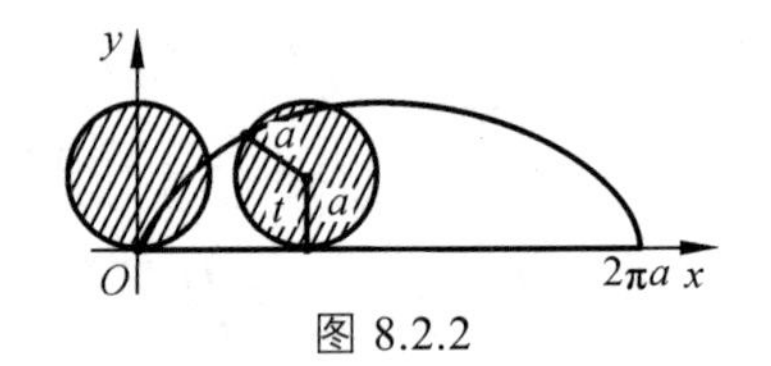

图 8.2.2

例 8.2.2 求悬链线 $y=\dfrac{\mathrm{e}^x+\mathrm{e}^{-x}}{2}$，$x\in[-a,a]$ 的长度.

解 由于 $y'=\dfrac{\mathrm{e}^x-\mathrm{e}^{-x}}{2}$，$1+y'^2=\left(\dfrac{\mathrm{e}^x+\mathrm{e}^{-x}}{2}\right)^2$，则

$$s=\int_{-a}^{a}\left(\frac{\mathrm{e}^x+\mathrm{e}^{-x}}{2}\right)\mathrm{d}x=\left[\frac{\mathrm{e}^x-\mathrm{e}^{-x}}{2}\right]_{-a}^{a}=\mathrm{e}^a-\mathrm{e}^{-a}.$$

例 8.2.3 求半径为 a 的圆的周长.

解 圆的参数方程为 $\begin{cases}x=a\cos t,\\ y=a\sin t,\end{cases}$ $t\in[0,2\pi]$，则周长为其第一象限内弧长的 4 倍，则

$$s=4\int_0^{\frac{\pi}{2}}\sqrt{a^2\sin^2 t+a^2\cos^2 t}\mathrm{d}t=4a\int_0^{\frac{\pi}{2}}\mathrm{d}t=2\pi a.$$

圆的极坐标方程为 $r=a$，$\theta\in[0,2\pi]$，则

$$s=\int_0^{2\pi}\sqrt{a^2+0^2}\mathrm{d}\theta=a\int_0^{2\pi}\mathrm{d}\theta=2\pi a.$$

问题 如果该圆采用直角坐标系显函数表达，如何求其周长？

3. 弧微分

将式（8.2.1）上限改为 t 得，曲线 $C: x=x(t),\ y=y(t)$ 的弧长微分为

$$\mathrm{d}s=\sqrt{x'^2(t)+y'^2(t)}\mathrm{d}t=\sqrt{\mathrm{d}x^2+\mathrm{d}y^2}.$$

类似地，曲线 $y=f(x)$，$x\in[a,b]$ 且 $f'(x)$ 连续，则

$$\mathrm{d}s=\sqrt{1+f'^2(x)}\mathrm{d}x.$$

曲线 $r=r(\theta)$，$\theta\in[\alpha,\beta]$ 且 $r'(\theta)$ 连续，则

$$\mathrm{d}s=\sqrt{r^2(\theta)+r'^2(\theta)}\mathrm{d}\theta.$$

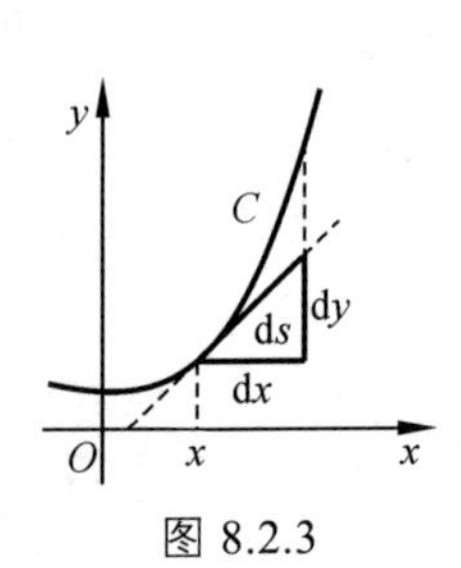

图 8.2.3

弧长微分几何意义如图 8.2.3 所示.

二、曲线的曲率

1. 曲率的概念

在工程技术中，有时需要研究曲线的弯曲程度，如钢梁、转轴等，在负载作用下会产生弯曲变形，为了保证安全，在设计时对弯曲必须有一定的限制. 我们直觉地认识到：直线不弯曲，半径较小的圆比半径较大的圆弯曲形变程度大. 在数学上如何刻画曲线的弯曲程度呢？

观察图 8.2.4 中长度相当的弧 $\overset{\frown}{AB}$ 和 $\overset{\frown}{AC}$，会发现 $\overset{\frown}{AC}$ 比 $\overset{\frown}{AB}$ 平直一些，有动点从点 A 沿 $\overset{\frown}{AC}$ 移动到点 C 时，切线转过的角度 $\Delta\alpha$ 不超过动点从点 A 沿 $\overset{\frown}{AB}$ 移动到点 B 时切线转过的角度 $\Delta\beta$ 的特性，即当弧长一定时，切线转角越大，弧段弯曲程度越大.

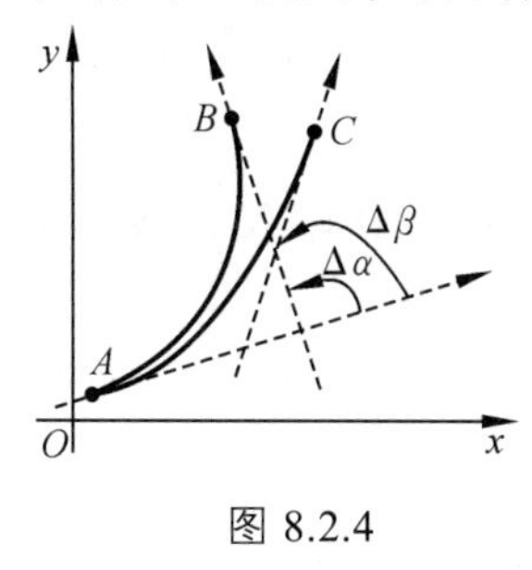

图 8.2.4

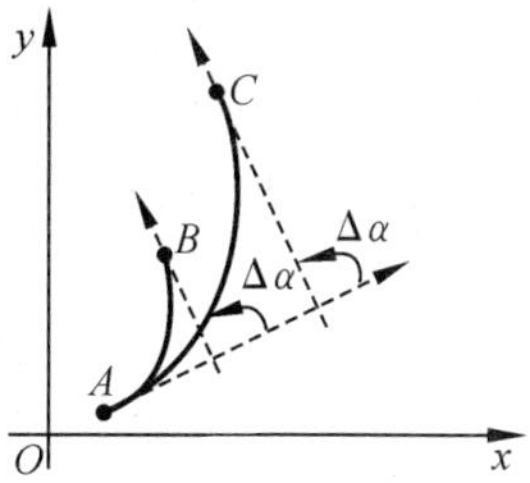

图 8.2.5

观察图 8.2.5，发现当切线转过的角度相同时，弧长越短，弧段弯曲程度越大. 依此分析，曲线的弯曲程度与切线转过的角度 $\Delta\beta$ 成正比、与弧长成反比. 于是

定义 8.2.3　设曲线 C 上弧段 $\overset{\frown}{AB}$ 的长为 Δs，相应切线的转角为 $\Delta\alpha$，称 $\overline{K}=\left|\dfrac{\Delta\alpha}{\Delta s}\right|$ 为弧段 $\overset{\frown}{AB}$ 的平均曲率（如图 8.2.6）.

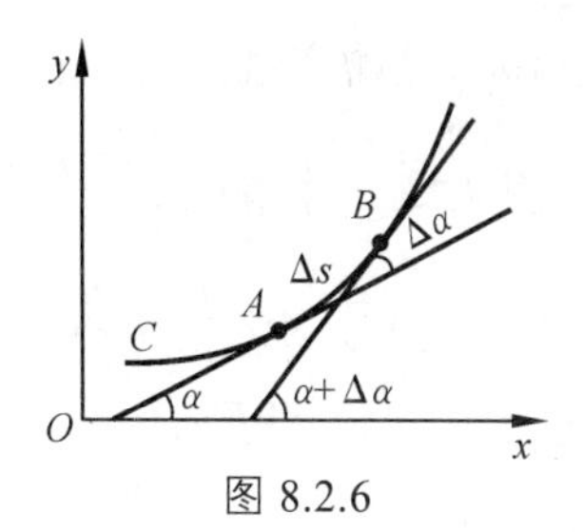

图 8.2.6

类似于瞬时速度的定义，反映弧段 $\overset{\frown}{AB}$ 某一点的弯曲程度——曲率的定义如下：

定义 8.2.4　当点 B 沿曲线 C 趋于点 A，极限 $\lim\limits_{\Delta s\to 0}\overline{K}=\lim\limits_{\Delta s\to 0}\left|\dfrac{\Delta\alpha}{\Delta s}\right|$ 存在，则称此极限为曲线 C 在点 A 处的**曲率**，记为 K，即

$$K=\lim_{\Delta s\to 0}\left|\frac{\Delta\alpha}{\Delta s}\right|=\left|\frac{\mathrm{d}\alpha}{\mathrm{d}s}\right|. \tag{8.2.4}$$

2. 曲率的计算

例 8.2.4　求半径为 R 的圆上任一点处的曲率（如图 8.2.7）.

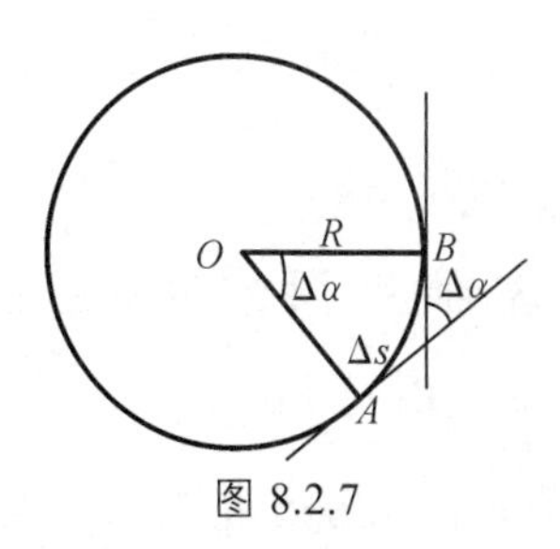

图 8.2.7

解　设 A 为圆上任一点，由于 $\angle AOB=\Delta\alpha=\dfrac{\Delta s}{R}$，则 $\dfrac{\Delta\alpha}{\Delta s}=\dfrac{\frac{\Delta s}{R}}{\Delta s}=\dfrac{1}{R}$. 所以

$$K=\lim_{\Delta s\to 0}\left|\frac{\Delta\alpha}{\Delta s}\right|=\lim_{\Delta s\to 0}\frac{1}{R}=\frac{1}{R}.$$

因此，圆上任意一点的曲率都相同，且等于其半径的倒数. 即圆的半径愈大，曲率愈小. 同理，直线上任意一点的曲率均为零. 这说明曲率的定义确实反映了直观认知.

设曲线的方程是 $y=f(x)$，且 $f(x)$ 具有二阶导数，因为 $\tan\alpha=y'$，所以

$$\alpha=\arctan y',\quad \mathrm{d}\alpha=(\arctan y')'\mathrm{d}x=\frac{y''}{1+y'^2}\mathrm{d}x.$$

由弧微分公式 $\mathrm{d}s=\sqrt{1+y'^2}\mathrm{d}x$ 和式（8.2.4），得

$$K=\left|\frac{\mathrm{d}\alpha}{\mathrm{d}s}\right|=\frac{|y''|}{(1+y'^2)^{\frac{3}{2}}}. \tag{8.2.5}$$

如果光滑曲线的方程为 $\begin{cases}x=x(t),\\ y=y(t),\end{cases}$ 且 $x(t)$，$y(t)$ 具有二阶导数，则曲率公式为

$$K=\frac{|x'(t)y''(t)-x''(t)y'(t)|}{(x'^2(t)+y'^2(t))^{\frac{3}{2}}}. \tag{8.2.6}$$

例 8.2.5 抛物线 $y=ax^2$（$a\neq 0$）上哪一点处的曲率最大？

解 因为 $y'=2ax$，$y''=2a$，由式（8.2.5）得，$K=\dfrac{2|a|}{(1+4a^2x^2)^{\frac{3}{2}}}$. 因此，抛物线 $y=ax^2$ 在顶点 $(0,0)$ 处曲率最大且 $K_{\max}=2|a|$.

例 8.2.6 求椭圆 $\begin{cases}x=a\cos t,\\ y=b\sin t\end{cases}$ 在 $(0,b)$ 点处的曲率.

解 由于 $x'(t)=-a\sin t$，$x''(t)=-a\cos t$，$y'(t)=b\cos t$，$y''(t)=-b\sin t$. 点 $(0,b)$ 对应的参数 $t=\dfrac{\pi}{2}$，则 $x'\left(\dfrac{\pi}{2}\right)=-a$，$x''\left(\dfrac{\pi}{2}\right)=0$，$y'(\dfrac{\pi}{2})=0$，$y''\left(\dfrac{\pi}{2}\right)=-b$. 因此，椭圆在点 $(0,b)$ 处的曲率为

$$K=\left.\frac{|x'(t)y''(t)-x''(t)y'(t)|}{(x'^2(t)+y'^2(t))^{\frac{3}{2}}}\right|_{t=\frac{\pi}{2}}=\frac{|ab|}{a^3}=\frac{b}{a^2}.$$

3. 曲率圆、曲率半径

设曲线 C 上点 P 处的曲率 $K\neq 0$，过点 P 作曲线 C 的切线与法线，在法线上选取一点 P_0，使得 $|P_0P|=\dfrac{1}{K}=\rho$，且 P_0 与曲线 C 位于切线的同一侧. 以 P_0 为圆心、ρ 为半径作圆（如图 8.2.8），此圆就称为曲线 C 在点 P 处的**曲率圆**或**密切圆**，半径 ρ 和圆心 P_0 分别称为曲线 C 在点 P 处的**曲率半径**和**曲率中心**. 曲率中心的轨迹 C' 称为曲线 C 的**渐屈线**，也称曲线

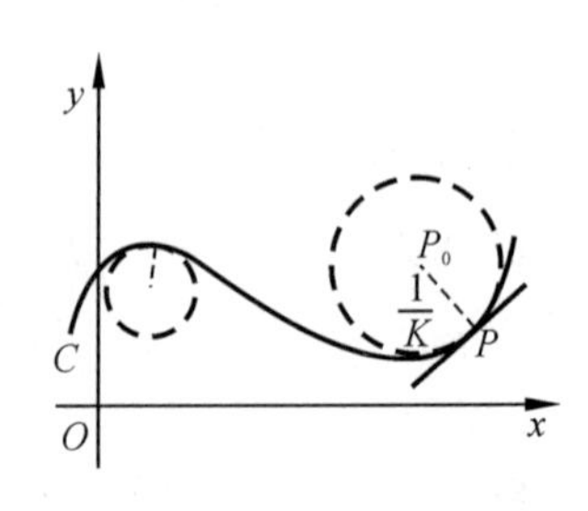

图 8.2.8

C 是轨迹 C' 的**渐开线**.

例 8.2.7 设工件内表面的截线为抛物线 $y=0.4x^2$（如图 8.2.9），要用砂轮磨削其内表面，问用半径多大的砂轮才比较合适？

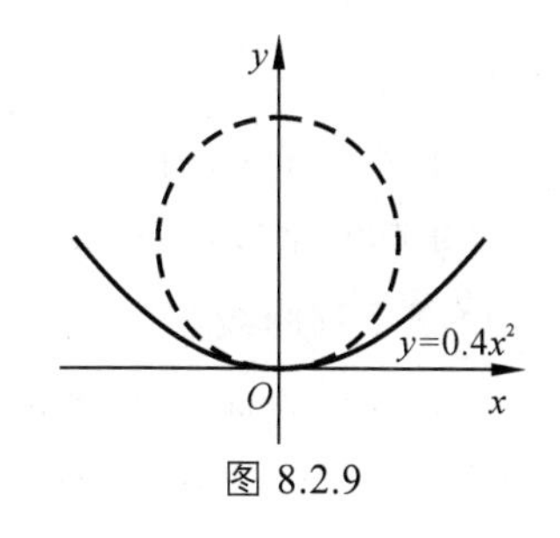

图 8.2.9

解 为了使工件内表面处处能磨削到且不被磨削太多，磨削时所选砂轮应该是磨削处的密切圆，则磨削整个内表面所选砂轮的半径应等于抛物线上各点处的曲率半径最小值. 由例 8.2.5 知，$a=0.4$，$K_{\max}=0.8$. 故在顶点处的曲率半径 $\rho=\dfrac{1}{K}=1.25$. 所以选用砂轮的半径为1.25单位长比较合适.

三、旋转曲面的面积

设平面曲线 C：$y=f(x)\geqslant 0$，且 $f'(x)$ 在 $[a,b]$ 连续，计算曲线 C 绕 x 轴旋转一周所得旋转面的面积 S.

$\forall x\in[a,b]$，设 $f(x)$ 在小区间 $[x,x+\Delta x]\subset[a,b]$ 的振幅为 ω，图 8.2.10 中阴影部分的面积 ΔS，则有

图 8.2.10

$$\left|\Delta S-2\pi f(x)\mathrm{d}s\right|\leqslant 2\pi\omega\mathrm{d}s=2\pi\omega\sqrt{1+f'^2(x)}\mathrm{d}x=o(\Delta x),$$

因此，所求旋转面的面积

$$S=\int_a^b 2\pi f(x)\sqrt{1+f'^2(x)}\mathrm{d}x. \tag{8.2.7}$$

同理，平面光滑曲线 C：$x=x(t)$，$y=y(t)$，$t\in[\alpha,\beta]$，则曲线 C 绕 x 轴旋转一周所得旋转面的面积

$$S=\int_\alpha^\beta 2\pi|y(t)|\sqrt{x'^2(t)+y'^2(t)}\mathrm{d}t.$$

例 8.2.8 计算半径为 R 的球的表面积.

解 球可以看成圆 $C:x=R\cos t$，$y=R\sin t$，$t\in[0,\pi]$ 绕 x 轴旋转一周所得的旋转面，则

$$S=\int_\alpha^\beta 2\pi|y(t)|\sqrt{x'^2(t)+y'^2(t)}\mathrm{d}t=\int_0^\pi(2\pi\cdot R\sin t\cdot R)\mathrm{d}t=4\pi R^2.$$

注 若用函数 $y=\sqrt{R^2-x^2}$ 表示圆 C，由于函数 $y=\sqrt{R^2-x^2}$ 在 $x=\pm R$ 处不可导，则不能直接利用式（8.2.7）计算旋转面的面积.

1. 求下列曲线的弧长.

（1）$y=\dfrac{1}{\sqrt{3}}x^{\frac{3}{2}}$，$x\in[0,15]$；

（2）抛物线 $y^2=x$， $x\in\left[0,\dfrac{1}{4}\right]$；

（3） $x=a(\cos t+t\sin t)$， $y=a(\sin t-t\cos t)$， $t\in[0,2\pi]$（$a>0$）；

（4）心脏线 $r=a(1+\cos\theta)$（$a>0$）；

（5）阿基米德螺线 $r=a\theta$， $\theta\in[0,2\pi]$（$a>0$）.

2. 求下列曲线在指定点的曲率及曲率半径.

（1） $y=4x-x^2$，在其顶点处；

（2） $y=\ln x$，在其与 x 轴交点处；

（3）旋轮线 $x=a(t-\sin t)$， $y=a(1-\cos t)$ 在 $t=\dfrac{\pi}{2}$ 处（$a>0$）.

3. 求曲线 $y=\ln x$ 在点 $(1,0)$ 处的曲率圆方程.

4. 求下列曲线绕指定轴旋转一周而成曲面的面积.

（1） $y=\sin x$， $x\in[0,\pi]$，绕 x 轴；

（2） $y=\dfrac{R}{h}x$， $x\in[0,h]$，绕 x 轴；

（3）旋轮线 $x=a(t-\sin t)$， $y=a(1-\cos t)$， $t\in[0,2\pi]$（$a>0$），绕 x 轴；

（4） $\dfrac{x^2}{a^2}+\dfrac{y^2}{b^2}=1$（ $a,b>0$ ），绕 y 轴.

第三节 定积分在物理学上的应用

一、变力做功

例 8.3.1 如图 8.3.1 所示，一圆锥形水池，池口直径为 30m，深 20m，池中盛满水，试求把全部池水抽出到池外至少需要做多少功.

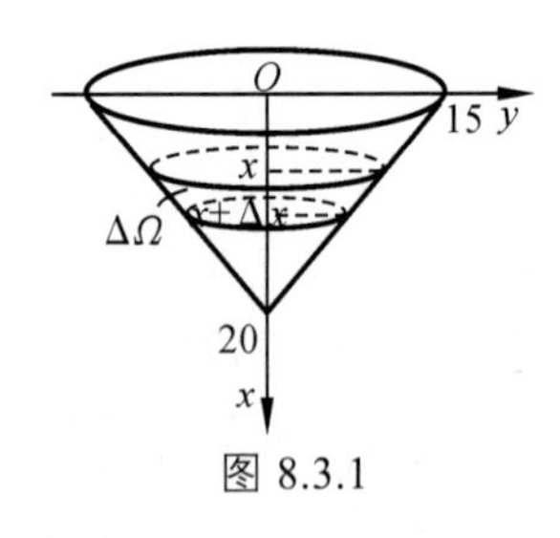

图 8.3.1

解 抽出相同深度处单位体积的水需要做相同的功.

选 x 为积分变量，$\forall x\in[0,20]$，池中深度为 x 到 $x+\Delta x$ 的这一薄层水 $\Delta\Omega$ 的体积 $\Delta V=\pi\left[15\left(1-\dfrac{x}{20}\right)\right]^2\mathrm{d}x$，设水的密度为 γ. 则将 $\Delta\Omega$ 抽至池口做的功

$$\mathrm{d}W=\gamma\Delta Vg\cdot x=\gamma g\pi\left[15\left(1-\frac{x}{20}\right)\right]^2x\mathrm{d}x=\frac{9}{16}\pi\gamma g(20-x)^2x\mathrm{d}x,$$

从而把全部池水抽出到池外至少需要做功

$$W=\frac{9}{16}\pi\gamma g\int_0^{20}(20-x)^2x\mathrm{d}x=\frac{9}{16}\pi\gamma g\left[200x^2-\frac{40}{3}x^3+\frac{1}{4}x^4\right]_0^{20}.$$

$$=75\,000\pi\gamma g$$

二、静压力

例 8.3.2 如图 8.3.2 所示，一半径为 3m 的圆形闸门，水平面齐及其直径，试求闸门受到水的静压力.

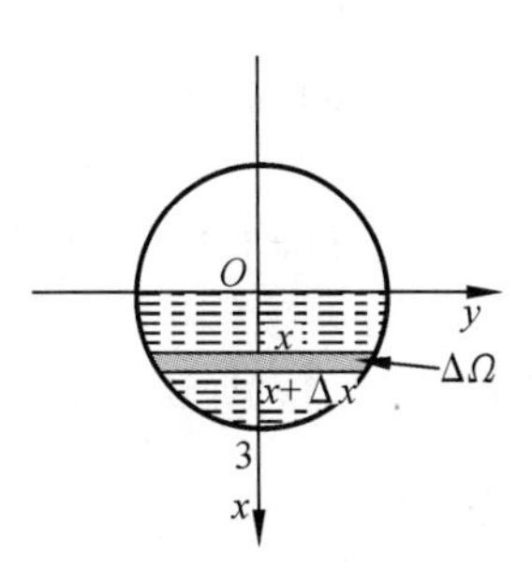

图 8.3.2

解 设水的密度为γ，在相同深度处水的静压强相同，静压强$P=\gamma gh$. 选x为积分变量，$\forall x\in[0,3]$，闸门深度为x到$x+\Delta x$的这一狭条$\Delta\Omega$的面积$\Delta A=2\sqrt{9-x^2}\mathrm{d}x$. 则$\Delta\Omega$上受到水的静压力

$$\mathrm{d}F=P\Delta A=2\gamma gx\sqrt{9-x^2}\mathrm{d}x,$$

从而闸门受到水的总静压力

$$F=2\gamma g\int_0^3 x\sqrt{9-x^2}\mathrm{d}x=-\gamma g\left[\frac{2}{3}(9-x^2)^{\frac{3}{2}}\right]_0^3=18\gamma g.$$

三、引　力

例 8.3.3 如图 8.3.3 所示，一半径为r的圆弧形导线，均匀带电，电荷密度为μ，在圆心正上方距导线所在平面为a处有一电量为q的点电荷. 试求带电导线与点电荷之间的作用力.

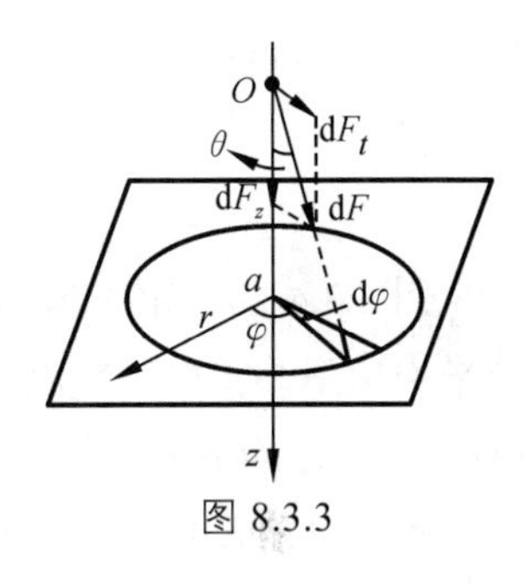

图 8.3.3

解 显然只需求z轴方向的作用力. 由库伦定律知，相距x的电量为q_1,q_2的点电荷之间的作用力（引力或斥力）的大小为

$$F=k\frac{q_1q_2}{x^2}\ (\ k\ 为库伦常数\ ),$$

方向是在其连线上.

选φ为积分变量，$\forall\varphi\in[0,2\pi]$，把中心角为$\mathrm{d}\varphi$的一小段导线圆弧视为一个点电荷，其电量为

$$\mathrm{d}Q=\mu\mathrm{d}s=\mu r\mathrm{d}\varphi,$$

其对点电荷q的作用力为

$$\mathrm{d}F=k\frac{q\mathrm{d}Q}{a^2+r^2}=\frac{k\mu rq}{a^2+r^2}\mathrm{d}\varphi,$$

则$\mathrm{d}F$在z轴方向分力为

$$\mathrm{d}F_z=\mathrm{d}F\cos\theta=\mathrm{d}F\frac{a}{\sqrt{a^2+r^2}}=k\mu raq(a^2+r^2)^{-\frac{3}{2}}\mathrm{d}\varphi,$$

由对称知其垂直于子轴平面上的合力$F_t=0$，因此带电导线与点电荷之间的作用力为

$$F=F_z=\int_0^{2\pi}k\mu raq(a^2+r^2)^{-\frac{3}{2}}\mathrm{d}\varphi=2\pi k\mu raq(a^2+r^2)^{-\frac{3}{2}}.$$

四、平均值

n个数值$y_1,y_2,\cdots,y_n$的算术平均值为$\overline{y}=\frac{1}{n}(y_1+y_2+\cdots+y_n)$. 在许多实际问题中，需要考

虑连续函数在区间上所取值的平均值，如在一昼夜间的平均温度等. 下面将讨论如何定义和计算连续函数 $f(x)$ 在区间 $[a,b]$ 上的平均值.

把区间 $[a,b]$ 进行 n 等份分割，分点 $x_i = a+\frac{i-1}{n}(b-a)$，$\Delta x_i = \frac{1}{n}(b-a)$，取介点 $\xi_i = x_i$，$y_i = f(\xi_i)$（$i=1,2,\cdots,n$）. 则用平均值为 $\overline{y}=\frac{1}{n}(y_1+y_2+\cdots+y_n)$ 来近似表达函数 $f(x)$ 在区间 $[a,b]$ 上的平均值，且若 $\lim\limits_{n\to\infty}\frac{1}{n}(y_1+y_2+\cdots+y_n)$ 极限存在，称此极限为函数 $f(x)$ 在区间 $[a,b]$ 上的**平均值**.

又由于
$$\lim_{n\to\infty}\frac{1}{n}(y_1+y_2+\cdots+y_n)=\lim_{n\to\infty}\left(\frac{y_1+y_2+\cdots+y_n}{b-a}\cdot\frac{b-a}{n}\right)$$
$$=\frac{1}{b-a}\lim_{n\to\infty}\sum_{i=1}^{n}f(\xi_i)\Delta x_i=\frac{1}{b-a}\int_a^b f(x)\mathrm{d}x .$$

故函数 $y=f(x)$ 在区间 $[a,b]$ 上的平均值
$$\overline{y}=\frac{1}{b-a}\int_a^b f(x)\mathrm{d}x .$$

例 8.3.4 周期性交流电流 $i(t)$ 的有效值：当电流 $i(t)$ 在一个周期 T 内在负载电阻 R 上消耗的平均功率等于恒定电流 I 在 R 上消耗的功率时，称恒定电流 I 值为 $i(t)$ 的有效值. 试求正弦电流 $i(t)=I_m\sin\omega t$ 的有效值.

解 电流 $i(t)$ 在 R 上消耗的功率为 $W(t)=i^2(t)R$，则它在区间 $[0,T]$ 上的平均功率
$$\overline{W}=\frac{R}{T}\int_0^T i^2(t)\mathrm{d}t ,$$

而恒定电流 I 在 R 上消耗的功率为 $\overline{W}(t)=I^2R$，则 $I^2R=\frac{R}{T}\int_0^T i^2(t)\mathrm{d}t$，即
$$I=\sqrt{\frac{1}{T}\int_0^T i^2(t)\mathrm{d}t}=\sqrt{\frac{\omega}{2\pi}\int_0^{\frac{2\pi}{\omega}}I_m^2\sin^2\omega t\mathrm{d}t}=\sqrt{\frac{\omega I_m^2}{2\pi}\left[\frac{1}{2}\left(\omega t-\frac{1}{2}\sin 2\omega t\right)\right]_0^{\frac{2\pi}{\omega}}}=\frac{I_m}{\sqrt{2}} .$$

即电流有效值是其峰值的 $\frac{\sqrt{2}}{2}$ 倍.

通常称 $\sqrt{\frac{1}{b-a}\int_a^b f^2(x)\mathrm{d}x}$ 为函数 $y=f(x)$ 在区间 $[a,b]$ 上的**均方根**.

习题 8.3

1. 设地面上有一个底面积为 $A=20\ \mathrm{m}^2$，深为 4 m 的直柱体储水池盛满水，现把池水全部抽到离池顶 3 m 高的地方去，问需做多少功？

2. 有一等腰梯形闸门垂直浸入水中，它的上、下底边长各为 10 m 和 6 m，高为 20 m，上

底边与水面平齐，计算闸门的一侧所受的水压力.

3. 半径为 R 的球沉入水中，球的顶部与水面相切，球的密度与水相同，现将球从水中取离水面，问做功多少？

4. 设有一半径为 R 的半圆弧形导线，其电源密度为常数 ρ，在圆心处放置一单位点电荷，试求它们之间作用力的大小.

5. 求正弦交流电 $i(t)=I_0\sin\omega t$，经过半波整流后得到电流

$$i(t)=\begin{cases}I_0\sin\omega t, 0\leqslant t\leqslant\dfrac{\pi}{\omega},\\ 0, \qquad \dfrac{\pi}{\omega}\leqslant t\leqslant\dfrac{2\pi}{\omega}\end{cases}$$

的平均值和有效值.

第四节　广义积分的概念与性质

在讨论定积分时，有两个基本限制条件：积分区间的有限性和被积函数的有界性. 但在实际问题中时常会遇到突破这两个限制条件的情况.

一、引　例

例 8.4.1（第二宇宙速度）　如图 8.4.1 所示，从地面垂直向上发射质量为 m 的火箭，为使火箭脱离地球引力范围，试问火箭的初速度 v_0 应多大（途中不提供动力）？

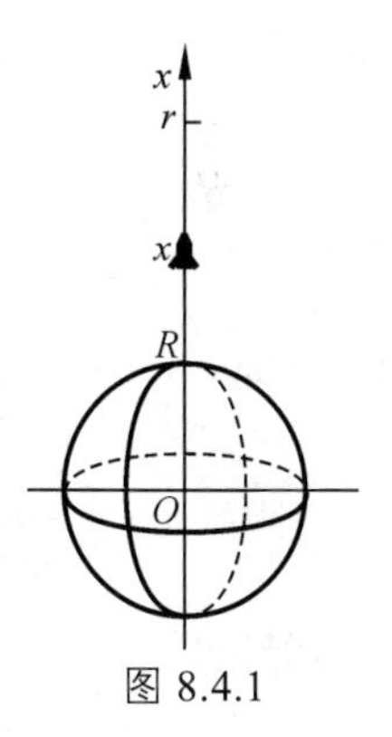

图 8.4.1

解　设地球的质量为 M. 先求火箭到达离地心 r 时需要克服地球所做的功.

选 x 为积分变量，$\forall x\in[R,r]$，由万有引力公式得，地球对火箭的引力

$$F=k\frac{mM}{x^2}\ （k 为引力常数），$$

且 $x=R$ 时，

$$k\frac{mM}{R^2}=mg\ ,\ \ k=\frac{1}{M}gR^2\ ,\ \ F=\frac{1}{x^2}mgR^2\ .$$

则火箭从 x 推进到 $x+\Delta x$ 时，地球引力做的功为

$$\mathrm{d}W=\frac{1}{x^2}mgR^2\mathrm{d}x\ .$$

即火箭推进到距离地面高度为 r 处需克服地球引力所做的功为

$$W=\int_R^r\frac{1}{x^2}mgR^2\mathrm{d}x=-mgR^2\left[\frac{1}{x}\right]_R^r=mgR^2\left(\frac{1}{R}-\frac{1}{r}\right).$$

要让火箭脱离地球引力范围，相当于 $r \to +\infty$ ，这时需克服地球引力所做的功为

$$W = \lim_{r \to +\infty} \int_R^r \frac{1}{x^2} mgR^2 \mathrm{d}x = mgR .$$

根据机械能守恒定律，火箭脱离地球引力范围，火箭的初始动能 $\frac{1}{2}mv_0^2 \geqslant mgR$ ，即

$$v_0 \geqslant \sqrt{2gR} \approx \sqrt{2 \times 9.8 \times 6.371 \times 10^6} \approx 11.2 \text{（ km/s ）}.$$

例 8.4.2　求圆 $x^2 + y^2 = a^2$ 的周长.

解　由图形的对称性，圆的周长是第一象限内弧 $y = \sqrt{a^2 - x^2}$ 长的 4 倍. 由于当 $x \neq a$ 时，$y' = -\frac{x}{\sqrt{a^2 - x^2}}$ ，根据式（8.2.2）知，

$$s = 4\int_0^a \sqrt{1 + y'^2(x)}\mathrm{d}x = 4\int_0^a \sqrt{1 + \frac{x^2}{a^2 - x^2}}\mathrm{d}x = 4a\int_0^a \frac{1}{\sqrt{a^2 - x^2}}\mathrm{d}x .$$

此积分看似熟悉，但其被积函数 $f(x) = \frac{1}{\sqrt{a^2 - x^2}}$ 在 $x = a$ 处无定义，且在 $\mathring{U}_-(a)$ 内无界，因此 $\int_0^a \frac{1}{\sqrt{a^2 - x^2}}\mathrm{d}x$ 其不能按定积分来讨论. 而破坏可积性的真正原因是函数 $\frac{1}{\sqrt{a^2 - x^2}}$ 在邻域 $\mathring{U}_+(a)$ 内无界，类似于例 8.4.1，先去除 a 点，即对于 $\forall \varepsilon > 0$ ，计算

$$\int_0^{a-\varepsilon} \frac{1}{\sqrt{a^2 - x^2}}\mathrm{d}x = \left[\arcsin\frac{x}{a}\right]_0^{a-\varepsilon} = \arcsin\left(1 - \frac{\varepsilon}{a}\right),$$

由于 $\lim\limits_{\varepsilon \to 0^+} \arcsin\left(1 - \frac{\varepsilon}{a}\right) = \frac{\pi}{2}$，则

$$\int_0^a \frac{1}{\sqrt{a^2 - x^2}}\mathrm{d}x = \lim_{\varepsilon \to 0^+} \int_0^{a-\varepsilon} \frac{1}{\sqrt{a^2 - x^2}}\mathrm{d}x = \lim_{\varepsilon \to 0^+} \arcsin\left(1 - \frac{\varepsilon}{a}\right) = \frac{\pi}{2}.$$

从而圆的周长为

$$s = 4a \times \frac{\pi}{2} = 2\pi a .$$

上述两个例子表明，有必要将定积分的概念加以推广——**广义积分**.

二、两类广义积分的定义

1. 无穷积分

定义 8.4.1　设函数 $f(x)$ 在 $[a, +\infty)$ 上有定义，且在任意有限区间 $[a, A] \subset [a, +\infty)$ 上可积（简称**内闭可积**），则称 $\int_a^{+\infty} f(x)\mathrm{d}x$ 是函数 $f(x)$ 在 $[a, +\infty)$ 上的**无穷限的广义积分**（简称**无穷积分**）.

若极限 $\lim\limits_{A \to +\infty} \int_a^A f(x)\mathrm{d}x = J$ 存在，则称广义积分 $\int_a^{+\infty} f(x)\mathrm{d}x$ **收敛**，极限值 J 称为广义积分 $\int_a^{+\infty} f(x)\mathrm{d}x$ 的值. 记为

$$\int_a^{+\infty} f(x)\mathrm{d}x = \lim_{A\to+\infty}\int_a^A f(x)\mathrm{d}x = J .$$

若极限 $\lim\limits_{A\to+\infty}\int_a^A f(x)\mathrm{d}x$ 不存在，则称广义积分 $\int_a^{+\infty} f(x)\mathrm{d}x$ **发散**.

注 广义积分 $\int_a^{+\infty} f(x)\mathrm{d}x$ 收敛的几何意义：以曲线 $y=f(x)\geqslant 0$，直线 $x=a$ 以及 x 轴为边界的无限区域的面积（如图 8.4.2）.

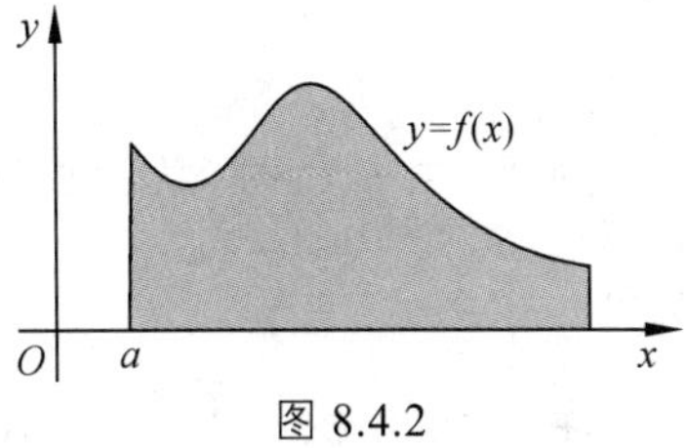

图 8.4.2

类似地，可定义 $\int_{-\infty}^b f(x)\mathrm{d}x$. 且当 $\lim\limits_{B\to-\infty}\int_B^b f(x)\mathrm{d}x$ 存在时，
$\int_{-\infty}^b f(x)\mathrm{d}x = \lim\limits_{B\to-\infty}\int_B^b f(x)\mathrm{d}x$.

若存在 $c\in\mathbf{R}$，使得 $\int_{-\infty}^c f(x)\mathrm{d}x$ 和 $\int_c^{+\infty} f(x)\mathrm{d}x$ 同时收敛(至少有一个发散)，则称广义积分 $\int_{-\infty}^{+\infty} f(x)\mathrm{d}x$ 收敛（发散），且收敛时有

$$\int_{-\infty}^{+\infty} f(x)\mathrm{d}x = \int_{-\infty}^c f(x)\mathrm{d}x + \int_c^{+\infty} f(x)\mathrm{d}x .$$

例 8.4.3 判断 $\int_0^{+\infty}\mathrm{e}^{-x}\mathrm{d}x$ 敛散性. 若收敛，求其值.

解 由于 $\forall A>0$， $\lim\limits_{A\to+\infty}\int_0^A \mathrm{e}^{-x}\mathrm{d}x = -\lim\limits_{A\to+\infty}[\mathrm{e}^{-x}]_0^A = \lim\limits_{A\to+\infty}(1-\mathrm{e}^{-A}) = 1$，所以 $\int_0^{+\infty}\mathrm{e}^{-x}\mathrm{d}x$ 收敛，且 $\int_0^{+\infty}\mathrm{e}^{-x}\mathrm{d}x = 1$.

例 8.4.4 求 $\int_{-\infty}^{+\infty}\frac{1}{1+x^2}\mathrm{d}x$.

解 由于

$$\int_{-\infty}^0\frac{1}{1+x^2}\mathrm{d}x = \lim_{B\to-\infty}\int_B^0\frac{1}{1+x^2}\mathrm{d}x = \lim_{B\to-\infty}[\arctan x]_B^0 = -\lim_{B\to-\infty}\arctan B = \frac{\pi}{2},$$

$$\int_0^{+\infty}\frac{1}{1+x^2}\mathrm{d}x = \lim_{A\to+\infty}\int_0^A\frac{1}{1+x^2}\mathrm{d}x = \lim_{A\to+\infty}[\arctan x]_0^A = \lim_{A\to+\infty}\arctan A = \frac{\pi}{2},$$

所以

$$\int_{-\infty}^{+\infty}\frac{1}{1+x^2}\mathrm{d}x = \int_{-\infty}^0 f(x)\mathrm{d}x + \int_0^{+\infty} f(x)\mathrm{d}x = \pi .$$

为了计算方便，记

$$F(+\infty) = \lim_{x\to+\infty}F(x), \quad F(-\infty) = \lim_{x\to-\infty}F(x),$$

广义积分的计算公式采用类似于牛顿-莱布尼茨公式的记号. 若 $F(x)$ 是 $f(x)$ 的一个原函数，则收敛的无穷积分可以表示为

$$\int_a^{+\infty} f(x)\mathrm{d}x = F(x)\Big|_a^{+\infty} = F(+\infty)-F(a) = \lim_{x\to+\infty}F(x)-F(a);$$

$$\int_{-\infty}^b f(x)\mathrm{d}x = F(x)\Big|_{-\infty}^b = F(b)-F(-\infty) = F(b)-\lim_{x\to-\infty}F(x);$$

$$\int_{-\infty}^{+\infty} f(x)\mathrm{d}x = F(x)\Big|_{-\infty}^{+\infty} = F(+\infty)-F(-\infty) = \lim_{x\to+\infty}F(x)-\lim_{x\to-\infty}F(x).$$

例 8.4.5 讨论广义积分$\int_1^{+\infty}\frac{1}{x^p}\mathrm{d}x$的敛散性.

证 当$p=1$时，$\int_1^{+\infty}\frac{1}{x^p}\mathrm{d}x=\ln x\Big|_a^{+\infty}=+\infty$；

当$p\neq 1$时，$\int_a^{+\infty}\frac{1}{x^p}\mathrm{d}x=\frac{x^{1-p}}{1-p}\Big|_a^{+\infty}=\begin{cases}+\infty, & p<1,\\ \frac{1}{p-1}, & p>1.\end{cases}$

因此，当$p>1$时，无穷积分$\int_1^{+\infty}\frac{1}{x^p}\mathrm{d}x$收敛，其值为$\frac{1}{p-1}$；当$p\leqslant 1$时，无穷积分$\int_1^{+\infty}\frac{1}{x^p}\mathrm{d}x$发散.

注 无穷积分$\int_a^{+\infty}f(x)\mathrm{d}x$的敛散性与$\lim\limits_{x\to+\infty}f(x)=0$没有必然联系．如$\lim\limits_{x\to+\infty}\frac{1}{x}=0$，但$\int_1^{+\infty}\frac{1}{x}\mathrm{d}x$发散；而$f(x)=\begin{cases}1, x=n\in\mathbf{N}_+,\\ 0, x\in[0,+\infty)\text{且}x\neq n,\end{cases}$有$\int_0^{+\infty}f(x)\mathrm{d}x=0$，但$\lim\limits_{x\to+\infty}f(x)$不存在.

2. 瑕积分

定义 8.4.2 设函数$f(x)$在$[a,b)$上有定义，$f(x)$在任意$U_-(b)$上无界（这样点b称为$f(x)$的**瑕点**），且$f(x)$任意区间$[a,A]\subset[a,b)$可积（简称**内闭可积**），则称$\int_a^b f(x)\mathrm{d}x$是函数$f(x)$在$[a,b)$上的**瑕积分**．若极限$\lim\limits_{A\to b^-}\int_a^A f(x)\mathrm{d}x=J$存在，则称瑕积分$\int_a^b f(x)\mathrm{d}x$**收敛**，极限值$J$称为瑕积分$\int_a^b f(x)\mathrm{d}x$的值．记为

$$\int_a^b f(x)\mathrm{d}x=\lim_{A\to b^-}\int_a^A f(x)\mathrm{d}x=J.$$

若极限$\lim\limits_{A\to b^-}\int_a^A f(x)\mathrm{d}x$不存在，则称瑕积分$\int_a^b f(x)\mathrm{d}x$**发散**.

类似地，定义a是$f(x)$在$(a,b]$上瑕点时，瑕积分$\int_a^b f(x)\mathrm{d}x$．且当$\lim\limits_{B\to a^+}\int_B^b f(x)\mathrm{d}x$存在时，$\int_a^b f(x)\mathrm{d}x=\lim\limits_{B\to a^+}\int_B^b f(x)\mathrm{d}x$.

若$f(x)$的瑕点$c\in(a,b)$，当瑕积分$\int_a^c f(x)\mathrm{d}x$与瑕积分$\int_c^b f(x)\mathrm{d}x$同时收敛（至少有一个发散），则称瑕积分$\int_a^b f(x)\mathrm{d}x$收敛（发散），且收敛时有

$$\int_a^b f(x)\mathrm{d}x=\int_a^c f(x)\mathrm{d}x+\int_c^b f(x)\mathrm{d}x=\lim_{A\to c^-}\int_a^A f(x)\mathrm{d}x+\lim_{B\to c^+}\int_B^b f(x)\mathrm{d}x.$$

若$F(x)$是$f(x)$的一个原函数，则收敛的瑕积分也可以表示为

b为暇点，$\int_a^b f(x)\mathrm{d}x=F(x)\Big|_a^b=F(b-0)-F(a)=\lim\limits_{x\to b^-}F(x)-F(a)$；

a为暇点，$\int_a^b f(x)\mathrm{d}x=F(x)\Big|_a^b=F(b)-F(a+0)=F(b)-\lim\limits_{x\to a^+}F(x)$.

例 8.4.6 讨论$\int_0^1\frac{1}{x^p}\mathrm{d}x$（$p>0$）的敛散性.

解 点 $x=0$ 是 $\dfrac{1}{x^p}$ 的瑕点. 当 $p=1$ 时， $\lim\limits_{\varepsilon\to0^+}\int_\varepsilon^1\dfrac{1}{x}\mathrm{d}x=\lim\limits_{\varepsilon\to0^+}\ln x\Big|_\varepsilon^1=\lim\limits_{\varepsilon\to0}(-\ln\varepsilon)=+\infty$ ，因此 $\int_0^1\dfrac{1}{x}\mathrm{d}x$ 发散；

当 $p\neq1$ 时， $\int_0^1\dfrac{1}{x^p}\mathrm{d}x=\lim\limits_{\varepsilon\to0^+}\int_\varepsilon^1\dfrac{1}{x^p}\mathrm{d}x=\lim\limits_{\varepsilon\to0^+}\dfrac{1}{1-p}x^{1-p}\Big|_\varepsilon^1=\begin{cases}+\infty, & p>1,\\ \dfrac{1}{1-p}, & p<1.\end{cases}$

故当 $p<1$ 时，瑕积分 $\int_0^1\dfrac{1}{x^p}\mathrm{d}x$ 收敛，其值为于 $\dfrac{1}{1-p}$ ；当 $p\geqslant1$ 时，瑕积分 $\int_0^1\dfrac{1}{x^p}\mathrm{d}x$ 发散.

例 8.4.7 计算 $\int_{-1}^1\dfrac{1}{x^2}\mathrm{d}x$.

解 由于 $x=0$ 是 $\dfrac{1}{x^2}$ 的瑕点，而

$$\int_{-1}^0\frac{1}{x^2}\mathrm{d}x=\lim_{\varepsilon\to0^+}\int_{-1}^{-\varepsilon}\frac{1}{x^2}\mathrm{d}x=-\lim_{\varepsilon\to0^+}\frac{1}{x}\Big|_{-1}^{-\varepsilon}$$

$$=-\lim_{\varepsilon\to0^+}\left(\frac{1}{-\varepsilon}-\frac{1}{-1}\right)=+\infty .$$

故 $\int_{-1}^0\dfrac{1}{x^2}\mathrm{d}x$ 发散，继而 $\int_{-1}^1\dfrac{1}{x^2}\mathrm{d}x$ 发散.

注 如果忽略了 $x=0$ 是 $\dfrac{1}{x^2}$ 的瑕点，就会得到以下错误过程和结果.

$$\int_{-1}^1\frac{1}{x^2}\mathrm{d}x=-\frac{1}{x}\Big|_{-1}^1=-1-1=-2 .$$

虽然瑕积分的记号与定积分的记号是一样的，但一定要以瑕点这一特征区分开来.

综上所述，广义积分的敛散性是通过变限积分函数的极限存在与否确定. 从定义可得以下两类广义积分之间的关系和性质.

三、两类广义积分的关系

只给出区间 $(a,b]$ 的左端点 a 为 $f(x)$ 瑕点的情形， $f(x)$ 任意区间 $[u,b]\subset(a,b]$ 可积，在 $x\in[u,b]$ 上，令 $x=a+\dfrac{1}{t}$， $t\in\left[\dfrac{1}{b-a},\dfrac{1}{u-a}\right]$， $\mathrm{d}x=-\dfrac{1}{t^2}\mathrm{d}t$. 于是

$$\int_u^b f(x)\mathrm{d}x=\int_{\frac{1}{u-a}}^{\frac{1}{b-a}}f\left(a+\frac{1}{t}\right)\left(-\frac{1}{t^2}\right)\mathrm{d}t=\int_{\frac{1}{b-a}}^{\frac{1}{u-a}}f\left(a+\frac{1}{t}\right)\frac{1}{t^2}\mathrm{d}t .$$

当 $u\to a^+$ 时， $B=\dfrac{1}{u-a}\to+\infty$ ，则

$$\lim_{u\to a^+}\int_u^b f(x)\mathrm{d}x=\lim_{B\to+\infty}\int_{\frac{1}{b-a}}^B f\left(a+\frac{1}{t}\right)\frac{1}{t^2}\mathrm{d}t .$$

两类广义积分可以相互转化，因此它们有类似的性质.

四、广义积分的性质

1. 无穷积分的性质

性质 8.4.1（柯西准则） 无穷积分$\int_a^{+\infty} f(x)\mathrm{d}x$收敛的充要条件是：$\forall \varepsilon>0$，$\exists A_0>a$，$\forall A_1, A_2>A_0$时，总有$\left|\int_{A_1}^{A_2} f(x)\mathrm{d}x\right|<\varepsilon$.

证 令$F(A)=\int_a^A f(x)\mathrm{d}x$，$A\in[a,+\infty)$. $\int_a^{+\infty} f(x)\mathrm{d}x$收敛的充要条件是$\lim\limits_{A\to+\infty} F(A)$存在，由极限存在的柯西准则知，$\lim\limits_{A\to+\infty} F(A)$存在的充要条件是：$\forall \varepsilon>0$，$\exists A_0>a$，$\forall A_1, A_2>A_0$时，总有$|F(A_1)-F(A_2)|<\varepsilon$，即$\left|\int_a^{A_1} f(x)\mathrm{d}x-\int_a^{A_2} f(x)\mathrm{d}x\right|=\left|\int_{A_1}^{A_2} f(x)\mathrm{d}x\right|<\varepsilon$.

例 8.4.8 证明无穷积分$\int_0^{+\infty}\sin x\mathrm{d}x$发散.

证 由于$\int_{2n\pi}^{2n\pi+\frac{\pi}{2}}\sin x\mathrm{d}x=\int_0^{\frac{\pi}{2}}\sin x\mathrm{d}x=1$，因此取$\varepsilon_0>0$，$\forall A>a$，$\exists A_1=2n\pi$，$A_2=2n\pi+\dfrac{\pi}{2}>A$，有

$$\left|\int_{A_1}^{A_2} f(x)\mathrm{d}x\right|=\left|\int_{2n\pi}^{2n\pi+\frac{\pi}{2}}\sin x\mathrm{d}x\right|=1>\frac{1}{2}=\varepsilon_0 .$$

因此无穷积分$\int_0^{+\infty}\sin x\mathrm{d}x$发散.

性质 8.4.2（线性性） 若无穷积分$\int_a^{+\infty} f(x)\mathrm{d}x$和$\int_a^{+\infty} g(x)\mathrm{d}x$都收敛，$\forall k_1, k_2\in\mathbf{R}$，则$\int_a^{+\infty}[k_1 f(x)+k_2 g(x)]\mathrm{d}x$也收敛，且

$$\int_a^{+\infty}(k_1 f(x)+k_2 g(x))\mathrm{d}x=k_1\int_a^{+\infty} f(x)\mathrm{d}x+k_2\int_a^{+\infty} g(x)\mathrm{d}x .$$

性质 8.4.3 对于无穷积分$\int_a^{+\infty} f(x)\mathrm{d}x$，$\forall b\in(a,+\infty)$，则$\int_a^{+\infty} f(x)\mathrm{d}x$与$\int_b^{+\infty} f(x)\mathrm{d}x$具有相同的敛散性，且

$$\int_a^{+\infty} f(x)\mathrm{d}x=\int_a^b f(x)\mathrm{d}x+\int_b^{+\infty} f(x)\mathrm{d}x .$$

性质 8.4.4 函数$f(x)$在任意有限区间$[a,A]\subset[a,+\infty)$上可积，若$\int_a^{+\infty}|f(x)|\mathrm{d}x$收敛，则$\int_a^{+\infty} f(x)\mathrm{d}x$收敛，且

$$\int_a^{+\infty} f(x)\mathrm{d}x\leqslant\int_a^{+\infty}|f(x)|\mathrm{d}x .$$

定义 8.4.3 若无穷积分$\int_a^{+\infty}|f(x)|\mathrm{d}x$收敛，则称无穷积分$\int_a^{+\infty} f(x)\mathrm{d}x$**绝对收敛**.

若无穷积分$\int_a^{+\infty} f(x)\mathrm{d}x$收敛，而无穷积分$\int_a^{+\infty}|f(x)|\mathrm{d}x$发散，则称$\int_a^{+\infty} f(x)\mathrm{d}x$**条件收敛**.

即绝对收敛的无穷积分$\int_a^{+\infty} f(x)\mathrm{d}x$，一定是收敛的，反之不真.

2. 瑕积分的性质

由两类广义积分的关系知，瑕积分具有与无穷积分相似的柯西收敛准则、线性性、绝对收敛的性质.

1. 判断下列广义积分的敛散性，若收敛求其值.

（1）$\int_0^{+\infty} x\mathrm{e}^{-x^2}\mathrm{d}x$；　（2）$\int_0^{+\infty} x\mathrm{e}^{-x}\mathrm{d}x$；　（3）$\int_1^{+\infty} \frac{1}{\sqrt{x}}\mathrm{d}x$；

（4）$\int_1^{+\infty} \frac{1}{x^4}\mathrm{d}x$；　（5）$\int_{-\infty}^{+\infty} \frac{x}{\sqrt{1+x^2}}\mathrm{d}x$；　（6）$\int_0^1 \frac{x}{\sqrt{1-x^2}}\mathrm{d}x$；

（7）$\int_0^1 \frac{1}{\sqrt{1-x}}\mathrm{d}x$；　（8）$\int_{-1}^1 \frac{1}{\sqrt{1-x^2}}\mathrm{d}x$；　（9）$\int_0^1 \ln x\mathrm{d}x$；

（10）$\int_0^{+\infty} \frac{1}{\sqrt{1+x^2}}\mathrm{d}x$；　（11）$\int_1^{+\infty} \frac{1}{x^2(1+x)}\mathrm{d}x$；　（12）$\int_1^{\mathrm{e}} \frac{1}{x\sqrt{1-(\ln x)^2}}\mathrm{d}x$.

2. 问 k 为何值时，广义积分 $\int_2^{+\infty} \frac{1}{x(\ln x)^k}\mathrm{d}x$ 收敛？又为何值时发散？

3. 判断广义积分 $\int_0^2 \frac{1}{x^2-4x+3}\mathrm{d}x$ 的敛散性.

4. 证明：若 $\int_a^{+\infty} f(x)\mathrm{d}x$ 收敛，且 $\lim\limits_{x\to+\infty} f(x)=A\in\mathbf{R}$，则 $A=0$.

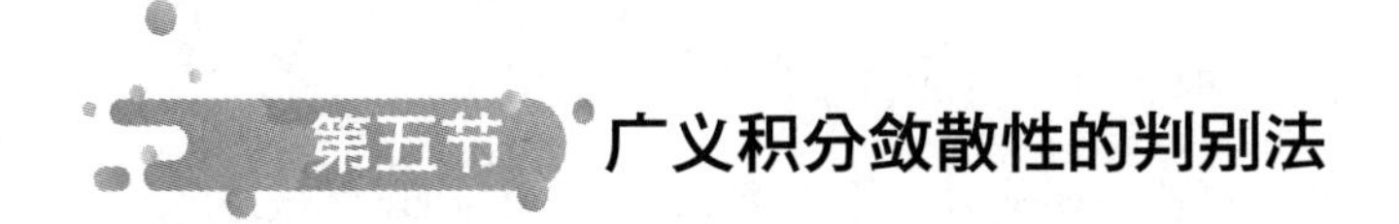

广义积分敛散性的判别法

本节涉及的函数均在其相应区间上内闭可积.

一、比较判别法

定理 8.5.1 设函数 $f(x),g(x)$ 在 $[a,+\infty)$ 上内闭可积，若 $\exists b>a$，使 $\forall x\in[b,+\infty)$，有 $|f(x)|\leqslant g(x)$，

（1）若无穷积分 $\int_a^{+\infty} g(x)\mathrm{d}x$ 收敛，则无穷积分 $\int_a^{+\infty} |f(x)|\mathrm{d}x$ 必收敛；

（2）若无穷积分 $\int_a^{+\infty} |f(x)|\mathrm{d}x$ 发散，则无穷积分 $\int_a^{+\infty} g(x)\mathrm{d}x$ 必发散.

证 （1）由 $\int_a^{+\infty} g(x)\mathrm{d}x$ 收敛和柯西收敛准则知，$\forall\varepsilon>0$，$\exists A_0>b>a$，$\forall A_1,A_2>A_0$ 时，总有 $\left|\int_{A_1}^{A_2} g(x)\mathrm{d}x\right|<\varepsilon$. 又 $\forall x\in[b,+\infty)$，有 $|f(x)|\leqslant g(x)$，则

$$\left|\int_{A_1}^{A_2}|f(x)|\mathrm{d}x\right|=\left|\int_{A_1}^{A_2}g(x)\mathrm{d}x\right|<\varepsilon .$$

因此无穷积分$\int_a^{+\infty}|f(x)|\mathrm{d}x$必收敛，即$\int_a^{+\infty}f(x)\mathrm{d}x$绝对收敛.

（2）（反证法） 若无穷积分$\int_a^{+\infty}g(x)\mathrm{d}x$收敛，则$\int_a^{+\infty}|f(x)|\mathrm{d}x$必收敛，矛盾.

例 8.5.1 讨论下列广义积分的敛散性.

（1）$\int_0^{+\infty}\mathrm{e}^{-x^2}\mathrm{d}x$；　　（2）$\int_0^{+\infty}\dfrac{\sin x}{1+x^2}\mathrm{d}x$.

解 （1）由于当$x\geqslant 1$时，$0<\mathrm{e}^{-x^2}\leqslant \mathrm{e}^{-x}$，且$\int_1^{+\infty}\mathrm{e}^{-x}$收敛，则$\int_1^{+\infty}\mathrm{e}^{-x^2}\mathrm{d}x$绝对收敛. 又$\int_0^1\mathrm{e}^{-x^2}\mathrm{d}x$是正常定积分，故$\int_0^{+\infty}\mathrm{e}^{-x^2}\mathrm{d}x$绝对收敛；

（2）当$x\geqslant 0$时，$\left|\dfrac{\sin x}{1+x^2}\right|\leqslant\dfrac{1}{1+x^2}$，且$\int_0^{+\infty}\dfrac{1}{1+x^2}\mathrm{d}x$收敛，故$\int_0^{+\infty}\dfrac{\sin x}{1+x^2}\mathrm{d}x$绝对收敛.

推论 8.5.1 设函数$f(x),g(x)$在$[a,+\infty)$上内闭可积，$g(x)>0$，且$\lim\limits_{x\to+\infty}\dfrac{|f(x)|}{g(x)}=c$.

（1）当$c\in(0,+\infty)$时，则无穷积分$\int_a^{+\infty}|f(x)|\mathrm{d}x$与$\int_a^{+\infty}g(x)\mathrm{d}x$同敛散；

（2）当$c=0$时，且$\int_a^{+\infty}g(x)\mathrm{d}x$收敛，则无穷积分$\int_a^{+\infty}|f(x)|\mathrm{d}x$收敛；

（3）当$c=+\infty$时，且$\int_a^{+\infty}g(x)\mathrm{d}x$发散，则无穷积分$\int_a^{+\infty}|f(x)|\mathrm{d}x$必发散.

事实上，$\lim\limits_{x\to+\infty}\dfrac{|f(x)|}{g(x)}=c\Leftrightarrow\forall\varepsilon>0$，$\exists A_0$，$\forall x>A_0$时，$\left|\dfrac{|f(x)|}{g(x)}-c\right|<\varepsilon$，即$(c-\varepsilon)g(x)<|f(x)|<(c+\varepsilon)g(x)$.

适当选取ε值，由定理 8.5.1 得结论成立.

推论 8.5.2 设函数$f(x)$在$[a,+\infty)$上内闭可积，且$\lim\limits_{x\to+\infty}x^p|f(x)|=c$.

（1）当$p>1$且$c\in[0,+\infty)$时，则无穷积分$\int_a^{+\infty}|f(x)|\mathrm{d}x$收敛；

（2）当$p\leqslant 1$且$c\in(0,+\infty)$或$c=+\infty$时，则无穷积分$\int_a^{+\infty}|f(x)|\mathrm{d}x$发散.

事实上，选取$g(x)=\dfrac{1}{x^p}$，依据推论 8.5.1 即得结论.

例 8.5.2 讨论下列广义积分的敛散性.

（1）$\int_1^{+\infty}\dfrac{\cos 2x}{x\sqrt[3]{1+x}}\mathrm{d}x$；　　（2）$\int_1^{+\infty}x^{\lambda}\mathrm{e}^{-x}\mathrm{d}x$；

（3）$\int_0^{+\infty}\dfrac{\mathrm{e}^x}{1+x^2}\mathrm{d}x$.

解 （1）由于$\lim\limits_{x\to+\infty}x^{\frac{4}{3}}\dfrac{1}{x\sqrt[3]{1+x}}=1\in(0,+\infty)$，$\int_1^{+\infty}\dfrac{1}{x\sqrt[3]{1+x}}\mathrm{d}x$收敛. 又当$x\geqslant 1$时，$\left|\dfrac{\cos 2x}{x\sqrt[3]{1+x}}\right|\leqslant\dfrac{1}{x\sqrt[3]{1+x}}$，故$\int_1^{+\infty}\left|\dfrac{\cos 2x}{x\sqrt[3]{1+x}}\right|\mathrm{d}x$收敛，即$\int_1^{+\infty}\dfrac{\cos 2x}{x\sqrt[3]{1+x}}\mathrm{d}x$收敛.

（2）由于$\forall\lambda\in\mathbf{R}$，$\lim\limits_{x\to+\infty}x^2x^{\lambda}\mathrm{e}^{-x}=\lim\limits_{x\to+\infty}\dfrac{x^{2+\lambda}}{\mathrm{e}^x}=0$，故$\int_1^{+\infty}x^{\lambda}\mathrm{e}^{-x}\mathrm{d}x$收敛.

（3）由于 $\lim\limits_{x\to+\infty}\dfrac{xe^x}{1+x^2}=+\infty$，则 $X>0$，当 $x>X$ 时，$\dfrac{xe^x}{1+x^2}>1$，即 $\dfrac{e^x}{1+x^2}>\dfrac{1}{x}$，而 $\int_1^{+\infty}\dfrac{1}{x}dx$ 发散，故 $\int_1^{+\infty}\dfrac{e^x}{1+x^2}dx$ 发散. 又 $\int_0^1\dfrac{e^x}{1+x^2}dx$ 是定积分，因此 $\int_0^{+\infty}\dfrac{e^x}{1+x^2}dx$ 发散.

定理 8.5.2 设函数 $f(x),g(x)$ 在 $(a,b]$ 上内闭可积，点 a 是函数 $f(x),g(x)$ 的瑕点，且

$$|f(x)|\leqslant g(x)\ ,\quad \forall x\in(a,b]$$

（1）若无穷积分 $\int_a^{+\infty}g(x)dx$ 收敛，则无穷积分 $\int_a^{+\infty}|f(x)|dx$ 必收敛；

（2）若无穷积分 $\int_a^{+\infty}|f(x)|dx$ 发散，则无穷积分 $\int_a^{+\infty}g(x)dx$ 必发散.

推论 8.5.3 设函数 $f(x),g(x)$ 在 $(a,b]$ 上内闭可积，点 a 是函数 $f(x),g(x)$ 的瑕点，$g(x)>0$，且 $\lim\limits_{x\to a^+}\dfrac{|f(x)|}{g(x)}=c$.

（1）当 $c\in(0,+\infty)$ 时，则瑕积分 $\int_a^b|f(x)|dx$ 与 $\int_a^b g(x)dx$ 同敛散；

（2）当 $c=0$ 时，且 $\int_a^b g(x)dx$ 收敛，则瑕积分 $\int_a^b|f(x)|dx$ 收敛；

（3）当 $c=+\infty$ 时，且 $\int_a^b g(x)dx$ 发散，则瑕积分 $\int_a^b|f(x)|dx$ 必发散.

推论 8.5.4 设函数 $f(x),g(x)$ 在 $(a,b]$ 上内闭可积，点 a 是函数 $f(x),g(x)$ 的瑕点，且 $\lim\limits_{x\to a^+}(x-a)^q|f(x)|=c$.

（1）当 $0<q<1$ 且 $c\in[0,+\infty)$ 时，则瑕积分 $\int_a^b|f(x)|dx$ 收敛；

（2）当 $p\geqslant1$ 且 $c\in(0,+\infty)$ 或 $c=+\infty$ 时，则瑕积分 $\int_a^b|f(x)|dx$ 发散.

例 8.5.3 讨论下列瑕积分的敛散性.

（1）$\int_0^1\dfrac{dx}{x\sqrt{\sin x}}$； （2）$\int_0^1\dfrac{\ln x}{\sqrt{x}}dx$；

（3）$\int_1^2\dfrac{\sqrt{x}}{\ln x}dx$.

解 （1）点 $x=0$ 是 $\dfrac{1}{x\sqrt{\sin x}}$ 的瑕点，且 $\forall x\in(0,1]$，$x\sqrt{\sin x}>0$. 由于 $\lim\limits_{x\to0^+}x^{\frac{3}{2}}\dfrac{1}{x\sqrt{\sin x}}=1\in(0,+\infty)$，故 $\int_0^1\dfrac{dx}{x\sqrt{\sin x}}$ 发散.

（2）点 $x=0$ 是 $\dfrac{\ln x}{\sqrt{x}}$ 的瑕点，且 $\forall x\in(0,1]$，$\dfrac{\ln x}{\sqrt{x}}\leqslant0$. 由于 $\lim\limits_{x\to0^+}x^{\frac{3}{4}}\dfrac{\ln x}{\sqrt{x}}=\lim\limits_{x\to0^+}x^{\frac{1}{4}}\ln x=0$，则 $\int_0^1\left|\dfrac{\ln x}{\sqrt{x}}\right|dx=-\int_0^1\dfrac{\ln x}{\sqrt{x}}dx$ 收敛，故 $\int_0^1\dfrac{\ln x}{\sqrt{x}}dx$ 收敛.

（3）点 $x=1$ 是 $\dfrac{\sqrt{x}}{\ln x}$ 的瑕点，且 $\forall x\in(1,2]$，$\dfrac{\sqrt{x}}{\ln x}\geqslant0$. 由于 $\lim\limits_{x\to1^+}(x-1)\dfrac{\sqrt{x}}{\ln x}=\lim\limits_{x\to1^+}\dfrac{x-1}{\ln x}=0$，故 $\int_1^2\left|\dfrac{\sqrt{x}}{\ln x}\right|dx=\int_1^2\dfrac{\sqrt{x}}{\ln x}dx$ 发散.

二、狄利克雷判别法

定理 8.5.3 若函数 $F(u)=\int_a^u f(x)\mathrm{d}x$ 在 $[a,+\infty)$ 上有界，$g(x)$ 在 $[a,+\infty)$ 上单调，且 $\lim\limits_{x\to+\infty} g(x)=0$. 则无穷积分 $\int_a^{+\infty} f(x)g(x)\mathrm{d}x$ 收敛.

证 由 $F(u)$ 有界，$\exists M>0$，$\forall u\in[a,+\infty)$，$|F(u)|\leqslant M$. 且 $\forall\varepsilon>0$，$\exists A_0>a$，$\forall x>A_0$ 时，

$$|g(x)|<\frac{\varepsilon}{4M}.$$

又 $g(x)$ 在 $[a,+\infty)$ 上单调，由定理 7.4.2（第二积分中值定理）知，

$\forall A_2>A_1>A_0$，$\exists\xi\in[A_1,A_2]$，使得

$$\int_{A_1}^{A_2} f(x)g(x)\mathrm{d}x=g(A_1)\int_{A_1}^{\xi} f(x)\mathrm{d}x+g(A_2)\int_{\xi}^{A_2} f(x)\mathrm{d}x.$$

于是

$$\begin{aligned}\left|\int_{A_1}^{A_2} f(x)g(x)\mathrm{d}x\right| &\leqslant |g(A_1)|\cdot\left|\int_{A_1}^{\xi} f(x)\mathrm{d}x\right|+|g(A_2)|\cdot\left|\int_{\xi}^{A_2} f(x)\mathrm{d}x\right| \\ &=|g(A_1)|\cdot\left|\int_a^{\xi} f(x)\mathrm{d}x-\int_a^{A_1} f(x)\mathrm{d}x\right|+|g(A_2)|\cdot\left|\int_a^{A_2} f(x)\mathrm{d}x-\int_a^{\xi} f(x)\mathrm{d}x\right| \\ &\leqslant\frac{\varepsilon}{4M}\cdot 2M+\frac{\varepsilon}{4M}\cdot 2M=\varepsilon.\end{aligned}$$

由柯西收敛准则得，$\int_a^{+\infty} f(x)g(x)\mathrm{d}x$ 收敛.

例 8.5.4 讨论下列无穷积分的敛散性.

（1）$\int_1^{+\infty}\frac{\sin x}{x^p}\mathrm{d}x$（$p>0$）；　　（2）$\int_1^{+\infty}\sin x^2\mathrm{d}x$.

解（1）当 $p>1$ 时，由于 $\left|\frac{\sin x}{x^p}\right|\leqslant\frac{1}{x^p}$，$\forall x\in[1,+\infty)$，且 $\int_1^{+\infty}\frac{1}{x^p}\mathrm{d}x$ 收敛，故 $\int_1^{+\infty}\frac{\sin x}{x^p}\mathrm{d}x$ 绝对收敛.

当 $0<p\leqslant1$ 时，由于 $\forall u>1$，$\left|\int_1^u\sin x\mathrm{d}x\right|=|\cos1-\cos u|\leqslant2$. 且 $\forall p>0$，$g(x)=\frac{1}{x^p}$ 在 $[1,+\infty)$ 上单调，且 $\lim\limits_{x\to+\infty} g(x)=0$，由狄利克雷判别法知，无穷积分 $\int_1^{+\infty}\frac{\sin x}{x^p}\mathrm{d}x$ 收敛.

又 $\forall x\in[1,+\infty)$，$\left|\frac{\sin x}{x^p}\right|\geqslant\frac{\sin^2 x}{x}=\frac{1}{2x}-\frac{\cos2x}{2x}\geqslant0$，其中 $\int_1^{+\infty}\frac{\cos2x}{2x}\mathrm{d}x$ 满足狄利克雷判别法条件，则 $\int_1^{+\infty}\frac{\cos2x}{2x^p}\mathrm{d}x$ 收敛，而 $\int_1^{+\infty}\frac{1}{2x}\mathrm{d}x$ 发散，因此 $\int_1^{+\infty}\left|\frac{\sin x}{x^p}\right|\mathrm{d}x$ 发散，即 $\int_1^{+\infty}\frac{\sin x}{x^p}\mathrm{d}x$ 条件收敛.

因此，当 $p>1$ 时，$\int_1^{+\infty}\frac{\sin x}{x^p}\mathrm{d}x$ 绝对收敛，当 $0<p\leqslant1$ 时，$\int_1^{+\infty}\frac{\sin x}{x^p}\mathrm{d}x$ 条件收敛.

（2）设 $x=\sqrt{t}$，$t\in[1,+\infty)$，$\int_1^{+\infty}\sin x^2\mathrm{d}x=\int_1^{+\infty}\frac{\sin t}{2\sqrt{t}}\mathrm{d}t$，因此 $\int_1^{+\infty}\sin x^2\mathrm{d}x$ 条件收敛.

注 类似地，当 $p>1$ 时，$\int_1^{+\infty}\frac{\cos x}{x^p}\mathrm{d}x$ 绝对收敛，当 $0<p\leqslant1$ 时，$\int_1^{+\infty}\frac{\cos x}{x^p}\mathrm{d}x$ 条件收敛；$\int_1^{+\infty}\cos x^2\mathrm{d}x,\int_1^{+\infty}x\sin x^4\mathrm{d}x$ 条件收敛；当 $0<p\leqslant1$ 时，$\int_1^{+\infty}\frac{\sin^2 x}{x^p}\mathrm{d}x$ 发散.

问题 当$0<p\leqslant 1$时，$\int_0^{+\infty}\frac{\sin x}{x^p}\mathrm{d}x$的敛散性如何？（条件收敛）

定理 8.5.4 点a是函数$f(x)$的瑕点，若函数$F(u)=\int_u^b f(x)\mathrm{d}x$在$(a,b]$上有界，$g(x)$在$(a,b]$上单调，且$\lim\limits_{x\to a^+}g(x)=0$. 则瑕积分$\int_a^b f(x)g(x)\mathrm{d}x$收敛.

三、阿贝尔（Abel, 1802—1829年，挪威）判别法

定理 8.5.5 若无穷积分$\int_a^{+\infty}f(x)\mathrm{d}x$收敛，$g(x)$在$(a,b]$上单调有界，则无穷积分$\int_a^{+\infty}f(x)g(x)\mathrm{d}x$收敛.

证 由于$\int_a^{+\infty}f(x)\mathrm{d}x$收敛，则$F(u)=\int_a^u f(x)\mathrm{d}x$在$[a,+\infty)$上有界. 又$g(x)$在$(a,b]$上单调有界，则$\lim\limits_{x\to+\infty}g(x)=l$存在，即$\lim\limits_{x\to+\infty}(g(x)-l)=0$. 由狄利克雷判别法知，$\int_a^{+\infty}f(x)(g(x)-l)\mathrm{d}x$收敛，即$\int_a^{+\infty}f(x)(g(x)-l)\mathrm{d}x=\int_a^{+\infty}f(x)g(x)\mathrm{d}x-l\int_a^{+\infty}f(x)\mathrm{d}x$，而$\int_a^{+\infty}f(x)\mathrm{d}x$收敛. 因此，无穷积分$\int_a^{+\infty}f(x)g(x)\mathrm{d}x$收敛.

定理 8.5.6 点a是函数$f(x)$的瑕点，若瑕积分$\int_a^b f(x)\mathrm{d}x$收敛，$g(x)$在$(a,b]$上单调有界，则瑕积分$\int_a^b f(x)g(x)\mathrm{d}x$收敛.

例 8.5.5 求函数$\Gamma(\lambda)=\int_0^{+\infty}x^{\lambda-1}\mathrm{e}^{-x}\mathrm{d}x$的定义域.

解 由例 8.5.2（2）知，$\forall\lambda\in\mathbf{R}$，$\int_1^{+\infty}x^{\lambda-1}\mathrm{e}^{-x}\mathrm{d}x$收敛.

当$\lambda\geqslant 1$时，$\int_0^1 x^{\lambda-1}\mathrm{e}^{-x}\mathrm{d}x$为定积分，因此当$\lambda\geqslant 1$时，$\int_0^{+\infty}x^{\lambda-1}\mathrm{e}^{-x}\mathrm{d}x$收敛.

当$\lambda<1$时，点$x=0$是函数$x^{\lambda-1}\mathrm{e}^{-x}$的瑕点，需要考察$\lambda$为何值时$\int_0^1 x^{\lambda-1}\mathrm{e}^{-x}\mathrm{d}x$与$\int_1^{+\infty}x^{\lambda-1}\mathrm{e}^{-x}\mathrm{d}x$同时收敛. 由于

$$\lim_{x\to 0^+}x^{1-\lambda}\cdot x^{\lambda-1}\mathrm{e}^{-x}=\lim_{x\to 0^+}\mathrm{e}^{-x}=1,$$

当$1-\lambda<1$（$\lambda>0$）时，$\int_0^1 x^{\lambda-1}\mathrm{e}^{-x}\mathrm{d}x$收敛；当$1-\lambda\geqslant 1$（$\lambda\leqslant 0$）时，$\int_0^1 x^{\lambda-1}\mathrm{e}^{-x}\mathrm{d}x$发散. 因此仅当$\lambda>0$时，$\int_0^1 x^{\lambda-1}\mathrm{e}^{-x}\mathrm{d}x$与$\int_1^{+\infty}x^{\lambda-1}\mathrm{e}^{-x}\mathrm{d}x$同时收敛，从而$\int_0^{+\infty}x^{\lambda-1}\mathrm{e}^{-x}\mathrm{d}x$收敛.

因此，$\Gamma(\lambda)=\int_0^{+\infty}x^{\lambda-1}\mathrm{e}^{-x}\mathrm{d}x$的定义域为$(0,+\infty)$，并称其为$\Gamma$**函数**. Γ函数常常用于概率论与数理统计中.

Γ函数满足$\Gamma(1)=\int_0^{+\infty}\mathrm{e}^{-x}\mathrm{d}x=1$且$\Gamma(\lambda+1)=\Gamma(\lambda)$.

事实上，

$$\Gamma(1)=\int_0^{+\infty}\mathrm{e}^{-x}\mathrm{d}x=-[\mathrm{e}^{-x}]_0^{+\infty}=1;$$

$$\Gamma(\lambda+1)=\int_0^{+\infty}x^{\lambda}\mathrm{e}^{-x}\mathrm{d}x=-\int_0^{+\infty}x^{\lambda}\mathrm{d}(\mathrm{e}^{-x})=(-x^{\lambda}\mathrm{e}^{-x})\Big|_0^{+\infty}+\lambda\int_0^{+\infty}\mathrm{e}^{-x}x^{\lambda-1}\mathrm{d}x=\lambda\Gamma(\lambda).$$

从而

$$\Gamma(2)=1\cdot\Gamma(1)=1,\ \Gamma(3)=2\cdot\Gamma(2)=2!,\ \cdots,\ \Gamma(n+1)=n\cdot\Gamma(n)=n!.$$

例 8.5.6 求函数 $B(p,q)=\int_0^1 x^{p-1}(1-x)^{q-1}\mathrm{d}x$ 的定义域.

解 当 $p\geqslant 1$，$q\geqslant 1$ 时，$\int_0^1 x^{p-1}(1-x)^{q-1}\mathrm{d}x$ 为定积分. 仅当 $p<1$ 时，点 $x=0$ 是函数 $x^{p-1}(1-x)^{q-1}$ 的瑕点，仅当 $q<1$ 时，点 $x=1$ 是函数 $x^{p-1}(1-x)^{q-1}$ 的瑕点. 考察

$$\int_0^{\frac{1}{2}} x^{p-1}(1-x)^{q-1}\mathrm{d}x \text{ 与 } \int_{\frac{1}{2}}^1 x^{p-1}(1-x)^{q-1}\mathrm{d}x$$

的敛散性.

$\forall q\in\mathbf{R}$，由于 $\lim\limits_{x\to 0^+} x^{1-p}\cdot x^{p-1}(1-x)^{q-1}=\lim\limits_{x\to 0^+}(1-x)^{q-1}=1$，则当 $1-p<1$（$p>0$）时，瑕积分 $\int_0^{\frac{1}{2}} x^{p-1}(1-x)^{q-1}\mathrm{d}x$ 收敛，当 $1-p\geqslant 1$（$p\leqslant 0$）时，瑕积分 $\int_0^{\frac{1}{2}} x^{p-1}(1-x)^{q-1}\mathrm{d}x$ 发散.

$\forall p\in\mathbf{R}$，由于 $\lim\limits_{x\to 1^-}(1-x)^{1-q}\cdot x^{p-1}(1-x)^{q-1}=\lim\limits_{x\to 1^-} x^{p-1}=1$，则当 $1-q<1$（$q>0$）时，瑕积分 $\int_{\frac{1}{2}}^1 x^{p-1}(1-x)^{q-1}\mathrm{d}x$ 收敛，当 $1-q\geqslant 1$（$q\leqslant 0$）时，瑕积分 $\int_{\frac{1}{2}}^1 x^{p-1}(1-x)^{q-1}\mathrm{d}x$ 发散.

综上所述，$B(p,q)=\int_0^1 x^{p-1}(1-x)^{q-1}\mathrm{d}x$ 的定义域为 $p>0$ 且 $q>0$，并称其为 B **函数**. B 函数也常常用于概率论与数理统计中.

习题 8.5

1. 判断下列无穷积分的敛散性.

（1）$\int_0^{+\infty}\frac{1}{1+\sqrt{x}}\mathrm{d}x$； （2）$\int_1^{+\infty}\frac{\cos x}{x}\sin\frac{1}{x}\mathrm{d}x$；

（3）$\int_1^{+\infty}\frac{x\arctan x}{1+x^3}\mathrm{d}x$； （4）$\int_1^{+\infty}\sin\frac{1}{x^4}\mathrm{d}x$；

（5）$\int_1^{+\infty}\frac{\ln(1+x)}{x^n}\mathrm{d}x$； （6）$\int_0^{+\infty}\frac{x^m}{1+x^n}\mathrm{d}x$（$m,n>0$）.

2. 判断下列无穷积分的绝对收敛和条件收敛性.

（1）$\int_1^{+\infty}\frac{\sin\sqrt{x}}{x}\mathrm{d}x$； （2）$\int_1^{+\infty}\frac{\sin x}{x\sqrt{1+x}}\mathrm{d}x$；

（3）$\int_0^{+\infty}\frac{\sqrt{x}\cos x}{100+x}\mathrm{d}x$； （4）$\int_{\mathrm{e}}^{+\infty}\frac{\ln(\ln x)}{\ln x}\sin x\mathrm{d}x$.

3. 判断下列瑕积分的敛散性.

（1）$\int_0^1\frac{1}{\sqrt{x}\ln x}\mathrm{d}x$； （2）$\int_0^{\pi}\frac{1}{\sqrt{\sin x}}\mathrm{d}x$；

（3）$\int_0^1\frac{\arctan x}{1-x^3}\mathrm{d}x$； （4）$\int_0^1\frac{1}{\sqrt[3]{x(1-x)}}\mathrm{d}x$.

4. 判断下列广义积分的绝对收敛和条件收敛性.

（1）$\int_0^{+\infty}\frac{\ln x}{x}\sin x\mathrm{d}x$； （2）$\int_0^{+\infty}\mathrm{e}^{-x}\ln x\mathrm{d}x$.

5. 设 $f(x),g(x),h(x)$ 是在 $[a,+\infty)$ 上的三个连续函数，且 $f(x)\leqslant g(x)\leqslant h(x)$，证明：

（1）若 $\int_a^{+\infty}f(x)\mathrm{d}x$ 与 $\int_a^{+\infty}h(x)\mathrm{d}x$ 都收敛，则 $\int_a^{+\infty}g(x)\mathrm{d}x$ 也收敛.

（2）若 $\int_a^{+\infty}f(x)\mathrm{d}x=\int_a^{+\infty}h(x)\mathrm{d}x=J$，则 $\int_a^{+\infty}g(x)\mathrm{d}x=J$.

6. 证明：若 $\int_a^{+\infty}f(x)\mathrm{d}x$ 绝对收敛，且 $\lim\limits_{x\to+\infty}f(x)=0$，则 $\int_a^{+\infty}f^2(x)\mathrm{d}x$ 必定收敛.

7. 证明：若 $f(x)$ 是 $[a,+\infty)$ 上的一致连续，且 $\int_a^{+\infty}f(x)\mathrm{d}x$ 收敛，则 $\lim\limits_{x\to+\infty}f(x)=0$.

第八章 总练习题

一、填空题

1. 由曲线 $y=\mathrm{e}^x$，$y=\mathrm{e}^{-x}$ 与直线 $x=1$ 所围图形的面积是________.

2. 由曲线 $y=\sin^{\frac{3}{2}}x$（$0\leqslant x\leqslant\pi$）与 x 轴围成的平面图形绕 x 轴旋转所形成的旋转体的体积为__________.

3. 曲线 $x=\frac{1}{4}y^2-\frac{1}{2}\ln y$ 在 $1\leqslant y\leqslant\mathrm{e}$ 的弧长为___________.

4. 曲线 $x^2+xy+y^2=3$ 在点 $(1,1)$ 处的曲率半径 $\rho=$________.

5. 广义积分 $\int_0^{+\infty}\frac{\sin x}{x^{\frac{3}{2}}}\mathrm{d}x$ 是__________（填收敛或发散）.

二、选择题

1. 曲线 $y=\cos x$ 在 $x\in\left[-\frac{\pi}{2},\frac{\pi}{2}\right]$ 弧段绕 x 轴旋转一周所形成的曲面面积为（　　）.

A. $2\pi[\sqrt{2}+\ln(1+\sqrt{2})]$　　B. $2\sqrt{2}\pi$　　C. $2\pi\ln(1+\sqrt{2})$　　D. 2π

2. 设有一半径为 R，中心角为 φ 的圆弧形细棒，其线密度为常数 ρ，在圆心处有一质量为 m 的质点 M，这细棒对质点 M 的引力为（　　）.

A. $\frac{km\rho}{R}\sin\frac{\varphi}{2}$　　B. $\frac{2km\rho}{R}\sin\varphi$　　C. $\frac{2km\rho}{R}\sin\frac{\varphi}{2}$　　D. $\frac{km\rho}{R}\sin\varphi$

3. $\int_0^{+\infty}\frac{1}{2\sqrt{\mathrm{e}^x}}\mathrm{d}x=$（　　）.

A. 0　　B. 1　　C. 2　　D. 3

4. $\int_0^{2}\frac{1}{\sqrt{|x-1|}}\mathrm{d}x=$（　　）.

A. 0　　B. 1　　C. 2　　D. 3

5. 函数 $y = x\sin x$ 在 $[0, \pi]$ 上的平均值为（　　）.

A. 0　　　　B. 1　　　　C. 2　　　　D. 3

三、解答题

1. 求由曲线 $y = 2 - x^2$，$x = \sqrt{y}$ 及直线 $y = -x$ 在上半平面围成图形的面积.

2. 求四叶玫瑰线 $r = a\sin 2\theta\ (a > 0)$围成平面图形的面积.

3. 设曲线 $y = \sin x\left(0 \leqslant x \leqslant \dfrac{\pi}{2}\right)$，问：$t$ 取何值时，如图 8.1 中阴影部分的面积 A_1 与 A_2 之和 A 最小和最大.

4. 求以半径为 R 的圆为底，平行且等于底圆直径的线段为顶、高为 h 的正劈锥体的体积（如图 8.2）.

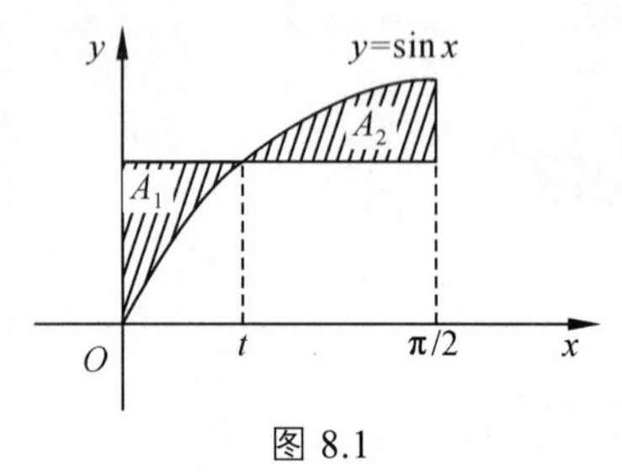

图 8.1

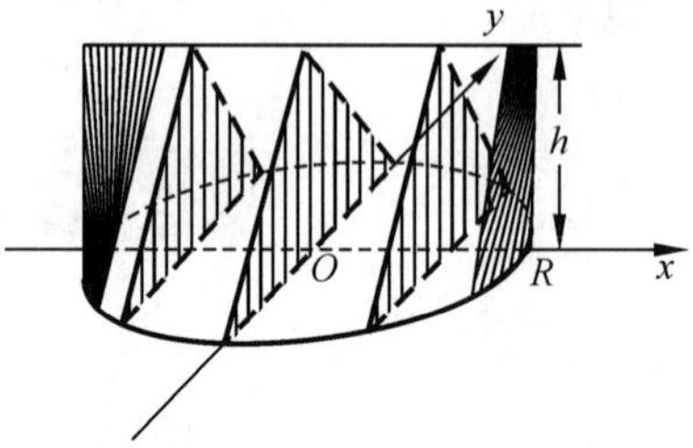

图 8.2

5. 求 $xy \leqslant 4$，$y \geqslant 1$，$x \geqslant 0$ 公共部分平面图形绕 y 轴旋转一周所成立体的体积.

6. 计算 $\int_0^{+\infty} e^{-ax}\cos bx\mathrm{d}x$ 和 $\int_0^{+\infty} e^{-ax}\sin bx\mathrm{d}x\ (a > 0)$.

7. 计算 $\int_0^{+\infty} \dfrac{\ln x}{1 + x^2}\mathrm{d}x$ 和 $\int_0^{\frac{\pi}{2}} \ln\tan\theta\mathrm{d}\theta$.

8. 判断 $\int_0^{+\infty} \dfrac{\sin ax}{x^{\lambda}}\mathrm{d}x\ (a > 0)$的发散、绝对收敛、条件收敛.

四、证明题

1. 证明：$\dfrac{1}{2}\left(1 - \dfrac{1}{e}\right) < \int_0^{+\infty} e^{-x^2}\mathrm{d}x < 1 + \dfrac{1}{2e}$.

2. 证明：$\dfrac{\pi}{2\sqrt{2}} < \int_0^1 \dfrac{1}{\sqrt{1 - x^4}}\mathrm{d}x < \dfrac{\pi}{2}$.

3. 证明：设 $f(x)$ 是 $[a, +\infty)$ 上的非负连续函数，若 $\int_a^{+\infty} xf(x)\mathrm{d}x$ 收敛，则 $\int_a^{+\infty} f(x)\mathrm{d}x$ 必定收敛.

附录　基础知识

一、代数公式

1. 求和公式

（1）首项为 a_1、公差为 d 的等差数列 n 项和

$$s_n = a_1 + a_2 + \cdots + a_n = \frac{n(a_1 + a_n)}{2} = na_1 + \frac{n(n-1)}{2}d;$$

特别地，$1+2+3+\cdots+n = \dfrac{n(n+1)}{2}$.

（2）首项为 a_1、公比为 q（$q \neq 1$）的等比数列 n 项和

$$s_n = a_1 + a_1 q + \cdots + a_1 q^{n-1} = \frac{a_1(1-q^n)}{1-q}.$$

（3）$1^2 + 2^2 + 3^2 + \cdots + n^2 = \dfrac{n(n+1)(2n+1)}{6}$；

（4）$\dfrac{1}{1\times 2} + \dfrac{1}{2\times 3} + \cdots + \dfrac{1}{n(n+1)} = 1 - \dfrac{1}{n+1} = \dfrac{n}{n+1}$.

（5）$(a+b)^n = \mathrm{C}_n^0 a^n + \mathrm{C}_n^1 a^{n-1} b + \cdots + \mathrm{C}_n^{n-1} a b^{n-1} + \mathrm{C}_n^n b^n$.

2. 对数公式（$a > 0$ 且 $a \neq 1$）

（1）$\log_a(xy) = \log_a x + \log_a y$；

（2）$\log_a \dfrac{x}{y} = \log_a x - \log_a y$；

（3）$\log_x y = \dfrac{\log_a y}{\log_a x}$；

（4）$\log_a x^y = y \log_a x$；

（5）$x^y = a^{y \log_a x}$.

3. 不等式

（1）当 $n>2$ 时，$\sqrt{n}<\sqrt[n]{n!}<\frac{n+1}{2}$；

（2）$\frac{1}{2}\cdot\frac{3}{4}\cdot\cdots\cdot\frac{2n-1}{2n}<\frac{1}{\sqrt{2n+1}}$；

（3）伯努利不等式：

当 $n>1$，$x>-1$ 时，$(1+x)^n\geqslant 1+nx$，仅当 $x=0$ 时等号成立.

二、三角函数公式

1. 平方关系

（1）$\sin^2\alpha+\cos^2\alpha=1$； （2）$1+\tan^2\alpha=\sec^2\alpha$；

（3）$1+\cot^2\alpha=\csc^2\alpha$.

2. 倍角公式

（1）$\sin 2\alpha=2\sin\alpha\cos\alpha$；

（2）$\cos 2\alpha=\cos^2\alpha-\sin^2\alpha=2\cos^2\alpha-1=1-2\sin^2\alpha$；

（3）$\tan 2\alpha=\frac{2\tan\alpha}{1-\tan^2\alpha}$.

3. 万能公式

（1）$\sin\alpha=\frac{2\tan\frac{\alpha}{2}}{1+\tan^2\frac{\alpha}{2}}$； （2）$\cos\alpha=\frac{1-\tan^2\frac{\alpha}{2}}{1+\tan^2\frac{\alpha}{2}}$；

（3）$\tan\alpha=\frac{2\tan\frac{\alpha}{2}}{1-\tan^2\frac{\alpha}{2}}$.

4. 两角和与差公式

（1）$\sin(\alpha\pm\beta)=\sin\alpha\cos\beta\pm\cos\alpha\sin\beta$；

（2）$\cos(\alpha\pm\beta)=\cos\alpha\cos\beta\mp\sin\alpha\sin\beta$；

（3）$\tan(\alpha\pm\beta)=\frac{\tan\alpha\pm\tan\beta}{1\mp\tan\alpha\tan\beta}$.

5. 积化和差公式

（1）$\sin\alpha\cos\beta=\frac{1}{2}[\sin(\alpha+\beta)+\sin(\alpha-\beta)]$；

（2）$\cos\alpha\sin\beta=\frac{1}{2}[\sin(\alpha+\beta)-\sin(\alpha-\beta)]$；

（3） $\cos\alpha\cos\beta=\frac{1}{2}[\cos(\alpha+\beta)+\cos(\alpha-\beta)]$；

（4） $\sin\alpha\sin\beta=-\frac{1}{2}[\cos(\alpha+\beta)-\cos(\alpha-\beta)]$.

6. 和差化积公式

（1） $\sin\alpha+\sin\beta=2\sin\frac{\alpha+\beta}{2}\cos\frac{\alpha-\beta}{2}$；

（2） $\sin\alpha-\sin\beta=2\cos\frac{\alpha+\beta}{2}\sin\frac{\alpha-\beta}{2}$；

（3） $\cos\alpha+\cos\beta=2\cos\frac{\alpha+\beta}{2}\cos\frac{\alpha-\beta}{2}$；

（4） $\cos\alpha-\cos\beta=-2\sin\frac{\alpha+\beta}{2}\sin\frac{\alpha-\beta}{2}$.

三、反三角函数公式

（1） $\arccos(-x)=\pi-\arccos x$；

（2） $\operatorname{arccot}(-x)=\pi-\operatorname{arccot}x$；

（3） $\arcsin x+\arccos x=\frac{\pi}{2}$；

（4） $\arctan x+\operatorname{arccot}x=\frac{\pi}{2}$.

四、极坐标

1. 极坐标系

在平面内取一个定点 O（称为极点），以点 O 为端点引一条射线 Ox（称为极轴，记为 r 轴），再选定一个长度单位和角度的正方向（通常取逆时针方向），如附图 1 所示．对于平面内任意一点 M，设 $r=|OM|$，θ 表示从 Ox 到 OM 的旋转角，则点 M 的位置用有序数对 (r,θ) 表示，对于极点 O，显然有 $r=0$，θ 可取任意值.

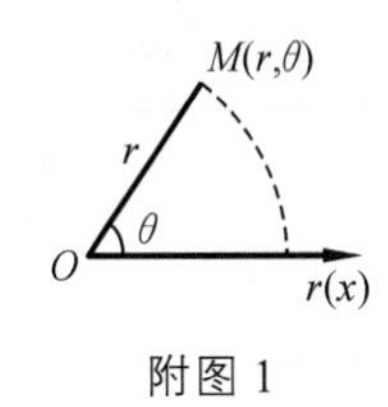

附图 1

这样在平面上建立了一个不同直角坐标系的坐标系，称之为极坐标系．而 (r,θ) 称为点 M 的极坐标，记为 $M(r,\theta)$，其中 r 称为点 M 的极径，θ 称为点 M 的极角.

在极坐标系中，一般规定 $r\geqslant 0$，$0\leqslant\theta<2\pi$，则一个极坐标对应唯一确定的点，极点以外的任意一个点与其极坐标一一对应.

2. 直角坐标与极坐标的互化

如附图 2 所示，把直角坐标系的原点作为极点 O，x 轴的正半轴为极轴，并且在两种坐标系中取相同的长度单位．设 M 为平面内任一点，它的直角坐标为 (x,y)，极坐标为 (r,θ)，则由三角知识不难得出它们之间有如下变换公式：

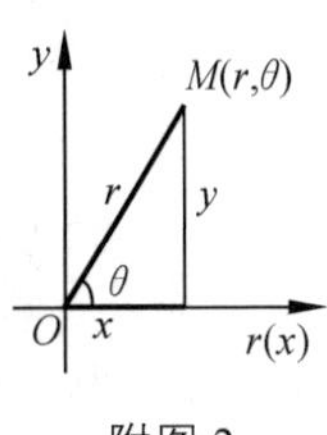

附图 2

（1） $\begin{cases}x=r\cos\theta,\\y=r\sin\theta.\end{cases}$

（2） $r=\sqrt{x^2+y^2}$ ， $\theta=\begin{cases}\arctan\dfrac{y}{x}, & x>0, y\geqslant 0,\\ \dfrac{\pi}{2}, & x=0, y>0,\\ \pi+\arctan\dfrac{y}{x}, & x<0, y\in\mathbf{R},\\ \dfrac{3\pi}{2}, & x=0, y<0,\\ 2\pi+\arctan\dfrac{y}{x}, & x>0, y<0.\end{cases}$

例如，把点 P 的极坐标 $\left(6, \dfrac{7\pi}{6}\right)$ 化为直角坐标系的坐标．事实上

$$x=r\cos\theta=6\cos\frac{7\pi}{6}=6\times\left(-\frac{\sqrt{3}}{2}\right)=-3\sqrt{3},$$

$$y=r\sin\theta=6\sin\frac{7\pi}{6}=6\times\left(-\frac{1}{2}\right)=-3,$$

所以点 P 的直角坐标为 $(-3\sqrt{3}, -3)$．

再如，把点 P 的直角坐标 $(-\sqrt{3}, 1)$ 化为极坐标．事实上

$$r=\sqrt{x^2+y^2}=\sqrt{(-\sqrt{3})^2+1^2}=2,$$

$$\theta=\pi+\arctan\frac{y}{x}=\pi+\arctan\frac{1}{-\sqrt{3}}=\pi-\frac{\pi}{6}=\frac{5\pi}{6},$$

所以点 P 的极坐标为 $\left(2, \dfrac{5\pi}{6}\right)$．

3. 直线的极坐标方程

（1）过极点，倾角为 α 的直线极坐标方程为 $\theta=\alpha$（如附图 3）;

（2）过点 $A(a, 0)$ 且垂直于极轴的直线极坐标方程为 $r\cos\theta=a$（如附图 4）;

附图 3　　附图 4

4. 圆的极坐标方程（$a>0$）

（1）圆心为极点 $O(0,0)$、半径为 a 的圆极坐标方程为 $r=a$（如附图 5）;

（2）圆心为 $C(a,0)$、半径为 r 的圆极坐标方程为 $r=2a\cos\theta$（如附图 6）;

（3）圆心为 $C\left(a, \dfrac{\pi}{2}\right)$、半径为 r 的圆极坐标方程为 $r = 2a\sin\theta$（如附图 7）.

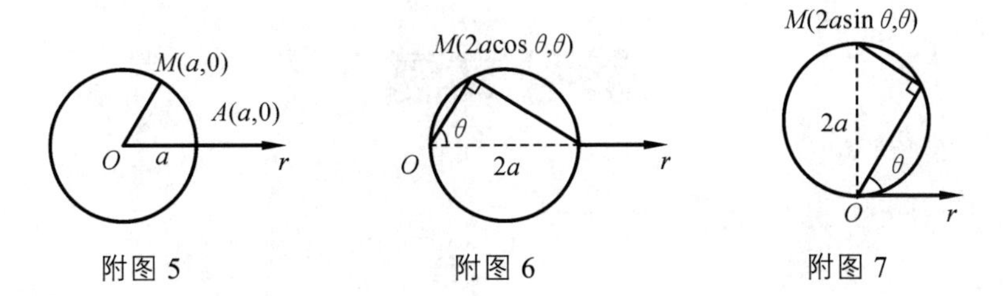

附图 5　　附图 6　　附图 7

5. 其他曲线（$a>0$）

（1）心形线：$r = a(1+\cos\theta)$（如附图 8）;

（2）阿基米德螺线：$r = a\cos\theta$（如附图 9）;

（3）双纽线：$r^2 = a^2\cos 2\theta$（如附图 10）.

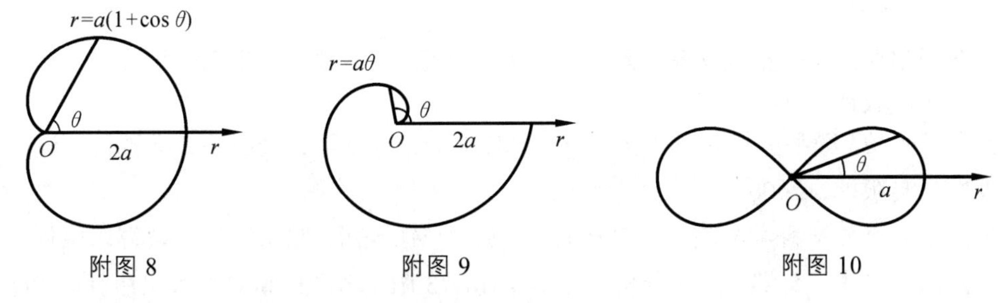

附图 8　　附图 9　　附图 10

（4）三叶玫瑰线：$r = a\cos 3\theta$（如附图 11）;

（5）四叶玫瑰线：$r = a\cos 2\theta$（如附图 12）.

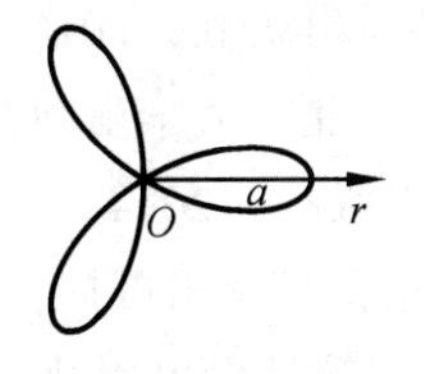

附图 11

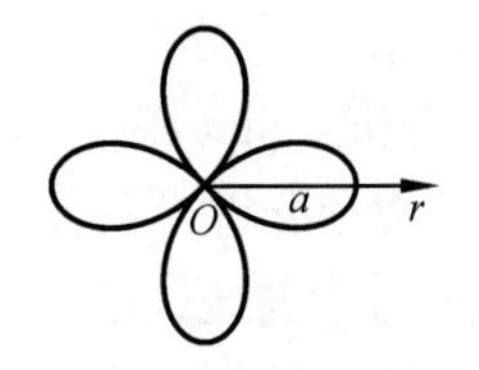

附图 12

参考文献

[1] 菲赫金哥尔茨. 微积分学教程（第一卷）[M]. 8 版. 杨弢亮，叶彦谦，译. 北京：高等教育出版社，2006.

[2] 菲赫金哥尔茨. 微积分学教程（第二卷）[M]. 8 版. 徐献瑜，冷生明，梁文骐，译. 北京：高等教育出版社，2006.

[3] 菲赫金哥尔茨. 微积分学教程（第三卷）[M]. 8 版. 路见可，余家荣，吴青仁，译. 北京：高等教育出版社，2006.

[4] 华东师范大学数学科学学院. 数学分析（上册）[M]. 5 版. 北京：高等教育出版社，2019.

[5] 陈记修，於崇华，金路. 数学分析（上册）[M]. 3 版. 北京：高等教育出版社，2019.

[6] 吉米多维奇. 工科数学分析习题集[M]. 林武忠，等，译. 北京：高等教育出版社，2011.

[7] Walter Rudin. 数学分析原理[M]. 3 版. 北京：机械工业出版社，2004.

[8] 龚循华，董秋仙. 数学分析讲义（上册）[M]. 北京：科学出版社，2015.

[9] 张筑生. 数学分析新讲（第一、二、三分册）[M]. 北京：北京大学出版社，1991.

[10] 林元重. 新编数学分析（上册）[M]. 武汉：武汉大学出版社，2014.

[11] 江西师范大学数学与统计学院. 数学分析选讲[M]. 北京：科学出版社，2022.

[12] 同济大学数学系. 高等数学（上册）[M]. 7 版. 北京：高等教育出版社, 2014.

习题参考解答

第一章　函　数

习题 1.1

1. 略.

2. 无理数.

3.（1）$x<2$；（2）$x>2$ 或 $-2<x<0$.

4.（1）有上界，上界中最小值为 1；且有下界，下界中最大值为 -1；

（2）有上界，上界中最小值为 1；且有下界，下界中最大值为 $\frac{1}{2}$；

（3）无上界；有下界，下界中最大值为 0；

（4）无上界；有下界，下界中最大值为 2.

5. 略.

6.（1）略；（2）略.

习题 1.2

1. $f(x)=\begin{cases}2(1-x),0\leqslant x<1\\x-1,1\leqslant x<3\\2(4-x),3\leqslant x\leqslant 4\end{cases}$.

2.（1）偶函数；（2）奇函数.

3. 偶函数；非单调；周期函数，没有最小正周期；有界.

4. $f(x)=\begin{cases}\frac{1}{x},x\in(0,1]\\1,x=0\end{cases}$，略.

习题 1.3

1.（1）略；（2）略；（3）略.

2.（1）略；（2）略；（3）略.

3.（1）$(0,+\infty)$，$(-\infty,+\infty)$；（2）$\{x\,|\,4k^2\pi^2\leqslant\sqrt{x}\leqslant(2k+1)^2\pi^2,k\in\mathbf{N}\}$，$[0,1]$；（3）$\left[-\frac{1}{2},+\infty\right)$，$\left[-\frac{\pi}{2},\frac{\pi}{2}\right)$；（4）$(0,\mathrm{e}]$，$(-\infty,0)$.

4.（1）略；（2）略.

5. 2， $\sqrt{2}$， $1+\frac{1}{4}\pi^2$.

6. $f(x)=x^2-1$， $-\cos^2 x$.

7.（1） $y=-\log_2(x-1),x>1$；（2） $y=e^{3(x-1)}+2,x\in(-\infty,+\infty)$.

第一章总练习题

一、1. $(-\sqrt{2},-1)\cup(1,\sqrt{2})$； 2. -1； 3. $\frac{3}{8x}+\frac{x}{8}$； 4. 有界； 5. π.

二、1. A； 2. D； 3. C； 4. B； 5. B.

三、1. $0\leqslant x<1$.

2. $\frac{\sqrt{2}}{2}$， $-\frac{2}{3}$.

3. 奇函数.

4. $y=\frac{1-x}{1+x}(x\neq -1)$.

5. 无界.

四、1. 略.

2. 略.

第二章 数列的极限

习题 2.1

1.（1）0；（2）0；（3）1；（4）发散；（5）发散；（6）发散.

2. 略.

3. 略.

4. 略. $x_n=(-1)^n$.

5. 略.

6.（1）不正确， $x_n=-2^n$；（2）不正确， $x_n=2^n\sin\frac{n\pi}{2}$.

7.（1）0；（2）0.

习题 2.2

1.（1） $\frac{1}{3}$；（2） $\frac{1}{2}$；（3） $\frac{1}{3}$；（4）3；（5） $\frac{1}{2}$；（6） $\frac{1}{2}$.

2. 略.

3. 略. $x_n=\frac{1}{n}$， $y_n=(-1)^{n+1}$.

4.（1）1；（2） $\frac{1}{2}$；（3）1；（4）5；（5） $\frac{1}{2}$.

习题 2.3

1.（1）1，$\frac{1}{2}$；（2）2，-2.

2.（1）$\frac{1}{2}(\sqrt{5}+1)$；（2）3；（3）2；（4）0.

3.（1）e^{-1}；（2）$e^{-\frac{1}{2}}$；（3）e；（4）e；（5）1；（6） e.

4.（1）收敛，1；（2）发散.

5. 略.

6. 略.

7. 略.

第二章总练习题

一、1. 1，$-\frac{1}{2}$；2. 发散；3. $\frac{\sqrt{2}}{2}$；4. e^{-1}；5. 0.

二、1. A；2. C；3. C；4. B；5. D.

三、1.（1）2；（2）1；（3）当$0<a<1$时，-1；当$a=1$时，0；当$a>1$时，1；（4）0；（5）$\frac{1}{2}$；（6）0；（7）1；（8）0.

2.（1）不正确，$x_n=\frac{1}{(n+1)^2}<y_n=\frac{1}{n}$；（2）正确；（3）不正确，$x_n=(-1)^n$；（4）正确；（5）不正确，$x_n=\frac{(-1)^{\frac{n(n+1)}{2}}}{n}$；（6）不正确，$x_n=n$.

四、略.

第三章 函数的极限

习题 3.1

1. 略.

2. 提示：$|\sin x|\leqslant|x|$.

3. 不存在.

4. 略.

5. 略. 反之不成立. 例：函数 $f(x)=\begin{cases}1, x\geqslant 0\\-1, x<0\end{cases}$.

习题 3.2

1. 略.

2. 不可以. 函数 $f(x)=\begin{cases}|x|, x\neq 0\\1, x=0\end{cases}$.

3. 提示：$x-1<[x]\leqslant x$.

4.（海涅定理）设函数 $f(x)$ 在 $(a,+\infty)$ 内有定义，则 $\lim\limits_{x\to+\infty}f(x)$ 存在的充要条件是：对于任何

含于 $(a,+\infty)$ 且趋近于 $+\infty$ 的数列 $\{x_n\}$，有极限 $\lim\limits_{n\to\infty} f(x_n)$ 都存在且相等.

5. 略.

6.（柯西收敛准则）设函数 $f(x)$ 在 $(-\infty,b)$ 内有定义，则 $\lim\limits_{x\to-\infty} f(x)$ 存在的充要条件是：对于 $\forall\varepsilon>0$，$\exists X(>|b|)>0$，当 $x',x''<-X$ 时，总有 $|f(x')-f(x'')|<\varepsilon$.

7.（1）设函数 $f(x)$ 在区间 (a,x_0) 内单调递增且有上界，则 $f(x_0-0)$ 存在，且 $f(x_0-0)=\sup\limits_{x\in(a,x_0)} f(x)$；

（2）函数 $f(x)$ 在区间 (a,x_0) 内单调递减且有下界，则 $f(x_0-0)$ 存在，且 $f(x_0-0)=\inf\limits_{x\in(a,x_0)} f(x)$.

8. 提示：反证法.

习题 3.3

1.（1）$\frac{6}{5}$；（2）-1；（3）$\frac{1}{6}$；（4）9；（5）$\frac{1}{2}$；（6）$-\frac{1}{2}$.

2. $\lim\limits_{x\to\infty} f(x)=+\infty \Leftrightarrow \forall G>0$（不论 G 多大），$\exists X>0$，当 $|x|>X$ 时，有 $f(x)>G$；

$\lim\limits_{x\to+\infty} f(x)=+\infty \Leftrightarrow \forall G>0$（不论 G 多大），$\exists X>0$，当 $x>X$ 时，有 $f(x)>G$.

3. $f(x)+g(x)$ 的极限不一定存在.

4. $f(x)+g(x)$ 的极限一定不存在.

5. 略.

6. 略.

习题 3.4

1.（1）1；（2）$\frac{3}{5}$；（3）$\frac{7}{2}$；（4）$\frac{1}{2}$；（5）1；（6）$\cos x_0$.

2.（1）e^2；（2）e^{10}；（3）$e^{\frac{3}{2}}$；（4）e^2；（5）e^3；（6）e^2.

3. 略. 提示：当 $x\neq0$ 时，分子分母同乘以 $2^n\sin\frac{x}{2^n}$.

习题 3.5

1. 略.

2.（1）$\frac{2}{5}$；（2）$\frac{7}{3}$；（3）1；（4）$\frac{1}{2}$；（5）1；（6）2.

3.（1）铅直渐近线：$x=0$ 和 $x=2$，斜渐近线：$y=3x+6$；（2）铅直渐近线：$x=0$，水平渐近线：$y=0$；（3）铅直渐近线：$x=0$，水平渐近线：$y=1$.

4.（1）$\alpha=2$；（2）$\alpha=\frac{2}{5}$；（3）$\alpha=1$.

第三章总练习题

一、1. -5；2. 0；3. e^{-4}；4. $\frac{1}{2}$；5. $y=-2$.

二、1. C；2. C；3. D；4. B；5. D.

三、1.（1）1；（2）$\sin 2a$；（3）8；（4）2；（5）4；（6）$\frac{1}{25}$；（7）$-\frac{1}{56}$；（8）$-\sin 2a$；（9）$\frac{1}{4}$.

2.（1）铅直渐近线：$x=-1$，斜渐近线：$y=x-1$；（2）斜渐近线：$y=x-\frac{1}{2}$ 和 $y=-x+\frac{1}{2}$.

3.（1）$a=1$，$b=0$；（2）$a=-1$，$b=0$；（3）$a=1$，$b=0$.

4.（1）-3；（2）$a=-7$，$b=6$.

5. $\lim\limits_{x\to 0} f(x)$ 不存在；$\lim\limits_{x\to 2} f(x)=0$；$\lim\limits_{x\to -\infty} f(x)=0$，$\lim\limits_{x\to +\infty} f(x)=+\infty$.

6. $\frac{1}{2\sqrt{x}}$.

四、1. 略.

2.（1）略.（2）不一定成立. 如：$f(x)=\operatorname{sgn} x$.

3. 略.

4. 略.

第四章　函数的连续性

习题 4.1

1. 略.
2. $k=3$.
3.（1）$x=0$ 为第一类间断点；（2）$x=1$ 为第一类间断点；$x=2$ 为第二类间断点.
4.（1）略；（2）不一定连续. 如：$f(x)=\begin{cases}-1, x\in \mathbf{Q}\\ 1, x\in \mathbf{R}\setminus\mathbf{Q}\end{cases}$.
5. $x=\pm 1$ 为第一类间断点.

习题 4.2

1. 略.
2.（1）-6；（2）e^{-2}；（3）2；（4）$\frac{1}{2}$.

习题 4.3

1. 略.
2. 略.
3. 略.
4. 略. $f(x)$ 在 $[a,+\infty)$ 上必存在最大值或最小值，但其最大值与最小值不一定同时存在.
5. 略.
6. 略.
7. 略.
8. 略.

习题 4.4

1. 如：$S=\{x\mid x^2<2,x\in\mathbf{Q}\}$.

2. 如：$S_1=\left\{\left(0,\frac{1}{n}\right)\right\}$，不存在 $\xi\in\bigcap_{n=1}^{\infty}\left(0,\frac{1}{n}\right)$；$S_2=\left\{\left[-\frac{1}{n},1+\frac{1}{n}\right]\right\}$，不止一个 $\xi\in\bigcap_{n=1}^{\infty}\left[-\frac{1}{n},1+\frac{1}{n}\right]$.

3. 略. $\frac{1}{2}(\sqrt{5}-1)$.

4.（1）H 能覆盖 $(0,1)$；（2）不能从 H 中选出有限个开区间覆盖 $\left(0,\frac{1}{2}\right)$，能从 H 中选出有限个开区间覆盖 $\left(\frac{1}{100},1\right)$.

5. 略.

6. 略.

7. 略.

8. 略.

9.（1）$\overline{\lim\limits_{n\to\infty}}a_n=1$，$\underline{\lim\limits_{n\to\infty}}a_n=-1$；（2）$\overline{\lim\limits_{n\to\infty}}a_n=1$，$\underline{\lim\limits_{n\to\infty}}a_n=-1$；（3）$\overline{\lim\limits_{n\to\infty}}a_n=\underline{\lim\limits_{n\to\infty}}a_n=0$；（4）$\overline{\lim\limits_{n\to\infty}}a_n=1$，$\underline{\lim\limits_{n\to\infty}}a_n=-1$.

第四章总练习题

一、1. $[-\sqrt{2},\sqrt{2}]$；2. e^2；3. 3；4. e^2；5. 跳跃.

二、1. -4； 2. $\frac{3^{20}\cdot4^{30}}{5^{50}}$；3. e^2；4. e^{-2}.

三、略.

四、略.

六、一致连续.

第五章　一元函数微分学

习题 5.1

1.（1）$-\frac{1}{6}$；（2）$-\frac{5}{21}$；（3）$-\frac{50}{201}$，$y'(2)=-\frac{1}{4}$.

2. 0 或 3.

3. $a=4$，$b=5$.

4.（1）不可导；（2）可导；（3）不可导；（4）当 $a=b=0$ 时，可导，其他情形均不可导.

5. $f'(0)=-8,\ f'(1)=0,\ f'(2)=0$.

6.（1）$-\frac{1}{2}\frac{1}{x\sqrt{x}}$；（2）$\frac{5}{2}x\sqrt{x}$；（3）$\frac{5}{6}\frac{1}{\sqrt[6]{x}}$.

7. 切线方程：$x-ey=0$，法线方程：$ex+y-e^2-1=0$.

8.（1）$-f'(x_0)$；（2）$2f'(x_0)$；（3）$(\alpha-\beta)f'(x_0)$.

9. 略.

10. 略.

11. 略.

习题 5.2

1. $f'(x)=\begin{cases}-1, & x\leqslant 0,\\ -e^{-x}, & x>0.\end{cases}$

2.（1）$2ax+b$；（2）$2x^{-\frac{1}{3}}-5x^{\frac{3}{2}}-3x^{-4}$；（3）$e^x(\sin 2x+2\cos 2x)$；

（4）$2^x\left(\ln 2\cdot\ln(1+x)+\dfrac{1}{1+x}\right)$；（5）$\dfrac{bc-ad}{(c+dx)^2}$；（6）$\dfrac{1-\cos x-x\sin x}{(1-\cos x)^2}$；

（7）$2\sqrt{1-x^2}$；（8）$10(x^2-2x+3)^4(x-1)$；（9）$12\sin^2 4x\cos 4x$；

（10）$-\dfrac{1}{(1+x)^2}\cos\dfrac{1}{1+x}$；（11）$\dfrac{3(1+x^2)^2(1+2x-x^2)}{(1-x)^4}$；（12）$-e^{-x}\left(\arccos x+\dfrac{1}{\sqrt{1-x^2}}\right)$；

（13）$\dfrac{1}{\sqrt{1+x^2}}$；（14）$\dfrac{xe^{x^2}\cos e^{x^2}}{\sqrt{\sin e^{x^2}}}$；（15）$-\dfrac{1}{x^2}e^{\sin^2\frac{1}{x}}\sin\dfrac{2}{x}$；

（16）$\dfrac{e^x-1}{1+e^{2x}}$；（17）$\dfrac{1+2\sqrt{x}+4\sqrt{x}\cdot\sqrt{x+\sqrt{x}}}{8\sqrt{x}\cdot\sqrt{x+\sqrt{x}}\cdot\sqrt{x+\sqrt{x+\sqrt{x}}}}$；（18）$\cos(\sin(\sin x))\cdot\cos(\sin x)\cdot\cos x$.

3. $x+y-2=0$.

4. e^{-1}.

5.（1）$-\dfrac{f'(1-\sqrt{x})}{2\sqrt{x}}$；（2）$(f'(\sin^2 x)-f'(\cos^2 x))\sin 2x$；（3）$(2+f(x))f(x)f'(x)e^{f(x)}$；

（4）$\dfrac{f'(\arcsin x)}{\sqrt{1-x^2}}$；（5）$2xe^{x^2}f'(f(e^{x^2}))f'(e^{x^2})$；（6）$-\dfrac{1}{f^2(x)}f'\left(\dfrac{1}{f(x)}\right)f'(x)$.

6.（1）$n\geqslant 1$；（2）$n\geqslant 2$；（3）$n>2$.

7. 略.

8. 略.

9. 略.

习题 5.3

1. $\Delta y=0.0503$，$dy=0.05$，$\Delta y-dy=0.0003$.

2. 0.016 m.

3.（1）$-\dfrac{\pi}{72}$；（2）$\dfrac{\pi}{45}$；（3）$\dfrac{1}{2700}$.

4.（1）$(1+4x-x^2+4x^3)dx$；（2）$ae^{\sin(ax+b)}\cos(ax+b)dx$；（3）$[2x\ln x+x-2x\sin(x^2)]dx$；

（4）$\dfrac{1+2xe^{x^2}}{x+e^{x^2}}dx$；（5）$\dfrac{\cot\sqrt{x}}{2\sqrt{x}}dx$；（6）$-e^{1-3x}(3\cos x+\sin x)dx$.

5. $\sqrt[3]{10}\approx 2.167$，$\sqrt[3]{70}\approx 4.125$，$\sqrt[3]{200}\approx 5.852$.

6.（1）1.007；（2）0.883；（3）0.810；（4）-0.1.

习题 5.4

1.（1）$\frac{2}{3}t^{-\frac{1}{6}}$；（2）$-\tan t$；（3）$-2$；（4）$\frac{t}{2}$.

2. 切线方程：$x-y+a\left(2-\frac{\pi}{2}\right)=0$，法线方程：$x+y-\frac{a}{2}\pi=0$.

3. 略.

4.（1）$y'=-\frac{y+5x^4}{x+5y^4}$；（2）$y'=\frac{1}{1-\cos y}$；（3）$y'=\frac{-\sin(x+y)}{1+\sin(x+y)}$；（4）$y'=-\frac{e^{xy}y+2xy}{e^{xy}x+x^2}$；

（5）$y'=\frac{x+y}{x-y}$；（6）$y'=-\frac{\sin\sqrt{x}}{4y\sqrt{x}\cos(y^2)}$.

5.（1）$-\frac{5}{2}$；（2）0；（3）1.

6.（1）$\mathrm{d}y=-\frac{\sin\sqrt{x}}{4\sqrt{x}\cdot y\cos(y^2)}\mathrm{d}x$；（2）$\mathrm{d}y=-\frac{x+y}{x-y}\mathrm{d}x$；（3）$\mathrm{d}y=\frac{y}{x-y}\mathrm{d}x$；

（4）$\mathrm{d}y=-\frac{10x+8y}{7x+5y}\mathrm{d}x$.

7. 切线方程：$x+\mathrm{e}y-\mathrm{e}=0$，法线方程：$\mathrm{e}x-y+1=0$.

8.（1）$x^{\sin x}\left(\cos x\ln x+\frac{\sin x}{x}\right)$；（2）$x(\sin x)^x\left(\frac{1}{x}+\ln\sin x+x\cot x\right)$；（3）$x^{x^x}x^x\left(\frac{1}{x}+\ln^2 x+\ln x\right)$；

（4）$\sqrt[x]{x}\cdot\frac{1-\ln x}{x^2}$；（5）$(1+x^2)^{\tan x}[\frac{\ln(1+x^2)}{\cos^2 x}+\frac{2x\tan x}{1+x^2}]$；

（6）$\frac{(x^2+2)^2}{(x^4+1)(x^2+1)}\left(\frac{4x}{x^2+2}+\frac{4x^3}{x^4+1}+\frac{2x}{x^2+1}\right)$；（7）$\frac{(x-1)^3\sqrt{x+1}}{e^x(x+2)}\left[\frac{3}{x-1}+\frac{1}{2(x+1)}-\frac{2}{x+2}-1\right]$；

（8）$(x-1)(x-2)^2\cdots(x-n)^n\left(\frac{1}{x-1}+\frac{2}{x-2}+\cdots+\frac{n}{x-n}\right)$.

9. 略.

习题 5.5

1.（1）$-\csc^2 x$；（2）$2e^{-x^2}(2x^2-1)$；（3）$\frac{1}{\sqrt{4-x^2}}$；（4）$-12x\sin(x^2)-8x^3\cos(x^2)$；

（5）$(6+36x+36x^2+8x^3)e^{2x}$；（6）$-(1+x^2)^{-\frac{3}{2}}+3x^2(1+x^2)^{-\frac{5}{2}}$.

2.（1）$(-1)^{n-1}\frac{(n-1)!}{x^n}$；（2）$\cos\left(x+\frac{n\pi}{2}\right)$；（3）$2^{2n-3}\cos\left(4x+\frac{n\pi}{2}\right)$；（4）$(-1)^{n-1}\frac{n!c^{n-1}(ad-bc)}{(cx+d)^{n+1}}$；

（5）$x^2\sin\left(x+\frac{n\pi}{2}\right)+2nx\sin\left[x+\frac{(n-1)\pi}{2}\right]+n(n-1)\sin\left[x+\frac{(n-2)\pi}{2}\right]$；（6）$(-1)^n\frac{6(n-4)!}{x^{n-3}}$；

（7）$n!a_n$.

3. $f'(x)=\begin{cases}2x, & x>0,\\ 0, & x=0,\\ -2x, & x<0,\end{cases}$ $f''(x)=\begin{cases}2, & x>0,\\ \text{不存在}, & x=0,\\ -2, & x<0,\end{cases}$

当 $n \geqslant 3$ 时，$f^{(n)}(x)=0$（$x \neq 0$），$f^{(n)}(0)$ 不存在.

4.（1）$\dfrac{f''(x+y)(1+y')^2}{1-f'(x+y)}$；（2）$\dfrac{f''(xy)(y+xy')^2+2f'(xy)y'}{1-xf'(xy)}$；

（3）$f''(f(x))(f'(x))^2+f'(f(x))f''(x)$；

（4）$\dfrac{f''(\arcsin x)}{1-x^2}+\dfrac{xf'(\arcsin x)}{\sqrt{(1-x^2)^3}}$.

5.（1）$\dfrac{\sin y}{\cos y-2}$；（2）$\dfrac{1}{e^2}$；（3）$-\dfrac{2(1+y^2)}{y^5}$；（4）$\dfrac{111}{256}$.

6.（1）$\dfrac{6t(1+t^2)}{2+t^2}$；（2）$-\dfrac{b}{a^2}\csc^3 t$；（3）$-\dfrac{2}{e^t(\sin t+\cos t)^3}$；（4）$\dfrac{t+t^2}{(1-t)^3}$.

7. 略.

8.（1）$(2\cos x-x\sin x)dx^2$；（2）$-\dfrac{1}{(1-x^2)^{\frac{3}{2}}}dx^2$；（3）$\dfrac{-3+2\ln x}{x^3}dx^2$；（4）$(-6+6x-x^2)e^{-x}dx^3$；

（5）$3\cdot 2^n\sin\left(2x+5+\dfrac{n\pi}{2}\right)dx^n$.

第五章总练习题

一、1. 1；2. $-\dfrac{2}{x(1+\ln x)^2}$；3. $1+\sqrt{2}$；4. $\dfrac{1}{2}$；5. 2^{2023}.

二、1. D；2. C；3. C；4. D；5. B.

三、1. 连续，不可导.

2. $b=c=0$，a 为任意常数.

3. $(-4,-6.4)$.

4.（1）可导；（2）当 $\varphi(a)\neq 0$ 时不可导，当 $\varphi(a)=0$ 时可导；（3）可导.

5. $2\varphi(a)$.

6. $f(x)=\begin{cases} x^4\sin\dfrac{1}{x}, & x\neq 0, \\ 0, & x=0. \end{cases}$

四、略.

第六章　微分中值定理及其应用

习题 6.1

1. 提示：$f(x)=\arcsin x+\arccos x$.
2. 提示：$F(x)=e^{-x}f(x)$.
3. 提示：$f(x)=x^n$.
4. 提示：$F(x)=e^x f(x)$.
5. 略.
6. 略.

7. 提示：利用拉格朗日中值定理.

8. 略.

9. 略.

10. 略.

11. 提示：利用柯西收敛准则.

习题 6.2

1. 提示：令 $f(x)=\dfrac{e^x}{x}$， $g(x)=\dfrac{1}{x}$ 在区间 $[a,b]$ 上应用柯西中值定理.

2.（1）$\dfrac{1}{2}$；（2）$\dfrac{1}{\pi+1}$；（3）$\dfrac{1}{2}$；（4）$\dfrac{a}{b}$；（5）0；（6）1；（7）;（8）0；（9）$-\dfrac{1}{3}$；（10）2；（11）e；（12）$6^{\frac{1}{3}}$.

3. $f''(x_0)$.

4. 略.

5. 提示：当 $x\neq 0$ 时，用数学归纳法证明：$f^{(n)}(x)=\dfrac{P_m(t)}{e^{t^2}}$，$t=\dfrac{1}{x}$，$P_m(t)$ 关于 t 的多项式.

习题 6.3

1. $f(x)=1-9x+30x^2-45x^3+30x^4-9x^5+x^6$.

2. $\dfrac{1}{x}=-[1+(x+1)+(x+1)^2+\cdots+(x+1)^n]+\dfrac{(-1)^{n+1}}{\xi^{n+2}}(x+1)^{n+1}$，其中 ξ 介于 -1 与 x 之间.

3. 提示：（1）利用二阶泰勒公式；（2）比较 $f(x_0+h)$ 的带佩亚诺余项二阶泰勒公式及带拉格朗日余项的三阶泰勒公式.

4. 1.646.

5.（1）$\dfrac{1}{6}$；（2）$\dfrac{1}{2}$.

习题 6.4

1. $f(x)$ 在 $(-\infty,+\infty)$ 内严格单调递减.

2. 当 $a\in\left(0,\dfrac{1}{e}\right)$ 时，方程有两个实根；当 $a=\dfrac{1}{e}$ 时，方程有唯一实根；当 $a\in(\dfrac{1}{e},+\infty)$ 时，方程无实根.

3.（1）$f_{极小}(0)=0$；（2）$f_{极小}(0)=0$，$f_{极大}(\pm1)=1$；（3）$f_{极小}(-1)=-1$；，$f_{极大}(1)=1$；（4）$f_{极小}(1)=0$，$f_{极大}(\dfrac{1}{5})=\dfrac{3456}{3125}$；（5）$f_{极大}(e)=e^{\frac{1}{e}}$；（6）$f_{极小}(1)=0$，$f_{极大}(e^2)=4e^{-2}$.

4.（1）$f_{\min}(-5)=\sqrt{6}-5$，$f_{\max}(\dfrac{3}{4})=\dfrac{5}{4}$；（2）$f_{\min}(\pm2)=-15$，$f_{\max}(3)=10$.

5. $r=\sqrt[3]{\dfrac{V}{2\pi}}$，$h=2\sqrt[3]{\dfrac{V}{2\pi}}$.

6. $w=\dfrac{1}{n}\sum\limits_{i=1}^{n}x_i$.

7. 提示：用反证法.

8. 1800 元；57800 元.

9. $100^{99} < 99^{100}$.

10. 略.

习题 6.5

1. （1）在 $(-\infty,2]$ 上是严格凹函数，在 $[2,\infty)$ 上是严格凸函数，$(2,2\mathrm{e}^{-2})$ 为其图形拐点；

（2）在区间 $(-\infty,-1)$ 或 $(1,+\infty)$ 上是凹函数，在区间 $(-1,1)$ 上是凸函数，$(-1,\ln 2)$ 和 $(1,\ln 2)$ 为图形拐点；

（3）在区间 $(-\infty,0)$ 上是严格凹函数，在区间 $(0,+\infty)$ 上是严格凸函数，图形没有拐点；

（4）在区间 $\left(-\infty,\dfrac{5}{3}\right)$ 上是严格凹函数，在区间 $\left[\dfrac{5}{3},+\infty\right)$ 上是严格凸函数，$\left(\dfrac{5}{3},\dfrac{20}{27}\right)$ 为图形拐点；

（5）在区间 $(-\infty,-1)$ 或 $(0,+\infty)$ 上是严格凹函数，在区间 $[-1,0]$ 上是严格凸函数，$(-1,2)$ 和 $(0,0)$ 为图形拐点；

（6）在区间 $[0,\pi]$ 上是严格凹函数，图形没有拐点.

2. 略.

3. $a=-\dfrac{3}{2}, b=\dfrac{9}{2}$.

4. $k=\pm\dfrac{\sqrt{2}}{8}$.

5. 提示：取 $\lambda_i=\dfrac{b_i^q}{\sum\limits_{i=1}^{n} b_i^q}(i=1,2,\cdots,n)$ 及 $x_i=\mu_i a_i, \mu_i=\dfrac{\sum\limits_{i=1}^{n} b_i^q}{b_i^{\frac{1}{p-1}}}(i=1,2,\cdots,n)$.

6. 提示：设 $f(x)=\sin x, x\in(0,\pi)$，利用 Jensen 不等式.

7. 略.

8. 略.

9. 是.

习题 6.6

略.

第六章总练习题

一、1. $\left(1,\dfrac{1}{\mathrm{e}}\right)$；2. 2；3. $[0,2\pi]$；4. $\xi=\dfrac{\pi}{2}$；5. $f_{极小}(0)=0$.

二、1. B；2. C；3. D；4. D；5. A.

三、

1. 提示：（1）设 $f(t)=\sqrt{t}$，在 $[x,x+1]$ 上应用拉格朗日中值定理.（2）略.

2. 略.

3. 提示：设 $f(x)=a_0+a_1x+\cdots+a_nx^n$.

4.（1）$\frac{1}{2}$；（2）$e^{-\frac{2}{\pi}}$；（3）$\frac{3}{2}$；（4）$\frac{1}{2}$.

5. 略.

6. 提示：令 $F(x)=x(1-f(x))$.

7. 略.

8. 略.

9. 提示：比较函数带佩亚诺及拉格朗日两种余项的 n 阶泰勒公式.

10.（1）略.（2）提示：把函数 $f(x+j)(j=1,2,\cdots,n-1)$ 在点 x 处分别展开到 $n-1$ 阶带拉格朗日余项的泰勒公式，

$$f(x+j)=f(x)+\frac{f'(x)}{1!}j+\frac{f''(x)}{2!}j^2+\cdots+\frac{f^{(n)}(\xi_j)}{n!}j^n, x<\xi_j<x+j,$$

将上面 $n-1$ 个泰勒展开式看成未知数为 $f'(x),f''(x),\cdots,f^{(n-1)}(x)$ 的线性方程租.

11. 提示：反证法.

12. 略.

13. 提示：利用麦克劳林公式.

14. $a=e^e$，$x_{\min}(e^e)=1-\frac{1}{e}$.

15. 当 $k\geqslant 1$ 时，$f(x)$ 无正实根；当 $0<k<1$ 时，$f(x)$ 有唯一正实根.

16. $\sqrt[3]{3}$.

17. 略.

第七章　一元函数积分学

习题 7.1

1.（1）c；（2）$\frac{1}{2}$；（3）$\frac{1}{a}-\frac{1}{b}$，提示：$\xi_i=\sqrt{x_{i-1}x_i}$.

2.（1）$\frac{\pi}{2}$；（2）0.

3. 略.

4.（1）$\ln 2$；（2）$\frac{1}{2}e^2-\frac{1}{2}$.

5.（1）$\frac{1}{4}$；（2）$\ln 2$.

习题 7.2

1. 略. 提示：分别考查选取有理数和无理数为介点集所得积分和的极限.

2. 略. 提示：由于 $[c,d]\subset[a,b]$，$[c,d]$ 的分割是 $[a,b]$ 的分割的一部分.

3. 略. 提示：利用振幅和的性质.

4. 略.

5. 略，提示：定理 7.2.4.

6. 略，提示：习题 7.2 的第 3 题.

7. 略，提示：定理 7.2.2.

8. 不一定；可积，提示：定理 7.2.2.

习题 7.3

1. 略. 提示：反证法，参见例 7.3.1.

2.（1）$\int_0^1 x\mathrm{d}x < \int_0^1 \sqrt{x}\mathrm{d}x$;（2）$\int_0^{\frac{\pi}{2}} x\mathrm{d}x > \int_0^{\frac{\pi}{2}} \sin x\mathrm{d}x$;（3）$\int_1^0 \mathrm{e}^{-x}\mathrm{d}x > \int_1^0 \mathrm{e}^{-x^2}\mathrm{d}x$;

（4）$\int_1^2 x^2\mathrm{d}x < \int_1^2 x^3\mathrm{d}x$.

3.（1）0；（2）0；（3）1；（4）0.

4. 略. 提示：利用估值不等式.

5. 略. 提示：利用积分第一中值定理.

6. 略. 提示：利用柯西-施瓦茨不等式.

7. 略.

习题 7.4

1.（1）1；（2）0.

2. 略.

3. 略.

4. $F(x)=\begin{cases}\dfrac{x^2}{2}, & x<1,\\ \dfrac{x^3}{3}+\dfrac{1}{6}, & x\geqslant 1.\end{cases}$

5. 略.

习题 7.5

1.（1）$\dfrac{x^a}{a+1}-\dfrac{a^x}{\ln a}+C$；（2）$\dfrac{x^3}{3}-\dfrac{2}{3}x^{-\frac{3}{2}}+\dfrac{2}{5}x^{\frac{5}{2}}-x+C$；（3）$\dfrac{x^3}{3}-\dfrac{1}{x}-2x+C$；（4）$x^4-3\cos x+C$；

（5）e^x+x+C；（6）$-\dfrac{1}{x}+3\arctan x+C$；（7）$\tan x-\cot x+C$ 或 $-2\cot 2x+C$；（8）$\dfrac{(3\mathrm{e})^x}{1+\ln 3}+C$；

（9）$\dfrac{1}{2}(\sin x+x)-\cot x-x+C$；（10）$3\arctan x-2\arcsin x+C$；

（11）$2x-\dfrac{5}{\ln 2-\ln 3}(\dfrac{2}{3})^x+C$；（12）$\dfrac{1}{2}\tan x+C$；（13）$\sin x-\cos x+C$；

（14）$-\cot x-\tan x+C$；（15）$\dfrac{4^x}{\ln 4}-\dfrac{1}{9^x\ln 9}+\dfrac{2}{\ln 2-\ln 3}\left(\dfrac{2}{3}\right)^x+C$.

2. $f(x)=x-\dfrac{x^3}{3}+C$.

3. $f(x)=-\dfrac{1}{x\sqrt{1-x^2}}$.

4. $f(x)=x^2+1$.

5. $s(t)=-\sin t+2t$.

6. $f(x)=\begin{cases} x, & x\in(-\infty,0] \\ e^x-1 & x\in(0,+\infty) \end{cases}$.

7.（1）$\dfrac{1}{4}$；（2）$\dfrac{1}{5}$；（3）$-\dfrac{1}{4}$；（4）-2；（5）$\dfrac{1}{5}$；（6）$\dfrac{1}{2}$；（7）-1；（8）-1；（9）$-\dfrac{2}{3}$；（10）$\dfrac{1}{3}$.

8.（1）$\dfrac{1}{4}(3+x)^{\frac{4}{3}}+C$；（2）$-\dfrac{1}{2}\sqrt{1-4x}+C$；（3）$-\dfrac{1}{5}\ln\left|\dfrac{x+1}{x-4}\right|+C$；（4）$-\dfrac{1}{2}e^{-x^2}+C$；

（5）$-\dfrac{1}{2(1+\ln x)^2}+C$；（6）$\dfrac{1}{2}\sin 2x+C$；（7）$2\sin\sqrt{x}+C$；（8）$-\ln|1+\cos x|+C$；

（9）$\sin x-\dfrac{1}{3}\sin^3 x+C$；（10）$\dfrac{1}{2}(\arctan x)^2+C$；（11）$\ln\left|\cos\dfrac{1}{x}\right|+C$；

（12）$-\dfrac{1}{16}\cos 8x-\dfrac{1}{4}\cos 2x+C$；（13）$x-\ln(1+e^x)+C$；（14）$\arcsin\dfrac{x-1}{\sqrt{2}}+C$；

（15）$\dfrac{1}{3}\tan^3 x+\tan x+C$；（16）$\dfrac{1}{2a^2}\arctan\dfrac{x^2}{a^2}+C$；（17）$\dfrac{1}{3}\tan^3 x-\tan x+x+C$；

（18）$(\arctan\sqrt{x})^2+C$.

习题 7.6

1.（1）$\dfrac{1}{2}\ln\left|\dfrac{\sqrt{1+e^{2x}}-1}{\sqrt{1+e^{2x}}+1}\right|+C$；（2）$\dfrac{32}{5}\left(\dfrac{\sqrt{4-x^2}}{2}\right)^5-\dfrac{32}{3}\left(\dfrac{\sqrt{4-x^2}}{2}\right)^3+C$；

（3）$\dfrac{1}{2}\arcsin x+\ln\left|x+\sqrt{1-x^2}\right|+C$；（4）$\dfrac{\sqrt{1-x^2}-1}{x}+\arcsin x+C$；

（5）$\ln\left|x+\sqrt{x^2-9}\right|-\dfrac{3}{x}+C$；（6）$2(1-x)^{\frac{1}{2}}-\dfrac{3}{2}(1-x)^{\frac{2}{3}}+C$；（7）$\arccos\dfrac{1}{x}+C$；

（8）$\dfrac{1}{5}(\ln|x^5|-\ln|2+x^5|)+C$；（9）$-\dfrac{\sqrt{x^2+1}}{x}+C$；（10）$\dfrac{x}{a^2\sqrt{x^2+a^2}}+C$；

（11）$6\sqrt[6]{x}-6\ln\left|\sqrt[6]{x}+1\right|+C$；（12）$\dfrac{1}{\sqrt{2}}\arctan\dfrac{\sqrt{2-2x^2}}{x}+C$.

2.（1）$2x\sin 2x+\cos 2x+C$；（2）$\dfrac{1}{3}x^3\left(\ln x-\dfrac{1}{3}\right)+C$；（3）$-\dfrac{1}{x}(\ln x+1)+C$；

（4）$-(x+1)e^{-x}+C$；（5）$x\arccos x+\dfrac{1}{2}\sqrt{1-x^2}+C$；

（6）$\frac{1}{2}x^2\arctan x-\frac{1}{2}x+\frac{1}{2}\arctan x+C$；（7）$x\tan x+\ln|\cos x|-\frac{1}{2}x^2+C$；

（8）$-\frac{1}{2}(x\csc^2 x+\cot x)+C$；（9）$\frac{1}{2}(x\cos(\ln x)+x\sin(\ln x))+C$；（10）$\frac{e^x}{1+x}+C$；

（11）$\frac{1}{2}x^2\ln\left|\frac{1+x}{1-x}\right|+x+\frac{1}{2}\ln\left|\frac{1-x}{1+x}\right|+C$；（12）$-\sqrt{1-x^2}\arcsin x+x+C$；

（13）$xf'(x)-f(x)+C$；（14）$-\frac{1}{2}e^{-2x}\sin x+C$.

3. $x\cos x\ln x+(1+\sin x)(1-\ln x)+C$.

习题 7.7

1.（1）$\frac{1}{4}x^4+\frac{1}{3}x^3+\frac{1}{2}x^2+x+\ln|x-1|+C$；（2）$-\ln|x+1|+\ln|x-1|+\frac{1}{x-1}+C$；

（3）$\ln|x-4|+\ln\frac{|x-4|}{|x-3|}+C$；（4）$\frac{1}{4}x-\frac{9}{16}\ln|2x+1|-\frac{7}{16}\ln|2x-1|+\ln|x|+C$；

（5）$-\frac{1}{2}\ln\frac{x^2+1}{x^2+x+1}+\frac{\sqrt{3}}{3}\arctan\frac{2x+1}{\sqrt{3}}+C$；

（6）$-\frac{1}{8}\ln(x^2+1)+\frac{1}{4}\left[\ln|x-1|-2\arctan x+\frac{1}{x^2+1}-\frac{x}{(x^2+1)^2}\right]+C$.

2.（1）$-\frac{1}{16}\sin 8x+\frac{1}{4}\sin 2x+C$；（2）$x-\tan x-\sec x+C$；

（3）$-\csc^2 x+\frac{\sin^2 x}{2}-2\sin x+C$；（4）$\frac{1}{\sqrt{2}}\arctan(\sqrt{2}\tan x)+C$；

（5）$\frac{1}{2}(x+\ln|\sin x+\cos x|)+C$；（6）$2\ln\left|\tan\frac{x}{2}\right|-\ln\left|\tan\frac{x}{2}+1\right|-\frac{x}{2}+C$.

3.（1）$\frac{7}{8}\arcsin\frac{2x-1}{\sqrt{5}}-\frac{2x-3}{4}\sqrt{1+x+x^2}+C$；　（2）$\ln\left|2x+1+2\sqrt{x^2+x}\right|+C$；

（3）$-\frac{3}{2}\sqrt[3]{\frac{x+1}{x-1}}+C$；（4）$-\frac{1}{\sqrt{2}}\arctan\frac{\frac{3}{x}-1}{\sqrt{2}}+C$.

习题 7.8

1.（1）$4\ln 2-2\ln 3$；（2）$\frac{5\pi^2}{144}$；（3）$\frac{4}{3}$；（4）$\frac{\pi}{4}$；（5）$\frac{1}{6}$；（6）$\frac{\pi}{16}a^4$；（7）$-\frac{\pi}{12}$；（8）$\frac{\pi}{4}$.

2.（1）$\frac{1}{4}-\frac{3}{4}e^{-2}$；（2）$\frac{\pi^2}{16}-\frac{\pi}{4}+\frac{1}{2}\ln 2$；（3）$\frac{1}{4}\pi^2+\frac{\pi}{2}$；（4）$\frac{1}{2}(e^{\frac{\pi}{2}}+1)$；

（5）$\frac{\sqrt{2}}{2}\arctan\frac{3\sqrt{2}}{4}-\frac{\sqrt{2}\pi}{4}$；（6）$\frac{2\sqrt{5}}{5}\arctan\frac{1}{\sqrt{5}}$.

3.（1）$\frac{4}{5}$；（2）$2-\frac{2}{e}$；（3）$\frac{17}{6}$；（4）0；（5）$\frac{\pi}{8}$；（6）$\frac{\pi}{2}$.

4. 略.

5. 略.

6. $\frac{4}{\pi}-1$.

7. 略.

8. 略.

9. 略.

第七章总练习题

一、1. $-\frac{1}{3}(1-x^2)^{\frac{3}{2}}+C$；2. e^x+x+C；3. $\frac{1}{3}$；4. $\frac{2}{3}$；5. 0.

二、1. A. 2. A. 3. D. 4. B. 5. D.

三、1. $2x\sqrt{e^x-1}-4\sqrt{e^x-1}+4\arctan\sqrt{e^x-1}+C$.

2. $-\frac{1}{5}x^2(1-x^2)^{\frac{3}{2}}-\frac{2}{15}(1-x^2)^{\frac{3}{2}}+C$.

3. $x\arctan x-\frac{1}{2}\ln(1+x^2)-\frac{1}{2}(\arctan x)^2+C$.

4. $xe^{\sin x}-\frac{e^{\sin x}}{\cos x}+C$.

5. $2(\sqrt{2}-1)$.

6. $\ln 2-\frac{1}{2}$.

7. $\frac{1}{3}\ln 2$.

8. $\frac{\pi}{4}$.

四、1. $\frac{1}{2}$.

2. 只有一个零点.

3. 0.

4. $\frac{3}{2}\ln 2$.

5. $f_{\max}(1)=\frac{2}{3}$，$f_{\min}\left(\frac{1}{2}\right)=\frac{1}{4}$.

五、略.

第八章　定积分的应用

习题 8.1

1.（1）$\frac{8}{3}$；（2）$\frac{4}{3}$；（3）$\frac{16}{35}$；（4）$\frac{3}{8}\pi a^2$；（5）$\frac{5\pi}{4}$；（6）$\frac{\pi}{4}a^2$.

2. $\frac{3\pi+2}{9\pi-2}$.

3. $\frac{1}{2}\mathrm{e}-1$.

4. $\frac{4\sqrt{3}}{3}R^3$.

5.（1）$V_x=\frac{3}{10}\pi$，$V_y=\frac{3}{10}\pi$；（2）$V_x=\frac{1}{2}\pi^2$，$V_y=2\pi^2$；（3）$V_x=\frac{15}{2}\pi$，$V_y=\frac{124}{5}\pi$.

6. $160\pi^2$.

7. $\frac{1}{3}\pi r^2 h$.

8. 略.

9. $\frac{8\pi}{3}$.

习题 8.2

1.（1）$\frac{335}{9}$；（2）$\frac{1}{2}(\sqrt{2}+\ln(1+\sqrt{2}))$；（3）$2\pi^2 a$；（4）$8a$；

（5）$a\pi\sqrt{1+4\pi^2}+\frac{a}{2}\ln(2\pi+\sqrt{1+4\pi^2})$.

2.（1）2，$\frac{1}{2}$；（2）$\frac{1}{2\sqrt{2}}$，$2\sqrt{2}$；（3）$\frac{\sqrt{2}}{4a}$，$2\sqrt{2}a$.

3. $(x-3)^2+(y+2)^2=8$.

4.（1）$2\pi(\sqrt{2}+\ln(1+\sqrt{2}))$；（2）$R\sqrt{h^2+R^2}\pi$；（3）$\frac{64}{3}\pi a^2$；

（4）$a=b$时，$4\pi a^2$；

$a>b$，$2\pi a\left(a+\frac{b^2}{\sqrt{a^2-b^2}}\ln\frac{\sqrt{a^2-b^2}+a}{b}\right)$；

$a<b$，$2\pi a\left(a+\frac{b^2}{\sqrt{b^2-a^2}}\arcsin\sqrt{\frac{b^2-a^2}{b^2}}\right)$.

习题 8.3

1. $4\times10^5 g(\mathrm{J})$.

2. $\frac{4400}{3}g(\mathrm{KN})$.

3. $\frac{4}{3}\pi g R^4(\mathrm{J})$.

4. $\dfrac{2k\rho}{R}$，方向为圆心指向导线的中点（或导线的中点指向圆心）.

5. $\dfrac{I_0}{\pi}$，$\dfrac{1}{2}I_0$.

习题 8.4

1.（1）$\dfrac{1}{2}$；（2）1；（3）发散；（4）$\dfrac{1}{3}$；（5）发散；（6）1；（7）2；（8）π；（9）-1；（10）发散；（11）$1-\ln 2$；（12）$\dfrac{\pi}{2}$.

2. 当$k>1$时，收敛于$\dfrac{1}{(k-1)(\ln 2)^{k-1}}$；当$k\leqslant 1$时，发散.

3. 发散.

4. 略.

习题 8.5

1.（1）发散；（2）收敛；（3）收敛；（4）收敛；（5）当$n>1$时，收敛；当$n\le 1$时，发散；（6）当且仅当$n-m>1$时，收敛；

2.（1）条件收敛；（2）绝对收敛；（3）条件收敛；（4）条件收敛；

3.（1）发散；（2）收敛；（3）发散；（4）收敛.

4.（1）条件收敛；（2）绝对收敛.

5. 略.

6. 略.

7. 略.

第八章总练习题

一、1. $e+e^{-1}-2$；2. $\dfrac{4}{3}\pi$；3. $\dfrac{1}{4}e^2+\dfrac{1}{4}$；4. $3\sqrt{2}$；5. 收敛.

二、1. A； 2. C； 3. B； 4. C； 5. B.

三、1. $\dfrac{5}{2}$.

2. $\dfrac{\pi}{2}a^2$.

3. $t=\dfrac{\pi}{4}$.

4. $\dfrac{1}{2}\pi R^2 h$.

5. 16π.

6. $\dfrac{a}{a^2+b^2}$，$\dfrac{b}{a^2+b^2}$.

7. 0，0；

8. 当$\lambda\leqslant 0$或$\lambda\geqslant 2$时，$J=\int_0^{+\infty}\dfrac{\sin ax}{x^\lambda}dx$发散；

当 $0 < \lambda \leqslant 1$ 时，$J = \int_0^{+\infty} \frac{\sin ax}{x^\lambda} \mathrm{d}x$ 条件收敛；

当 $1 < \lambda < 2$ 时，$J = \int_0^{+\infty} \frac{\sin ax}{x^\lambda} \mathrm{d}x$ 绝对收敛.

四、1. 略.

2. 略.

3. 略.